能源大数据技术

（2022 版）

能源大数据技术编委会　主编

图书在版编目(CIP)数据

能源大数据技术 : 2022版 / 能源大数据技术编委会主编. -- 天津 : 天津大学出版社, 2022.12
ISBN 978-7-5618-7346-5

Ⅰ. ①能… Ⅱ. ①能… Ⅲ. ①能源－数据－研究 Ⅳ. ①TK01

中国版本图书馆CIP数据核字(2022)第221266号

能源大数据技术（2022版）

NENGYUAN DASHUJU JISHU（2022 BAN）

出版发行 天津大学出版社
地　　址 天津市卫津路92号天津大学内（邮编:300072）
电　　话 发行部:022-27403647
网　　址 www.tjupress.com.cn
印　　刷 北京盛通商印快线网络科技有限公司
经　　销 全国各地新华书店
开　　本 720mm×1010mm　1/16
印　　张 22.625
字　　数 418千
版　　次 2022年12月第1版
印　　次 2022年12月第1次
定　　价 79.00元

能源大数据技术编委会

前　言

为实现“碳达峰、碳中和”目标，能源领域是主战场、主阵地，能源行业低碳转型是重要实现路径和战略选择。习近平总书记指出：“发展数字经济是把握新一轮科技革命和产业变革新机遇的战略选择。”当前，数字产业正在成为经济转型升级的新引擎，以数字化转型为载体驱动能源行业结构性变革、推动能源行业低碳绿色发展，既是现实急迫需求，也是行业发展方向。在能源数字化转型升级中，海量数据生产、传输、存储、挖掘、应用等环节的关键技术需要突破，制约城市能源数字化转型的共性技术难题亟待系统性研究解决，需要系统化构建能源数字化系统性理论及能源大数据关键技术模型。

本书共收录了29篇论文，汇总了能源大数据技术领域的相关研究成果，以更前沿的思维解读国内外数字化前沿技术趋势，着眼国家信息安全政策、大数据发展战略、数据开放及技术应用等热点问题进行深入解析，涵盖了NB-IoT、零信任安全防护、5G通信、智能感知、知识图谱等热点技术内容，为行业发展带来权威展望和价值开拓，助力读者把握能源互联网产业发展先机和战略制高点。

本书的编撰得到了天津市能源大数据仿真企业重点实验室及《觉醒·数据》专刊编委的大力支持，本书编委会成员做了大量工作，在此深表谢意。文章仅代表作者观点，不代表作者所在机构观点。此外，限于编者和作者水平，书中难免存在错误和不妥之处，恳请广大读者批评指正。

能源大数据技术编委会

2022年12月20日

目　录

共享风险链路组与风险均衡的电力通信网路由优化策略

祁兵[1],刘思放[1],李彬[1],孙毅[1],景栋盛[2],程紫运[3]
(1. 华北电力大学电气与电子工程学院,北京市,102206;2. 苏州供电公司信息通信分公司,江苏省苏州市,215004;3. 国网甘肃省电力公司经济技术研究院,甘肃省兰州市,730050)

摘要:从电力通信网的构成出发,分析了网络承载的业务和业务重要度的重要性,提出了评价业务重要度的逼近理想解排序法(Technique for Order Preference by Similarity to an Ideal Solution,TOPSIS),分析了网络中广泛存在的共享风险问题,建立了风险均衡模型,提出了共享风险链路组(Shared Risk Link Group,SRLG)与风险均衡的电力通信网路由优化算法,引入了平均业务风险、风险均衡度、阻塞-风险综合指数和SRLG剩余带宽容量占比等指标进行路由优化和性能评价。以江苏省某市的光缆路由拓扑为例进行仿真,验证了所提算法的有效性。仿真结果表明,所提算法在不增加阻塞风险的情况下,有效降低了网络平均业务风险,提高了工作路径的风险均衡度,减少了SRLG剩余带宽容量占比,进而降低了共享链路的业务失效风险。

关键词:电力通信网;业务重要度;共享风险链路组(SRLG);平均业务风险;风险均衡度

0 引言

能源互联网的建设对电力通信网的业务承载效率、以及网络可靠性、带宽、稳定性等提出了新的需求。电力通信网所承载的各项业务都直接关系到电网的安全,一些核心节点或链路承载过多业务,使得网络资源分配不均,失效风险增加。因此,研究各类型业务路由的选路策略,均衡网络风险、提高网络有效性和可靠性是保障电力通信网安全稳定运行的重要方法。

目前已经有很多专家学者考虑到电力通信网的网络风险、容量、时延等问题,并对路由优化和保护进行研究[1-4]。文献[5]使用层次分析法确定业务重要度,对链路风险值和权重进行分析,从风险值和风险均衡度的角度对网络运行风险情况进行计算和评估,但是没有给出路由选择的具体方法。文献[6]针对电力通信网的业务,利用业务风险度和业务风险均衡度来分析网络风险,但对于业务重要度的确定缺少依据。

文献[7]通过三角模糊层次分析法确定了电力通信网的业务重要度,基于此进行路由选择,提高了系统可靠性,但忽略了诸如网络结构、网络风险等其他影响因素。文献[8]考虑业务重要度,提出了一种基于负载均衡的电力通信网路由优化机制,优化网络的风险程度和负载均衡度,但是缺乏在业务数量变化情况下对网络风险等指标变化的考虑。文献[9]针对网状光网络,提出了一种负载均衡技术,有效平衡了网络负载,降低了多播请求阻塞率,但是电力通信网的链路容量不同,该方法更适用于光通信领域。基于共享风险链路组(SRLG)的通道保护技术是基于光网络生存性提出的一种方法。在电力通信网的实际网络中,铺设一条光纤链路时经常要经过多个管道和路径,而同一路径可能包含多条通道,同一管道中又可能有多条光纤链路。因此,光纤链路的故障存在相关性。SRLG 由国际互联网工程任务组(Internet Engineering Task Force, IETF)定义,表示共享同一物理资源、具有共同失效风险的一组链路,可用于表示这种故障相关性,同一光纤中的所有波长、一根光缆中的所有光纤均可作为一组 SRLG。目前的电力通信网在实际工程设置主备路由时,没有考虑网络中广泛存在的共享风险问题。假设位于同一 SRLG 的管道出现故障,则主备路由会同时失效。因此,在进行电力通信网路由规划时,考虑 SRLG 可以在一定程度上降低失效风险,提高网络生存性。文献[10]提出了动态共享子通路保护法,在提高资源利用率和降低阻塞率方面具有很好的效果。文献[11]针对 SRLG 提出的迭代策略算法引入链路双权重,可以更好地计算路由并分配波长,降低阻塞率,提升网络性能。文献[12]提出了 SRLG 加权 p 圈算法,仿真结果表明完全分离的 SRLG 保护可以降低工作路径和保护路径的同时失效概率,提高变电站通信网络生存能力和故障恢复能力。文献[13]提出了尽力 SRLG 故障保护方法,与 100%SRLG 故障保护相比,具有更好的容量效率、更低的阻塞率和尽可能高的生存能力。可以看出,目前对于 SRLG 的研究大多是对网络的效率、阻塞率、波长、故障恢复等方面进行优化分析,但在此基础上针对电力通信网不同种类业务及链路风险和节点风险方面的研究还较少。

本文出于对 SRLG 和网络整体风险的双重考虑,提出了一种 SRLG 与风险均衡的路由优化(SRLG and Risk Balanced Routing Optimized, SRB-RO)算法,首先根据逼近理想解排序法(TOPSIS)对电力通信网各类型业务的重要度进行评价,其次由电力通信网链路与节点的可用性分析链路风险与节点风险,考虑网络中 SRLG 对于网络失效风险的影响,进而提出 SRLG 与风险均衡的路由优化策略,并且仿真验证算法的有效性。

1 电力通信网概述

电力通信网与电力系统的继电保护及安全稳定控制系统、调度自动化系统为电力系统安全稳定运行的三大支柱。电力通信网作为电力系统的重要组成部分之一，是电网调度自动化、电网运营市场化和电网管理信息化的基础[14]。其承载业务包含语音、数据、远动、继电保护、电力监控等多个领域。

电力通信网由骨干通信网、终端通信接入网组成。骨干通信网根据功能分为传输网、业务网和支撑网；而终端通信接入网是骨干网络到信息终端之间的网络，分为 10 kV 通信接入网和 0.4 kV 通信接入网。电力通信网的组成架构如图 1 所示。

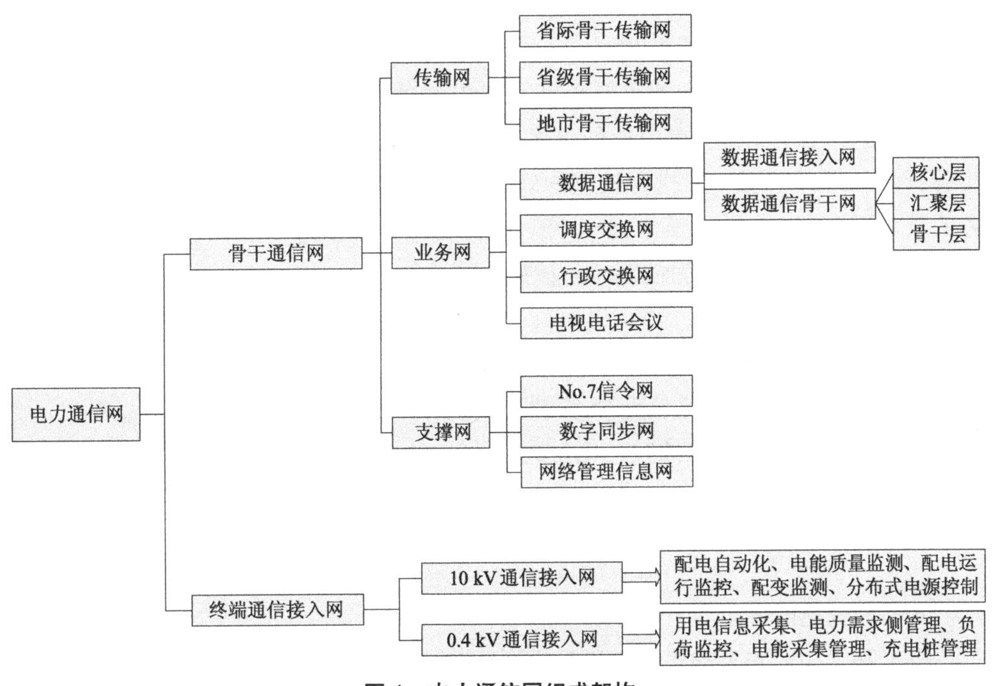

图 1 电力通信网组成架构

电力通信网承载着多种类型的业务，不同类型的业务对于电力系统性能和运行的影响有很大差异。电力通信网业务重要度定义为当某个业务存在故障或发生中断时，对于电网稳定可靠运行的影响程度[15]。网络受影响程度越大，对应的业务重要度越高。业务重要度反映了电力通信网业务在路由传输的过程中对于整个系统安全运行的影响程度。业务重要度是衡量电力通信网业务对电网影响的重要测量指标。在计算业务重要度时，不仅要考虑业务在电力通信网中的定位，还要考虑具体业务对于网络时延、带宽、可靠性等的需求。客观、准确地计算业务重要度，对于电力通信网风险计算和路由选择具有重要意义。

2 SRLG与风险均衡的路由算法

2.1 TOPSIS业务重要度评价方法

TOPSIS由Hwang和Yoon首次提出，通过对有限个评价对象与理想化目标的接近程度进行排序，对现有对象进行相对优劣的评价，是一种有效的多指标评价方法。TOPSIS法核心思想在于确定各指标的正理想解和负理想解，正理想解是所有指标属性都达到最优值的解，而负理想解是所有指标属性都达到最劣值的解，求解每种方案与正理想解、负理想解之间的加权欧氏距离，进而得出每种方案与最优方案的接近程度，作为评价方案优劣的标准[16]。

电力通信网各项业务的重要程度需要根据其业务的特征进行量化，本文采用TOPSIS法客观进行业务重要度的排序。TOPSIS业务重要度评价法主要包括3个步骤，即指标归一化处理、指标权重的确定和业务重要度的确定。假设x_{ij}为某一业务的某一性能指标参数。其中，$i=1,2,\cdots,m$为业务类型；$j=1,2,\cdots,n$为性能指标参数；m为业务类型数；n为性能指标参数的数量。

1. 指标归一化处理

由于每种业务性能指标取值范围和量纲有所不同，在对业务的时延、误码率、可靠性、带宽等指标进行对比分析时，需要对其进行归一化处理。

由文献[17]可知，参数的归一化公式如下：

$$x'_{ij}=\frac{x_{ij}}{\sum_{i=1}^{m}x_{ij}} \tag{1}$$

2. 指标权重的确定

根据基于相似关系的多属性决策模型[18]，各性能指标之间的相似程度越低，数据的变化越大，指标对于各类业务而言差异越大，在业务重要度计算中区分度越大，指标权重应越大。由文献[17]可知，指标权重w_j的计算公式如下：

$$w_j=\frac{1}{\left(\sum_{j=1}^{n}\frac{1}{\sum_{i=1}^{m}(x'_{ij}-x'^{+}_{ij})^2}\right)\sum_{i=1}^{m}(x'_{ij}-x'^{+}_{ij})^2} \tag{2}$$

式中：$x'^{+}_{ij}=\max\{x'_{ij},i=1,2,\cdots,m\}$。

3. 业务重要度的确定

电力通信网各项业务重要度计算的思路首先是正理想解和负理想解的构造，由此计算业务重要度 d_i。由文献[19]可知，对于某一性能指标 j，正理想解 X^+ 和负理想解 X^- 分别构造如下：

$$X^+ = \left\{\max_{s_i \in S}\{x_{1j}\}, \max_{s_i \in S}\{x_{2j}\}, \cdots, \max_{s_i \in S}\{x_{Kj}\}\right\} \tag{3}$$

$$X^- = \left\{\min_{s_i \in S}\{x_{1j}\}, \min_{s_i \in S}\{x_{2j}\}, \cdots, \min_{s_i \in S}\{x_{Kj}\}\right\} \tag{4}$$

式中：S 为业务集合；K 为业务类型数。

D_i^+ 和 D_i^- 是业务 s_i 的重要度分别与正理想解和负理想解的距离，由文献[17]可知，其计算公式如下：

$$D_i^+ = \sqrt{\sum_{j=1}^{n} w_j^2 (x'_{ij} - \max\{x'_{ij}\})^2} \quad i = 1, 2, \cdots, m \tag{5}$$

$$D_i^- = \sqrt{\sum_{j=1}^{n} w_j^2 (x'_{ij} - \min\{x'_{ij}\})^2} \quad i = 1, 2, \cdots, m \tag{6}$$

业务 s_i 的业务重要度计算公式如下：

$$d_i = \frac{D_i^-}{D_i^+ + D_i^-} \tag{7}$$

2.2 风险均衡模型分析

2.2.1 共享风险问题

在光通信网中，光纤链路之间存在一定程度的故障相关性，通常情况下用 SRLG 来表示。电力通信网与光通信网类似，变电站之间需要经过同一高压线塔的链路成为 SRLG，当某一共享链路出现故障时，其承载的所有链路都将出现故障，影响范围较大，因此在路由选择的过程中，要尽量避免选择含有 SRLG 的链路。在电力通信网中，网络的物理链路结构决定了该网络中是否存在 SRLG，本文将 SRLG 作为一种输入型的约束进行计算。具体某一网络中的 SRLG 要根据实际光缆的架设情况来确定。

以图 2 为例，链路(3，4)(3，5)(3，6)共同构成一组 SRLG，当出现故障时，这 3 条链路承载的业务都会受到影响。链路(7,9)(7,10)也是同理。每个 SRLG 由多条链路构成，每条链路也可以属于不同的 SRLG[20]。

图 2 中，链路(2，4)上承载了 s_1、s_3、s_4、s_5 多项业务，当该条链路出现异常或故障时，将导致这 4 项业务的传输中断，对整个电力通信网业务的传输带来不利影响。因

此,在进行业务路由选择时,要综合考虑网络中存在的共享风险与链路风险分布较集中的问题,降低网络失效的概率。

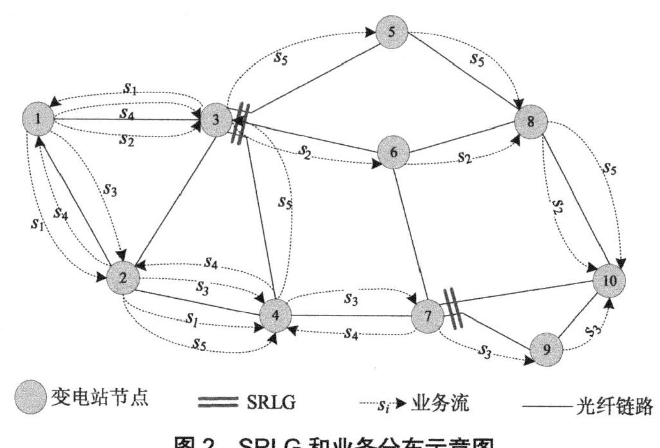

图2　SRLG和业务分布示意图

在杆塔的实际架设过程中,各变电站节点之间往往不是直接相连,而是在中途经过多个杆塔,杆塔之间常通过光纤复合架空地线(Optical Fiber Composite Overhead Ground Wire,OPGW)光缆连接。以图3为例,对链路(7,9)(7,10)组成的SRLG实际架设情况进行说明。在对变电站7与变电站10进行连接时,途经了A和B两个杆塔,在对变电站7与变电站9进行连接时,途经了A和C两个杆塔。当变电站7到杆塔A之间的链路出现故障时,将会导致变电站7与10及变电站7与9之间传输的业务均出现故障,因此链路(7,9)和(7,10)之间的故障具有相关性,也可认为是多链路风险并发的情况。在进行电力通信网路由规划时,如果将SRLG考虑在内,在进行业务路由分配时有选择性地避开SRLG,则可以大大降低网络的失效概率,进而提高网络运行的可靠性。

为了说明SRLG对实际工程的影响,图4给出了某地区的部分电力光缆建设方案。该工程中新建变电站A,将换流站M—变电站X的500 kV线路上的1根24芯OPGW光缆随线路π接入A,新建π接段架设1根24芯OPGW光缆,A至X方向π接段线路长度为60 km,A至M方向π接段新建线路长度为59 km。另外,将变电站K至变电站B的220 kV线路π接入变电站A。在实际工程施工中,如果对于每组新建的π接线路,只挖一条光缆沟进行线路的敷设,那么这2条π接线路就处于同一SRLG,当该光缆沟出现问题时,这2条新建的线路都会受到影响。因此,路由选择时对于SRLG的考虑在实际工程应用中很有必要。

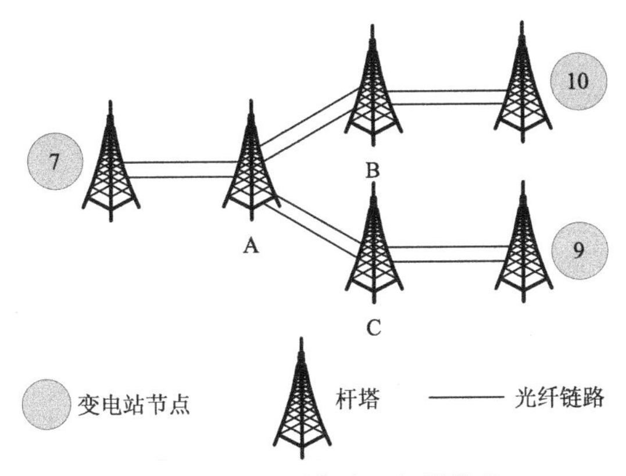

图 3　SRLG 局部实际架设情况

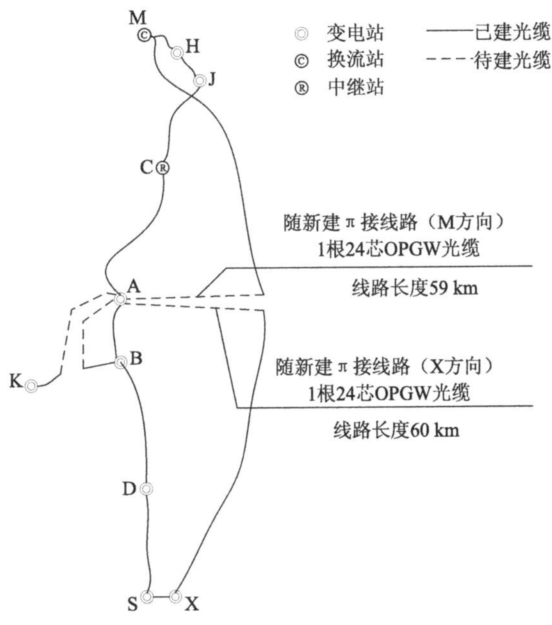

图 4　某地区部分电力光缆建设方案

2.2.2　链路与节点可用性与失效率

网络链路与节点的可用性与平均失效前时间（Mean Time To Failure，MTTF）t_{MTTF} 和平均故障间隔时间（Mean Time Between Failure，MTBF）t_{MTBF} 有关。t_{MTTF} 为设备或系统正常运行到发生下一次故障的平均时间。t_{MTBF} 为相邻 2 次故障之间的平均工作时间，即设备或系统平均可以正常运行多久才发生一次故障，系统可靠性越高，t_{MTBF} 越大。平均恢复时间（Mean Time To Restoration，MTTR）t_{MTTR} 包含确认失效发生所需时间和维护所需时间，t_{MTTR} 越小，易恢复性越好。三者满足 $t_{\mathrm{MTBF}}=t_{\mathrm{MTTF}}-t_{\mathrm{MT}}$-

$_{TR}$。平均故障设备或系统的可用性 A 可表示为

$$A=\frac{t_{MTBF}}{t_{MTBF}+t_{MTTR}} \tag{8}$$

节点 x 的可用性 $A_N(x)$表示为

$$A_N(x)=A \tag{9}$$

由文献[21]可知,端点为(x, y),长度为 $L(x, y)$的光纤链路可用性 $A_E(x, y)$表示为

$$A_E(x,y)=A^{L(x,y)} \tag{10}$$

链路(x, y)的失效率 $P_E(x, y)$和节点 x 的失效率 $P_N(x)$分别由链路可用性和节点可用性计算得到:

$$P_E(x,y)=1-A_E(x,y) \tag{11}$$

$$P_N(x)=1-A_N(x) \tag{12}$$

2.2.3 链路风险与节点风险

根据文献[6]和文献[21],链路风险 $R_E(x,y)$定义为链路(x,y)承载的 n 个业务的业务重要度之和与链路失效率的乘积:

$$R_E(x,y)=P_E(x,y)\sum_{i=1}^{n}d_i=[1-A_E(x,y)]\sum_{i=1}^{n}d_i \tag{13}$$

式中:d_i 为第 i 个业务的重要度。

节点风险 $R_N(x)$定义为节点 x 承载的 n 个业务的业务重要度之和与节点失效率的乘积:

$$R_N(x)=P_N(x)\sum_{i=1}^{n}d_i=[1-A_N(x)]\sum_{i=1}^{n}d_i \tag{14}$$

网络整体风险 R 为网络中链路风险与节点风险之和:

$$R=\sum_{\substack{x=1,y=1\\y<x}}^{e}R_E(x,y)+\sum_{x=1}^{v}R_N(x) \tag{15}$$

式中:e、v 分别为网络中的链路数量和节点数量。

网络平均业务风险 R_{ave} 为链路风险与节点风险的均值之和:

$$R_{ave}=\frac{1}{e}\sum_{\substack{x=1,y=1\\y<x}}^{e}R_E(x,y)+\frac{1}{v}\sum_{x=1}^{v}R_N(x) \tag{16}$$

风险均衡度定义为链路风险与节点风险均方差之和的倒数[22]。网络中业务分布得越均匀,链路与节点之间各自的风险差异越小,其均方差之和越小,倒数越大,风险均衡度就越大,网络运行质量越好。因此,风险均衡度与网络的运行质量正相关。风险均衡度 B 的计算公式如下:

$$B=\frac{1}{\frac{1}{e}\sum_{\substack{x=1,y=1\\y<x}}^{e}[R_{\mathrm{E}}(x,y)-\bar{R}_{\mathrm{E}}]+\frac{1}{v}\sum_{x=1}^{v}[R_{\mathrm{N}}(x)-\bar{R}_{\mathrm{N}}]} \tag{17}$$

式中：$\bar{R}_{\mathrm{E}}$、$\bar{R}_{\mathrm{N}}$ 分别为链路风险与节点风险的均值。

2.2.4 SRLG 剩余带宽容量占比

使用网络中 SRLG 剩余带宽容量占所有链路带宽容量之和的比例 C_{ratio} 来表征业务失效风险。在业务调度的过程中，如果含有 SRLG 的链路剩余带宽容量占所有链路带宽容量之和的比例越大，则对于含有共享风险的链路调度次数越多，失效风险越大。

$$C_{\mathrm{ratio}}=\frac{\sum C_{\mathrm{SRLG}}}{\sum_{x=1}^{v}\sum_{y=1}^{v}C(x,y)} \tag{18}$$

式中：$\sum C_{\mathrm{SRLG}}$ 为网络中所有 SRLG 链路的剩余带宽容量之和；$C(x,y)$为节点 x 到节点 y 之间的通信链路带宽容量。

2.2.5 阻塞-风险综合指数

由于网络中链路的容量有限，网络中可能会存在拥塞的问题。当业务请求数量不断增加时，链路容量不断减少，当链路上的容量减少到不足以支撑下一个业务的所需带宽时，就会产生拥塞。为了分析算法中拥塞对网络风险的影响，本文定义阻塞-风险综合指数（Block-Risk Comprehensive Index，BRCI）进行评价。

首先定义网络的阻塞率 P_{block} 为由于容量限制而不能进行分配的业务数量 Q 与业务总数 Z 之间的比值：

$$P_{\mathrm{block}}=\frac{Q}{Z} \tag{19}$$

然后对阻塞率 P_{block} 和平均业务风险 R_{ave} 进行归一化处理，参数的归一化公式如下：

$$t'=\frac{t-t_{\min}}{t_{\max}-t_{\min}} \tag{20}$$

式中：t、t' 分别表示参数归一化前后的值；$t_{\min}$、$t_{\max}$ 分别为样本数据参数的最小值和最大值。

阻塞-风险综合指数 λ_{BRCI} 定义为二者加权求和：

$$\lambda_{\mathrm{BRCI}}=aP'_{\mathrm{block}}+bR'_{\mathrm{ave}} \tag{21}$$

式中：a、b 分别为阻塞率和平均业务风险所占的权重，网络的阻塞率越小，平均业务风险越小,则网络失效概率越小,整体运行质量和效率越高。

2.3 SRB-RO 算法描述

本文所提的 SRB-RO 算法均衡考虑了网络中存在的共享风险、链路风险和节点风险,同时适当考虑减小路径的物理距离。该算法首先避开了网络中的 SRLG,使用 *K* 最短路径(*K* Shortest Paths, KSP)算法选出前 *k* 条物理距离最短的路径,在这 *k* 条路径中选择网络整体风险 *R* 最小的 2 条分别作为工作路径和备用路径。因此,在电力通信网路由选择时需要分别选出工作路径和备用路径。SRB-RO 算法流程如图 5 所示。

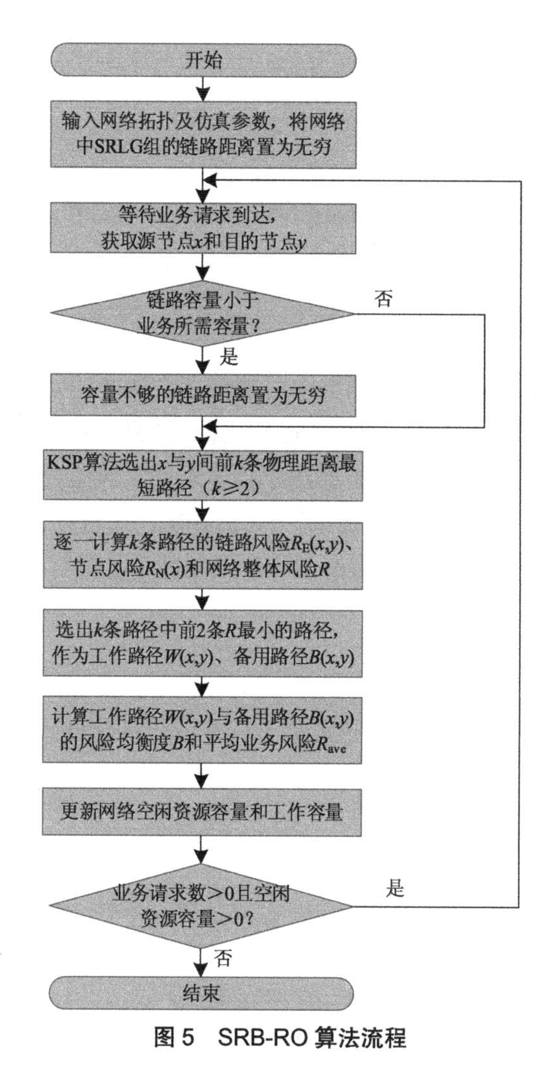

图 5 SRB-RO 算法流程

本文针对网络风险与 SRLG 两个方面对电力通信网路由选择的过程进行了优

化,通过可用性和失效率定义了网络的链路风险 $R_E(x, y)$和节点风险 $R_N(x)$,进而得出网络整体风险 R、网络平均业务风险 R_{ave} 与风险均衡度 B。在所提 SRB-RO 算法中,均衡考虑了网络整体风险与 SRLG,在尽量避开 SRLG 的同时,选择网络整体风险小的路径作为工作路径和备用路径,大大降低了网络的平均业务风险。因此,从 SRLG 与网络整体风险 2 个角度同时对路由选择进行约束是算法的创新之处。

3 仿真分析

3.1 仿真参数设置

仿真采用如附录 A 图 A1 所示的江苏省某市的电力光缆路由网络 $G(N, E)$进行仿真,以验证算法的有效性,其中 N 为网络中的节点数,E 为网络中的链路数。该网络有 29 个 220 kV 及以上的变电站节点和 47 条光缆链路。网络 $G(N, E)$中,链路(5,4)(5,9)和(20,5)(20,21)是网络中的两组 SRLG。仿真中,假设 70%的业务在 220 kV 变电站和 500 kV 变电站之间传输,3 个 500 kV 变电站和调度中心(节点 5、20、29、14)作为一个通信节点,与该节点距离不超过 3 跳的节点为另一个通信节点,其余 30%业务的源节点和目的节点从网络节点集中随机选取。各类型业务性能指标、所占比例等参数见附录 A 表 A1,业务重要度仿真结果见附录 A 表 A2,在对 SRB-RO 算法的仿真过程中业务重要度作为已知量。

由文献[23]可知,电力光纤的 t_{MTBF} 和 t_{MTTR} 分别为 7 600 h/km 和 12 h/km,路由器的 t_{MTBF} 和 t_{MTTR} 分别为 4 950 h/km 和 2 h/km,由式(8)可得单位长度电力光纤可用性为 0.998 4,节点可用性为 0.999 6。根据文献[24],每千米全介质自承式(All-Dielectric Self-Supporting,ADSS)光缆失效率比 OPGW 光缆高 0.4%~0.6%,仿真设定每千米 OPGW、ADSS 和普通光缆可用率分别为 0.998 4、0.995 和 0.99。

仿真时分别将以下 2 种方案作为对比:一是不考虑网络中的 SRLG,仅对风险进行约束的路由优化算法(仿真结果分析中记为 RB-RO 算法);二是仅选择物理距离最小的 2 条路径作为工作路径和备用路径,而不对网络整体风险 R 进行考虑(仿真结果分析中记为 DB-RO 算法)。实验中改变 k 的值,分析平均业务风险、风险均衡度和 SRLG 剩余带宽容量占比的变化。

3.2 仿真结果分析

根据 2.1 节 TOPSIS 业务重要度评价方法,根据目前电力通信网络中各类业务的性能指标计算出其业务重要度。业务重要度和性能指标权重仿真结果分别见附录 A 表 A2 和表 A3。

附录 A 图 A2 是 $k=5$ 时不同业务请求数量下的平均业务风险对比。随着业务请求数量的增加，SRB-RO 算法的平均业务风险总体呈上升趋势，且工作路径的平均业务风险要低于备用路径，而仅以物理距离作为权重进行路由的 DB-RO 算法，其平均业务风险一般要高于 SRB-RO 算法，其工作路径与备用路径之间无明显的大小关系。因此，对整体网络风险和 SRLG 进行约束的 SRB-RO 算法可以有效降低平均业务风险，进而提高网络的运行质量。

附录 A 图 A3 是在 $k=5$ 时不同业务请求数量下 SRB-RO 与 RB-RO 算法工作路径的阻塞-风险综合指数对比。仿真中假设阻塞率与平均业务风险所占权重相同，取参数 $a=b=0.5$。随着业务请求数量的增加，网络的阻塞-风险综合指数整体呈上升趋势，二者之间差距不明显，但在请求数量较多时，SRB-RO 算法的综合指数会略低于 RB-RO 算法。因此，在考虑 SRLG 的情况下，阻塞-风险综合指数较低，阻塞率没有使网络的风险增加，运行可靠性较好。

附录 A 图 A4 为不同 k 值和业务请求数量下 SRB-RO 算法工作路径的平均业务风险对比。由图可知，k 值大的平均业务风险会整体上高于 k 值小的平均业务风险。k 值一定时，随着业务请求数量的增加，SRB-RO 算法工作路径的平均业务风险总体呈上升趋势。

附录 A 图 A5 是在 $k=5$ 时不同算法工作路径与备用路径的风险均衡度对比。由图可知，随着业务请求数量的增加，SRB-RO 和 RB-RO 算法的风险均衡度均呈下降趋势，且二者工作路径的风险均衡度均大于其备用路径，工作路径的运行质量更好。由 SRB-RO 算法选出的网络整体风险小的工作路径，风险均衡度更高。考虑网络中的 SRLG 在一定程度上减小了风险均衡度，这是因为选择避开 SRLG 会导致路由更加集中，分散性降低，业务分布均衡程度降低，风险均衡度就会有所降低。但是，在业务请求逐渐增加的过程中，SRB-RO 与 RB-RO 算法的风险均衡度都会下降，直到趋于稳定，二者之间的差距会渐渐缩小。SRB-RO 算法却可以避免选择含有共享风险的路由，可以降低共享链路的失效风险。在选择路由时，要根据需求多方面考虑所选路径的优劣。

附录 A 图 A6 对比了不同业务请求数量下 SRB-RO 和 RB-RO 算法的 SRLG 剩余带宽容量占比情况。k 值一定时，随着业务请求数量的增加，SRB-RO 算法的 SRLG 剩余带宽容量占比不断增加，说明对于 SRLG 链路调度次数少，网络中出现共享链路失效的概率大大降低；而不考虑网络中 SRLG 的 RB-RO 算法的 SRLG 剩余带宽容量占比则保持稳定，且一直低于 SRB-RO 算法，不会随着业务请求数量的变化而产生明显的变化或波动，因此其链路失效概率较高。仿真结果中，当 k 分别等于 5、8、11 时，SRB-RO 算法的 SRLG 剩余带宽容量占比最多分别比 RB-RO 算法高 8.01%、14.05%、20.36%，可见随着 k 值的增加，SRB-RO 与 RB-RO 算法之间 SRLG

剩余带宽容量占比的差距越来越大，SRB-RO 算法的 SRLG 剩余带宽容量占比也不断增加,且增长越来越快,因此 k 值和业务请求数量越大，SRB-RO 算法在降低共享链路失效概率方面的优势越明显。

4 结语

本文提出了 SRLG 与风险均衡的电力通信网路由优化算法,在 TOPSIS 业务重要度评价方法的基础上,综合考虑了网络中的 SRLG、链路风险和节点风险,构建了 SRLG 与风险均衡算法,从网络整体风险、风险均衡度、共享风险与物理距离的角度进行优化,并在实际电力光缆拓扑中进行了仿真验证。仿真结果表明，SRB-RO 算法可以降低网络平均业务风险,适当提高工作路径的风险均衡度,提高 SRLG 剩余带宽容量占比,进而降低网络失效风险。本文所提算法对于电力通信网的路由设计与风险规划具有较大的参考价值。本文的局限性在于所提算法在降低网络阻塞率、均衡分配网络资源方面没有很明显的优势,未来可以在考虑业务风险的基础上,在业务流量疏导和负载均衡等方面进行进一步深入研究与实践。

参考文献

[1] 李彬,杨娇,唐良瑞,等. 高效 P 圈保护技术在电力通信网中的应用[J]. 电力系统自动化,2013,37(20):83-87.

[2] 李彬,杨娇,熊克卿,等. 面向电力业务需求的 P 圈/快速重路由混合故障保护算法[J]. 电力系统自动化,2016,40(7):113-120.

[3] 李彬,卢超,陈宋宋,等. 面向电力需求响应业务的 P 圈保护算法[J]. 电力系统自动化,2017,41(23):8-14,52.

[4] 贾惠彬,薛凯夫,马静,等. 广域保护通信多路径路由选择的改进蚁群算法[J]. 电力系统自动化,2016,40(22):22-26.

[5] 蒋康明,曾瑛,邓博仁,等. 基于业务的电力通信网风险评价方法[J]. 电力系统保护与控制,2013,41(24):101-106.

[6] 赵子岩,刘建明. 基于业务风险均衡度的电力通信网可靠性评估算法[J]. 电网技术,2011,35(10):209-213.

[7] 刘钰,熊兰,肖丹,等. 基于业务重要度的电力通信路由系统可靠性分析[J]. 电测与仪表,2017,54(12):34-41.

[8] XING N Z, XU S Y, ZHANG S D, et al. Load balancing-based routing optimization mechanism for power communication networks[J]. China communications, 2016, 13(8): 169-176.

[9] CONSTANTINOU C K, ELLINAS G. A load balancing technique for efficient survivable multicasting in mesh optical networks[J]. Optical switching and networking, 2016, 22: 1-8.

[10] 郭磊,虞红芳,李乐民. 抗毁 WDM 网中单 SRLG 故障的共享子通路保护[J]. 电子与信息学报,2005,27(7):1136-1140.

[11] ZHANG P, HUA Y Q, ZHANG Y T. The study of protection algorithms with shared risk link group (SRLG) constraint[C]//2016 IEEE Optoelectronics Global Conference, Shenzhen, China, 2016:1-3.

[12] LI B, YANG J, QI B, et al. Application of p-cycle protection for the substation communication network under SRLG constraints[J]. IEEE transactions on power delivery, 2014, 29(6): 2510-2518.

[13] SHAO X, BAI Y B, CHENG X F, et al. Best effort SRLG failure protection for optical WDM networks[J]. Journal of optical communications and networking, 2011, 3(9): 739-749.

[14] 张天宇. 电力通信网 EPON 的安全防护措施对 QoS 影响的研究[D]. 北京:华北电力大学,2014.

[15] 郑蓉蓉,赵子岩,刘识,等. 基于重要度的电力通信业务路由分配算法[J]. 电力信息化,2012,10(10):23-28.

[16] 黄虎,苑吉河,张曦,等. 基于综合指标 TOPSIS 法的电网节点脆弱性评估[J]. 电测与仪表,2019,56(2):59-63,82.

[17] 曾庆涛,邱雪松,郭少勇,等. 基于风险均衡的电力通信业务的路由分配机制[J]. 电子与信息学报,2013,35(6):1318-1324.

[18] 刘健,刘思峰,周献中,等. 基于相似关系的多属性决策问题研究[J]. 系统工程与电子技术,2011,33(5):1069-1072.

[19] 耿子惠,崔力民,舒勤,等. 基于 TOPSIS 算法的电力通信网关键节点识别[J]. 电力系统保护与控制,2018,46(1):78-86.

[20] 祁兵,刘思放,李彬,等. 基于业务优先级和 SRLG 的电力需求响应业务调度优化算法[J]. 电网技术,2019,43(7):2393-2402.

[21] 李彬,卢超,景栋盛,等. 负载与风险联合均衡的电力通信网路由优化算法[J]. 中国电机工程学报,2019,39(9):2713-2723.

[22] 曾庆涛. 电力通信网风险管理关键技术的研究[D]. 北京:北京邮电大学,2015.

[23] ZENG B, WU G, WANG J H, et al. Impact of behavior-driven demand response on supply adequacy in smart distribution systems[J]. Applied energy, 2017, 202(15): 125-137.

[24] 郭思嘉,赵振东,张倩宜. 基于 Weibull 函数分布的电力通信网光缆失效率模型[J]. 电力系统保护与控制,2017,45(17):92-99.

附录 A

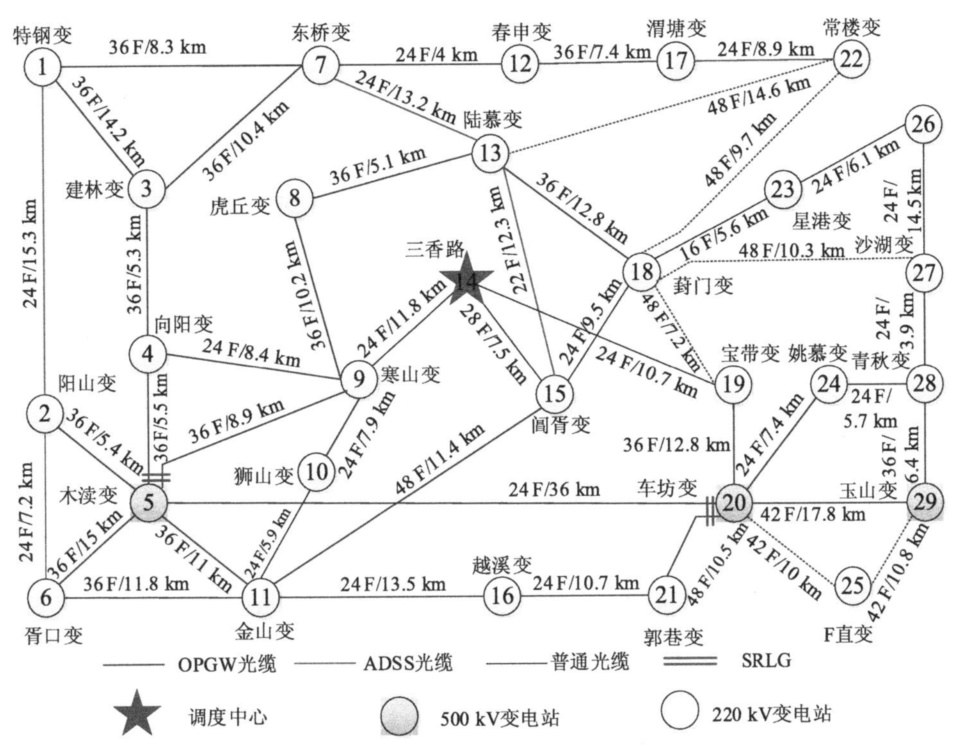

图 A1　江苏省某市电力光缆路由网络

表 A1　业务种类及性能指标数据

业务类型	时延/ms	误码率	可靠性/%	带宽/(MB/s)	业务所占比例/%
继电保护业务	<12	$<10^{-8}$	99.999	2	5
安稳控制系统业务	<30	$<10^{-8}$	99.999	2	10
调度自动化业务	<100	$<10^{-8}$	99.999	2	20
通信监测业务	<500	$<10^{-6}$	99.9	2	15
管理电话业务	<5 000	$<10^{-3}$	99.9	0.5	30
信息支持系统业务	<5 000	$<10^{-3}$	99.0	10	20

表 A2　业务重要度仿真结果

业务类型	业务重要度仿真结果
继电保护业务	0.998 1
安稳控制系统业务	0.606 9
调度自动化业务	0.100 8
通信监测业务	0.076 8
管理电话业务	0.065 2
信息支持系统业务	0.023 4

表 A3　业务性能指标权重仿真结果

业务性能指标	指标权重仿真结果
时延	0.017 7
误码率	0.017 4
可靠性	0.017 1
带宽	0.016 8

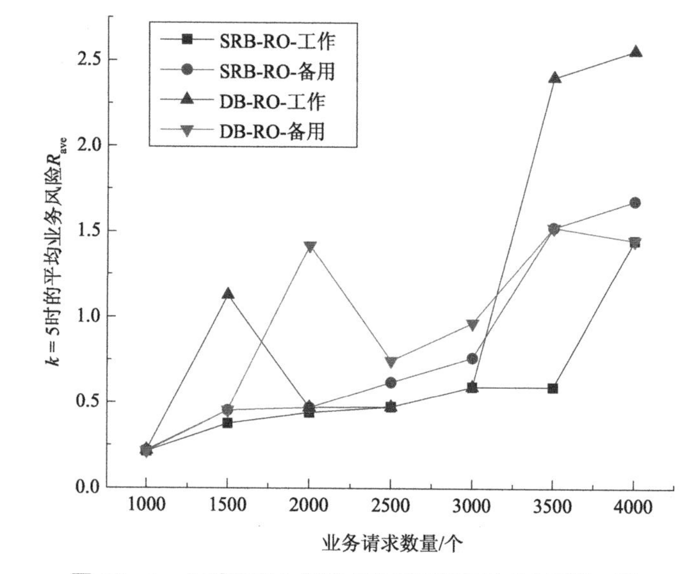

图 A2　$k=5$ 时不同业务请求数量下的平均业务风险对比

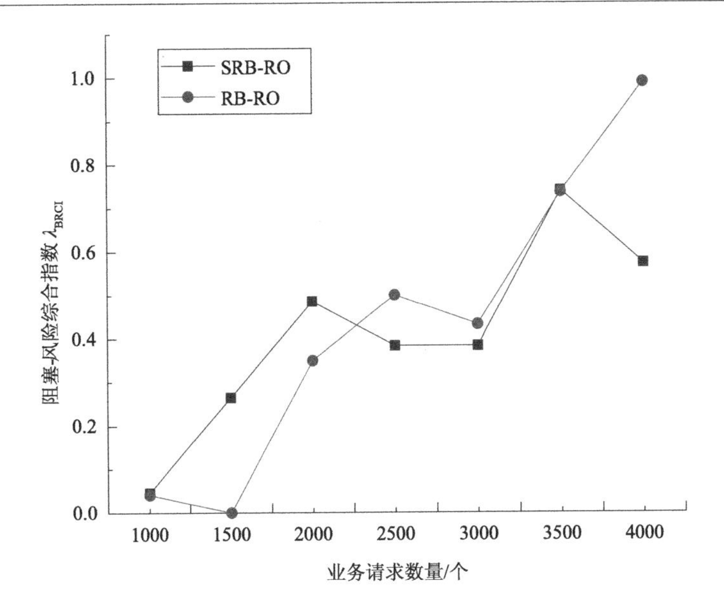

图 A3　$k=5$ 时不同业务请求数量下阻塞-风险综合指数对比

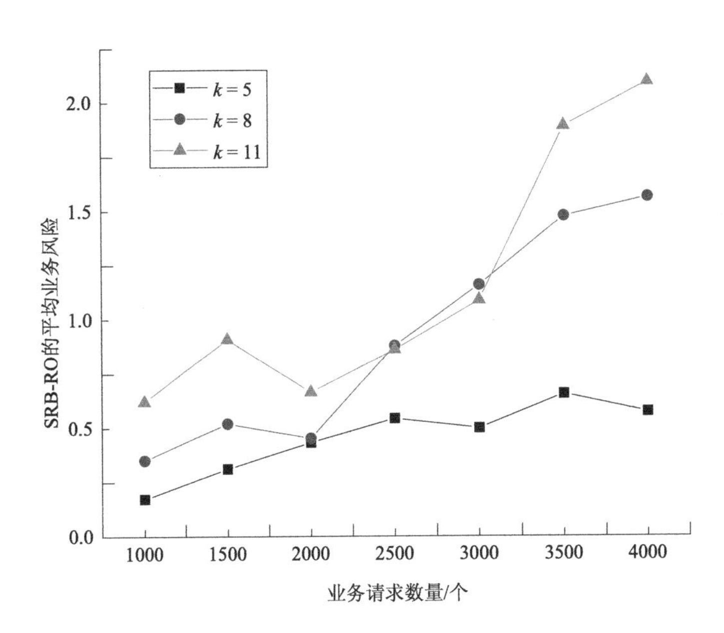

图 A4　不同 k 值和业务请求数量下 SRB-RO 工作路径的平均业务风险对比

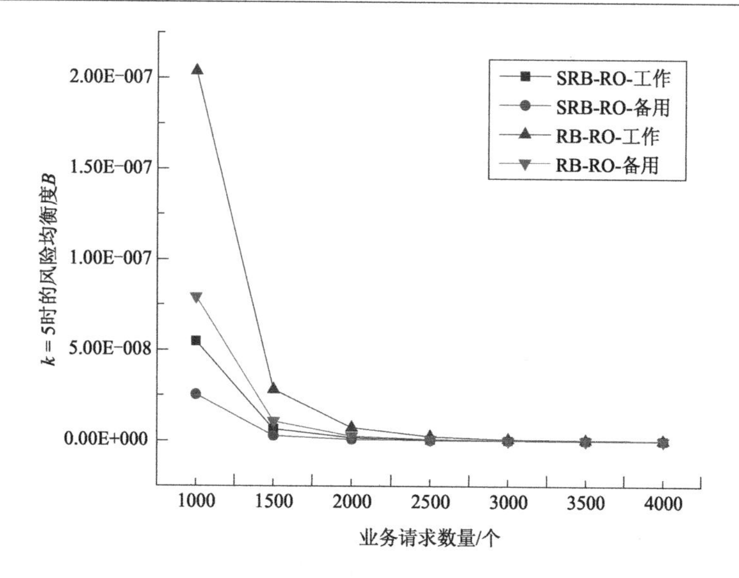

图 A5　k=5 时不同业务请求数量下的风险均衡度对比

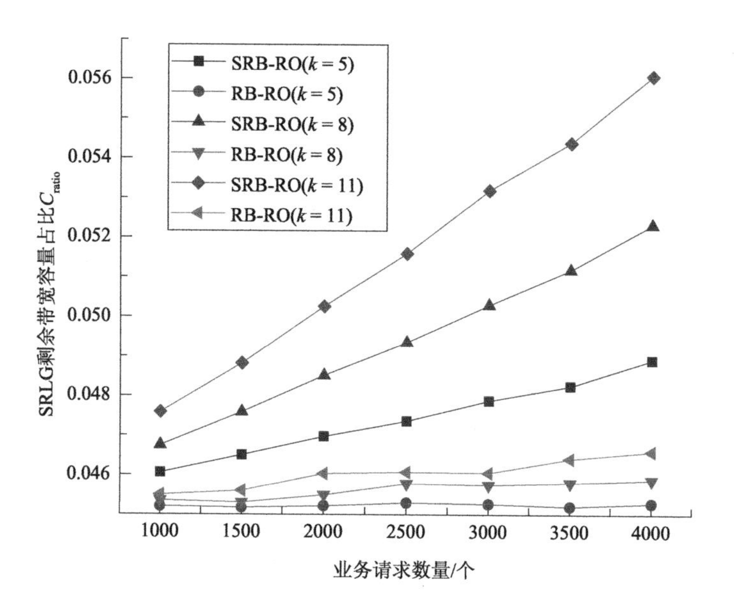

图 A6　不同业务请求数量下的 SRLG 剩余带宽容量占比

基于 NB-IoT 的多蜂窝网络选择算法的研究

尹喜阳[1],岳顺民[1],李霜冰[1],张俊尧[2],郭浩然[3]

(1. 国网天津市电力公司,天津市,300010;2. 南瑞集团有限公司,江苏省南京市,211106;
3. 华北电力大学电子与通信工程系,河北省保定市,071003)

摘要:窄带物联网(Narrow Band the Internet of Things, NB-IoT)是第五代网络(5G)的关键技术之一。伴随着新业务领域的开发和应用,NB-IoT 系统中连接的物联网设备将呈现爆炸式增加,但系统的资源远低于现有的无线通信系统,如何确定 NB-IoT 终端设备的接入基站以及如何有效地为接入的用户进行资源分配成为 NB-IoT 系统所必须解决的重要问题。本文在吞吐量和系统能耗之间进行折中,以系统能效为优化目标,设计了一种基于 NB-IoT 的多蜂窝网络选择算法。该方法为用户和基站设置效用函数,基于匹配理论完成用户的选择过程,最后对本文提到的算法和对比算法进行仿真,仿真结果表明,本文算法在能耗和能效性能上均优于对比算法。

关键词:窄带物联网;能效;资源分配;网络选择

0 引言

窄带物联网技术是未来无线通信系统中具有发展前景的关键技术,将会带来经济的持续增长。物联网指的是任何事物在任何时间和地点都能够接入网络并访问数据。因此,用户终端的数量将会呈现爆炸式的增长态势。相关研究表明,截至 2020 年,网络设备的数量将增加至 280 亿个,一个小区将能够支持多达 480 000 个物联网设备[1]。这些物联网设备将支持智能家居、身体/健康监测、环境监测和基于状态的维护等应用服务。然而,为了创建这样的 IoT 环境,其中一个要求是在有限资源(例如功率和带宽)的前提下为 IoT 设备提供稳定的无线连接。为了满足物联网应用提出的要求,第三代合作伙伴计划(3rd Gemeration Partnership Project, 3GPP)引入了一种称为窄带物联网(NB-IoT)的新无线电接入技术,这被认为是迈向 5G 物联网演进的有希望的一步。许多重要的工业企业,如爱立信、诺基亚、英特尔和华为都对 NB-IoT 表现出极大的兴趣,并积极参与 NB-IoT 的标准化。数据流量和用户终端数量的增加势必会带来能耗的大量增加[2]。窄带物联网系统存在大量的传感类、控制类连接需求,这些连接对数据速率要求并不高,但对能耗却非常敏感,现有的 4G 网络无法满足物联网海量终端的能耗需求,因此如何降低物联网中的能耗是迫切需要解决的问题[3]。窄带物联网的带宽仅为无线通信系统的一个资源块,即 180 kHz。因此,如何利用有限的带宽资源实现低能耗和大规模连接是通信行业的一个研究热点。

现有的工作已经对窄带物联网中的资源调度算法和蜂窝选择算法进行了一些研究。文献[4]研究了 NB-IoT 中的资源调度和节点选择问题,并提出了一种路径选择算法来改善 NB-IoT 系统中的资源利用率。文献[5]描述了 NB-IoT 下行链路的资源调度过程,并针对物理层的延迟要求提出了一种资源调度算法。文献[6]提出了一种新的带有重复次数确定的上行链路自适应方案,该方案由内环链路自适应和外环链路自适应组成,以保证传输可靠性,提高 NB-IoT 系统的吞吐量。文献[7]提出了一种资源分配算法,以提高 NB-IoT 的空口利用率。文献[8]介绍了 NB-IoT 的帧结构,分析了适用于 NB-IoT 系统下行链路的非连续调度方式以及资源分配方案。现有的研究从各方面性能研究了 NB-IoT 系统的资源分配方案,本文将主要关注 NB-IoT 系统的能耗问题,对现有的资源分配方法进行改进,提出了一种基于能耗和吞吐量的用户接入和资源调度算法,通过资源优化对基站的发射功率进行优化,结合匹配理论完成蜂窝网络的选择过程,从而达到降低系统能效和提升吞吐量的目的。

1 系统模型与问题建模

本文考虑基于正交频分复用(Orthogonal Frequency Division Multiple Access, OFDMA)的(Long Term Evolution, LTE)网络,其中内部多个设备在带内 NB-IoT 解决方案之后上传内容。在所研究区域内,LTE 小区位于中心,并在许可的频谱带上操作。在频域中,它由一个 PBR 组成,其具有 12 个子载波、15 kHz 的频率间隔和正常的循环前缀(Cyclic Prefix, CP)。一个子载波和一个符号构成一个资源元素,即最小的传输单元。资源元素等效于子载波上的一个调制符号,即 QPSK 为 2 bit, 16-QAM 为 4 bit。此外,与 LTE 不同, NB-IoT 下行链路物理信道和信号主要在时间上多路复用。本文主要考虑宏基站和小基站共存的 NB-IoT 系统,在所研究区域,集合 $\mathscr{N}$ 和 $\mathscr{K}$ 分别代表 NB-IoT 设备集合和基站集合,其中 N 代表 NB-IoT 设备总数量, K 代表基站总数量。$n \in \mathscr{N}, k \in \mathscr{K}$ 分别表示 NB-IoT 设备索引和基站索引, $\mathscr{Z}_k$ 表示关联至基站 k 的 NB-IoT 设备集合。对于每个小区,总帧时长被分成一组时隙 $\mathscr{T} = \{1,2,\cdots,T\}$,每个时隙为 1 ms,并由一个 180 kHz 的资源块组成。

定义接入指示变量:

$$a_{nk} = \begin{cases} 1 & \text{用户}n\text{接入基站}k \\ 0 & \text{用户}n\text{未接入基站}k \end{cases} \tag{1}$$

$$b_{nt}=\begin{cases}1 & \text{时隙}t\text{被分配给}n\\ 0 & \text{时隙}t\text{未被分配给}n\end{cases} \tag{2}$$

NB-IoT 设备 n 与基站 k 之间的信干噪比(Signal to Interference plus Noise Ratio, SINR)为

$$SINR_{nk}=\frac{p_{nk}g_{nk}}{I_{nk}+\sigma^2} \tag{3}$$

其中,p_{nk} 为基站 k 分配给设备 n 的发射功率;g_{nk} 为基站 k 与设备 n 之间的路径损耗;I_{nk} 为设备 n 所受到的来自其他基站的干扰之和,$I_{nk}=\sum_{j=1,j\neq k}^{K}p_{nj}g_{nj}$;$\sigma^2$ 为高斯白噪声功率,此值被认为是一个常数。根据香农公式,NB-IoT 设备 n 所能达到的数据速率为

$$r_{nk}=\log_2(1+SINR_{nk}) \tag{4}$$

基站 k 的实际发射功率为

$$p_k=\sum_{n\subset\mathcal{N},t\in\mathcal{T}}a_{nk}b_{nt}p_{nk} \tag{5}$$

本文将使用文献[9]给出的基站功耗模型

$$C_k=P_{0k}+\varDelta_k p_k \tag{6}$$

其中,P_{0k} 为基站 k 固定的功率消耗;$\varDelta_k$ 为基站 k 功率消耗的斜率。

系统能效定义为系统吞吐量与系统能耗之比,本文以系统能效为优化目标,提出如下优化问题:

$$\max\frac{\sum_{k\in\mathcal{K}}\sum_{n\in\mathcal{N}}\sum_{t\in\mathcal{T}}a_{nk}b_{nt}r_{nk}}{\sum_{k\in\mathcal{K}}C_k} \tag{7}$$

约束条件为

$$\left.\begin{array}{ll}a_{nk}\in\{0,1\} & n\in\mathcal{N},k\in\mathcal{K}\\ b_{nt}\in\{0,1\} & n\in\mathcal{N},t\in\mathcal{T}\\ \sum_{n\in\mathcal{N}}b_{nt}=1 & n\in\mathcal{N}\\ \sum_{k\in\mathcal{K}}a_{nk}=1 & n\in\mathcal{N}\\ p_k\leqslant p_{\max}^k & k\in\mathcal{K}\\ \sum_{t\in\mathcal{T}}a_{nk}b_{nt}r_{nk}\geqslant R_n & n\in\mathcal{N}\end{array}\right\} \tag{8}$$

其中,$p_{\max}^k$ 为基站 k 的最大发射功率限制。

上述提出的优化问题中存在组合优化变量,很难得到优化问题的一个最优解。想要使系统能效得到优化,考虑在提高系统吞吐量的基础上尽可能地降低系统能耗。

因此，为解决提出的优化问题，本文将优化问题分为两个子问题，即系统吞吐量优化子问题和能耗优化子问题，最后给出下文的网络选择算法，获得优化问题的一个次优解。

2　基于 NB-IoT 的多蜂窝网络选择算法

2.1　吞吐量的优化

吞吐量的优化问题设定为

$$\max \sum_{k\in\mathscr{K}}\sum_{n\in\mathscr{N}}\sum_{t\in\mathscr{T}} a_{nk}b_{nt}r_{nk} \tag{9}$$

上述优化问题仍然满足式（8）中的约束条件。

当给定用户选择方案时，优化问题可以转化为

$$\max \sum_{n,k} r_{nk} \tag{10}$$

根据文献[10]可知，想要提高系统的吞吐量，必须降低重复因子，重复因子主要取决于耦合损耗，耦合损耗取决于信干噪比和基站的发射功率，即

$$SINR_{nk} = p_{nk} - \sigma^2 - \omega - 10\lg W - MCL \tag{11}$$

其中，ω 为噪声数字；W 为带宽；MCL 为耦合损耗（Maximun Coupling Loss）。因此，本部分将通过优化基站的发射功率来优化系统的吞吐量。

利用拉格朗日分解法的最优解（Karush Kuhn Tucker，KTT）条件，最优解为

$$\frac{\partial L}{\partial p_{nk}} = 0 \tag{12}$$

所以

$$p_{nk} = \left(\frac{1+\lambda}{\mu \ln 2} - \frac{\sigma^2 + I_{nk}}{g_{nk}}\right)^+ \tag{13}$$

拉格朗日乘子的更新规则为

$$\left.\begin{aligned} \mu^{k+1} &= \mu^k - \varepsilon\left(\sum_{n\in\mathscr{Z}_k}\sum_{t\in\mathscr{T}} p_{nk} - p_{\max}^k\right) \quad k\in K \\ \lambda^{k+1} &= \lambda^k - \varepsilon\left(R_n - \sum_{n\in\mathscr{Z}_k}\sum_{t\in\mathscr{T}} r_{nk}\right) \quad n\in N \end{aligned}\right\} \tag{14}$$

2.2　系统能耗的优化

定义 NB-IoT 设备 n 的效用函数为

$$\Psi^{Z} = \begin{cases} \dfrac{\beta_k SINR_{nk}}{\alpha C_k} & \text{用户}n\text{能够接入基站}k \\ 0 & \text{用户}n\text{不能接入基站}k \end{cases} \tag{15}$$

其中，α为权重因子，用于调节当前基站功耗对用户选择的影响重要程度。

NB-IoT 设备效用函数同时考虑了设备获得的信号质量和基站的功耗，根据此效用函数可以得出，当基站 k 的功耗较大时，设备 n 从基站 k 所获得的效用就会减少，则设备接入基站 k 的机会就会降低，所以设备侧效用函数的设定对系统能耗的降低具有重要意义。

定义基站侧的效用函数为

$$\Psi^{\mathrm{M}}=\begin{cases}SINR_{nk} & \text{用户}n\text{能够接入基站}k\\0 & \text{用户}n\text{不能接入基站}k\end{cases} \tag{16}$$

基站侧效用函数的定义主要考虑基站提供给 NB-IoT 设备的信号质量，由于重复次数与信干噪比有直接关系，基站在选择信号质量最佳设备的同时，也降低了重复次数。

2.3 NB-IoT 系统基于多蜂窝网络选择算法

本文提出的基于多蜂窝网络选择算法描述如下：

（1）NB-IoT 设备 n 根据其效用函数对所有基站进行排序，并根据排序结果进行优先级设置，向排名第一的基站提交接入申请；

（2）基站 k 收到 NB-IoT 设备的接入申请后，根据基站侧的效用函数对用户进行优先级设置，并选择排名第一的 NB-IoT 设备；

（3）根据式（13）计算此 NB-IoT 设备从基站 k 获得的发射功率 p_{nk}；

（4）根据式（14）更新拉格朗日乘子 λ和μ；

（5）重复步骤（3）和步骤（4），直到 p_{nk} 收敛，基站 k 将接入成功的信息反馈给新接入用户，同时更新自身的发射功率，从而更新自身的功耗情况；

（6）重复上述过程，直到所有用户均接入，重复过程终止。

3 仿真结果分析

3.1 系统模型和仿真参数的选取

本文将仿真参数设置如下。所研究区域为一个 500 × 500 的覆盖区域。小基站均匀分布，个数为 100 个，基站之间的距离为 75 m。NB-IoT 设备均匀地分布在所研究区域内，NB-IoT 设备的总数量设置为 1 000 个。为了进行性能分析，本文在典型的 LTE 小区中考虑了带宽为 180 kHz 的 NB-IoT 的带内部署，NB-IoT 在所有小区中使用相同的 PRB。下行链路中以 15 kHz 子载波为间隔的 12 个子载波用于分析，带内带宽为 900 MHz。具体的仿真参数设置见表 1。

表 1　仿真参数设置

最大发射功率/dBm	35
基站到用户路径损耗	120.9+37.6lg d，其中 d 以 km 为单位
阴影衰落/dB	8
电缆损耗/dB	3
建筑物渗透损耗/dB	40
噪声功率/（dBm/Hz）	−174
噪声数字/dB	5
P_0	13.6
Δ	4
NB-IoT 设备数据速率需求/（bit/s）	200

具有不同 MCL 值的重复次数见表 2。

表 2　不同 MCL 值的重复次数

MCL/dB	重复次数
≤145	1
146~148	2
149~151	4
152~154	8
155~157	16
158~160	32
161~163	64
≥164	128

3.2　仿真结果分析

本文将使用蒙特卡洛仿真对提出的算法和对比算法进行仿真，并对仿真结果进行对比和分析。对比算法的设置如下：①文献[11]以系统吞吐量为优化目标，结合小区休眠算法提出了一种基于小区休眠的网络选择算法，本文将此算法作为对比算法 1；②将传统的最大信道增益接入算法作为对比算法 2。以上三种算法均在 NB-IoT

系统模型中进行仿真。

图 1 描述了 1 000 个 NB-IoT 业务在不同业务到达率情况下,同一服务时间内系统能耗随业务到达率的变化情况。从图中可以看到,本文算法的系统能耗是最低的,对比算法 1 居第二位,对比算法 2 的系统能耗是最高的。在本文所提算法中,基站发射功率的优化降低了基站对用户的干扰,从而降低了重复次数,导致了基站功耗的降低,并且在设置用户效用函数时考虑了基站的功耗情况,用户优先选择功耗较低的基站进行接入,所以本文算法的系统能耗相较于其他两种对比算法明显降低。对比算法 1 在用户选择过程中考虑了小区休眠,所以其系统能耗要低于对比算法 2。

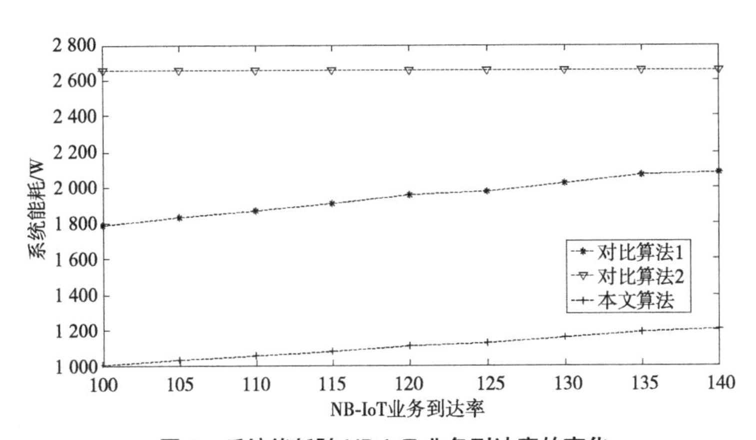

图 1　系统能耗随 NB-IoT 业务到达率的变化

图 2 描述了 1 000 个 NB-IoT 设备在不同业务到达率情况下,同一服务时间内系统吞吐量随业务到达率的变化情况。由于本文算法是以系统能效为优化目标的,所以在设备选择基站进行接入时,既要考虑其获得的吞吐量,也要考虑系统的能耗问题,因此本文算法的吞吐量要低于只考虑系统吞吐量的对比算法 1 和对比算法 2。

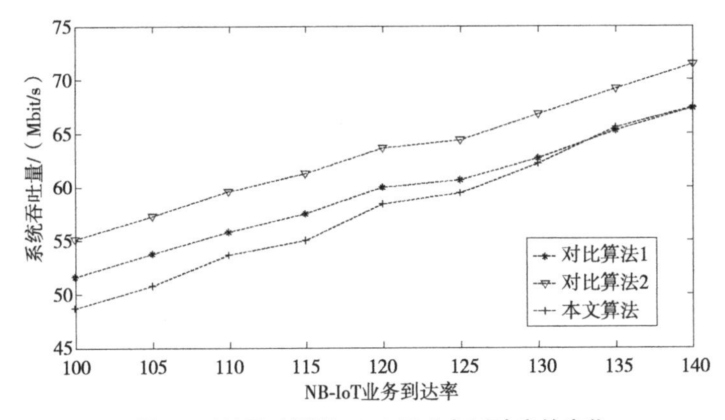

图 2　系统吞吐量随 NB-IoT 业务到达率的变化

图3描述了1 000个NB-IoT设备在不同业务到达率情况下,同一服务时间内系统能效随业务到达率的变化情况。从图中可以看出,本文算法的系统能效是最优的,达到了提升系统能效的目的。虽然对比算法1和对比算法2的系统吞吐量要略高于本文算法,但是由于本文算法考虑了功率优化,降低了系统干扰和重复次数,所以能耗要明显低于两种对比算法,在对吞吐量和系统能效进行折中之后,本文算法的系统能效要明显高于两种对比算法。

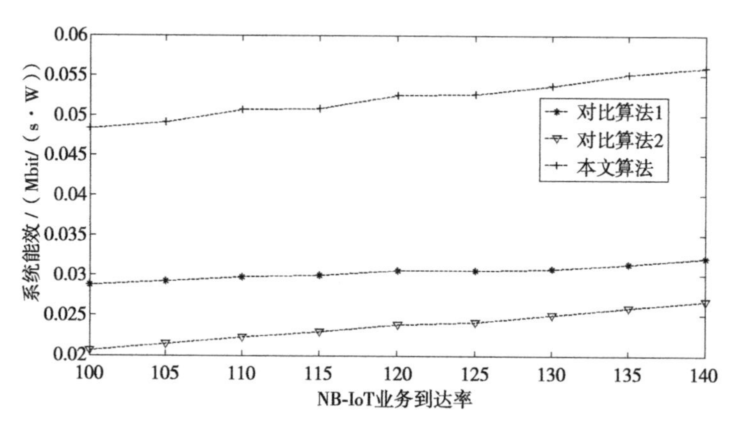

图3　系统能效随NB-IoT业务到达率的变化

上述三个仿真均是在业务到达率较高的情况下得到的结果,但是对于数据上报间隔比较大的业务,业务到达率相对较低。为进一步展示本文算法在性能上的优越性,本文将进一步考虑业务到达率低于基站数量时系统的能效情况,并给出图4所示仿真结果,仿真结果的分析过程与上述分析一致,这里不再赘述。

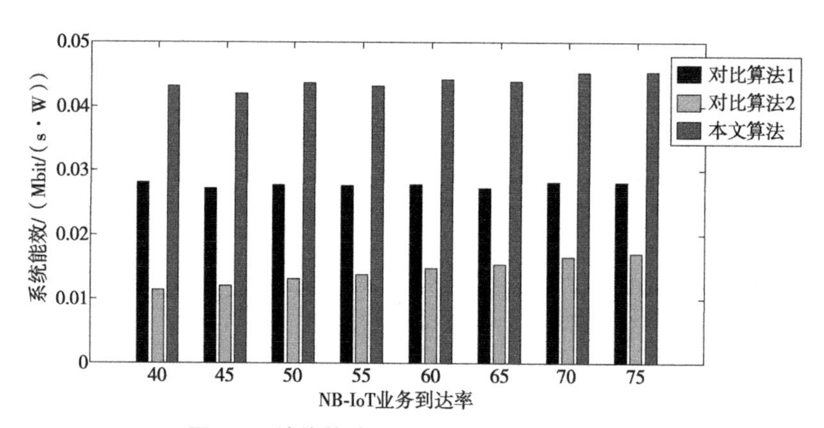

图4　系统能效随NB-IoT业务到达率的变化

4 结论

本文主要针对NB-IoT系统的能效问题,提出了一种基于能效的网络选择算法,首先设定了以系统能效为优化目标的带约束条件的优化问题,通过将优化问题分为两个子问题来求得优化问题的次优解,最终提出了基于NB-IoT的多蜂窝网络选择算法。该算法首先通过优化发射功率来降低重复次数,优化系统的吞吐量;然后通过设定与能耗相关的效用函数来降低系统的能耗;最后对本文算法和对比算法进行了仿真,仿真结果表明,本文算法的系统能效要明显高于对比算法,达到了优化系统能效的目标。

参考文献

[1] 康双勇. 您的智能设备安全吗? 揭秘物联网安全现状[J]. 保密科学技术, 2016(12):67.

[2] 向林. 无线网络能效与流量建模及性能分析[D]. 武汉:华中科技大学, 2012.

[3] 郝行军. 物联网大数据存储与管理技术研究[D]. 北京:中国科学技术大学, 2017.

[4] XIA Z Q, JIN X, KONG L H, et al. Scheduling for heterogeneous industrial networks based on NB-IoT technology[C]//Conference of the IEEE Industrial Electronics Society. Beijing:IEEE, 2017:3518-3523.

[5] BOISGUENE R, TSENG S C, HUANG C W, et al. A survey on NB-IoT downlink scheduling: issues and potential solutions[C]//Wireless Communications & Mobile Computing Conference. Valencia:IEEE, 2017:547-551.

[6] YU C S, YU L, WU Y, et al. Uplink scheduling and link adaptation for narrowband internet of things systems[J]. IEEE access, 2017, 5:1724-1734.

[7] 丁宝国. NB-IoT资源分配方法研究[J]. 中国新通信, 2018(1):53.

[8] 邱刚, 陈宪明, 戴博. NB-IoT系统资源调度研究[J]. 中兴通讯技术, 2017(1):15-20.

[9] WANG B, KONG Q, LIU W Y, et al. On efficient utilization of green energy in heterogeneous cellular networks[J]. IEEE systems journal, 2017, 11(2):846-857.

[10] MALIK H, PERVAIZ H, ALAM M M, et al. Radio resource management scheme in NB-IoT systems[J]. IEEE access, 2018, 6:15051-15064.

[11] QI Y J, WANG H Y. Interference-aware user association under cell sleeping for heterogeneous cloud cellular networks[J]. IEEE wireless communications letters, 2017, 6(2):242-245.

面向5G融合配电网的基站能量共享方法

李从非[1],周振宇[1],麻秀范[1]
(1.华北电力大学新能源电力系统国家重点实验室,北京市,102206)

摘要: 5G融合配电网是实现5G基站(Base Stations, BSs)与配电网(Distribution Power Grid, DPG)互利共赢的电网全新范式,基站能量共享是提高5G融合配电网经济性与新能源消纳率的关键方法。然而,该方法目前仍面临着源网荷储难以协同优化以及基站能量共享存在冲突等挑战。针对5G融合配电网经济性多基站能量共享机理及实现方法这一关键科学问题,首先构建基站能量共享系统,提出基站能量共享能力模型,建立基站间能量共享连接以及配电网-基站购电模型;其次提出基于一对多升价匹配的低成本基站能量共享方法,解决能量共享冲突问题;最后通过仿真验证所提算法的性能。仿真结果表明,相较于基于单边匹配的基站能量共享算法和基站最优购电算法,所提算法能够使基站群购电成本和弃光量分别降低14.37%、41.80%和56.80%、85.58%,可促进基站购电成本降低与新能源就地消纳,助力5G网络及新型电力系统建设。

关键词: 5G融合配电网;多基站能量共享;基站能量共享冲突;新能源就地消纳;一对多升价匹配

0 引言

为满足当前日益增长的5G网络覆盖需求和用户接入需求，5G基站大规模建成,虽然5G性能优于4G,但是较高的能耗大大增加了5G基站的运营成本。中国铁塔数据显示,单个5G基站平均功耗在3.8 kW左右,年耗电量是4G基站的3倍以上[1],如何降低基站购电成本是5G网络建设面临的严峻挑战;另一方面,在新能源广泛接入背景下,配电网电力资源配置作用愈发重要,但是当前配电网新能源装机与负荷逆向分布、灵活调节电源占比低、跨区外送能力差[2],新能源本地消纳能力不足,导致弃光现象频发[3]。基于上述问题，5G融合配电网应运而生。5G融合配电网充分利用新能源发电规律以及5G基站能量双向流动的特点,通过建立有效的能量管理方法实现基站与电网的互动和基站间的能量共享,利用基站的储能资源为电网提供调频、调峰、调压等辅助服务[4-5],在满足5G基站高能耗需求的同时,促进新能源的就地消纳[6-7]。

能量共享是5G融合配电网的关键技术，基于基站负荷、电价、可再生能源出力等信息购入电能，并与其他基站进行能量共享，通过制定合理的能量共享优化策略，实现源网荷储协同优化[8-9]。能量共享分为离线和在线两种类别，离线形式无法支持能量实时共享，因为基站难以准确预测其未来负荷和可再生能源的出力情况[10-11]；在线能量共享需要获取基站当前信息进行能量共享自主决策。文献[12]考虑智能电网和本地可再生能源联合供电的基站网络，提出基于马尔科夫链的基站群能量聚合优化方法；文献[13]引入虚拟能量站，并提出了一种基于斯塔克尔伯格（Stackelberg）博弈的三阶段虚拟能量站能量共享机制；文献[14]提出了一种基于李雅普诺夫优化的微电网在线能量共享方法，以提高微电网的自给率与光伏消纳率；文献[15]研究了基站参与微电网能量管理，利用分层单元结构实现5G基站离网运行，并设计了基于图论的能量共享和负载控制优化方法。

然而，5G融合配电网在线能量共享还面临着一些挑战。首先，5G配电网中含有分布式光伏、基站储能电池、基站负荷、配电网等多能量主体，能量共享策略相互耦合，如何确定各主体在能量共享过程中的参与方式及参与份额，实现源网荷储协同优化，是5G融合配电网亟须解决的问题；其次，在能量共享中当选择同一个基站的基站数量超出该基站的连接配额时，会产生基站能量共享冲突，导致基站间能量共享无法正常进行，严重降低5G融合配电网的能量共享能力。上述文献[12]至[15]缺少对5G融合配电网多主体之间能量共享的建模，难以进行源网荷储的协同优化，且无法处理基站能量共享冲突，导致制定的能量共享决策陷入局部最优，无法实现基站购电成本降低和新能源广泛消纳。

匹配理论基于基站光伏出力和能耗特性，建立基站与基站之间的能量共享连接，能够有效处理5G融合配电网的在线能量共享问题[16]。匹配理论起源于稳定婚姻问题（Stable Marriage，SM），包括盖尔-沙普利（Gale-Shapley）算法、交换匹配算法[17]和升价匹配算法[18]。文献[19]提出了一种一对一稳定匹配算法，用于门对门（Door to Door，D2D）物联网络延迟优化；文献[20]结合Gale-Shapley算法和最小权重稳定匹配算法，提出了一种基于稳定匹配的D2D资源共享方法，并引入欺骗算法以提高D2D通信吞吐量；文献[21]提出了一种基于升价的一对一匹配方法解决工业物联网资源分配问题，通过综合考虑能耗和服务可靠性约束，在全局信息未知的条件下确定资源分配策略。然而，上述文献用到的匹配方法多为一对一匹配，难以适配5G融合配电网中多主体之间一对多的能量共享场景，且无法解决一对多基站匹配造成的能量共享冲突问题。

本文针对5G融合配电网经济性多基站能量共享机理及实现方法这一关键科学问题，建立基站间能量共享以及配电网-基站供电模型，提出基于一对多升价匹配的低成本基站能量共享算法,并进行仿真验证。结果表明,所提算法可有效降低5G基站用电成本,提高新能源就地消纳率,并且算法复杂度低,具有良好的工程可实施性。本文的贡献主要有以下两个方面。

(1)综合考虑5G融合配电网中的分布式光伏、基站负荷、基站储能电池、配电网等多个能量主体,通过源网荷储协同优化,确定各主体参与能量共享的方式,促进新能源本地消纳,降低5G基站购电成本。

(2)基于升价匹配算法进行5G基站间的一对多能量共享,通过竞价解决多基站能量共享冲突,建立输入型基站与输出型基站之间的能量共享连接,提高5G融合配电网基站群的能量共享能力。

1 系统模型

面向5G融合配电网的基站能量共享系统如图1所示,包括5G基站群、配电网和储能运营商三个主体。将总优化时长划分为T个时隙,集合为$\mathcal{T}=\{1,\cdots,t,\cdots,T\}$。假设基站光伏出力、负荷等状态信息在同一时隙内保持不变,在不同时隙中动态变化。假设存在M个基站,其集合为$\mathcal{BS}=\{BS_1,\cdots,BS_m,\cdots,BS_M\}$。每个基站均配有储能电池,部分基站配有光伏出力装置。基站可分为输入型基站和输出型基站。输出型基站在满足自身负荷时,可以对输入型基站输出能量;输入型基站从输出型基站接收能量供给基站负荷,也可通过配电网购电和储能电池放电满足运行需求。在每个时隙内,储能运营商根据各基站的能量供应能力,确立基站间的共享关系,制定基站能量共享与购电策略并下发到各基站,各基站依照决策信息进行基站间能量共享和购电。

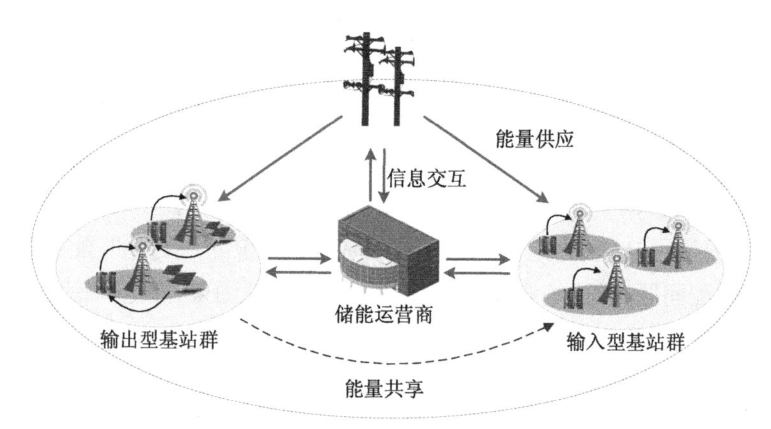

图1 5G融合配电网基站能量共享系统

1.1 基站能量共享能力模型

基站包含基站光伏、负荷和储能电池。基站 BS_m 在时隙 t 的光伏发电量用 $PV_m(t)$ 表示。规定若基站未配备分布式光伏发电装置，则光伏发电量恒为零。

基站负荷包括运行负荷和冷却负荷两部分，运行负荷又可分为传输负荷和计算负荷[22]。基站 BS_m 在时隙 t 的总负荷用 $L_m(t)$ 表示。

为保证基站的不间断供电，每个基站均配有储能电池，用 $E_m(t)$ 来表示基站 BS_m 在时隙 t 时储能电池存储的能量[23]。输出型基站可以根据运行情况进行充放电，输入型基站不能利用输出型基站共享的能量进行充电。

为确定基站类型，定义基站能量共享能力函数为 $D_m(t)$ 如下：

$$D_m(t) = PV_m(t) + E_m(t) - L_m(t) - E_{\min} \quad BS_m \in \mathcal{BS} \tag{1}$$

式中：$E_{\min}$ 为储能电池存储能量下限。

$D_m(t) < 0$ 表示 BS_m 在时隙 t 需要输入能量以满足负荷需求，属于输入型基站，$|D_m(t)|$ 越大，表明该输入型基站的能量需求越大；$D_m(t) > 0$ 表示 BS_m 在时隙 t 在满足自身负荷的情况下有富裕能量，属于输出型基站，$D_m(t)$ 越大，表明该输出型基站富裕能量越多。定义输入型基站的集合为 $\mathcal{IBS} = \{IBS_1,\cdots,IBS_i,\cdots,IBS_{I(t)}\}$，输出型基站的集合为 $\mathcal{OBS} = \{OBS_1,\cdots,OBS_j,\cdots, OBS_{J(t)}\}$，且 $\mathcal{IBS} \cup \mathcal{OBS} = \mathcal{BS}$。

1.2 基站间能量共享

基站间通过电力传输线路进行能量共享，定义基站连接函数 $x_{i,j}(t)$，其中 $IBS_i \in \mathcal{IBS}$，$OBS_j \in \mathcal{OBS}$。当 IBS_i 与 OBS_j 建立连接，即 IBS_i 接收 OBS_j 的输出能量时，$x_{i,j}(t) = 1$，反之 $x_{i,j}(t) = 0$。输出型基站连接数量有配额约束，即

$$\sum_{IBS_i \in \mathcal{IBS}} x_{i,j}(t) \leqslant q_j \quad OBS_j \in \mathcal{OBS}, t \in \mathcal{T} \tag{2}$$

式中：q_j 为输出型基站 OBS_j 的连接配额，表示 OBS_j 所能连接的输入型基站的最大数目。

IBS_i 在时隙 t 接收 OBS_j 的共享能量用 $T_{i,j}(t)$ 表示。输出型基站为连接的每个输入型基站供给能量，当输出型基站的共享能量无法满足所有连接的输入型基站时，优先供给 $|D_i(t)|$ 大的基站。$T_{i,j}(t)$ 可由下式表示：

$$T_{i,j}(t) = \min\{A_{i,j}(t), |D_i(t)|\} \quad IBS_i \in \mathcal{IBS}, OBS_j \in \mathcal{OBS} \tag{3}$$

式中：$A_{i,j}(t)$ 为 IBS_i 从 OBS_j 接收的最大能量共享量，初始值为 $D_j(t)$。

1.3 配电网-基站供电模型

为最大化利用光伏并降低基站购电成本,基站能量共享时配电网仅对输入型基站进行供电。求得基站连接关系 $x_{i,j}(t)$、基站间传输能量 $T_{i,j}(t)$ 后,配电网供电量 $P_i^{\mathrm{grid}}(t)$ 的计算公式如下:

$$P_i^{\mathrm{grid}}(t)=\left|D_i(t)\right|-\sum_{OBS_j\in\mathcal{OBS}}x_{i,j}(t)T_{i,j}(t)\quad IBS_i\in\mathcal{IBS} \tag{4}$$

输入型基站储能电池能量为

$$\begin{aligned}E_i(t)=&E_i(t-1)+PV_i(t)-L_i(t)+\\&\sum_{OBS_j\in\mathcal{OBS}}x_{i,j}(t)T_{i,j}(t)+P_i^{\mathrm{grid}}(t)\quad IBS_i\in\mathcal{IBS}\end{aligned} \tag{5}$$

输出型基站储能电池能量为

$$\begin{aligned}E_j(t)=&E_j(t-1)+PV_j(t)-L_j(t)-\\&\sum_{IBS_i\in\mathcal{IBS}}x_{i,j}(t)T_{i,j}(t)\quad OBS_j\in\mathcal{OBS}\end{aligned} \tag{6}$$

2 基于一对多升价匹配的低成本基站能量共享算法

2.1 经济性多基站能量共享优化问题构建

购电成本是5G基站运行的重要经济性指标,在满足基站负荷的情况下,基站充分利用光伏资源可减少购电成本,提高新能源消纳率。为此,定义优化目标 $\phi(t)$ 以减少输入型基站群购电成本,可表示为

$$\begin{aligned}\phi(t)&=\sum_{IBS_i\in\mathcal{IBS}}c(t)P_i^{\mathrm{grid}}(t)\\&=\sum_{IBS_i\in\mathcal{IBS}}c(t)\left[\left|D_i(t)\right|-\sum_{OBS_j\in\mathcal{OBS}}x_{i,j}(t)T_{i,j}(t)\right]\end{aligned} \tag{7}$$

式中:$c(t)$ 为电力市场的分时电价。

本文主要研究如何在基站储能电池容量约束与输出型基站连接配额约束下,通过优化基站间能量共享策略来最小化购电成本。优化问题建模如下:

$$\left.\begin{aligned}&\min_{\{x_{i,j}(t)\}}\ \phi(t)\\&C_1:E_{\min}\leqslant E_i(t)\leqslant E_{\max}\quad IBS_i\in\mathcal{IBS},t\in\mathcal{T}\\&C_2:E_{\min}\leqslant E_j(t)\leqslant E_{\max}\quad OBS_j\in\mathcal{OBS},t\in\mathcal{T}\\&C_3:\sum_{IBS_i\in\mathcal{IBS}}x_{i,j}(t)\leqslant q_j\quad OBS_j\in\mathcal{OBS},t\in\mathcal{T}\end{aligned}\right\} \tag{8}$$

式中：C_1、C_2为基站储能电池容量约束，表示储能电池储存的能量值存在上限$E_{\max}$和下限$E_{\min}$[24]；C_3为输出型基站能量共享配额约束。

2.2 优化问题转化

由于优化问题为整数非线性规划问题，难以直接求解，本文将优化问题转化为输入型基站与输出型基站之间的一对多匹配问题，定义如下。

【定义1 匹配】匹配φ定义为对集合$\mathcal{IBS} \cup \mathcal{OBS}$的映射关系，记为$\varphi$: $\mathcal{IBS} \cup \mathcal{OBS} \rightarrow \mathcal{OBS} \cup \mathcal{IBS}$。设$IBS_i \in \mathcal{IBS}$，$OBS_j \in \mathcal{OBS}$，当$IBS_i \in \varphi(OBS_j)$且$OBS_j = \varphi(IBS_i)$时，表示$IBS_i$和$OBS_j$之间建立了匹配关系，表示为

$$x_{i,j} = \begin{cases} 1 & IBS_i \in \varphi(OBS_j), OBS_j = \varphi(IBS_i) \\ 0 & \text{其他} \end{cases} \tag{9}$$

在一对多匹配的过程中，输入型基站根据偏好列表向输出型基站发起匹配请求。若输出型基站接收到请求数超过q_j时，则产生能量共享冲突，导致该输出型基站无法输出能量。升价匹配算法中，输出型基站可以逐渐抬高自己的偏好值，直至所有输出型基站都接收到不超过q_j个匹配请求，从而有效解决基站能量共享冲突问题。定义输入型基站$IBS_i \in \mathcal{IBS}$对输出型基站的偏好值为

$$\mathcal{V}_{i,j}(t) = D_j(t) - H_j \quad IBS_i \in \mathcal{IBS}, OBS_j \in \mathcal{OBS} \tag{10}$$

式中：H_j为IBS_i选择OBS_j的匹配成本，其初始值为0，匹配成本越高，IBS_i对OBS_j的偏好值越低。

基于偏好值$\mathcal{V}_{i,j}(t)$，构建IBS_i对所有输入型基站的偏好列表$F_i = \{\mathcal{V}_{i,j}(t) \mid OBS_j \in \mathcal{OBS}\}$，表示$IBS_i$对各输出型基站偏好值的降序排列。

基于偏好列表F_i，输入型基站$IBS_i \in \mathcal{IBS}$对偏好值最高的输出型基站提出匹配请求。当输出型基站OBS_j接收到超过q_j个匹配请求时，产生能量共享冲突，将这些产生冲突的OBS_j存入集合Ω。对所有$OBS_j \in \Omega$逐步提高其匹配成本，表示为

$$H_j = H_j + \Delta H_j \tag{11}$$

式中：ΔH_j为匹配成本增加步长。

直至所有输出型基站接收到的请求不超过q_j个，则输入型基站与输出型基站相匹配。若存在不与任意输出型基站匹配的输入型基站，则该输入型基站在当前时隙不进行能量共享。

2.3 基站能量共享算法设计

本文提出的基于一对多升价匹配的低成本基站能量共享算法见表1，具体过程

如下。

首先，输入各基站储能电池存储能量值。

其次，根据式（1）确定当前时隙的输入型基站集合 $\mathcal{IBS}$ 和输出型基站集合 $\mathcal{OBS}$。初始化输出型基站连接配额 q_j，匹配成本 $H_j=0$，成本增加步长 ΔH_j，匹配集合 $\varphi=\varnothing$ 与临时匹配申请存储集合 $\Omega=\varnothing$。

然后，进行输入型基站与输出型基站之间的迭代匹配。

（1）根据式（10），建立输入型基站 $IBS_i\in\mathcal{IBS}$ 对输出型基站的偏好列表 F_i。

（2）输入型基站 $IBS_i\in\mathcal{IBS}$ 基于 F_i 向偏好值最高的输出型基站发出匹配请求。

（3）输出型基站 $OBS_j\in\mathcal{OBS}$ 接收 IBS_i 的匹配请求，若 OBS_j 接收到不超过 q_j 个匹配请求，则 OBS_j 与发出请求的输入型基站建立匹配关系，并从 $\mathcal{OBS}$ 中移除 OBS_j，从 $\mathcal{IBS}$ 中移除与 OBS_j 建立匹配的输入型基站。

（4）若 OBS_j 接收到超过 q_j 个匹配请求，则将 OBS_j 加入临时匹配申请存储集合 Ω。

（5）对于任意 $OBS_j\in\Omega$，OBS_j 按照式（11）提高自己的偏好值，重新进行匹配过程，直至 OBS_j 接收到不超过 q_j 个输入型基站的匹配请求，从 $\mathcal{OBS}$ 和 $\mathcal{IBS}$ 中移除 OBS_j 和与 OBS_j 匹配的输入型基站。

（6）若 $\mathcal{IBS}=\varnothing$ 或 $\mathcal{OBS}=\varnothing$，匹配结束，否则重复匹配过程。

最后，根据匹配结果和式（3）进行能量共享，根据式（4）确定输入型基站购电量，根据式（5）与式（6）更新基站储能电池存储能量，结束时隙 t 的基站能量共享。

表 1　基于一对多升价匹配的低成本基站能量共享算法

序号	算法
1	输入基站储能电池存储能量值
2	根据式（1）建立输入型基站集合 $\mathcal{IBS}$ 以及输出型基站集合 $\mathcal{OBS}$
3	初始化 q_j，ΔH_j，$\Omega=\varnothing$，$H_j=0$
4	for $t\in\mathcal{T}$ do
5	while $\mathcal{IBS}\neq\varnothing$ 且 $\mathcal{OBS}\neq\varnothing$ do
6	输入型基站 $IBS_i\in\mathcal{IBS}$ 基于式（10）建立偏好列表 F_i
7	for $IBS_i\in\mathcal{IBS}$ do
8	IBS_i 向 F_i 中偏好值最高的输出型基站发出匹配请求
9	end for
10	for $OBS_j\in\mathcal{OBS}$ do
11	if OBS_j 接收到不超过 q_j 个匹配请求 then

续表

序号	算法
12	OBS_j 与发出请求的输入型基站匹配
13	从 $\mathcal{OBS}$ 中移除 OBS_j
14	从 $\mathcal{IBS}$ 中移除与 OBS_j 建立匹配的输入型基站
15	else
16	将 OBS_j 加入集合 Ω
17	end if
18	end for
19	for $OBS_j \in \Omega$ do
20	OBS_j 根据式(11)逐渐提高偏好值，重复步骤6~9，直至 OBS_j 接收到不超过 q_j 个输入型基站的匹配请求
21	将 OBS_j 和与 OBS_j 匹配的输入型基站从 $\mathcal{OBS}$、$\mathcal{IBS}$ 中移除
22	end for
23	end while
24	根据式(3)进行时隙 t 能量共享，根据式(4)确定时隙 t 输入型基站购电量，根据式(5)和式(6)更新时隙 t 基站储能电池存储能量值
25	end for

3 仿真分析

本文考虑10个基站的基站群，其中有3个基站配备有光伏装置，输出型基站配额 q_j 为4个，仿真时间跨度为1 d，共分为96个时隙，每个时隙为15 min，其他相关仿真参数[25]见表2。

表2 其他仿真参数

基站参数	参数数值	时段	电价/[元/(kW·h)]
储能上限/(kW·h)	10.24	00:00—07:00	0.3
		07:00—10:00	0.6
储能下限/(kW·h)	3.072	10:00—15:00	0.8
		15:00—17:00	0.6
光伏出力/(kWp)	20	17:00—22:00	0.8
		22:00—24:00	0.6

根据文献[26]和[27]，确定基站的光伏出力与负荷曲线，如图2所示。考虑到基站间地理位置相近，所有基站的光伏出力采用相同数据，而各基站负荷相较图2中负

荷曲线存在5%的波动。

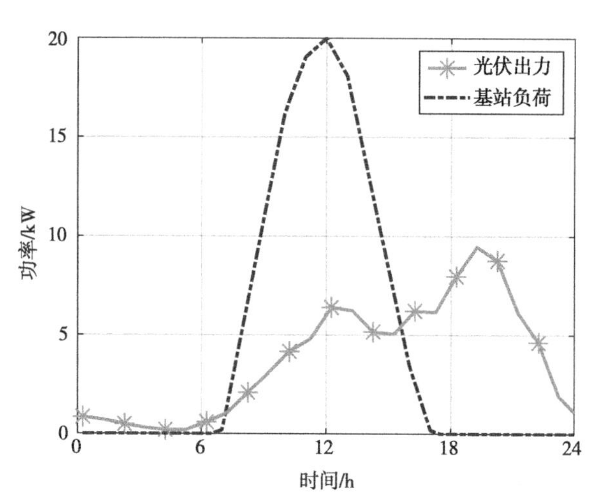

图2 基站光伏出力与负荷曲线

10个基站储能电池初始能量相近,具体数值见表3。

表3 储能电池初始能量

基站序号	储能电池初始能量/(kW·h)
1	6.247
2	6.095
3	6.235
4	6.359
5	6.104
6	6.243
7	5.932
8	6.225
9	6.227
10	6.057

本文考虑两种对比算法。对比算法1为基于单边匹配的基站能量共享算法,将基站分为输入型基站和输出型基站两类,输入型基站根据输出型基站的状态信息确立偏好列表进行单边匹配,可实现基站间能量共享,但无法解决选择同一输出型基站的输入型基站超出配额导致的基站能量共享冲突问题。对比算法2为基站最优购电算法,无法实现基站间能量共享,主要根据基站当前状态与分时电价信息制定最优购

电策略,向配电网购电以实现低成本正常运行。

图3为所提算法与对比算法1的基站能量共享情况。仿真结果表明,基站会在06:00—18:00进行能量共享,所提算法输出型基站输出能量均衡,而对比算法1中输出型基站1、2输出能量较多,输出型基站3几乎不输出能量。对比算法1的基站总能量共享量为84.64 kW·h,所提算法的基站总能量共享量为150.31 kW·h,基站总能量共享量提高了43.69%。这是因为对比算法1无法解决选择同一个输出型基站的输入型基站个数超出配额造成的能量共享冲突问题,导致输出型基站3无法匹配到合适的输入型基站,阻碍能量共享;而所提算法通过竞价,解决了基站能量共享冲突,使每个输出型基站都能匹配到合适的输入型基站,从而显著提高了基站的能量共享能力。

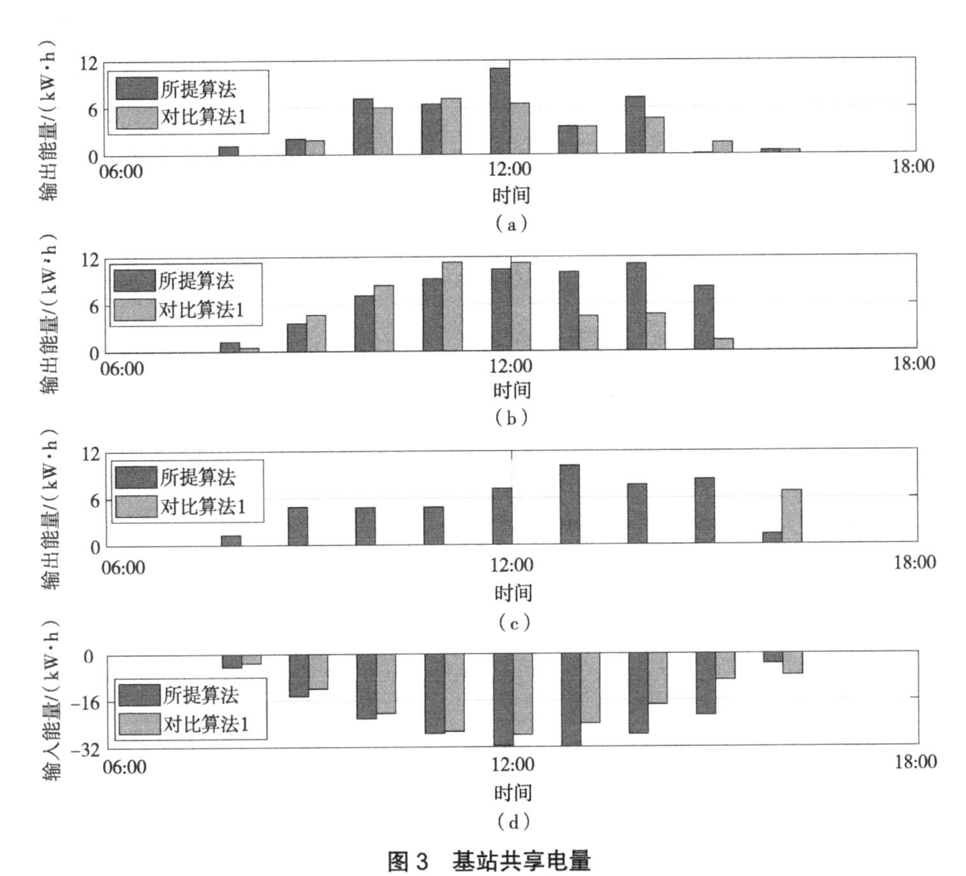

图3 基站共享电量

(a)输出型基站1输出能量 (b)输出型基站2输出能量 (c)输出型基站3输出能量 (d)输入型基站总输入能量

图4为基站平均购电成本随时间变化的情况。仿真结果表明,所提算法在降低5G基站购电成本方面的性能优越,相较于对比算法1与对比算法2,18:00时基站平均购电成本分别下降了14.37%和41.80%。在06:00时,基站光伏出力较小,此时基

站储能处于亏空状态,无法进行能量共享,因此三种算法的购电成本相近。但随着白天光伏出力增强,基站储能电池充电,此时输出型基站可以与输入型基站进行能量共享以实现基站群能量均衡分布,因此对比算法 1 和所提算法逐渐体现出优越性,对比算法 2 无法实现能量共享,成本最高。相较于对比算法 1,所提算法又能够在发生能量共享冲突时通过竞价形式让有其他优选的输出型基站与适合的输入型基站匹配,有效解决能量共享冲突问题,因此体现出最好的优化性能。

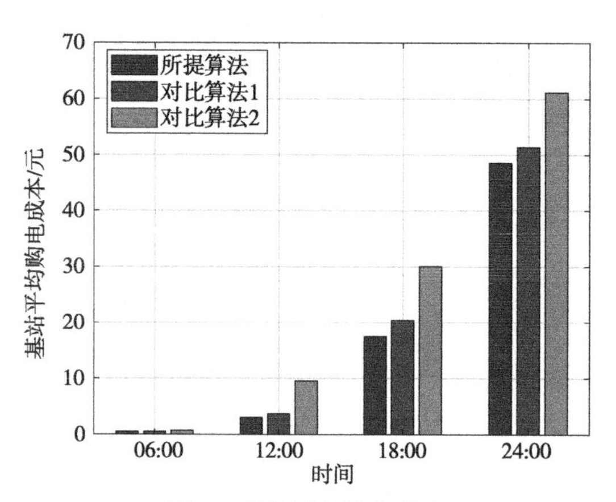

图 4　基站平均购电成本

图 5 为基站总弃光量随时间变化的情况。弃光量为基站储能电池能量达到储能上限后,无法存储的光伏发电量。由图可知,弃光现象多出现于 08:00—16:00,且所提算法的弃光时间最短、弃光量最小,相较于两种对比算法,所提算法的基站总弃光量分别减少了 56.80%和 85.58%。这是因为对比算法 2 中基站无法通过能量共享消纳光伏,导致弃光量大幅增加;而对比算法 1 无法解决基站能量共享冲突问题,基站共享能力弱,难以实现光伏广泛消纳,存在大量弃光的现象。

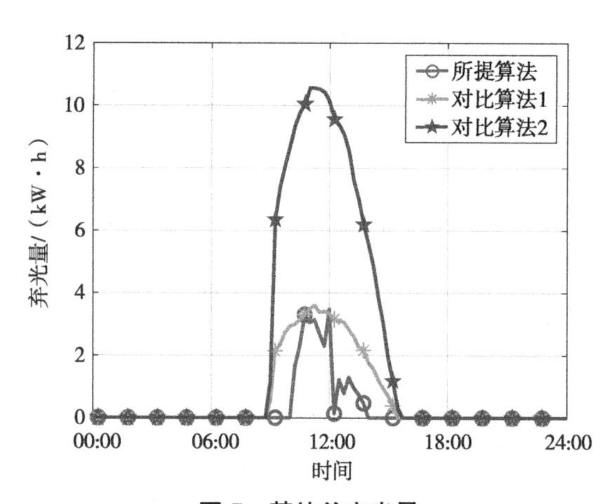

图 5　基站总弃光量

图6为输出型基站储能电池平均能量随时间变化的情况。仿真结果表明,三种算法下基站储能电池在06:00以前无光伏出力情况下均放电,06:00—13:00随着光伏发电,储能电池开始充电直至达到最大能量值,13:00后储能电池开始放电。对比算法2储能电池的最大能量值最高,处于最大能量值时间最长,对比算法1最低;所提算法处于最大能量值的时间最短,最大能量值介于对比算法1和对比算法2之间。这是因为对比算法2的光伏出力无法对外输出,全部用于储能电池充电,因而储能电池很快达到储能上限,并长期造成光伏能量浪费;而对比算法1因能量共享冲突,存在输出型基站无法进行能量共享,而其他输出型基站需供应所有输入型基站,储能电池大量放电直至储能下限的情况,因而各基站平均后的最大能量值最低。所提算法的各输出型基站均可大量共享能量,储能电池能量分布均衡,储能平均能量值适中,避免基站大量弃光,并有足够的能量用以降低购电成本,具有良好的优化效果。

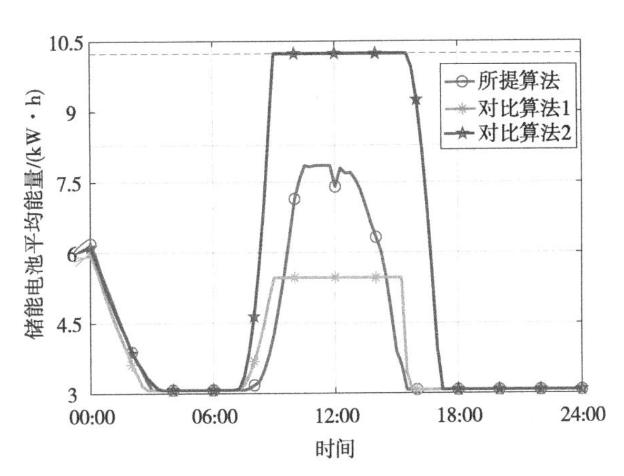

图6　输出型基站储能电池平均能量

4　结论

本文针对5G融合配电网经济性多基站能量共享机理及实现方法这一关键科学问题,提出了一种基于一对多升价匹配的低成本基站能量共享算法,实现基站降本增效和新能源广泛消纳,主要结论如下。

(1)5G融合配电网可以通过源网荷储协同优化,盘活5G基站大量的灵活性资源,为配电网提供调峰、调压等辅助服务,同时降低基站购电成本,实现配电网与5G基站的互利共赢。相较于对比算法,所提算法购电成本分别减少了14.37%和41.80%。

(2)所提算法可以有效解决基站能量共享冲突问题,提升基站能量共享能力,促进分布式光伏能量的就地消纳。与对比算法 1 相比,所提算法的基站总能量共享量提高了 43.69%,基站总弃光量降低了 56.80%。

在未来的研究中,可深入挖掘基站的通信域特性,结合深度学习等算法,研究基站动态频谱共享与能量共享协同优化的可行性,实现能量域、信息域融合。

参考文献

[1] 曾博, 穆宏伟, 董厚琦, 等. 考虑 5G 基站低碳赋能的主动配电网优化运行[J]. 上海交通大学学报, 2022, 56(3): 279-292.

[2] YONG P, ZHANG N, LIU Y X, et al. Exploring the cellular base station dispatch potential towards power system frequency regulation[J]. IEEE transactions on power systems, 2022, 37(1): 820-823.

[3] 林俐, 费宏运. 规模化分布式光伏并网条件下储能电站削峰填谷的优化调度方法[J]. 现代电力, 2019, 36(5): 54-61.

[4] 李龙坤, 王敬华, 孙桂花, 等. 用于光伏微网储能系统削峰填谷的控制策略[J]. 现代电力, 2016, 33(2): 27-32.

[5] 赵熙临, 张大恒, 桂玥, 等. 考虑荷电状态约束的储能参与电网一次调频综合控制策略[J]. 现代电力, 2022, 39(1): 95-103.

[6] 周宸宇, 冯成, 王毅. 基于移动用户接入控制的 5G 通信基站需求响应[J]. 中国电机工程学报, 2021, 41(16): 5452-5462.

[7] YONG P, ZHANG N, HOU Q, et al. Evaluating the dispatchable capacity of base station backup batteries in distribution networks[J]. IEEE transactions on smart grid, 2021, 12(5): 3966-3979.

[8] DU P, LI B, ZENG Q, et al. Distributionally robust two-stage energy management for hybrid energy powered cellular networks[J]. IEEE transactions on vehicular technology, 2020, 69(10): 12162-12174.

[9] ZHOU Z Y, JIA Z H, LIAO H T, et al. Secure and latency-aware digital twin assisted resource scheduling for 5G edge computing-empowered distribution grids[J]. IEEE transactions on industrial informatics, 2022, 18(7): 4933-4943.

[10] 刘雨佳, 樊艳芳. 计及 5G 基站储能和技术节能措施的虚拟电厂调度优化策略[J]. 电力系统及其自动化学报, 2022, 34(1): 8-15.

[11] DU Y, LI F X. Intelligent multi-microgrid energy management based on deep neural network and model-free reinforcement learning[J]. IEEE transactions on smart grid, 2020, 11(2): 1066-1076.

[12] 刘宁庆, 韩雪, 张文彬. 基于混沌搜索的蜂窝网基站能量效率与服务质量的联

合优化[J]. 吉林大学学报(工学版),2016,46(5):1660-1666.

[13] HASSAN H A H, RENGA D, MEO M, et al. A novel energy model for renewable energy-enabled cellular networks providing ancillary services to the smart grid[J]. IEEE transactions on green communications and networking, 2019, 3(2): 381-396.

[14] YIN S R, AI Q, LI J M, et al. Energy pricing and sharing strategy based on hybrid stochastic robust game approach for a virtual energy station with energy cells[J]. IEEE transactions on sustainable energy, 2021, 12(2): 772-784.

[15] LIU N, YU X, FAN W, et al. Online energy sharing for nanogrid clusters: a lyapinuv optimization approach[J]. IEEE transactions on smart grid, 2018, 9(5): 4624-4636.

[16] XIAO Y, DUSIT N, HAN Z, et al. Dynamic energy trading for energy harvesting communication networks: a stochastic energy trading game[J]. IEEE journal on selected areas in communications, 2015, 33(12): 2718-2734.

[17] BAYAT S, LI Y H, SONG L Y, et al. Matching theory applications in wireless communications[J]. IEEE signal processing magazine, 2016, 33(6): 103-122.

[18] XU L, JIANG C X, SHEN Y Y, et al. Energy efficient D2D communications: a perspective of mechanism design[J]. IEEE transactions on wireless communications, 2016, 15(11): 7272-7285.

[19] WANG B, SUN Y J, LI S, et al. Hierarchical matching with peer effect for latency-aware caching in social IoT[C]// 2018 IEEE International Conference on Smart Internet of Things, 2018:255-262.

[20] GU Y, ZHANG Y, PAN M, et al. Matching and cheating in device to device communications underlying cellular networks[J]. IEEE journal on selected areas in communications, 2015, 33(10): 2156-2166.

[21] LIAO H J, ZHOU Z Y, ZHAO X W, et al. Learning-based context-aware resource allocation for edgr-computing-empowered industrial IoT[J]. IEEE internet of things journal, 2020, 7(5): 4260-4277.

[22] MIOZZO M, PIOVESAN N, DINI P. Coordinated load control of renewable powered small base stations through layered learning[J]. IEEE transactions on green communications and networking, 2020, 4(1): 16-30.

[23] 雍培,张宁,慈松,等. 5G通信基站参与需求响应:关键技术与前景展望[J]. 中国电机工程学报,2021,41(16): 5540-5552.

[24] 孙波,吴旭东,谢敬东,等. 基于信息间隙决策理论的综合负荷聚合商储能优

化配置模型[J]. 现代电力，2021，38(2)：193-204.

[25] 薛龙来，夏伟，李轲,等. 5G 基站节能策略[J]. 移动通信，2021，45(5)：102-107,23.

[26] WANG B，YANG Q，YANG L T，et al. On minimizing energy consumption cost in green heterogeneous wireless networks[J]. Computer networks，2017，129：522-535.

[27] 麻秀范，孟祥玉，朱秋萍,等. 计及通信负载的 5G 基站储能调控策略[J]. 电工技术学报，2022,37(11):2878-2887.

基于特征选取与树状 Parzen 估计的入侵检测方法

金志刚[1],吴桐[1]
(1. 天津大学电气自动化与信息工程学院,天津市,300072)

摘要: 针对目前网络空间安全形势快速变化带来的新的风险和挑战,本文提出了一种基于相关性分析的特征选取和树状 Parzen 估计的入侵检测方法,通过基于相关性分析的数据特征选取方法对数据维度进行压缩,对原始数据集进行特征筛选,生成新的特征子集,使用序列模型优化算法中的树状 Parzen 估计算法对随机森林算法进行模型优化,在 CIC-IDS-2018 入侵检测数据集上取得了较高的检测率和准确率,综合性能优于传统的恶意流量检测方法,验证了该方法的有效性。

关键词: 网络安全;入侵检测;特征选取

引言

近年来,网络空间安全形势日益复杂严峻,网络攻击手段日趋智能化、自动化。目前,采取数据加密、身份认证、访问控制和防火墙等技术建立的传统静态安全模型逐渐暴露出其局限性,而入侵检测技术可在计算机系统中或者若干网络节点上收集实时网络数据信息和主机数据信息,并采取主动干预的响应手段,可在入侵行为发生或造成危害之前,及时识别攻击者和入侵行为并采取相应措施[1]。

尽管入侵检测技术目前已得到广泛应用,但其在事件分析和警报处理的过程中仍存在一定的缺陷[2]。入侵检测规则一般由安全人员手动匹配设置,通常为保证高捕获率会降低检测规则匹配的门槛,这导致入侵检测系统可能依据固定规则产生大量的警报,入侵检测系统的误报率和漏报率因此增加,并且处理高误报率的安全事件也需要耗费大量的时间和精力,增加人力成本。因此,针对上述应用场景,为提高入侵检测中的检测率和适应性,目前网络安全领域中学术界和工业界的重点研究趋势即将机器学习与入侵检测技术相结合[3],以提高系统的可用性和对不同攻击场景的灵活适应能力,进一步保障网络空间安全。

Kim 等[4]使用长短期记忆(Long Short Term Memory, LSTM)模型并使用超参数调优技术,在 KDD CUP 99 数据集上得到的检测率为 98.88%,准确率为 96.93%,但同时误报率达到了 10.04%。Aygun 等[5]将随机去噪自编码器应用于恶意流量检测，得到的准确率较低，为 88.65%，无法满足当前形势下对恶意流量检测的需求。饶鲜等[6]提出了一种基于信息熵的入侵检测特征选择方法，可减少系统的内存占用，但使用 KDD CUP 99 数据集过于陈旧，同时系统性能也有所下降。

为解决目前入侵检测技术中数据集维数过高、数据冗余度较高导致的机器学习模型计算量大、入侵检测系统效率下降等问题，本文提出了一种基于相关性分析的特征选取（Feature Selection based on Correlation Analysis，FSCA）和树状 Parzen 估计（Tree Parzen Estimator，TPE）优化的随机森林入侵检测（FSCA_TPE_RF）方法，主要分为三个阶段：首先，通过皮尔逊系数（Pearson Correlation Coefficient，PCC）[7]计算特征数据相关性矩阵，通过缺失值比率、低方差滤波和高相关滤波三种特征选取方法对数据集进行降维；同时，使用基于序列模型优化算法（Sequential Model-based Global Optimization，SMBO）的 TPE 算法，优化随机森林算法的超参数，并根据数据权重调整样本数量。综上，本文提出了一种基于相关性分析的特征选择和 TPE 优化的随机森林入侵检测方法（FSCA_TPE_RF），并通过多组对比实验对算法效果进行了验证。

1 数据集分析

针对现有数据集暴露出来的各种缺陷和问题，Gharib 等[8]于 2016 年提出了一个全面完整的入侵检测数据集评估框架（Intrusion Detection Dataset Evaluation Framework）。而由加拿大网络安全研究院（Canadian Institute for Cybersecurity）采集发布的 CIC-IDS-2018 数据集[9-10]与 KDD CUP 99 等其他入侵检测数据集相比，满足了所有 11 种指标，其数据更加接近真实世界的网络流量。

本文使用皮尔逊相关系数计算特征对之间的相关程度。协方差定义为 $E\{[X-E(X)][Y-E(Y)]\}$，记作 $\mathrm{Cov}(X,Y)$。相关系数为 $\mathrm{Cov}(X,Y)/[\sigma(X)\sigma(Y)]$，记作 $\rho_{X,Y}$。总体相关系数的计算公式为

$$\rho_{X,Y}=\frac{\mathrm{Cov}(X,Y)}{\sigma(X)\sigma(Y)}=\frac{E\{[X-E(X)][Y-E(Y)]\}}{\sigma(X)\sigma(Y)} \tag{1}$$

接下来，计算数据集中每个特征与所有特征之间的协方差，得到协方差矩阵，矩阵中的每个元素都对应特征间的协方差。协方差矩阵进一步计算后得到相关系数矩阵，绘制成图如图 1 所示，该数据集中多对特征对间拥有高度相关性，这些特征即为冗余特征，在使用时不会增强模型训练效果，但可能会引入噪声干扰。

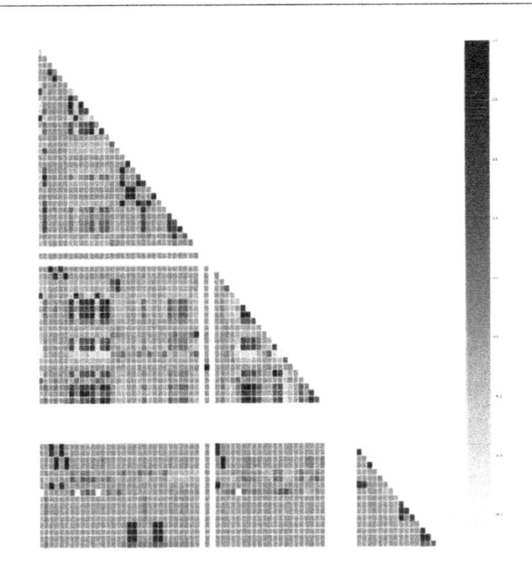

图 1　相关系数矩阵图

2　算法模型

本文所使用的算法流程图如图 2 所示。首先,对数据集进行数据清洗,筛选掉机器学习模型中无法使用的数据;接下来,通过可视化分析结果,对数据集进行基于相关性分析的特征选取,包括缺失值比率、低方差滤波和高相关滤波三个过程,生成数据集的特征子集;最后,针对数据集特征子集,使用 TPE 算法优化随机森林参数,并根据模型性能最佳时的参数组对性能指标进行分析。

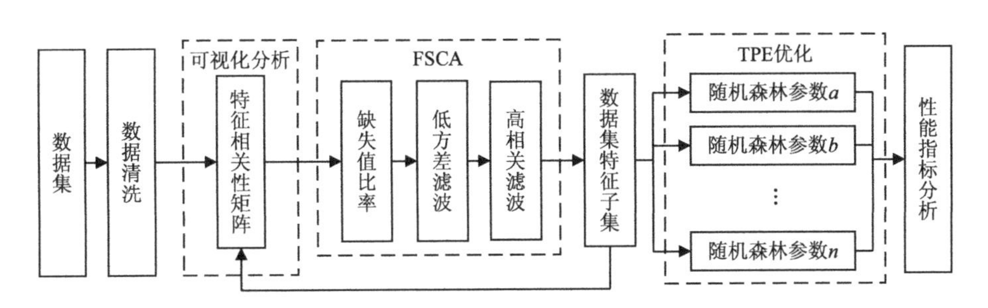

图 2　算法流程图

2.1　基于相关性分析的特征选取

算法中的 FSCA 流程包括数据清洗和特征选取两部分,数据清洗部分包括对空值、空行、无穷大值以及无用特征等无用数据进行清洗,对非数值化字符特征进行数值化替换等操作。特征选取部分依据数据集特征进行分析[11],共包括缺失值比率、低方差滤波和高相关滤波三个方面。

(1)缺失值比率。数据集缺失是数据分析中的常见问题之一。其中共有六列特征数据中包含缺失值,由于其中单一文件中包含的四列特征流身份标识号(Flow Identity Document, Flow ID)、源国际互联协议(Src Internet Protocol, Src IP)、目的 IP(Dst IP)和源端口(Src Port)在其他文件中没有出现,无法用于整体模型的训练,因此删除相关特征列。同时,流字节率(Flow Byts/b)和流数据包速率(Flow Pkts/b)特征中包含无穷(Infinity)值,占总数据的比率分别为 2.16%和 5.74%,因此使用平均值填充(Mean/Mode Completer)方法,根据该特征其他对象的取值的平均值对该缺失特征值进行补齐填充。

(2)低方差滤波。低方差滤波假定变化非常小的特征列包含的信息量也相对较小,即当特征的自方差很小或为零时,这些特征数据将不会对目标变量的预测产生任何影响,对于模型训练来说没有价值。对数据集中所有特征的自方差进行计算,并过滤出八个自方差值为零的特征,分别为平均正向数据块速率(Fwd Blk Rate Avg)、平均反向数据块速率(Bwd Blk Rate Avg)、平均正向字节块速率(Fwd Byts/b Avg)、平均反向字节块速率(Bwd Byts/b Avg)、平均正向数据包数量(Bwd Pkts/b Avg)、平均反向数据包数量(Bwd Pkts/b Avg)、反向传播数据包中 PSH 标志次数(Bwd PSH Flags)和反向传播数据包中 URG 标志次数(Bwd URG Flags)。由于自方差为零的特征不携带任何可用信息,因此将相关特征列从数据集中删除。

(3)高相关滤波。若数据集中两列特征之间高度相关,即变化趋势相似,这意味着它们可能包含相似的信息,在训练中只需保留相似列中的一列即可满足机器学习分类器的需要。

本文使用层次聚类树状图的方式,对特征对距离进行可视化。层次聚类为聚类算法的一种,该方法的基本思想为:将 n 个数据各自分为一类,计算数据之间的距离和类间的距离,合并距离最近的两类,并计算合并出的新类与其他类的距离;重复以上步骤,每次可减少一类,直至所有的样品合并为一类,即通过计算每个特征对之间的距离创建一个有层次的嵌套树。

本文使用离差平方和法(Ward's Method)计算不同特征对之间的距离,即计算类中数据到类中心的平方欧式距离之和。该方法假设将 n 个数据分为 k 类,$\{G_1, G_2, \cdots G_m, \cdots, G_k\}$,$G_m$ 中第 i 个数据即为 X_i^m,n_m 为 G_m 中的数据个数,$\overline{X}^m$ 为 G_m 的重心,则 k 类中类内离差平方和。

$$SS = \sum_{m=1}^{k} SS_m = \sum_{m=1}^{k} \sum_{i=1}^{n_m} (X_i^m - \overline{X}^m)'(X_i^m - \overline{X}^m) \tag{2}$$

将簇距离阈值设置为 1,用于从特征簇中选取高相关特征对,并剥离冗余特征,最终数据集特征降至 30 维,重新绘制特征相关性系数矩阵图,如图 3 所示。其中横轴和纵轴均为降维后的数据集不同种类的特征，可以看出，移除冗余特征后，数据集特征对的相关性得到明显下降。

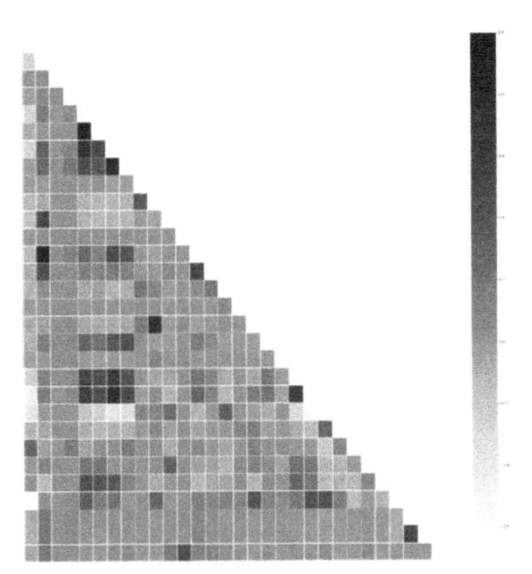

图 3　特征子集相关系数矩阵图

2.2　TPE 算法

模型优化是机器学习中最重要的环节之一，超参数是机器学习模型训练之前需要提前设置的参数，与可通过训练得到的权重、偏差等模型参数不同，超参数定义的是机器学习模型的模型复杂性和学习能力等更高层次的概念。超参数优化就是寻找机器学习模型在验证数据集上性能最佳时超参数的过程，其过程对模型优化有重要影响，超参数优化的公式如下。

$$x^* = \arg\min_{x \in \chi} F(x) \tag{3}$$

其中，$F(x)$ 为机器学习的目标函数；x^* 为 $F(x)$ 取得最好结果时的参数。

本文使用 TPE 算法作为评估域 $H = (x_1, F(x_1), x_2, F(x_2), \cdots, x_n, F(x_n))$ 生成目标函数的建模过程。TPE 将超参数空间转换为非参数密度分布，对 $p(x \mid y)$ 过程进行建模。转换方式共有均匀分布转换为截断高斯混合分布、对数均匀分布转换为指数截断高斯混合分布和离散分布转换为重加权离散分布三种。通过在非参数密度中使用不同的观测值 $(x^1, x^2, \cdots, x^k)$ 做替换处理，TPE 的超参数组可以使用不同密度的学习算法。TPE 使用如下两种密度定义 $p(x \mid y)$：

$$p(x \mid y) = \begin{cases} l(x) & \text{if } y < y^* \\ g(x) & \text{if } y \geqslant y^* \end{cases} \tag{4}$$

上式中，$l(x)$ 由观测值 $\{x^i\}$ 的目标函数 $F(x)$ 小于 y^* 的密度组成，$g(x)$ 由观测值 $\{x^i\}$

的目标函数$F(x)$大于等于y^*的密度组成。TPE算法倾向于使用大于最佳观测结果$F(x)$的y^*,并使用y^*作为观测值y的分位点γ,使$p(y<y^*)=\gamma$的同时,不需要$p(y)$的特定模型。通过在观测域H中维护观测数据的排序列表,TPE算法每次迭代的运行时间可在$|H|$和优化后的特征维度中线性缩放,此时

$$EI_{y^*}(x)=\int_{-\infty}^{\infty}(y^*-y)p(y|x)\mathrm{d}y=\int_{-\infty}^{y^*}(y^*-y)\frac{p(x|y)p(y)}{p(x)}\mathrm{d}y \tag{5}$$

$$p(x)=\int_R p(x|y)p(y)\mathrm{d}y=\gamma l(x)+(1-\gamma)l(x) \tag{6}$$

最后,将$\gamma=p(y<y^*)$和式(6)带入式(5),可以得到式(7),即对点x的最大化改进为最大概率$l(x)$和最小概率$g(x)$,因此树状结构的$l(x)$和$g(x)$可通过$l(x)$生成若干改进点,并根据$g(x)$和$l(x)$对改进点进行评估。从而在每次迭代时都会返回一个可获得最大EI的点x^*。

$$EI_{y^*}(x)=\left[\gamma+\frac{g(x)}{l(x)}(1-\gamma)\right]^{-1} \tag{7}$$

使用TPE算法对随机森林进行超参数调优,将精准率作为TPE算法的目标函数,并将迭代次数设置为100。本文选取的超参数、取值范围和最终取值结果见表1。

表1 超参数组取值范围及结果

超参数	取值范围	取值
nr_estimators	[20,200]	120
criterion	['gini','entropy']	gini
max_depth	[10,100]	16
max_depth_true	[True,False]	True
min_samples_leaf	[1,10]	1
min_samples_split	[2,10]	7
max_features	['log2','sqrt']	sqrt

上表中,超参数nr_estimators为随机森林模型中决策树的最大数量,超参数criterion为随机森林模型对特征的评价标准,超参数max_depth为决策树的最大深度,超参数min_samples_leaf为随机森林模型的叶子最少样本数,超参数min_samples_split为内部节点再划分所需最小样本数,超参数max_features为随机森林允许单个决策树适用的最大特征数量。

3 实验仿真

3.1 评估指标

本文采取入侵检测算法中常用的混淆矩阵作为评估分类性能的指标。混淆矩阵是一种评价分类模型好坏的形象化展示工具。混淆矩阵的每一列表示模型预测的样本类别,每一行表示样本的真实类别,一共有四个元素。真正类 TP(True Positive):分类为正常流量的正常样本数量。假负类 FN(False Negative):分类为恶意流量的恶意样本数量。假正类 FP(False Positive):分类为恶意流量的正常样本数量,即误报。真负类 TN(True Negative):分类为正常流量的恶意样本数量,即漏报。

基于混淆矩阵中的元素,本文使用以下指标对检测进行评估,准确率 A(Accuracy)、精准率 P(Precision)、查全率 R(Recall),$F1$ 值($F1$-Score),所用公式如下:

$$A=\frac{TP+TN}{TP+TN+FP+FN} \tag{8}$$

$$P=\frac{TP}{TP+FP} \tag{9}$$

$$R=\frac{TP}{TP+FN} \tag{10}$$

$$F1=\frac{2P\times R}{P+R} \tag{11}$$

3.2 模型评估

本文实验所使用的软硬件平台配置为 Intel i7-8700 3.20 GHz 处理器,32 G 内存,操作系统为 Windows 10 Pro。

为验证本文提出的 FSCA_TPE_RF 方法的可行性,本文第一个实验首先通过 scikit-learn 机器学习库[12]中的 DummyClassifier 函数构建基线分类器,作为数据集分类器的性能基线,对比本文提出的 FSCA_TPE_RF 与基线分类器、朴素贝叶斯、逻辑回归、自适应增强(Adaptive Boosting, AdaBoost)和随机森林(Random Forest, RF)机器学习算法性能,并以准确率、精准率、查全率和 $F1$ 值作为模型性能的评价指标,训练集与测试集占总数据集的比例分别为 80%和 20%。结果见表 2,可以看出 FSCA_TPE_RF 方法相比朴素贝叶斯、逻辑回归、AdaBoost 和原始 RF 算法,在各项指标上均有不同程度提升。其中对于原始 RF 算法而言各项指标提升较小,这是由于特征选择过程中剔除的是对 RF 分类器影响不大的冗余特征,保留了对 RF 分类器影响较大的关键特征,并在结合 TPE 优化后,选取了最适合的超参数组合进一步提高模型性能。

表 2　算法实验结果对比

算法	准确率	精准率	查全率	$F1$ 值
基线	0.83	0.69	0.83	0.76
朴素贝叶斯	0.83	0.90	0.83	0.85
逻辑回归	0.94	0.91	0.87	0.89
AdaBoost	0.95	0.94	0.93	0.94
随机森林	0.95	0.95	0.94	0.95
FSCA_TPE_RF	0.97	0.98	0.97	0.97

为了验证 FSCA 可缩短机器学习模型的训练时间和测试时间，提升模型的检测效率，本文第二个实验将 FSCA_TPE_RF 与其他机器学习算法检测效率进行对比，训练集与测试集的数据数量分布与表 2 相同，实验结果如图 4 所示，其中横轴为不同的机器学习算法种类，纵轴为算法训练和测试所需的时间长度，可以看出，FSCA_TPE_RF 方法相比传统 RF 算法可将训练时间和测试时间分别缩短 39.46%和 60%，模型的检测效率大幅提升，训练时间和测试时间也大幅低于逻辑回归（Logistic Regression，LR）、AdaBoost 等机器学习算法。因此，该方法更适用于当前大规模高并发网络拓扑下的近实时入侵检测场景。需要注意的是，由于朴素贝叶斯算法默认数据集特征之间相互独立，逻辑和算法都相对简单稳定，因此其训练时间和测试时间都为最短。但如表 2 所示，朴素贝叶斯算法各项分类指标均落后于 FSCA_TPE_RF 在内的其他机器学习模型，尤其是准确率只有 0.83，与基线算法相同，性能无法满足真实的入侵检测场景。

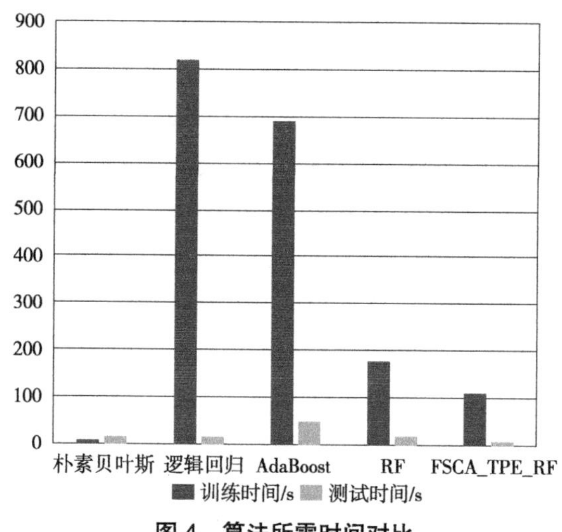

图 4　算法所需时间对比

为验证所提出的方法在不同训练数据比例下的鲁棒性,本文第三个实验设置了不同的训练集和验证集比例,分别为 50%：50%、10%：90%、5%：95%和 2%：98%,并将 FSCA_TPE_RF 与其他机器学习算法性能进行对比,实验结果如图 5 所示。可看出,本文所提出的 FSCA_TPE_RF 方法在不同的训练集和测试集比例下的模型性能相比其他机器学习算法更加稳定,普适性较强,应用于入侵检测场景时,需要标注的数据集数量相对更少,可以减轻研究人员的标注压力,提升入侵检测系统的实用性。

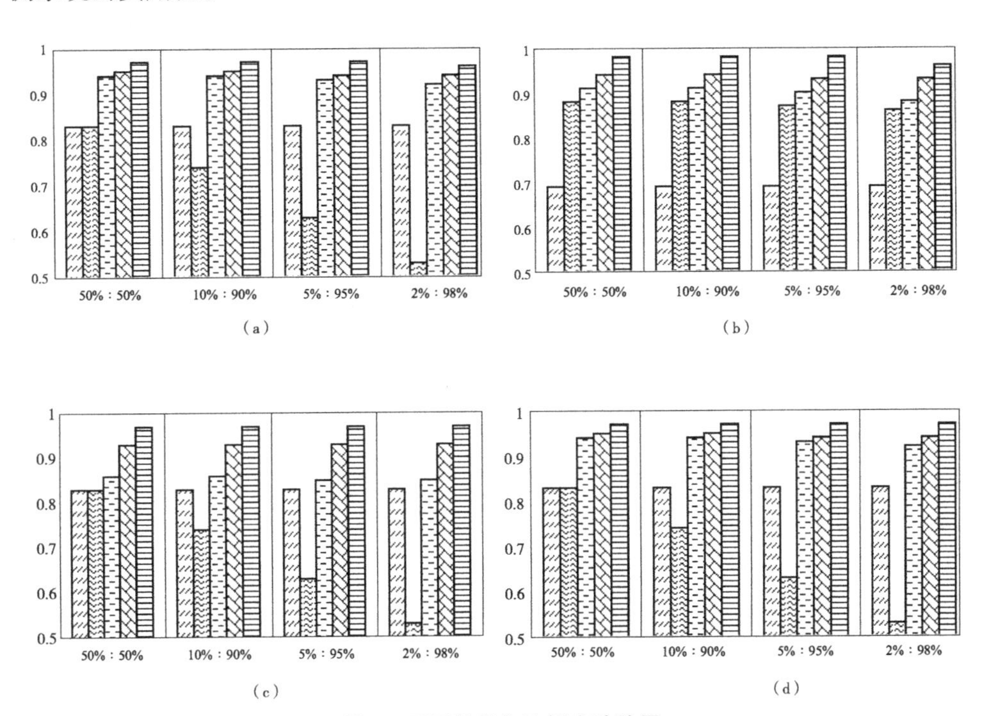

图 5　不同数据集比例实验结果

(a)准确率　(b)精准率　(c)召回率　(d)$F1$ 值

4　结语

本文以 CIC-IDS-2018 入侵检测数据集作为研究对象进行深入分析。针对该数据集的特征模式,本文提出了一种基于 FSCA 与 TPE 优化的入侵检测方法,分析了 CIC-IDS-2018 数据集特性,并根据数据集特征分布规律,针对性地使用了缺失值比率、低方差滤波和高相关滤波三种基于相关性分析的特征选取方法,结合离差平方和法计算数据集的层次聚类,将数据集从 80 维降低到 30 维,通过基于 TPE 算法的超参数调优技术,对随机森林进行参数优化,并通过设计三个实验,分别验证了模型的有效性、效率和在不同的训练集和测试集比例下算法的鲁棒性。通过以上实验可以发现,本文提出的 FSCA_TPE_RF 方法在提升模型效率的同时,在少样本的场景下也能保持其分类器的性能,在入侵检测场景下的各项性能指标均优于传统的机器学习模型。未来工作将注重优化检测方法在多分类场景下的分类检测以及在其他入侵检测数据集上的泛化能力。

参考文献

[1] 蒋建春,马恒太,任党恩,等. 网络安全入侵检测:研究综述[J]. 软件学报,2000,11(11):1460-1466.

[2] JULISCH K. Mining alarm clusters to improve alarm handling efficiency[C]//Seventeenth Annual Computer Security Applications Conference, December 10-14, 2001, New Orleans, LA, USA. Washington: IEEE Computer Society, 2002: 12-21.

[3] HAI T, NGUYEN T. Reliable machine learning algorithms for intrusion detection systems: machine learning for information security and digital forensics[J]. Acta physiologica Scandinavica, 2012, 142(2): 191-199.

[4] KIM J, KIM J, THU H L T, et al. Long short term memory recurrent neural network classifier for intrusion detection[C]//2016 International Conferenceon Platform Technology and Service(PlatCon). New York: IEEE, 2016: 1-5.

[5] AYGUN R C, YAVUZ A G. Network anomaly detection with stochastically improved autoencoder based models[C]//2017 IEEE 4th International Conference on Cyber Security and Cloud Computing, June 26-28, 2017, New York, NY, USA. Washington: IEEE Computer Society, 2017: 193-198.

[6] 饶鲜,杨绍全,魏青,等. 基于熵的入侵检测特征参数选择[J]. 系统工程与电子技术,2006,28(4):599-601,610.

[7] RODGERS J L, NICEN ANDER W A. Thirteen ways to look at the correlation coefficient[J]. The American statistician, 1988 42(1): 59-66.

[8] GHARIB A, SHARAFALDIN I, LASHKARI A H, et al. An evaluation framework for intrusion detection dataset[C]//2016 International Conference on Information Science and Security(ICISS). New York: IEEE, 2017: 1-6.

[9] SHARAFALDIN I, LASHKARI A H, GHORBANI A A. Toward generating a new intrusion detection dataset and intrusion traffic characterization[C]//4th International Conference on Information Systems Security and Privacy, 2018, Funchal, Madeira, Portugal. ICISSP. 2018: 108-116.

[10] Registry of Open Data on AWS. A Realistic Cyber Defense Dataset (CSE-CIC-

IDS2018)[EB/OL].(2018)[2020-10-06]. https：//registry.opendata.aws/cse-cic-ids2018/.

[11] ALPAYDIN E. 机器学习导论[M]. 范明，昝红英，牛常勇，译. 北京：机械工业出版社，2014.

[12] SWAMI A，JAIN R. Scikit-learn：machine learning in python[J]. Journal of machine learning research，2013，12(10):2825-2830.

基于联合序列标注深度学习的层级信息抽取

王扬[1],郑阳[1],杨青[1],王旭强[1],田雨婷[1]
(1. 国网天津市电力公司信息通信公司,天津市,300140)

摘要: 现有的信息抽取工作多是针对无层次结构的数据信息,而在实际任务中,文本中的数据常常具有复杂的嵌套层次结构,如文档中包含多个不同类型的信息块序列,每个块中又包含了一个独立的信息序列,缺少对其信息提取方法的研究。本文针对具有层级结构的信息抽取问题,针对性地提出了一种基于联合序列标注的层级信息抽取方法,一方面使用 BiLSTM-CNN-CRF 模型分别对不同层级的数据进行建模,另一方面通过联合学习方法实现层次级的信息抽取,使得不同层次的信息抽取任务能够同时而有效地进行信息交互和独立抽取,有效地提高了信息抽取任务的准确率。

关键词: 信息抽取;命名实体识别;神经网络;联合学习

0 引言

随着互联网技术的飞速发展,各个行业都产生并累积了丰富的数据资源。其中作为语言载体的文本数据占据了很大的比重,这些数据普遍存在于各行各业中,包含着大量的有用信息。然而,文本信息一般是以非结构化或者半结构化文本的形式呈现的,无法使用统计分析工具对其中蕴含的信息进行分析和挖掘,使用人工筛选又得花费大量的时间[1]。因此,如何高效准确地从众多文本数据中进行信息抽取(Information Extraction)是一个值得研究的问题。信息抽取主要是指从一个给定的文本中识别并提取出具有一定现实意义的或者感兴趣的子序列结构化的内容,是很多自然语言处理任务中基础但又很重要的一环[2]。

信息抽取技术的发展也使得很多文本、网络(Web)系统等应用程序从中受益,例如使用基于 Web 的信息抽取系统来抽取多种多样的信息如招聘信息、新闻信息和技术成果信息等[3-5]。除此之外,信息抽取技术在一些重要的应用领域中也得到了充分的应用。骆轶姝等[6]使用信息抽取方法来处理非结构化的甲状腺病史文档,实现了对甲状腺病史的结构化,并将结构化的结果通过(Resource Description Framework，RDF)格式进行了存储，对该疾病的诊断有着重要的意义；丁晟春等[7]使用信息抽取技术来实现对动物卫生事件舆情信息中时间、地点、疫病名称、动物数量和应对措施等内容的抽取，提高了动物卫生领域舆情监测的效率；李艳[8]基于信息抽取技术来提取案件描述文本中的有用信息，有效节约了相关人员在过往案件查阅过程中花费的时间和精力。

现有的信息抽取工作多是对于处在同级语义的信息的抽取，如在新闻文章中抽取其中存在的命名实体，如人名(PER)、地名(LOC)、组织机构名(ORG)等[9]，被抽取出的信息通常用三元组⟨start, end, TAG⟩的形式来保存，其中 start 和 end 分别为该命名实体在原文档中的开始及终止位置，TAG 为该信息对应的类别。可以看出经过信息抽取的命名实体均处于同一级别。

然而，在许多实际问题中，文本内容具有层次嵌套的逻辑结构。如图 1 所示，其中图 1(a)为无层次结构的信息抽取，图 1(b)为带有层次结构的信息抽取。

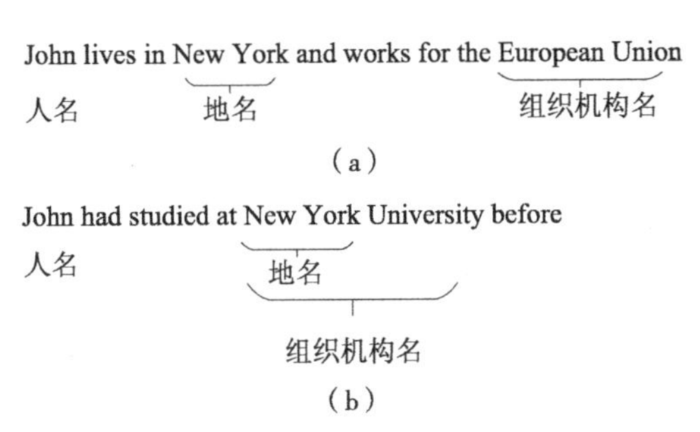

图 1　无层次结构与带有层次结构的信息抽取示例

(a)无层次结构的信息抽取　(b)带有层次结构的信息抽取

若使用上述提到的方法对带有层次结构的文本进行信息提取，只能识别到文本中存在的某一层的信息而丢弃其他层级存在的有用信息，进而丧失了使用价值。对于该问题，一个普遍的做法是依次使用多个标注模型，将由一个标注模型得到的结果送入下一个标注模型来进行下一层的信息抽取，但这种方法无疑会导致误差的传播[10]，上一层标注的错误结果传入下一层往往会导致更为严重的错误。

基于上述问题以及相关研究工作，本文以具有两层语义结构的货运航运邮件文本数据为研究对象，结合其层次性的特点，构建基于联合标注的层级信息抽取方法，同时对高层的盘块信息和底层的基本信息进行建模，并基于联合学习方法融合不同层级的标注结果，实现对层级信息的抽取，有效地避免了依次使用多个标注模型来处理层级信息所导致的误差传递的问题。经过实验验证，本文所提出的方法在该任务上具有更好的有效性。

1 相关工作

信息抽取是自然语言处理领域内一个重要的子领域,迄今为止相关领域的学者们已经进行了很多相关内容的研究。在这些研究工作中,信息抽取方法大致可以分为基于规则的信息抽取、基于统计学习的信息抽取和基于深度学习的信息抽取三大类。

1.1 基于规则的信息抽取方法

基于规则的信息抽取技术是目前应用较为广泛和发展比较成熟的技术,其主要分为基于词典和基于指定规则两个类别。

基于词典的信息抽取方法首先构建了一个模式词典,从而使用该词典来从未标注的新文本中抽取需要的信息。比较出名的 CRYSTAL 系统[11]便是基于这种方法。这种方法也被叫作基于模板的信息抽取方法,其核心在于如何学习出可用于识别文本中相关信息的模式字典。

不同于基于词典的方法,基于指定规则的方法使用一些通用规则而不是词典来从文本中提取信息。其中一种比较常用的方法是学习要提取的信息边界的句法或者语法规则,如判别出信息周围可能存在的特殊词组等作为界定。霍娜等[12]对巴西泥石流、俄罗斯客轮沉没以及印尼火山爆发等三种灾难事件追踪报道进行了相关研究,并构建了 54 条文本抽取规则来进行灾难事件的信息抽取,丁君军等[13]通过大量的阅读、分析,归纳出了对应的规则来完成对《情报学报》中学术概念的抽取。

基于指定规则的信息抽取方法同样存在很大的缺陷,不仅需要依靠大量专家来编写规则或模板,覆盖的领域范围有限,而且很难适应数据变化的新需求。

1.2 基于统计学习的信息抽取方法

由于基于规则的信息抽取方法的缺点,一些经典的机器学习模型如支持向量机[14]、隐马尔科夫模型(Hidden Markov Model, HMM)[15]、条件随机场[16]和决策树(Decision Trees)[17-18]等逐渐被提出用来进行信息抽取。Mayfield[14]等利用支持向量机在手动提取的数据集特征上进行训练,在英文命名实体识别数据集上得到了84.67%的 $F1$ 值,超越了之前的方法。Zhou 等[15]提出一个基于 HMM 的命名实体识别系统,融合了大小写、数字等简单单词特征以及句子内部语义特征等,在 MUC-6 和 MUC-7 的英语实体识别数据集上分别得到了 96.6%和 94.1%的 $F1$ 值。Lafferty 等[16]提出了条件随机场(Conditional Random Fields, CRFs)模型,具有将过去和未来的特征相结合、基于动态规划的高效训练和解码等优点。

1.3 基于深度学习的信息抽取方法

上文所提到的基于统计学习模型的信息抽取方法取得了较好的表现,但是严重依赖于人工提取的特征。而近些年来出现的神经网络算法具有较强的学习能力以及自动抽取特征的能力,很适合用到信息抽取的任务中。

Collobert 等[19]使用卷积神经网络(Convolutional Neural Network, CNN)作为特征提取器,对词向量表示序列进行建模,最终用 CRF 模型预测序列的标签。Huang 等[20]首次将 BiLSTM-CRF 模型应用到信息抽取中,双向长短期记忆(Bi-directional Long-Short Term Memory, BiLSTM)能够有效利用过去和将来的输入特征,CRF 能够建模句子级别的标签信息,并与 LSTM、BiLSTM 和 LSTM-CRF 等退化模型结构作对比,在词性标注、组块分析和实体识别中取得了较好的结果。进一步地,Ma 和 Hovy 等[21]提出了 BiLSTM-CNN-CRF 模型,首先使用 CNN 建模字符信息,将 CNN 建模得到的字符级别特征与预先训练的词向量相结合,之后送入 BiLSTM-CRF 中,取得了更好的实验效果,且提出的模型是完全端到端的,不需要任何的特征工程和数据预处理手段。

2 基于联合标注的层级信息抽取方法

2.1 问题定义

在层次级信息抽取任务中,对任意文档d可以将其按句分割为$d=\{s_1,s_2,\cdots,s_i,\cdots,s_T\}$,其中$T$代表该文档所包含的句子的个数。对$d$中的任意句子$s_i$有$s_i=\{w_{i1},w_{i2},\cdots,w_{iN}\}$,其中$N$为该句中的单词数。该任务首先对句子级信息进行建模,得到句子级的高层标签 TAG_HIGH,进而结合句子级标签 TAG_HIGH 来对单词级的信息进行建模,得到单词级的低层标签 TAG_LOW,进而抽取出层级的语义信息四元组:⟨start, end, TAG_HIGH, TAG_LOW⟩。

2.2 整体框架

考虑到层级语义数据所具有的特点,本文提出了基于联合序列建模的层级信息抽取方法。首先,使用卷积神经网络模型来建模每一个单词的字符表示$\boldsymbol{c}_i$,然后拼接预训练好的单词的词嵌入向量$\boldsymbol{e}_i$作为单词级的向量表示$\boldsymbol{w}_i$。之后将单词的向量表示$\boldsymbol{w}_i$以句子为单位送入双向 LSTM 中进行编码得到编码后的单词级表示向量$\boldsymbol{h}_t$,并结合注意力机制得到句子级的特征表示$\boldsymbol{s}_i$。最终使用 CRF 模型完成对单词级和句子级的信息的标注,结合两层的标注结果进而抽取出文档中的关键信息。本文所提出的模型结构如图 2 所示。

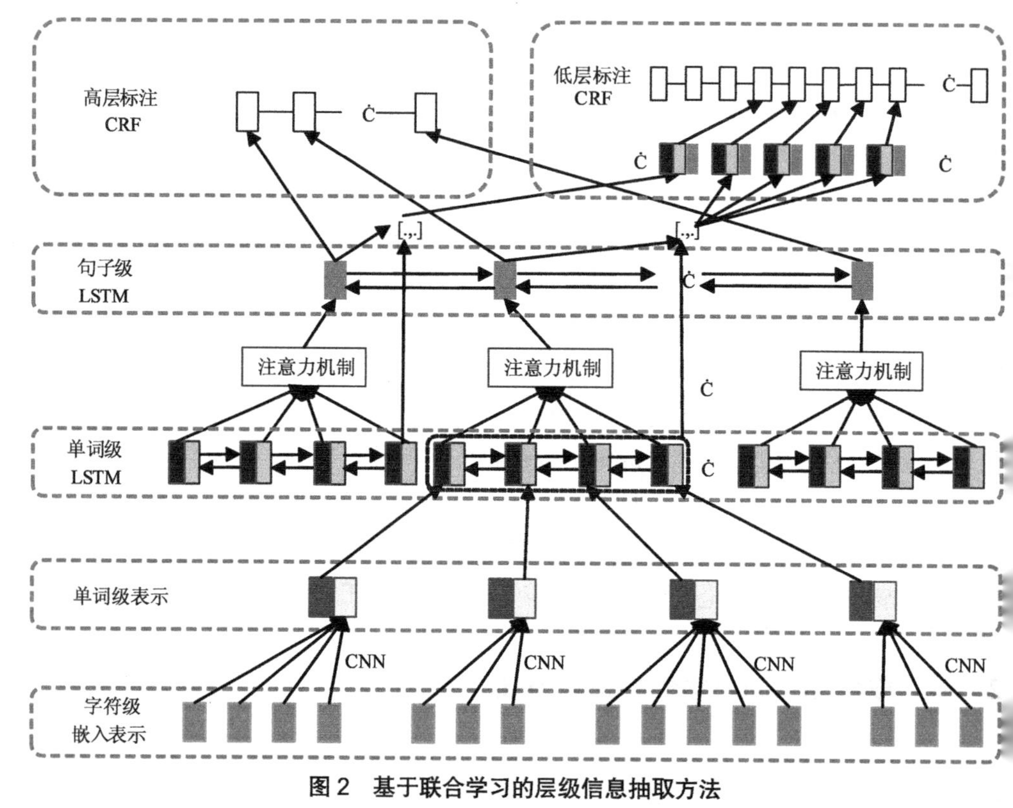

图2 基于联合学习的层级信息抽取方法

接下来本文将沿着自下而上的方向详细介绍模型的具体结构。

2.3 基于CNN的字符特征提取

CNN是近些年来逐步兴起的一种人工神经网络模型,具有很强的特征提取能力,在自然语言处理和图像识别任务中得到了广泛应用。在近几年的研究工作[22-23]中更是证明了CNN模型能够有效地从单词的字符中提取出形态学特征,如一个单词的前缀、后缀等,因此本文选用CNN模型提取单词的字符特征。其结构如图3所示。

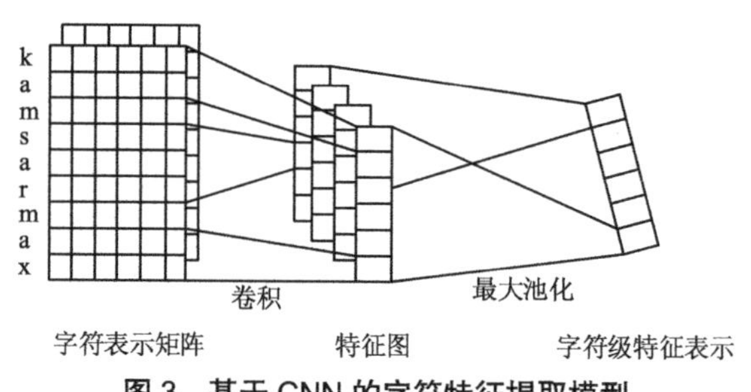

图3 基于CNN的字符特征提取模型

其中每一个单词 $\boldsymbol{w}_i$ 可由一个字符表示矩阵表示，矩阵的每一行为字符的嵌入表示，矩阵的行数为该单词具有的字符的个数。对该矩阵进行卷积和最大池化操作后便得到了该单词对应的字符表示向量 $\boldsymbol{c}_i$，接下来拼接预训练的 GloVe[24]词向量 $\boldsymbol{e}_i$ 作为该单词的向量表示：

$$\boldsymbol{w}_i = [\boldsymbol{e}_i;\ \boldsymbol{c}_i] \tag{1}$$

2.4 基于 BiLSTM 的时序特征建模

在完成字符级的特征提取后，得到了由字符级特征和预训练词向量拼接的单词的向量表示 $\boldsymbol{w}_i$，接下来则需要对句子中的时序关系进行建模。而在时序关系的建模上，循环神经网络（Recurrent Neural Network，RNN）模型以及其变体模型（LSTM 等）通常具有很大的优势。通常可以按照时间步来展开，其基本结构如图 4 所示。

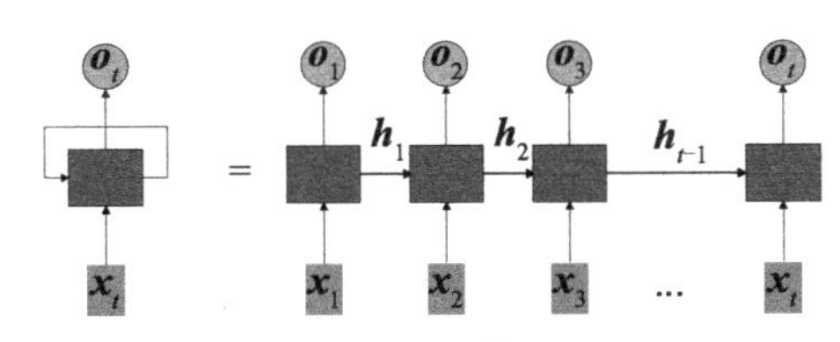

图 4　RNN 的基本结构

图 4 中 $\boldsymbol{x}_t$ 为 t 时刻的输入向量，$\boldsymbol{h}_t$ 为 t 时刻的隐藏层状态，可以通过上一时刻的状态 $\boldsymbol{h}_{t-1}$ 以及当前时刻的输入 $\boldsymbol{x}_t$ 来计算：

$$\boldsymbol{h}_t = f(\boldsymbol{U}\boldsymbol{x}_t + \boldsymbol{W}\boldsymbol{s}_{t-1}) \tag{2}$$

式中：$f(\ )$ 为 tanh 函数。$\boldsymbol{o}_t = \mathrm{softmax}(\boldsymbol{V}\boldsymbol{s}_t)$ 为 t 时刻的输出，表示预测标签的概率分布。$\boldsymbol{W}$、$\boldsymbol{U}$、$\boldsymbol{V}$ 为网络模型学习的参数。

在实际应用中，通常会存在梯度消失和梯度爆炸的问题，LSTM 网络则可以有效缓解该问题，因此一般会选择使用 LSTM 网络来进行对时序关系的建模。LSTM 网络依靠三个部分来完成对细胞状态的保护和处理，分别为输入门、遗忘门和输出门，其中的门结构均是通过 Sigmoid 函数以及按位乘运算操作来实现的。在时间序列的第 t 个时间段，LSTM 网络的各个部分的计算方法如下：

$$\boldsymbol{f}_t = \sigma\left(\boldsymbol{W}_f \cdot [\boldsymbol{h}_{t-1}; \boldsymbol{x}_t] + \boldsymbol{b}_f\right) \tag{3}$$

$$\boldsymbol{i}_t = \sigma\left(\boldsymbol{W}_i \cdot [\boldsymbol{h}_{t-1}; \boldsymbol{x}_t] + \boldsymbol{b}_i\right) \tag{4}$$

$$\tilde{\boldsymbol{C}}_t = \tanh\left(\boldsymbol{W}_C \cdot [\boldsymbol{h}_{t-1}; \boldsymbol{x}_t] + \boldsymbol{b}_C\right) \tag{5}$$

$$\boldsymbol{C}_t = \boldsymbol{f}_t \odot \boldsymbol{C}_{t-1} + \boldsymbol{i}_t \odot \tilde{\boldsymbol{C}}_t \tag{6}$$

$$\boldsymbol{o}_t = \sigma\left(\boldsymbol{W}_o \cdot [\boldsymbol{h}_{t-1}; \boldsymbol{x}_t] + \boldsymbol{b}_o\right) \tag{7}$$

$$\boldsymbol{h}_t = \boldsymbol{o}_t \odot \tanh(\boldsymbol{C}_t) \tag{8}$$

式中:$\boldsymbol{f}_t$、$\boldsymbol{i}_t$、$\boldsymbol{o}_t$ 分别为遗忘门、输入门以及输出门,用于对新的输入信息进行遗忘或记忆操作;σ 为 Sigmoid 函数,用于将计算结果进行非线性变换;$\boldsymbol{x}_t$ 为当前 t 时刻的输入;$\boldsymbol{h}_t$ 为当前时刻的输出;$\tilde{\boldsymbol{C}}_t$ 为候选值向量;$\boldsymbol{C}_t$ 为当前隐藏层状态;$\boldsymbol{W}_f$、$\boldsymbol{W}_i$、$\boldsymbol{W}_C$、$\boldsymbol{W}_o$ 以及 $\boldsymbol{b}_f$、$\boldsymbol{b}_i$、$\boldsymbol{b}_C$、$\boldsymbol{b}_o$ 为网络模型学习的参数,分别为权重矩阵以及偏置项。

BiLSTM 即是在原来从左往右的模型基础上再加一个从右到左的 LSTM,但是输入是共享的,输出也是由前向隐藏状态和后向隐藏状态共同决定的。Bi LSTM 之所以被提出来是因为在序列建模中,当前的输出不仅与前面的信息有关系,也与后面的信息有关系,使用 LSTM 时隐藏层状态 $\boldsymbol{h}_t$ 只能从过去的输入中获得信息,无法获得该输入之后的信息。在实体识别、组块分析等信息抽取任务上使用双向模型的效果要比单向的好。

因此,本文选用 BiLSTM 来对单词级的特征进行建模,将任意句子 $\boldsymbol{s}$ 中的单词表示 $\boldsymbol{w}_1,\boldsymbol{w}_2,\cdots,\boldsymbol{w}_N$ 送入 BiLSTM 模型中:

$$\vec{\boldsymbol{h}}_k = \mathrm{LSTM}_{\mathrm{fw}}(\boldsymbol{x}_k,\vec{\boldsymbol{h}}_{k-1}), \tag{9}$$

$$\overleftarrow{\boldsymbol{h}}_k = \mathrm{LSTM}_{\mathrm{bw}}\left(\boldsymbol{x}_k,\overleftarrow{\boldsymbol{h}}_{k+1}\right), \tag{10}$$

$$\boldsymbol{h}_k = \left[\vec{\boldsymbol{h}}_k;\overleftarrow{\boldsymbol{h}}_k\right] \tag{11}$$

式中:$\mathrm{LSTM}_{\mathrm{fw}}$ 为正向的 LSTM 模型;$\mathrm{LSTM}_{\mathrm{bw}}$ 为反向的 LSTM 模型;$\vec{\boldsymbol{h}}_k$、$\overleftarrow{\boldsymbol{h}}_k$ 分别为正向 LSTM 和反向 LSTM 的隐藏层状态表示,将其拼接作为建模后的单词表示 $\boldsymbol{h}_k$。之后使用注意力机制来获得句子级的特征建模。

2.5 基于注意力机制的句子级特征建模

注意力机制由人的视觉注意力启发而来,通常人的眼睛在观察事物的时候会集中注意力在一些比较重要的部分而忽略掉一些没有用的细节,在理解一篇文章时总是能够抓住最为重要的段落、句子或词语,这就是注意力机制[25]。该机制可以用于建模长句中的语义关系,在自然语言处理任务中得到了广泛应用。

在经过 BiLSTM 层之后,每个词 $\boldsymbol{w}_i$ 都被表示为隐藏状态 $\boldsymbol{h}_t$,融合了句子内部的上下文语义信息。为了获得文档的高层语义信息,需要建模句子级的特征表示并对其进行标注。对任意句子 $\boldsymbol{s}$,有 $\boldsymbol{s}=\{\boldsymbol{h}_1,\boldsymbol{h}_2,\cdots,\boldsymbol{h}_N\}$,其中 $\boldsymbol{h}_t$ 为单词向量经 BiLSTM 编码后的结果。若将各单词的特征表示进行简单的拼接,则会忽视多个单词对句子语义的影响程度,可能会引入一定的噪声,影响句子级特征表示的结果。因此本文引入了注意力机制,对当前单词 $\boldsymbol{h}_t$,与句子中的所有词进行对齐模型计算,最终按权重加权求和,得到富含相关语义信息的单词的新表示 $\boldsymbol{z}_t$,如下所示:

$$\boldsymbol{z}_t = \sum_{i=1}^{n}\alpha_{i,t}\boldsymbol{h}_i \tag{12}$$

式中：$\boldsymbol{\alpha}_{i,t}$ 为 $\boldsymbol{h}_t$ 与 $\boldsymbol{h}_i$ 的相关程度。

$$\boldsymbol{\alpha}_{i,t}=\frac{\exp(\boldsymbol{d}_{i,t})}{\sum_{j=1}^{n}\exp(\boldsymbol{d}_{i,t})} \tag{13}$$

$$\boldsymbol{d}_{i,t}=\boldsymbol{h}_i^T\boldsymbol{M}\boldsymbol{h}_t \tag{14}$$

式中：M 为权重，是注意力模型要学习的参数。通过上文所计算的注意力值，得到了具有不同权重的新的单词表示 $\boldsymbol{z}_t$，以其均值作为句子的特征表示：

$$\boldsymbol{s}_i=\frac{1}{T}\sum_{t=1}^{T}\boldsymbol{z}_t \tag{15}$$

式中：T 为句子中单词的个数。在以上的部分中得到了单词级的特征表示 $\boldsymbol{h}_i$ 以及句子级的特征表示 $\boldsymbol{s}_i$，在下面的部分中使用 CRF 模型分别进行句子级和单词级的标注。

2.6 基于 CRF 的标签推断

在序列标注以及广泛的结构化预测任务中，对一个给定的输入单词序列，考虑其相邻的单词的标签关系并解码出全局最优的标签序列是很有必要的，而 CRF 能很好地捕获序列的局部结构并进行最优的全局解码，因此被广泛应用到序列标注的任务中。

对于给定的输入序列 $\boldsymbol{x}=\{\boldsymbol{x}_1,\boldsymbol{x}_2,\cdots,\boldsymbol{x}_i,\cdots,\boldsymbol{x}_n\}$，其中 $\boldsymbol{x}_i$ 为第 i 个单词的向量表示，$\boldsymbol{y}=\{\boldsymbol{y}_1,\boldsymbol{y}_2,\cdots,\boldsymbol{y}_n\}$ 为输入序列 $\boldsymbol{x}$ 对应的标签，链式 CRF 定义了对于给定输入序列 $\boldsymbol{x}$ 其标签序列 $\boldsymbol{y}$ 的概率：

$$p(\boldsymbol{y}|\boldsymbol{x};\boldsymbol{W},\boldsymbol{b})=\frac{\prod_{i=1}^{n}\psi_i(\boldsymbol{y}_{i-1},\boldsymbol{y}_i,\boldsymbol{x})}{\sum_{y'\in\mathcal{Y}(z)}\prod_{i=1}^{n}\psi_i(\boldsymbol{y}'_{i-1},\boldsymbol{y}'_i,\boldsymbol{x})} \tag{16}$$

式中：$\mathcal{Y}(x)$ 为所有可能的标签序列的集合，$\psi_i(\boldsymbol{y}',\boldsymbol{y},\boldsymbol{x})$ 为势函数，其定义为

$$\psi_i(\boldsymbol{y}',\boldsymbol{y},\boldsymbol{x})=\exp(\boldsymbol{W}_{y',y}^T\boldsymbol{x}_i+\boldsymbol{b}_{y',y}) \tag{17}$$

式中：$\boldsymbol{W}_{y',y}^T$、$\boldsymbol{b}_{y',y}$ 分别为 CRF 模型的权重矩阵和偏置，其值的更新可以通过梯度下降法来计算，其损失函数为

$$L(\boldsymbol{W},\boldsymbol{b})=\sum_{i}\log p(\boldsymbol{y}\mid\boldsymbol{x};\boldsymbol{W},\boldsymbol{b}) \tag{18}$$

本文分别使用 CRF 模型完成对句子级和单词级的标注，其中对句子级标注模型使用句子级特征表示 $\boldsymbol{s}_i$ 作为输入特征，单词级标注使用单词级特征表示 $\boldsymbol{h}_i$ 并拼接其所在句子的特征向量 $\boldsymbol{s}_i$ 作为表示特征，以引入句子的语义信息。

$$L_{\mathrm{H}}(\boldsymbol{W}_{\mathrm{H}},\boldsymbol{b}_{\mathrm{H}})=\sum_{i}\log p(\boldsymbol{y}_{\mathrm{H}}\mid \boldsymbol{s}_i;\boldsymbol{W}_{\mathrm{H}},\boldsymbol{b}_{\mathrm{H}}) \tag{19}$$

$$L_{\mathrm{L}}(\boldsymbol{W}_{\mathrm{L}},\boldsymbol{b}_{\mathrm{L}})=\sum_{i}\log p(\boldsymbol{y}_{\mathrm{L}}\mid [\boldsymbol{h}_i;\ \boldsymbol{s}_i];\ \boldsymbol{W}_{\mathrm{L}},\boldsymbol{b}_{\mathrm{L}}) \tag{20}$$

式中:$\boldsymbol{W}_{\mathrm{H}}$、$\boldsymbol{W}_{\mathrm{L}}$、$\boldsymbol{b}_{\mathrm{L}}$ 和 $\boldsymbol{b}_{\mathrm{H}}$ 分别为待学习权重矩阵和偏置向量。

由此,可以得到联合标注模型的总损失函数

$$L=L_{\mathrm{H}}+\lambda L_{\mathrm{L}} \tag{21}$$

式中:λ 为超参数,用于调节联合模型在训练时优先侧重的倾向。在本任务中,对高层标签的标注相对而言较为重要,实验时设定 λ 为0.7。

3 实验与结果分析

3.1 数据简介

为了验证本模型的有效性,本文使用具有两层结构的货运航运邮件来进行实验。数据的层级结构如图5所示。

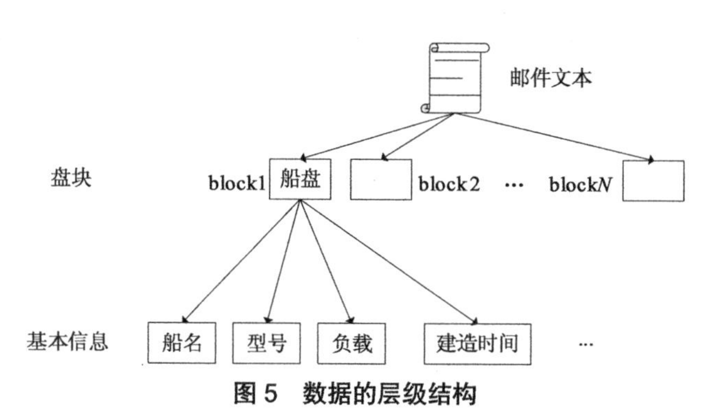

图5 数据的层级结构

数据集共包含3 917个邮件文本,每个邮件文本中包含一个或多个盘块信息,需要抽取出来的盘块信息有船盘、货盘以及期租盘三种,每个盘块占据邮件的一行或者多行。三类盘块中包含了多类字段信息,如船盘内包含了船名、型号、负载和建造时间等;货盘中主要字段有货种、货量、租家和受载时间等;期租盘包含的主要字段有租家名称、交船时间/地点和租期等,三类盘块一共涵盖了118类信息,其中34类信息在多类盘块中重复出现。

3.2 对比方法

为验证所提出方法的性能,本文将该模型与其他几种方法的实验结果进行对比,所用的对比算法如下。

(1)层级 BiLSTM-CNN-CRF:使用两层单独的 BiLSTM-CNN-CRF 模型进行层级信息抽取,第一层提取盘块级信息,然后使用不同的 BiLSTM-CNN-CRF 模型对不同类别的盘块内的数据进行抽取。

(2)BiLSTM-CNN-CRF:在本实验中,使用高层标签与低层标签拼接的方法得到包含了层次信息的标签,如船盘中的船名被标记为“B-船盘|B-船名”,使用 BiLSTM-CNN-CRF 模型进行标注。

(3)BiLSTM-CRF:标签方式同上,不使用 CNN 来提取字符级特征信息,使用 BiLSTM 直接对预训练的单词向量进行编码。

(4)LSTM-CNN-CRF:标签方式同上,使用单向 LSTM 来建模特征表示,其他设定与 BiLSTM-CNN-CRF 模型一致。

本文的方法独立地进行高层和低层的信息抽取,并使用联合学习方法进行信息交互,促进两层标注任务的相互影响,最终拼接两层的标签来提取层级信息。

3.3 实验设置

本文所述方法以货运航运数据为例进行分析,为验证不同词向量对模型性能的影响,本文分别使用了随机初始化词向量、GloVe 词向量和 Word2Vec 词向量进行实验,其中随机初始化方法词向量维度为 100 维,其值通过在$\left[-\sqrt{\frac{3}{dim}},+\sqrt{\frac{3}{dim}}\right]$范围内均匀采样获得,其中 dim 为词向量的维度。GloVe 词向量使用维基百科的语料库训练而来,初始维度为 100 维。Word2Vec 词向量使用谷歌新闻语料库进行训练,初始维度为 100 维。用于提取字符级特征的 CNN 模型使用大小为 3×30 的卷积核,其中 3 为每次卷积涉及的内容是前后相邻的三个字符,30 为字符向量的维度,字符向量通过随机初始化完成,卷积核个数为 256。LSTM 层以及 CRF 层的输入维度与其前面网络结构的输出维度保持一致。由于数据较多,为了提升训练速度所以采用批处理的方式进行训练, batch 的大小设为 10。在参数优化过程中,本文选择 Adam 进行优化,训练的学习率设为 0.001,最大迭代次数设为 50 轮。此外,本文在训练过程中引入 dropout 策略和正则化项来防止出现过拟合的现象, dropout 比率设为 0.3,正则化项使用 L2 正则化,正则化系数为 0.05。对比方法采用与本文方法同样的词向量表示,LSTM 层以及 CRF 层的参数设定与本文所提出的模型保持一致。

3.4 实验结果分析

基于上述的实验参数设定,本文在货运航运数据集上进行层级信息抽取对比实验,并使用精确率、召回率以及 $F1$ 值作为评价指标,其值的计算方式见表 1,评价准则均是越大越好。

表 1　评价指标

评价指标	计算方法
精确率（Precision）	$PPV=\frac{TP}{TP+FP}$
召回率（Recall）	$TPR=\frac{TP}{P}=\frac{TP}{TP+FN}$
$F1$ 值（$F1$ measure）	$F1=\frac{2PPV\times TPR}{PPV+TPR}$

在层级信息抽取问题中，可以通过真实的四元组与模型预测出的四元组进行比对，进而求出 TP、FP、TN、FN 等值。其中 TP 代表真实存在该四元组，模型也预测出了该四元组；FN 代表真实存在该四元组，但模型没有预测出来。其他两类类推。

为测试预训练词向量对模型性能的影响，本文首先使用不同的词向量表示进行实验，以 9∶1 的比例划分训练集和测试集，评价指标使用 $F1$ 值，实验结果见表 2。

表 2　不同词向量表示的实验结果

方法	随机初始化	Word2Vec	GloVe
层级 BiLSTM-CNN-CRF	0.781 9	0.812 4	0.861 0
BiLSTM-CNN-CRF	0.791 0	0.826 1	0.878 2
BiLSTM-CRF	0.781 2	0.825 4	0.858 0
LSTM-CNN-CRF	0.779 1	0.810 4	0.851 9
本文模型	0.802 3	0.864 7	0.910 0

从表 2 可以看出，GloVe 词向量表示方法相对随机初始化词向量和 Word2Vec 词向量有着更好的性能提升，因此本文选用了 GloVe 词向量进行后续的实验，以 9∶1 的比例划分训练集和测试集，并综合使用精确率、召回率和 $F1$ 值作为评价指标，实验结果见表 3。

表 3　货运航运数据集层级信息抽取结果

方法	精确率	召回率	$F1$ 值
层级 BiLSTM-CNN-CRF	0.868 8	0.853 4	0.861 0
BiLSTM-CNN-CRF	0.882 4	0.874 1	0.878 2
BiLSTM-CRF	0.861 4	0.854 8	0.858 0
LSTM-CNN-CRF	0.859 1	0.845 0	0.851 9
本文模型	0.913 4	0.906 7	0.910 0

从表 3 可以看出，本文所提出的模型具有优于其他对比方法的性能，验证了其有效性。

本文分别以 0.1、0.3、0.5、0.7 和 0.9 等比例划分训练集和测试集，以此来分别检验在不同训练集比例下测试模型的效果，评价指标使用 *F*1 值，实验结果见表 4。

表 4　不同比例划分数据集实验结果

	0.1	0.3	0.5	0.7	0.9
层级 BiLSTM-CNN-CRF	0.724 5	0.785 4	0.813 4	0.842 0	0.861 0
BiLSTM-CNN-CRF	0.742 3	0.763 2	0.796 9	0.837 5	0.878 2
BiLSTM-CRF	0.715 6	0.755 2	0.785 4	0.821 2	0.858 0
LSTM-CNN-CRF	0.707 8	0.743 7	0.774 5	0.814 0	0.851 9
本文模型	0.793 0	0.812 3	0.849 1	0.887 4	0.910 0

表 4 中首行为训练集所占总体数据的比例，由其实验结果可以看出，无论是在以何种比例划分的测试集上，本文所提出的基于联合标注的层级信息抽取模型都具有优于其他对比方法的效果，在使用较小的训练集的情况下，本文所提出的方法依然具有较高的 *F*1 值，能有效应对实际应用中训练数据较少的情况。

除上述实验外，本文还进一步分析了模型对参数的敏感程度。在本方法中使用了 CNN 模型来提取出字符级的语义表示，然后再拼接预训练词向量作为其他模块的输入，其字符级特征的提取在本文提出的方法中扮演着重要的角色。因此这里主要研究了用于提取字符级特征的 CNN 模型的参数对于模型效果的影响。图 6 为 CNN 的卷积核个数从 16 变化到 512 的过程中模型在该数据集上信息抽取性能 *F*1 值的变化情况。

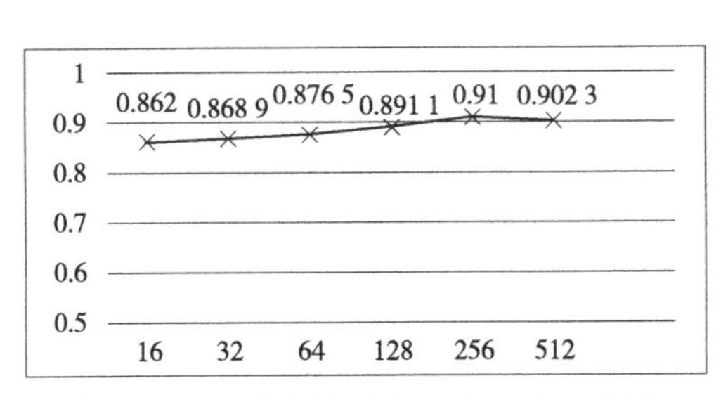

图 6　分类性能随卷积核个数的变化情况

从图 6 中可以看出，当卷积神经网络的卷积核的个数增加时，模型的分类性能在整体趋势上有所上升，但当卷积神经网络的卷积核的个数过多时，模型的性能反而会略微下降，该原因是卷积核的个数过多，神经网络模型过于复杂，很容易处于过拟合的状态，不能很好地完成预测任务。因而在本实验中使用 256 个卷积核进行句子级特征的提取，以达到最佳分类效果。

为分析本文所提出模型的实际效果，同样进行了信息抽取的实例展示。使用本文所提出的模型与相对其他方法效果更好的 BiLSTM-CNN-CRF 对图 7 所示的邮件文本示例进行信息抽取。

CARGILL UPDATE
LME Colombia Turkey
9 - 18 Aug Minerals
Mv Navios 75 04 Canakkale Spot

图 7 用于信息抽取的文本示例

该示例文本由四行组成,其中第一行为无用信息,第二行、第三行为一个货物盘块,第四行为一个船只盘块,其具体真实标签与模型预测结果见表 5。

表 5 示例邮件文本信息抽取结果

单词	真实标签	BiLSTM-CNN-CRF模型	本文模型
CARGILL	O	O	O
UPDATE	O	O	O
LME	货盘-意向船型	货盘-意向船型	货盘-意向船型
Colombia	货盘-装货区域	货盘-装货区域	货盘-装货区域
Turkey	货盘-卸货区域	货盘-卸货区域	货盘-卸货区域
9	货盘-受载开始时间	货盘-受载开始时间	货盘-受载开始时间
-	货盘-O	货盘-O	货盘-O
18	货盘-受载结束时间	货盘-受载结束时间	货盘-受载结束时间
Aug	货盘-受载结束时间	货盘-受载结束时间	货盘-受载结束时间
Minerals	货盘-货种	货盘-货种	货盘-货种
Mv	船盘-O	货盘-O	船盘-O
Navios	船盘-船名	船盘-船名	船盘-船名
75	船盘-载重吨	船盘-载重吨	船盘-载重吨
04	船盘-建造时间	船盘-建造时间	船盘-建造时间
Canakkale	船盘-预空区域	船盘-预空区域	船盘-预空区域
Spot	船盘-预空区域	船盘-O	船盘-预空区域

可以看出,本文所提出的模型相对于 BiLSTM-CNN-CRF 模型能更好地结合高层级和低层级的语义信息,进而做出更为正确的预测,有效地提升了层级信息抽取的正确率。

4 结语

在大数据的背景下,针对层级文本数据的信息抽取问题在很多研究课题与实际应用中都占据十分重要的地位,具有很重要的现实意义。本文以货运航运数据为研究对象,构建基于联合标注的层级信息抽取方法,对不同层级的信息独立进行抽取,并结合多任务学习的方法进行联合训练,最后对实验结果进行了细致的分析与对比,证明了本文模型的有效性。本文提出的联合标注的层级信息抽取方法为面向层级文本数据的信息抽取任务提供了一定的思路,通过大量的实验以及结果分析为后续的研究工作提供了理论依据和实践基础。

随着深度学习理论的发展，深度神经网络方法在众多任务中均展现出较好的实验效果。目前本文所使用的模型均为浅层的神经网络模型，并没有涉及过于复杂的网络结构，可能无法达到最优的推断性能，因此在后续的研究工作中将对该框架做进一步的改进，使用更为优秀的神经网络模型，如使用 Transformer 模型等，以期达到更好的推断效果。

参考文献

[1] SIMÕES G, GALHARDAS H, COHEUR L. Information extraction tasks: a survey[J]. 2004.

[2] TANG J, HONG M C, ZHANG D L, et al. Information extraction: methodologies and applications[J].2008.

[3] 谭锋，李天真，崔亮亮. Web 信息抽取系统研究综述[J]. 科技创新导报，2010(34):2,4.

[4] 黄学波. 基于 NLP 的企业产品信息提取分析和推荐的研究与实现[D]. 青岛：青岛理工大学，2018.

[5] 张晓李，王西锋. 基于语义的 Web 招聘信息抽取关键技术的研究[J]. 微型电脑应用，2019,35(6):69-70,77.

[6] 骆铁姝，申舒心，陈德华. 基于深度学习的甲状腺病史结构化研究与实现[J]. 智能计算机与应用，2019,9(4):21-26,32.

[7] 丁晟春，王莉，刘梦露. 基于规则的动物卫生事件舆情信息抽取研究[J]. 计算机应用与软件，2018,35(9):56-62.

[8] 李艳. 基于本体的毒品案件信息抽取研究[D]. 西安：西北大学，2013.

[9] SANG E F T K, DE MEULDER F. Introduction to the CoNLL-2003 shared task: language-independent named entity recognition[C]//Proceedings of the seventh conference on Natural language learning at HLT-NAACL, May, 2003. 2003, 4: 142-147.

[10] FX C. An introduction to error propagation: derivation, meaning and examples of equation[J]. 1998.

[11] SODERLAND S, FISHER D, ASELTINE J, et al. Crystal: inducing a conceptual dictionary[C]// Proceedings of the Fourteenth International Joint Conference on Artificial Inellience(IJCAI '95). 1998:1314-1319.

[12] 霍娜，吕国英. 基于规则匹配的灾难性追踪事件信息抽取的研究[J]. 电脑开发与应用，2012,25(6):7-9,13.

[13] 丁君军，郑彦宁，化柏林. 基于规则的学术概念属性抽取[J]. 情报理论与实践，2011,34(12):10-14,33.

[14] MAYFIELD J，MCNAMEE P，PIATKO C. Named entity recognition using hundreds of thousands of features[C]//Proceedings of the seventh conference on Natural language learning at HLT-NAACL,May,2003. 2003,4:184-187.

[15] ZHOU G D，SU J. Named entity recognition using an HMM-based chunk tagger[C]//Proceedings of the 40th Annual Meeting on Association for Computational Linguistics. Association for Computational Linguistics，2002：473-480.

[16] LAFFERTY J D，MCCALLUM A，PEREIRA F C N. Conditional random fields：probabilistic models for segmenting and labeling sequence data[C]//Proceedings of the Eighteenth International Conference on Machine Learning. Morgan Kaufmann Publishers Inc. 2001:282-289.

[17] SEKINE S. NYU：description of the Japanese NE system used for MET-2[C]//Proceedings of the Seventh Message Understanding Conference（MUC-7）. 1998.

[18] CHIEU H L，NG H T. Named entity recognition with a maximum entropy approach[C]//Proceedings of the seventh conference on Natural language learning at HLT-NAACL,May,2003. 2003,4:160-163.

[19] COLLOBERT R，WESTON J，KARLEN M，et al. Natural language processing（almost）from scratch[J]. Journal of machine learning research，2011，12（1）:2493-2537.

[20] HUANG Z H，XU W，YU K. Bidirectional LSTM-CRF models for sequence tagging[J]. Computer science，2015.

[21] MA X Z，HOVY E. End-to-end sequence labeling via bi-directional LSTM-CNNs-CRF[C]//Proceedings of the 54th Annual Meeting of the Association for Computational Linguistics. 2016，1：1064-1074.

[22] CHIU J P C，NICHOLS E. Named entity recognition with bidirectional LSTM-CNNs[J]. Transactions of the association for computational linguistics，2016，4：357-370.

[23] SANTOS C N D，ZADROZNY B. Learning character-level representations for part-of-speech tagging[C]//Proceedings of the 31st International Conference on Machine Learning. 2014,32：1818-1826.

[24] PENNINGTON J，SOCHER R，MANNING C. Glove：global vectors for word representation[C]//Proceedings of the 2014 conference on empirical methods in natural language processing（EMNLP）. 2014：1532-1543.

[25] LUONG M T，PHAM H，MANNING C D. Effective approaches to attention-based neural machine translation[C]//Proceedings of the 2015 Conference on Empirical Methods in Natural Language Processing. 2015：1412-1421.

基于“零信任”的电力物联网安全防护研究与应用

张琛馨[1],李烁[1],张波[2],邵志鹏[2],刘晓蕾[3],杨阳[3],梁志远[4],范柏翔[1],
龚亚强[1],马嘉麟[5]
(1. 国网天津市电力公司信息通信公司,天津市,300140;2. 全球能源互联网研究院有限公司,江苏省南京市,210003;3. 国网思极网安科技(北京)有限公司,北京市,102200;4. 天津三源电力信息技术股份有限公司,天津市,300073;5. 国网天津市电力公司宝坻供电分公司,天津市,301899)

摘要: 能源互联网应用大数据、云计算、物联网和人工智能等现代化信息技术,实现电力系统各个环节的万物互联、人机交互。能源互联网建设导致各类终端大规模接入企业网络,企业内外部的业务交互和数据交换更加广泛。为适应这种场景需要,本文通过分析零信任框架,结合电力物联网安全防护的内在性要求,设计了基于“零信任”的电力物联网安全防护架构,重点从非侵入式统一身份认证技术、持续信任度评估、动态访问控制技术4个方面进行研究,为电力物联网安全防护体系设计提供了新思路、新方法。

关键词: 电力物联网;零信任框架;统一身份认证;持续信任度;动态访问控制

0 引言

在能源和电力需求增长的驱动下,通过先进传感器、智能设备、多样性网络构建的电力物联网,在电力生产、输送、消费、管理各环节,对电网、变电站、配电线路、用户、发电厂乃至相关能源对象进行实时监测,实现能源互联网的全景全息感知、信息互联互通及智能控制,对能源互联网的建设运行起到重要驱动作用。能源互联网和电力物联网密不可分,电力物联网的网络和信息安全,直接涉及能源互联网的生产运行安全,是公司网络与信息安全需考虑的重要内容。

但是电力物联网尤其是现场物联终端层面的安全研究仍处于起步阶段,近年来国内外网络安全形势日益严峻,乌克兰电网遭黑客攻击导致大面积停电,震网、Idus-royer 等针对工业物联网的恶意软件的出现,更加映射出现有防护能力的缺失。在物联感知层面,由于感知终端海量异构且计算资源受限,难以进行安全防护,存在“硬件-软件-用户”可信认证技术不足导致的非法终端接入问题;在物联边缘层面,存在边缘计算终端“一次认证、始终信任”导致的合法终端被攻击的问题;在物联主站层面,存在对感知层、边缘层终端静态粗粒度访问控制导致的“单点突破、全局失防”问题。

本文通过研究电力物联网感知层非侵入式统一身份认证技术、电力物联网边缘层持续信任度评估技术、电力物联网主站边界层动态访问控制技术,提出了电力物联网“零信任”安全防护原型架构,构建基于“零信任”的电力物联网安全防护研究与应用,实现“零信任”模型在国网的实践落地,有效提升公司网络安全防护能力,提供细粒度动态访问控制,满足公司新兴业务灵活高效、精准防护的发展需求。

1 相关研究

1.1 电力物联网感知层非侵入式统一身份认证技术的国内外研究现状

近年来在智能电网、电力物联网的建设过程中,我国电力企业接入了不同类型的海量电力智能终端和感知终端。为确保终端身份可信,我国电力行业主要采用了基于密码、PKI 体系的身份认证机制,但由于对终端的计算能力有一定要求,已不能完全适用于电力物联网的新形势。此外,基于标识与生物特征的身份认证机制,无须过多运算资源,为满足海量弱运算处理能力的安全身份认证需求提供了新的思路,因此在当前电力终端身份认证领域也得到了诸多应用。归纳起来,主要采用了低安全等级的基于口令的身份认证、中安全等级的基于标识的身份认证、高安全等级的基于公钢基础设施(Public Key Infrastructure,PKI)的身份认证[1]。口令认证技术是传统信息系统中最常用的身份认证方式,常见的口令认证又包括静态口令、动态口令等多种方式[2],然而,基于口令的认证方式均存在口令易泄露、易遭破解等安全问题,目前已逐步被摒弃。基于标识终端身份认证技术通过标识生成公私钥对完成认证,这种身份认证思想实现了公钥与认证实体身份进行绑定,使得认证双方在不需交换公钥的情况下即可完成认证,简化传统公钥密码系统中密钥管理及其带来的成本开销问题。文献[3]针对远程移动办公应用迫切的安全防护需求,利用多维身份认证、持续信任管理和动态访问控制等关键能力,并结合企业当前的信息化网络建设现状,构建了基于零信任的企业移动远程办公安全架构。文献[4]提出了一种基于零信任模型的精细大数据安全分析方法,该方法包括基于零信任的用户上下文识别、细粒度的数据访问认证控制和基于全网络流量的数据访问审计三个步骤来识别和拦截大数据环境中的风险数据访问。

1.2 电力物联网边缘层持续信任度评估技术的国内外研究现状

目前,在信任模型研究方面,部分研究者提出了一些初步模型,比如模糊逻辑信任模型、D-S(Dempster-Shafer)证据信任模型、博弈论信任模型等。

基于攻击机理分析研究成果,在工业控制系统与信息系统深度融合发展的大趋势下,国内学者针对新形势下的工控主动安全态势感知关键技术与产品研制[5]进行了突破,通过采集工控设备的日志、告警等信息,采用大数据分析技术进行工控系统安全监测与态势感知,在恶意虚假数据注入攻击[6]、攻击入侵检测[7]等方面取得了一些研究成果。针对用户与服务之间如何进行安全交互,并实现资源的安全访问与管理等问题,文献[8]研究了基于模糊理论的行为信任评估模型,用于开放网络环境中的实体。文献[9]提出了一种基于评价可信度的动态信任评估模型,该模型将云服务提供商的服务能力和云用户所需要的服务能力分别划分等级,有效地解决了云服务提供商服务能力动态变化对模型存在的再在破坏问题,并设计了信任度随时间变化的动态信任衰减函数。

在开放的网络环境中,实体间的交互和协作行为更加普遍,电子商务、资源共享等活动迅速发展,信任在安全研究中占据越来越重要的地位。Blaze M. 等[10]为解决网络服务的安全问题首次使用了“信任管理”的概念,其基本思想是承认开放式网络系统中安全信息的不完整性,系统的安全决策需要依靠可信任第三方提供的附加安全信息。Adul-Rahman A. 等[11]从信任的概念出发,对信任内容和信任程度进行划分,并根据信任的主观性提出了用于信任评估的数学模型。Azzedin[12]将开放网络环境中的实体之间的信任关系分为两种:身份信任和行为信任。身份信任所关注的是实体身份以及实体权限的验证问题,主要通过加密、数字签名以及认证协议等手段来实现,而行为信任则根据实体彼此之间的交互经验动态更新实体间的信任关系,具有主观性和不确定性等特点。

1.3 电力物联网主站边界层动态访问控制技术研究与原型研制的国内外研究现状

唐金鹏等[13]针对基于角色的访问控制(Role-Based Access Control, RBAC)中静态指定用户和角色关系问题,提出了基于用户属性的 RBAC 模型,在建立用户属性和角色的关系时,不是直接指定用户-角色的分配关系,而是将用户-角色的分配关系扩展为基于属性构造的规则表达式进行动态分配。洪帆等[14]针对静态的角色-权限分配关系,对 Mohammad 等提出的基于属性的 URA 模型进行扩展,提出了基于属性的角色-权限分配模型。刘淼等[15]提出一种结合属性和角色的访问控制模型(ARBAC),通过自动产生角色集合和权限集合,完成权限到角色、用户到角色的映射,从而降低授权管理的工作量。张斌等[16]针对 Web 资源访问控制对访问控制策略灵活性、动态性的需求,提出基于属性与角色的访问控制模型ACBAR。孙翠翠等[17]将属性访问控制引入RBAC中,将角色从属性中独立出来与属性一起作为授权判决依据,并在授权时先考虑用户的角色,只有当用户的角色达到系统要求时才考虑属性是否满足访问控制的约束条件,从而实现基于角色和属性的双重访问控制。

基于用户、资源、操作和运行上下文属性所提出的基于属性的访问控制(Attribute-Based Access Control, ABAC)将主体和客体的属性作为基本的决策要素,灵活利用请求者所具有的属性集合决定是否赋予其访问权限,能够很好地将策略管理和权限判定相分离。由于属性是主体和客体内在固有的,不需要手工分配,同时访问控制是多对多的方式,使得ABAC管理上相对简单,并且属性可以从多个角度对实体进行描述,因此可根据实际情况改变策略。比如基于使用的访问控制模型(Usage Control, UCON)引入了执行访问控制所必须满足的约束条件(如系统负载、访问时间限制等)[18]。除此之外,ABAC的强扩展性使其可以同加密机制等数据隐私保护机制相结合,在实现细粒度访问控制的基础上,保证用户数据不会被分析及泄漏。例如,基于属性的加密(Attribute-Based Encryption, ABE)方法[19]。文献[20]基于动态属性理念,为了有效地减少主要由于重新进行密钥处理而导致的密钥管理开销,提出了一种用于物联网环境中动态访问控制的分散轻量级组密钥管理,引入了一种新型的分散轻量级组密钥管理架构,用于物联网环境中的访问控制,并提出了一种新的主令牌管理协议,用于管理一组订阅者的密钥传播。仿真结果显示该方案在处理敏感数据快速增长的物联网设备中,在存储、计算和通信开销方面,资源收益相当可观。文献[21]中针对多权限场景提出了基于静态和动态属性的访问控制方案。在该方案中,数据所有者可以将动态属性与由属性管理机构维护的常规属性结合在一起,包含用于加密的动态属性为存储在云中的数据提供了运行时的安全性。因此,即使用户拥有来自属性的权威凭证,也必须满足动态属性,才能解密移动设备中的数据,可以利用云基础设施来外包移动用户中繁重的计算工作和通信开销。

2 基于"零信任"的电力物联网安全防护的架构设计

2.1 整体架构

电力物联网现有网络安全防护技术存在"终端(设备)-应用(行为)-用户(角色)"安全认证不足、终端网络访问行为安全监控不足和终端访问控制精细度与动态适应度不足等问题,针对该问题本文设计了一种基于"零信任"的电力物联网安全防护架构,其结构如图1所示。该框架包括3个部分,分别是电力物联网感知层非侵入式统一身份认证、电力物联网边缘层持续信任度评估、电力物联网主站边界层动态访问控制技术。

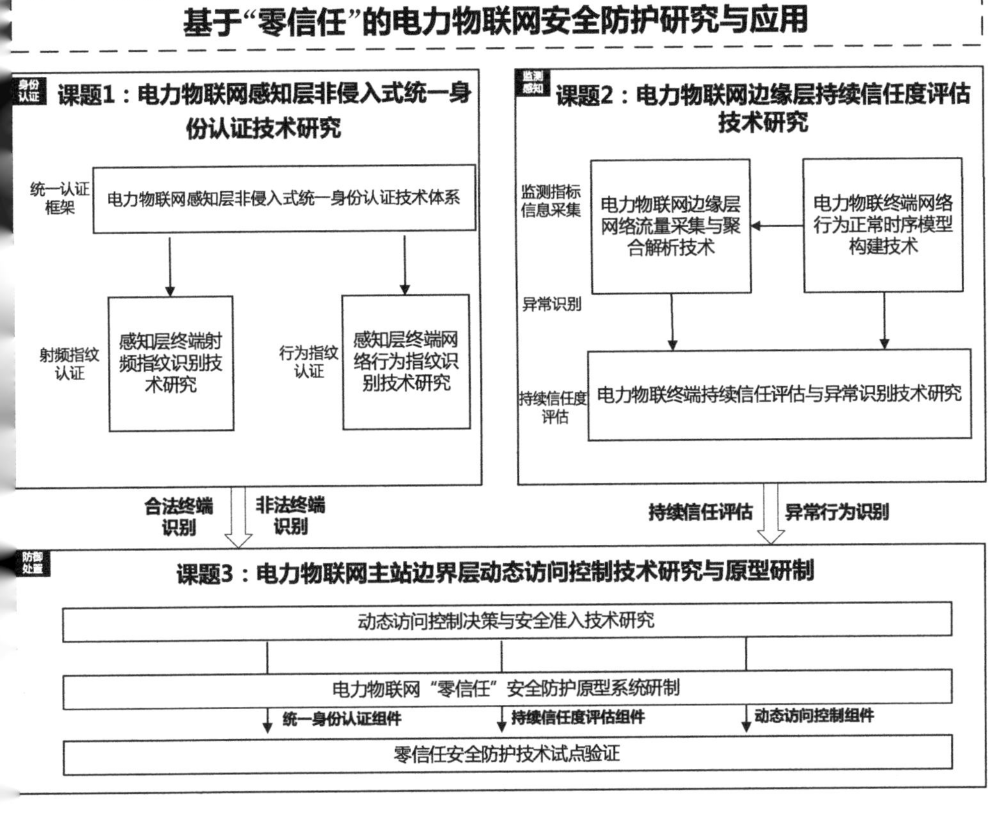

图1　基于“零信任”的电力物联网安全防护的整体框架

2.2　电力物联网感知层非侵入式统一身份认证的技术框架

由于感知终端海量异构且计算资源受限，难以进行安全防护，存在“硬件-软件-用户”可信认证技术不足导致的非法终端接入问题。本课题拟针对电力物联网感知层终端可能的安全威胁进行分析，研究电力物联网感知层非侵入式统一身份认证技术体系；针对感知层终端的身份认证需求，从物理层面和软件应用层面，分别研究感知层终端射频指纹识别技术和感知层终端网络行为指纹识别技术。具体结构如图2所示。

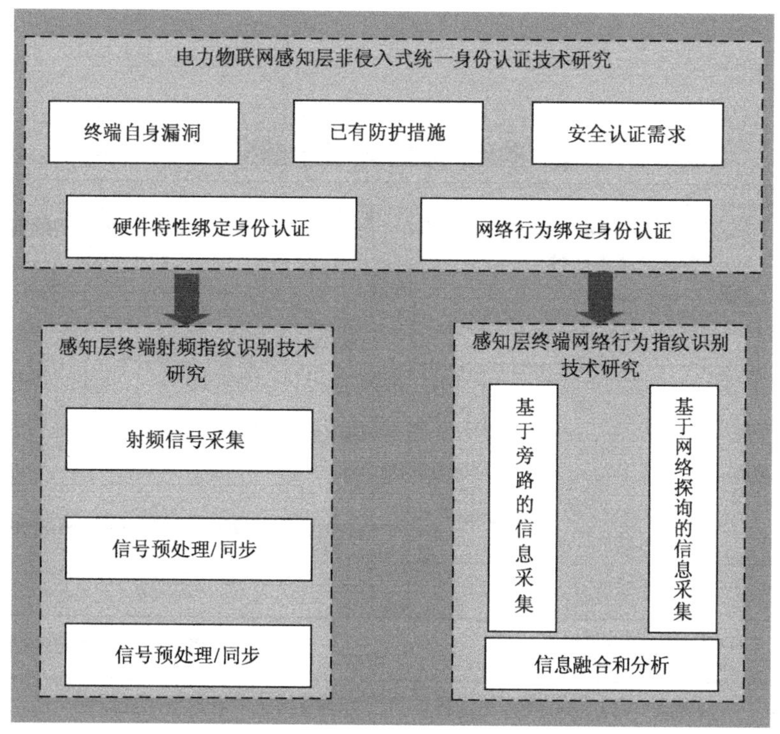

图2　电力物联网感知层非侵入式统一身份认证技术框架

2.2.1　电力物联网感知层非侵入式统一身份认证

目前,电力物联网感知层终端主要存在四种安全威胁,分别是非授权信息读取、节点欺骗、恶意代码攻击以及隐私泄露等。本文从硬件物理特性和软件应用行为等方面入手,一方面通过采集感知层终端设备发出的无线信号,经过时域频域等方式处理获取与终端个体物理特性绑定的射频指纹信息。另一方面通过主被动检测方法,结合终端协议、业务行为等,获取与终端软件应用绑定的网络行为指纹,从而构建面向感知层终端的统一身份认证技术体系。

2.2.2　感知层终端射频指纹识别

未经认证的终端接入物联网会带来巨大的安全隐患,现有物联网的身份认证方案都是基于传统的密码体制,无论是基于轻量级公钥算法或是预共享密钥的认证技术,都存在密钥泄漏、身份仿冒、终端捕获等安全威胁,需要找到一种不可仿冒的身份标识,与设备进行严格的绑定。

针对上述问题,本文以设备指纹作为其身份标识,设备指纹是由一组无线目标的特征组成的。因此,无线目标的特征提取是实现本项目无线目标识别的首要工作。通过无线目标特征提取,可以得到用于识别无线目标的不同特征点,并以此为基础形成终端个体的指纹信息,具体步骤如下。

步骤一:空中无线信号采集。接收机首先将接收来自空中接口的无线信号下变频至基带的I/Q两路信号,并将这两路信号送入处理系统。

步骤二:基带信号频偏同步。信号经过基带的预处理后,通过频偏估计粗同步模块进行处理,可以粗略得到接收信号的频偏,根据此频偏对基带接收信号进行频偏粗校正;然后,通过频偏估计细同步模块对基带信号进行频偏精同步;最后,通过采样率偏差估计模块对基带信号进行采样率补偿。

步骤三:基带信号载波相位同步。经过频偏同步和采样率同步后的信号进入载波相位同步模块进行相位估计,对基带信号进行相位偏差补偿。经过上述一系列的同步和补偿操作后,得到稳定的基带信号。

步骤四:特征提取形成指纹。将处理好的基带信号绘制成星座轨迹图、时域波形图和频域图,得到星座轨迹特征、时域特征和频域特征,在多个维度、多个时间分辨率上进行无线目标的识别。

2.2.3 感知层终端网络行为指纹识别

首先,通过构建探询帧主动探询在网终端设备,通过设备的探询响应分析提取设备的硬件信息和行为信息。进一步,通过旁路监测进行实时数据采集,通过对设备网络协议数据的分析,从中提取与终端相关的网络协议信息和业务信息。在此基础上,结合网络探询和旁路监测采集到的信息,实现感知层终端设备的实网络信息以及行为信息提取,为下一阶段的实施提供必要的设备信息。

基于网络探询的信息采集技术采用主动探询方式,根据终端的物理类型、网络特征及业务协议构造特定的数据探询帧,在电力物联网感知层中实施主动探询,对设备的响应数据进行分析并提取相关网络行为信息。其主要步骤分为:协议探询帧构建、主动探询注入、探询响应分析和信息提取等四个阶段;基于旁路监测的信息采集通过旁路监测实施网络数据的采集、进一步结合分析终端介质访问控制(Media Access Control, MAC)表、地址解析协议(Address Resolution Protocol, ARP)表、数据流量及业务协议,提取网络协议信息和业务信息。其主要步骤分为:旁路监测和数据采集、业务协议分析和信息提取三个阶段。在此基础上,对采集到的信息进行融合,构建设备网络行为指纹。

2.3 电力物联网边缘层持续信任度评估的技术框架

目前,电力物联网终端通过身份认证接入后存在“一次认证、始终信任”的安全风险,主要是因为尚没有对其网络访问行为进行可信度管控的相关技术,导致合法终端身份被盗用发起的网络攻击行为无法感知的问题。为此,本课题开展电力物联网边缘层持续信任度评估技术研究,对通过课题 1 身份认证后的终端网络交互行为进行持续监控和信任度评估。具体从电力物联网边缘层多维安全监测信息采集聚合技术研究、电力边缘计算终端本体安全属性画像构建技术研究、电力边缘计算终端异常行为持续识别与信任度评估技术研究等三方面开展。课题 2 的 3 个研究内容间关联关系如图 3 所示。

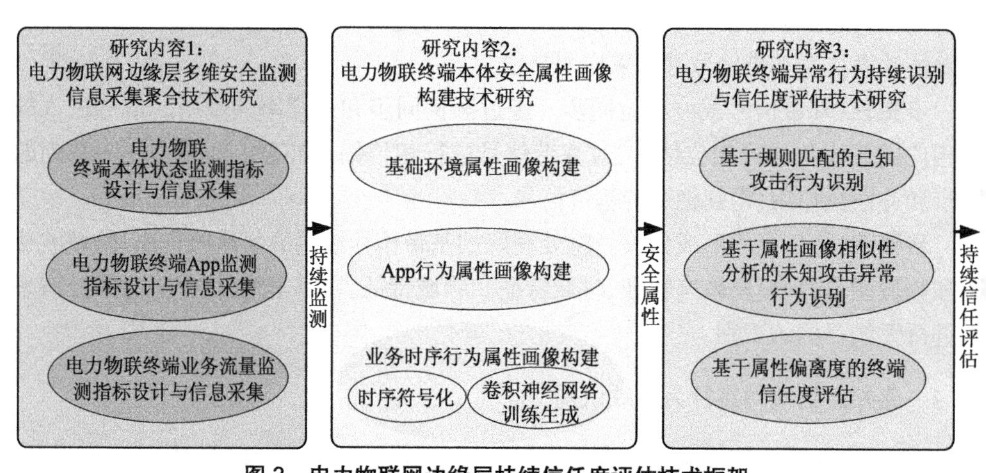

图 3　电力物联网边缘层持续信任度评估技术框架

2.3.1　电力物联网边缘层多维安全监测信息采集聚合技术研究

为实现对电力物联网终端的持续信任度评估,考虑对电力物联终端本体安全运行状态、App 安全运行状态、业务流量安全状态进行持续监测感知,研究电力移动互联终端基础运行环境安全状态监测指标分类和信息采集提取方法。针对电力物联网终端的不同通信协议类型,研究电力物联网实时交互协议深度解析技术,捕获数据包然后对数据包进行逐层解析获取应用层字段数据流,依据征求意见投稿(Request for Comments, RFC)规约规则对消息队列遥测传输(Message Queuing Telemetry Transport, MQTT)等电力物联网规约特征形式化建模获得规约特征状态空间,研究基于确定有限自动机(Deterministic Finite Automaton, DFA)的深度包检测模式匹配算法,将应用层字段数据流匹配规约特征状态空间,识别报文并提取报文指令级字段。

2.3.2　电力物联终端本体安全属性画像构建技术研究

为解决不确定攻击特征条件下的终端业务行为信任度精准评估和攻击行为感知难题,本课题首先研究建立电力物联网终端的正常(安全)行为模型。因此,在网络安全监测数据采集与聚合解析的基础上,研究电力物联网终端本体安全属性画像构建技术。首先采用统计分析的方法,构建终端基础环境属性画像、App 行为属性画像。其次,利用电力物联网终端协议流量数据在时序上的周期性规律及相应的逻辑模式，采用多元高斯混合分布拟合的方式将流量数据进行时序符号化处理，进而利用格拉姆角场模型将时序符号序列多维化并保留时间依赖性，结合基于卷积神经网络的深度学习方法对终端时序模式进行分类，根据历史数据建立终端的行为画像，反映终端的网络行为安全状态，为海量异构终端的安全监测提供终端行为正常时序模型。

2.3.3 电力物联终端异常行为持续识别与信任度评估技术研究

为实现对电力物联网终端的攻击行为和异常行为识别，并进一步对终端行为可信度进行量化评估，首先基于电力物联终端在实际运行过程中产生的行为正常时序模型，进行终端群体画像相似性分析与个体历史行为比对分析，实现可疑终端预警与终端盗用识别，支持电力物联网终端安全隐患主动发现。在此基础上，提出行为偏离度的持续性信任评估技术，对业务行为模式的识别结果进行可信度计算，通过行为偏离计算得出终端的信任度评价结果，以反映终端的异常与可信程度。由此，解决合法终端被利用攻击的实时监测与异常行为识别。

2.4 电力物联网主站边界层动态访问控制技术研究与原型研制的技术框架

针对终端现有静态粗粒度网络访问控制存在的"单点突破、全局失控"问题，需研究基于信任度和属性的动态访问控制技术，以终端信任度和属性为决策依据实时授予最小访问权限，并对异常信任度终端进行更细粒度的风险评估和访问权限收缩、隔离阻断控制，创新构建终端业务访问行为动态控制和攻击动态防御模式，为此，本文开展动态访问控制决策与安全准入技术研究，实现对电力物联网终端侧攻击的主动防御管控，如图 4 所示。

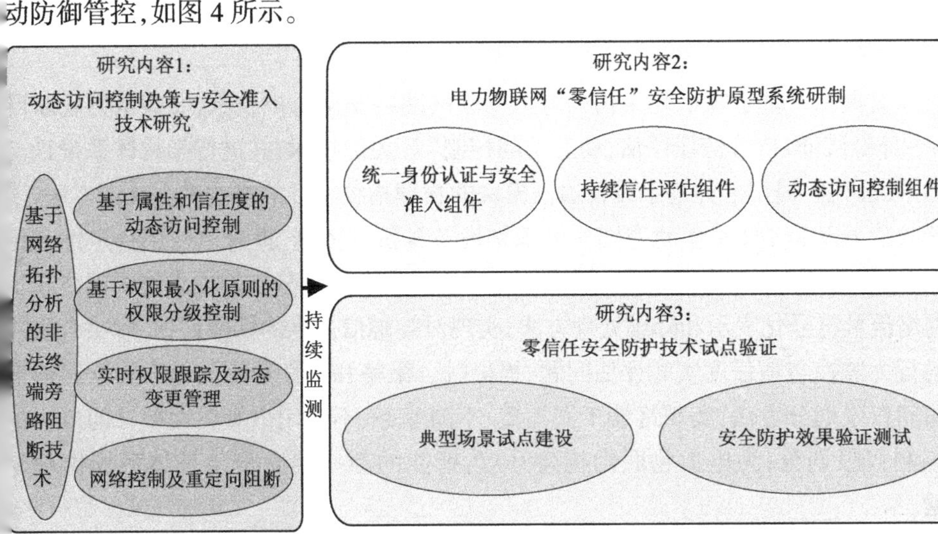

图 4　电力物联网主站边界层动态访问控制技术与原型研制技术框架

2.4.1 动态访问控制决策与安全准入技术

针对电力物联网非法终端接入阻断和合法终端的细粒度动态访问控制问题,首先研究基于网络拓扑分析的非法终端旁路阻断技术。其次,在合法终端的动态访问控制方面,研究基于终端类型、终端业务特征和网络特征的授权策略模型,研究基于最小权限和属性信任度的终端细粒度权限管理技术,同时研究终端的实时权限跟踪及动态变更管理,通过检测终端的网络行为的变化,实时对终端的访问权限进行变更管理,从而有效切断异常的非授权网络行为。

2.4.2 电力物联网"零信任"安全防护原型系统研制

针对零信任网络安全架构在电力营销系统中的工程化应用问题,对安全架构的核心组件进行设计与实现。研究设计基于零信任机制的统一身份认证组件、持续信任评估组件、动态访问控制组件等;对安全防护流程进行设计,阐明各组件间的运行机制和协作流程;设计系统安全核心组件的详细功能,并开发安全防护组件的原型。

2.4.3 零信任安全防护技术试点验证

在天津公司典型物联业务中应用零信任安全防护体系,按照"统一身份认证、持续信任评估、动态访问控制"的思路,应用零信任安全感知组件、零信任访问控制组件,对接身份管理中心和统一身份认证服务平台,验证对电力物联业务的动态访问鉴权与信任评估能力,实现在公司电力物联业务广泛接入、高效交互的前提下安全性与便捷性的平衡,从而达到精准适度防护的目标。

3 结语

本文提出了基于零信任架构的电力物联网网络安全防护技术,突破电力物联网"统一身份认证、持续信任评估、动态访问控制"等关键技术,并进行架构体系设计与原型系统研制,提出一种基于设备通信模块的物理指纹特征的终端安全认证方法,采用接收信号基带 I/Q 星座轨迹图作为识别设备身份的依据,提升了应用稳定性和可行性,并具备良好的抗噪容错性能;提出基于多元高斯混合分布的电力物联网终端实时网络流量符号化表示和降维处理方法,实现对终端信任度的精准评估,解决合法终端的行为监控与信任度实时评估问题;提出融合策略和属性约束的电力物联终端最小访问权限划分方法,实现终端不同类型、不同业务、不同用户等属性差异的最小访问控制权限划分;为电力物联网构建开放、智能的新一代安全防护体系提供理论依据。

参考文献

[1] YANG T，ZHU Z，PENG R X. Fine-grained big data security method based on zero trust model[C]//2018 IEEE 24th International Conference on Parallel and Distributed Systems（ICPADS），Singapore. 2018：1040-1045.

[2] 郭仲勇，刘扬，张宏元，等. 基于零信任架构的 IoT 设备身份认证机制研究[J]. 信息技术与网络安全，2020（11）：23-30.

[3] MEHRAJ S，BANDAY M T. Establishing a zero trust strategy in cloud computing environment[C]//2020 International Conference on Computer Communication and Informatics（ICCCI—2020），Jan.22-24，2020，Coimbatore，INDIA. IEEE，2020.

[4] ZAHEER Z，CHANG H，MUKHERJEE S，et al. eZTrust：network-independent zero-trust perimeterization for microservices[C]//Proceedings of the 2019 ACM Symposium on SDN Research，April，2019. ACM，2019：49-61.

[5] HUANG X，YU R，KANG J，et al. Distributed reputation management for secure and efficient vehicular edge computing and networks[J]. IEEE access，2017，32（5）：25408-25420.

[6] ZHANG J L，CHEN B，ZHAO Y C，et al. Data security and privacy-preserving in edge computing paradigm：survey and open issues[J]. IEEE access，2018，6：18209-18237.

[7] LIU Y，NING P，REITER M K. False data injection attacks against state estimation in electric power grids[C]//Proceedings of the 2009 ACM Conference on Computer and Communications Security，CCS 2009，November 9-13，2009，Chicago，Illinois，USA. ACM，2009，4（1）：21-32.

[8] 吕艳霞，田立勤，孙珊珊. 云计算环境下基于 FANP 的用户行为的可信评估与控制分析[J]. 计算机科学，2013，40（1）：132-135，138.

[9] 张琳，饶凯莉，王汝传. 云计算环境下基于评价可信度的动态信任评估模型[J]. 通信学报，2013，34（S1）：31-37.

[10] BLAZE M，FEIGENBAUM J，LACY J. Decentralized trust management[C]//Proceedings of the 17th Symposium on Security and Privacy，Los Alamitos. IEEE，1996：164-173.

[11] ABDUL-RAHMAN A，HAILES S. A distributed trust model[C]//Proceedings of the 1997 workshop on New security paradigms，January，1998：48-60.

[12] AZZEDIN F，MAHESWARAN M. Evolving and managing trust in grid computing systems[C]// Canadian Conference on Electrical and Computer Engineering，

2020. IEEE，2002，3：1424-1429.

[13] 唐金鹏，李玲琳，杨路明. 面向用户属性的 RBAC 模型[J]. 计算机工程与设计，2010，31（10）：2184-2186,2195.

[14] 洪帆，饶双宜，段素娟. 基于属性的权限—角色分配模型[J]. 计算机应用，2004，24：153-155.

[15] 刘淼，李鹏，汤茂斌，等. 结合属性和角色的 Web 服务访问控制[J]. 计算机工程与设计，2012，33（2）：484-487，534.

[16] 张斌，张宇. 基于属性和角色的访问控制模型[J]. 计算机工程与设计，2012，33（10）：3807-3811.

[17] 孙翠翠，张永胜. 基于角色和属性的 Web + Services 安全模型研究[J]. 计算机工程与设计，2010，31（10）：2184-2189.

[18] PARK J，SANDHU R. Towards usage control models：beyond traditional access control[C]//Proceedings of the 7th ACM Symposium on Access Control Models and Technologies，Monterey，USA.2002：57-64.

[19] LEWKO A，OKAMOTO T，SAHAI A，et al. Fully secure functional encryption：Attribute-based encryption and（hierarchical）inner product encryption[C]//Proceedings of the Annual International Conference on the Theory and Applications of Cryptographic Techniques，Riviera，French. 2010：62-91.

[20] DAMMAK M，SENOUCI S M，MESSOUS M A，et al. Decentralized lightweight group key management for dynamic access control in IoT environments[J]. IEEE transactions on network and service management，2020，17（3）：1742-1757.

[21] LI F，RAHULAMATHAVAN Y，RAJARAJAN M. LSD-ABAC：lightweight static and dynamic attributes based access control scheme for secure data access in mobile environment[C]//39th Annual IEEE Conference on Local Computer Networks，Edmonton，AB. 2014：354-361.

基于5G的内置型电力通信终端研制与应用

陈蒙琪[1],付海旋[1],李志荣[1],王桂林[2],向佳霓[2]
(1. 国网信息通信产业集团有限公司,北京市,102211;
2. 国网上海市电力公司客户服务中心,上海市,200030)

摘要:5G作为高速率、低时延、海量接入的新一代通信技术,为智能电网建设、加快能源转型提供了可靠的通信网络。本文基于5G通信,结合电网特点,研制了一款体积小、可兼容多种电力设备的内置型电力通信终端,并在负荷控制业务中进行了应用测试。测试结果表明,该5G内置型通信终端在电气性能及传输特性方面均能满足电力规范要求,能够有效承载负荷控制业务,在电力系统中有广阔的应用前景。

关键词:5G;内置型终端;负荷控制;智能电网;分布式电源

0 引言

"碳达峰、碳中和"作为我国十四五期间重点工作,首次写入政府工作报告,大力发展清洁能源、加快能源转型,是实现"双碳"目标的重要方向之一。分布式电源建立在用户侧,可广泛利用风能、太阳能、生物能等可再生能源发电,是利用清洁能源的主要方式之一,被国内外电力行业广泛关注[1-4]。分布式电源数量多,所处地形复杂,发电受环境影响具有随机动态的特性。其既可以并入主干网,也可以单独使用;即是用电方,也是供电方。这种动态特征打破了传统电网的单向传输性,影响配电系统的同步稳定[5-6]、继电保护[7-9]、供电质量[10]等,给配电网的安全运行、控制管理带来了挑战。

电力负荷控制系统可以根据供用电情况限制调整配电,保证供需平衡,以此将分布式电源、发电源发电随机性带来的影响降至最低,这个过程需要依靠高可靠、低延时的通信网络。现有配电网采用光纤通信,复杂地形施工难度大,成本高,不能快速地覆盖众多通信终端节点[11]。传统无线通信可以快速大面积组网,但是不能满足电力通信对低延时、高可靠性的要求[12]。5G作为高速率、低延时、海量接入的最新一代无线通信技术,其用户侧传输速率能够达到1 Gbit/s,延时为1 ms,满足配电网中的各类业务需求[13-15],对提高电力系统互联性,构建智能电网有重要的支撑作用。

本文从上述需求出发,首先对5G在配电网中的关键技术及应用场景进行研究;其次,基于5G通信技术研制了一款内置型电力通信终端;最后,在负荷控制系统中进行了试点应用。结果表明,本款终端满足5G网络接入的功能需求,能够支撑负荷控制业务。

1 5G关键技术及电力应用场景概述

1.1 5G关键技术概述

5G是指第五代移动通信技术,有高速率、低延时、大规模接入的特点,其通信网络主要包含无线接入网、承载网、核心网三部分:无线接入网在用户侧,主要负责将边缘终端接入到通信网络中,包含终端、微基站、宏基站;承载网位于接入网和核心网之间,用于汇聚和传输数据;核心网位于基站与因特网之间,进行数据处理和转发。整个5G通信网络的架构如图1所示。

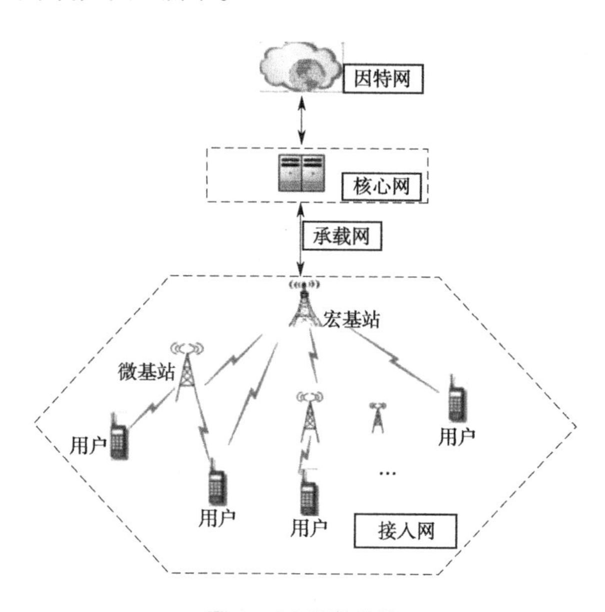

图1 5G网络架构

5G采用大规模多入多出(Multiple-In Multiple-Out, MIMO)、全双工数据传输、端到端(Device to Device, D2D)通信、软件定义网络(Software Defined Network, SDN)和网络功能虚拟化(Network Function Virtualization, NFV)等关键技术[16-17]。基于各类网络传输和组网技术, 5G通信传输速率较4G提升了100倍,用户体验速

率达 1 Gbit/s；空口时延 1 ms，是 4G 的 1/10；用户接入数量是 4G 的 10 倍[18-20]。通过SDN/NFV 技术，5G 能够灵活地构建满足不同通信需求的网络切片，实现网络之间的逻辑隔离，并且保证每个切片网络的资源[21]。

5G 的性能可以满足电网、交通等众多垂直行业的通信需求，根据不同业务对通信速率、时延、接入设备量的需求，5G 切片技术可以支撑增强型移动宽带（Enhanced Mobile Broadband，eMBB）、低时延、高可靠通信（Ultra Reliable Low Latency Communication，uRLLC）和大连接物联网（Massive Machine Type Communication，mMTC）三大应用场景。

1.2　5G 电力应用场景

5G 在电力系统中的应用覆盖了控制、采集、移动应用三大类：控制类业务涉及电网运行的安全稳定，对通信的延时和可靠性要求较高；信息采集类业务用于监控电能质量、用电信息等，通信终端数量众多、分布广泛，有海量连接的特征；移动应用业务包括视频监控、移动巡检等，需要数据实时回传，覆盖面积广、传输带宽大。根据不同的电力业务需求，表 1 列举了几种电力系统中典型业务的 5G 应用场景[22-23]。

表 1　电力系统中的 5G 应用场景

业务名称	通信要求时延	可靠性	带宽	5G 场景
精准负荷控制	≤50 ms	99.999%	<1 Mbit/s	uRLLC
智能分布式馈线自动化	≤12 ms	99.999%	<1 Mbit/s	uRLLC
配网差动保护	≤15 ms	>99.999%	10 Mbit/s	uRLLC
分布式电源接入	≤3 s	99.999%	≥2 Mbit/s	mMTC/uRLLC
图像监控	≤200 ms	99.9%	4~10 Mbit/s	eMBB

电力负荷控制是维护电力系统稳定的重要组成部分，对通信网络有实时性、可靠性、安全性及广覆盖的要求。目前广泛应用的通信网络包含专网通信和公网通信，其中电力无线专网包含 230 MHz 频段和 1.8 GHz 频段，公网通信主要为 4G 通信。230/1 800 MHz 电力无线专网工作频段相对较低，信号抗干扰能力强、覆盖面积较广，但是该频段最高速率有限，不能满足越来越多的终端接入需求。4G 通信是成熟的公网通信方式，能够利用运营商资源快速组网，但是其可靠性低、延时大、安全性差，不能满足控制对通信网络的需求。新一代 5G 通信具有低延时、高速率、大连接的特点，同时结合切片技术、安全加密等方式，提高网络的安全性，能够满足电力业务对通

信网络的需求,更好地承载电力业务。

2 5G 嵌入式终端设计

2.1 总体设计架构

5G 在配电系统中有广泛的应用场景,为智能电网建设提供了可靠的通信网络。本文从实际应用出发,自主研制了一款小体积、高性能、可兼容多种标准电力设备的5G 内置型通信终端,其整体架构如图 2 所示。

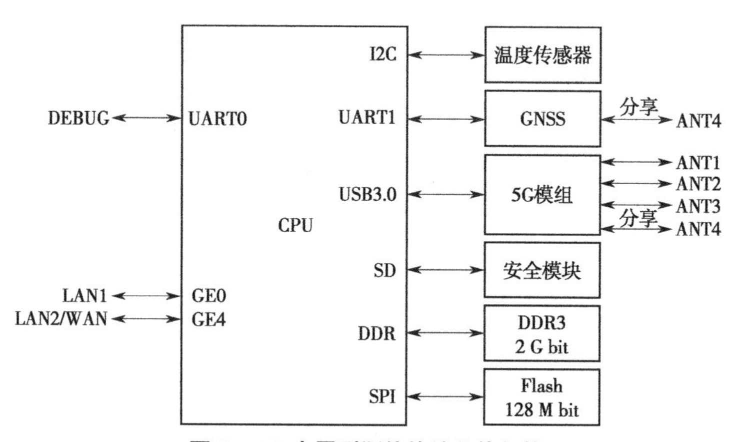

图 2 5G 内置型通信终端总体架构

GNSS—全球导航卫星系统(Global Navigation Satellite System);USB—通用串行总线(Universal Serial Bus)

终端总体架构采用高性能处理器芯片和 5G 通信模组,兼备安全加密、定位、温度传感等模块。中央处理器作为软件运行平台,最高主频为 880 MHz,有丰富的接口资源; 5G 模组用兼容性设计,选用标准 M.2 接口,可适配多厂家不同品牌模组;安全加密采用 TF 卡的方式支持,保证数据的安全性;另增加定位及温度传感器,以监测终端的运行环境。

2.2 硬件设计

5G 内置型通信终端主要包含处理单元、5G 通信模组、安全模块、定位单元、温度传感器以及电源模块等。

(1)处理单元:处理器作为核心控制单元,采用高性能处理芯片, Linux 处理平台,内部集成高性能双核处理器,最大主频达到 880 MHz;具有 5 端口10/100/1 000 Mbit/s 高速以太网口;通过高性能总线支撑高速 USB 3.0 接口与 5G 模组进行通信,保证了数据传输速率;通过低速外围总线支撑通用异步收发传输器

(Universal Asynchronous Receiver-Transmitter, UART)、通用输入输出端口(General Propose Input Output,GPIO)和串行外设接口(Serial Peripheral Interface,SPI)等接口,与定位、温度传感器等进行通信;包含高级内存调度程序,提升内存访问密集型任务性能;并且整体采用低功耗设计。

(2)5G通信模组:选用面积小、兼容性高的M.2封装方式的高性能5G通信模组,支持5G非独立组网(Non-Standalone, NSA)和独立组网(Standalone, SA)两种网络架构,广泛支持5GNRSub6频段,同时支持4G通信方式。业务通信接口采用USB3.0,最高速率500 MB/s,有效发挥5G通信速率优势。

(3)安全模块:采用TF卡方式支持安全接入功能, TF卡通过SD接口连接处理器。更换TF卡可以实现营销/配网/互联网三种安全机制,连接三种不同网关,提高通信安全性。

(4)定位单元:支持通用型定位模块通过UART接口与处理器进行数据传输,实现同步和定位功能,定位精度2 m;在对定位精度要求较高的情况下,可选支持载波相位差分定位的高精度芯片,定位精度在2~10 cm。

(5)温度传感器:选用高精度温度传感芯片,温度感应精度为 ±2 ℃,温度感应范围为-55~125 ℃,通过I2C接口与处理器连接。

(6)电源模块:采用DC 12 V宽电压供电,内部对5G模组进行防反、过流、稳压设计;电压转换器将DC 12 V按照需求转换为DC 3.3、1.5、1.2 V等电压;内置4级电磁兼容(Electo Magnetic Compatibility,EMC)防护设计。

(7)外围接口:对外接口包括RS232调试串口;两路电力业务网口,一路局域网(Local Area Network, LAN)口和一路广域网(Wide Area Network, WAN)口;发光二级管(Light-Emitting Diocte, LED)指示灯,可以观察电源指示、网络状态、GNSS模块同步状态、网口串口数据传输情况等;标准4天线。

5G内置型通信终端硬件结构如图3所示。

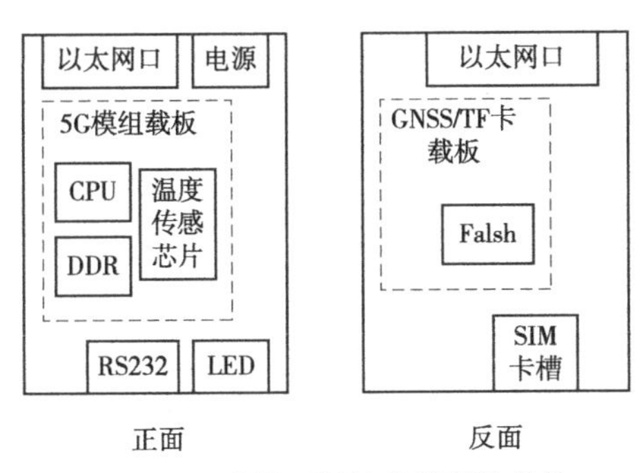

图3 5G内置型通信终端硬件结构

2.3 软件设计

5G终端系统架构如图4所示,从下至上包含系统驱动层、系统内核层、服务层和业务层。系统驱动层用于适配不通型号的处理器和硬件接口;内核层基于Linux平台进行开发,包括进程管理、内存管理、外设管理和网络管理等模块;系统服务层包含基础工具,提供系统、应用信息查询和管理服务;业务层进行各类应用软件设计。

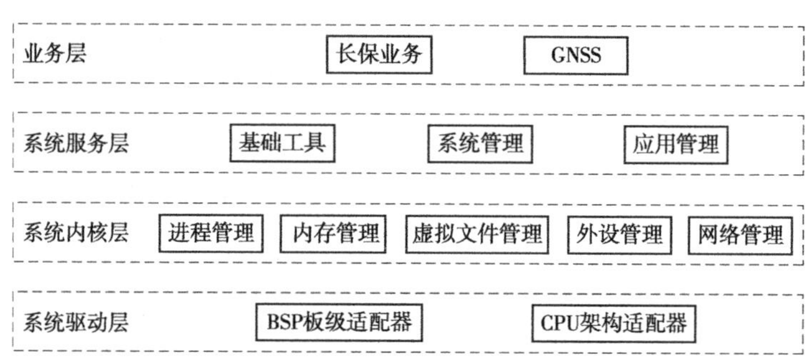

图4 5G终端软件平台系统架构

可根据应用场景需求,个性化开发相应的软件功能,包括上电自动拨号入网功能、终端网络在线长保功能、定位授时等功能。

2.4 终端性能测试

参考国家电网公司系统测试规范的要求和方法,在实验室环境对5G内置型通信终端的电气安全、电磁兼容性及传输速率进行了测试,测试结果见表2,该终端的性能满足要求。

表2 终端电气性能及传输速率测试结果

项目	性能参数	数值
工作环境	温度范围	-40~70 ℃
	相对湿度	10%~100%
	防护等级	IP50
工作电源	额定电压	DC 12 V
	电压范围	-5%~+5%
电气安全	绝缘电阻	正常条件 ≥10 MΩ(测试电压250 V) 湿热条件≥2 MΩ(测试电压250 V)
	绝缘强度	500 V(泄漏电流不大于5 mA)

续表

项目	性能参数	数值
电磁兼容	电压暂降和短时中断抗扰度	$\Delta U = 100\%$，$\Delta t = 0.01$ s
	静电放电抗扰度	8 kV，外壳和操作部分
	工频磁场抗扰度	30 A/m，持续 60 s
	频段	5G：n1/n3/n5/n8/n38/n41/n77/n78/n79
	发射功率	(23 ± 1.5)dBm 支持调制方式：下行 256QAM，上行 256QAM 支持 5~100 MHz 射频带宽
5G 传输特性	NRSub6SA 特性	支持载波间隔 15 kHz 和 30 kHz(仅 TDD)可选 上行最大支持 2 × 2 MIMO 下行最大支持 4 × 4 MIMO 最大上行峰值速率 900 Mbit/s 最大下行峰值速率 2.1 Gbit/s NR 调制方式：下行 256QAM，上行 256QAM
	NRSub6EN-DC 特性	NR 下行最大支持 4 × 4 MIMO 最大上行峰值速率 525 Mbit/s 最大下行峰值速率 2.5 Gbit/s
	速率	5G NR DL/UL(1.7 Gbit/s/230 Mbit/s)

3 负荷控制试点应用

本文设计的5G内置型通信终端在负荷控制业务中进行试点测试，测试拓扑图如图5所示。

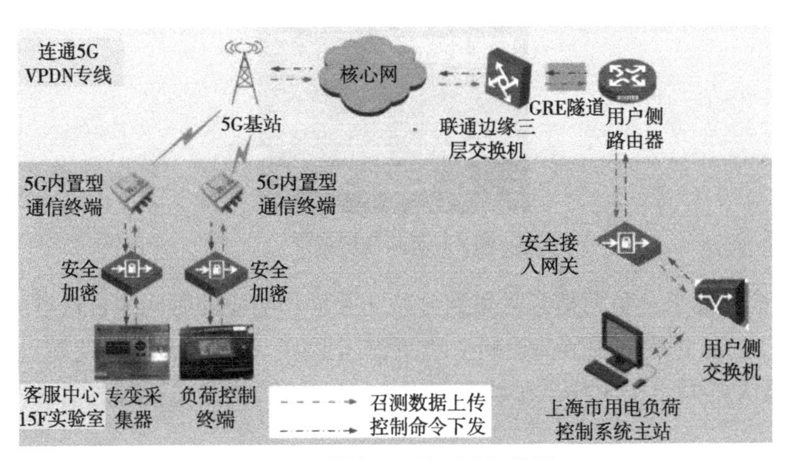

图5 负荷控制系统测试拓扑图

VPDN—虚拟专用拨号网络(Virtual Private Dial Network)；GRE—通用路由封装(Generic Routing Encapsulation)

专变采集终端与负荷控制终端分别连接两个5G内置型通信终端,将数据进行加密后通过无线空口发送到5G基站,通过联通5G专线核心网,由交换机转用户侧路由后发送到安全接入网关,最终发送到运行在电脑端的用电负荷管理系统主站。主站解析数据后,下发控制命令。按照测试拓扑搭建实际测试环境如图6所示。

图6 负荷控制业务测试环境

搭建通信链路后进行数据召测,测试步骤如下:

(1)将5G内置型终端与专变采集器和负荷控制终端连接,电脑端运行负荷控制系统主站,与安全网关连接;

(2)正确配置5G内置型终端参数,建立数据传输通道;

(3)当两个终端都检测在线后,主站系统发送召测命令进行数据采集;

(4)主站系统接收召测数据,数据召测成功。数据召测结果如图7所示。

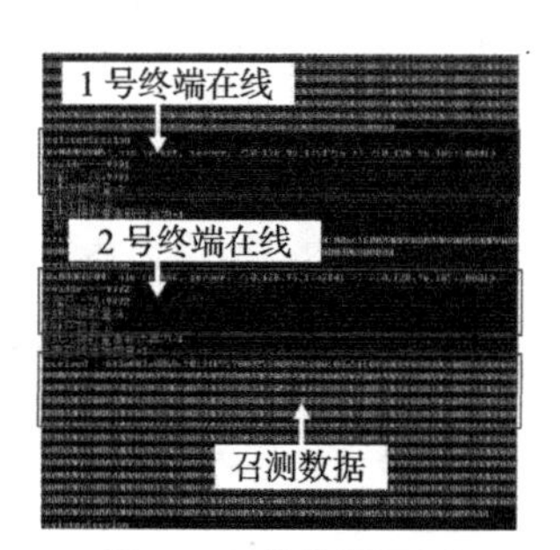

图7 主站数据召测

负荷控制要求从负荷信息采集到分路开关动作响应的时间为百毫秒级,通道传输延时在50 ms以内。由负荷控制主站,经安全网关、核心网到对端终端进行网络延时测试,最大延时小于50 ms,平均延时在30 ms左右,满足负荷控制需求,测试数据如图8所示。

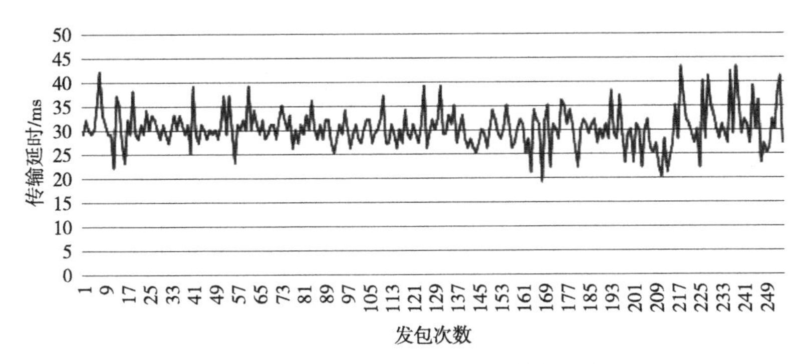

图8 负荷控制系统5G通信传输延时

表3给出了5G方案与既往应用的230 MHz数传电台的通信延时，可以看出5G方案较230 MHz数传电台在延时上明显降低，能够更加有效地保证负荷控制的及时性与精准性，能够作为230 MHz数传电台的升级替代通信方案。

表3 通信传输延时测试结果

测试内容	验证结果	
	5G	230 MHz数传电台
一次召测成功率	100%	100%
最大延时/ms	43	1 132
平均延时/ms	30	723
丢包率	0%	0%

4 结语

本文针对5G在电力系统中的应用，研制了一款5G内置型通信终端。文章首先对5G关键技术及5G在电力系统中的应用场景进行概述；其次介绍了5G内置型终端的总体结构；在总体架构的基础上，分别从软件和硬件的角度进行设计；最终，在上海负荷控制业务上进行试点应用。应用测试表明，该终端体积小、易安装，能够承载负荷控制业务，可以兼容多种标准型电力设备，后续将继续探索5G内置型通信终端在信息采集、无人机巡检等方面的应用。

参考文献

[1] 田世明，栾文鹏，张东霞，等. 能源互联网技术形态与关键技术[J]. 中国电机工程

学报,2015,35(14):3482-3494.

[2] 迟永宁,王伟胜,戴慧珠. 改善基于双馈感应发电机的并网风电场暂态电压稳定性研究,2007,27(25):25-31.

[3] 胡骅,吴汕,夏翔,等. 考虑电压调整约束的多个分布式电源准入功率计算[J]. 中国电机工程学报,2006,26(19):13-17.

[4] 张家安,安世兴,陈建,等. 考虑分布式电源灵活接入下的配电网风险评估[J]. 供用电,2019,36(5):29-33.

[5] 裴玮,盛鹍,孔力,等. 分布式电源对配网供电电压质量的影响与改善[J]. 中国电机工程学,2008(13):152-157.

[6] 郑圣,郑贤舜,夏惠惠,等. 基于无线专网技术的配电自动化系统应用探讨[J]. 电工技术,2018(6):52-53,56.

[7] 王胡成,徐晖,程志密,等. 5G 网络技术研究现状和发展趋势[J]. 电信科学,2015,31(9):156-162.

[8] 王廷凰,余江,许健,等. 基于 5G 无线通信的配电网自适应差动保护技术探讨[J]. 供用电,2019,36(9):18-21,27.

[9] 王宏延,顾舒娴,完颜绍澎,等. 5G 技术在电力系统中的研究与应用[J]. 广东电力,2019,32(11):78-85.

[10] 瞿水华,郭钊杰,许乐飞. 5G 技术在智能电网中的实践和验证[J]. 供用电,2021,38(5):2-9,34.

[11] 余莉,张治中,程方,等. 第五代移动通信网络体系架构及其关键技术[J]. 重庆邮电大学学报(自然科学版),2014,26(4):427-433,560.

[12] 王渤茹,范菁,单泽,等. 5G 移动通信组网关键技术研究综述[J]. 通信技术,2019(5):1031-1040.

[13] 杜滢,朱浩,杨红梅,等. 5G 移动通信技术标准综述[J]. 电信科学,2018,34(8):2-9.

[14] 尤肖虎,潘志文,高西奇,等. 5G 移动通信发展趋势与若干关键技术[J]. 中国科学:信息科学,2014,44(5):551-563.

[15] 李欢,薛大欢,孟凡博,等. 基于 5G 网络切片的电力物联技术研究与应用[J]. 邮电设计技术,2020(7):27-32.

[16] 夏旭,朱雪田,梅承力,等. 5G 切片在电力物联网中的研究和实践[J]. 移动通信,2019,43(1):63-69.

[17] 李明锋,宋伟,张振,等. 基于智能电网应用的 5G 无线网络规划研究[J]. 电力信息与通信技术,2020,18(8):86-92.

[18] 胡红明. 5G 通信技术在智能电网的应用分析[J]. 电子测试,2019(17):68-69.

[19] 吕聪敏,熊伟. 基于5G切片和MEC技术的智能电网总体框架设计[J]. 电力信息与通信技术,2020,18(8):54-60.
[20] 许寅. 上海电网精准负荷控制系统中通信技术的应用[J]. 科技视界, 2021(30):33-34.
[21] 汤卓凡,周奕辰,孙昱淞,等. 230 MHz数传电台无线中继技术在上海市用电负荷管理系统中的应用[J]. 中国新通信,2020,22(19):95-97.
[22] 田安琪,刘磊,周洁,等. 山东电网精准负荷控制系统配套通信方式研究[J]. 电力信息与通信技术,2019,17(9):35-41.
[23] 徐溯,胡光宇,完颜绍澎,等. 精准负荷控制在电力5G环境中的应用[J]. 山东电力技术,2021,48(8):19-24.

基于改进 VI 轨迹特征及深度森林的非侵入式负荷辨识算法

王守相[1],陈海文[1],郭陆阳[1]

（1. 天津大学,天津市, 300072）

摘要: 提出一种含离散化彩色背景的染色 VI 轨迹特征(VI Trajectory with Discrete Color Encoding Background, VI-DCEB)。首先,通过添加 VI 轨迹的波动和动量信息,对原始 VI 轨迹进行增强;然后,利用 Chi2 方法对有功、无功数据进行离散化,并将离散化结果映射到背景的无效像素中,在此基础上,提出一种基于深度森林的 VI 轨迹分类方法;最后,将讨论 VI 轨迹识别中出现的数据失衡问题,提出一种基于 PixelCNN++模型的数据平衡方法。

关键词: VI 轨迹特征;深度森林;非侵入式;负荷辨识

0 引言

开展用户用电行为分析需要海量细粒度用户用电数据,考虑到目前配用电系统量测体系的限制,以智能电表为代表的基本量测终端所采集的数据无法全面准确地反映用户用电行为[1-3]。非侵入式负荷监测技术能够通过总电表处的电压电流特征辨识出各用电设备的运行状态信息,实现设备级用电数据的间接采集。由于无须为每个设备配置量测装置,加之避免了设备线路改造的烦琐工程,非侵入式负荷监测技术大大降低了细粒度用电数据采集的成本。对用户而言,获知详细的设备能耗情况有助于其了解自身的用电信息,进而优化用电行为,实现节能减排目标的同时降低电费开支。电力公司能够低成本地获得细粒度的用户用电数据,为用户用电特性分析需求响应建模、节电指导、定制化用电服务等业务开展提供便利[4-5]。

由于负荷辨识算法是非侵入式负荷监测的核心,不再赘述信号采集及硬件设计的相关内容,重点关注负荷辨识算法中特征设计及分类器构建环节。非侵入式负荷辨识算法的关键在于构建显著且有效的特征,从而区分不同类型的电力设备。VI 轨迹特征是近年来提出的先进稳态特征,通过 VI 轨迹图像表征设备运行的电气特性显著提高了负荷辨识的准确率。但是, VI 轨迹特征存在大量的无效像素,无法反映设备功率信息,对阻抗特性相近的设备辨识效果不佳。对此,本文提出一种含离散化彩色背景的染色 VI 轨迹特征(VI-DCEB)。首先,通过添加 VI 轨迹的波动和动量信息,对原始 VI 轨迹进行增强;然后,利用 Chi2 方法对有功、无功数据进行离散化,并将离散化结果映射到背景的无效像素中,在此基础上,提出一种基于深度森林的 VI 轨迹分类方法;最后,将讨论 VI 轨迹识别中出现的数据失衡问题,提出一种基于 Pix-elCNN++模型的数据平衡方法。

1 VI-DCEB 负荷特征构建方法

首先,从高频电压电流波形中提取原始 VI 轨迹、波动信息和动量信息;然后,将其分别添加到 RGB 三个颜色通道中;最后,对有功和无功数据进行离散化,并通过彩色编码将其加入到背景的无效像素中。该过程如图 1 所示。

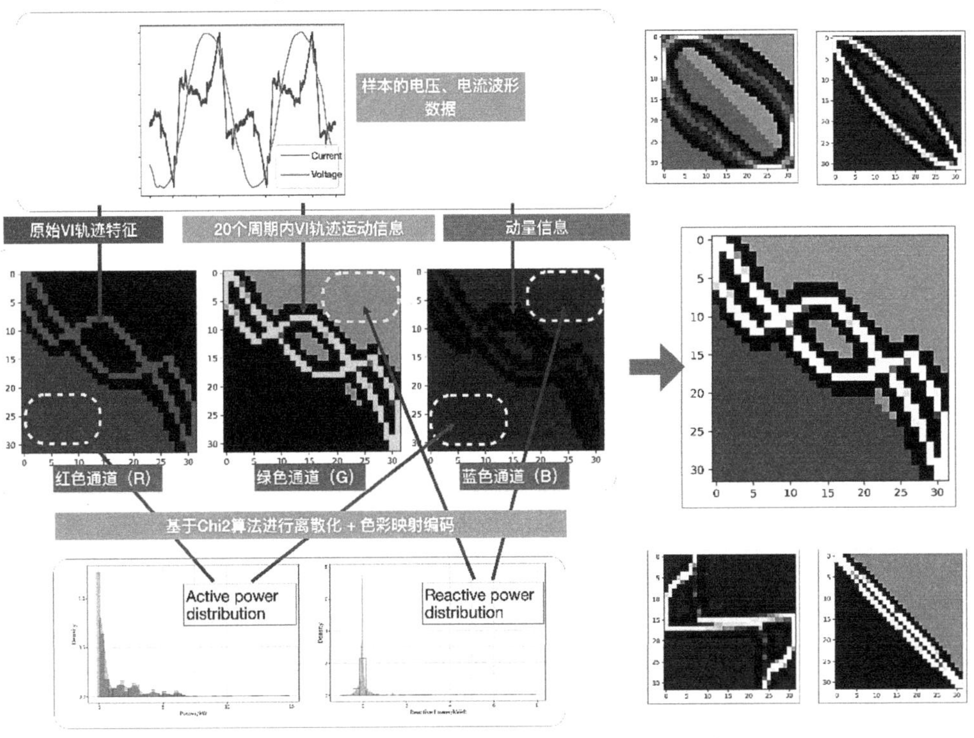

图 1　含离散化彩色背景的染色 VI 轨迹特征构建流程

.1 VI 轨迹特征提取方法

首先采用文献[6]中所述方法,将 VI 轨迹转化为二值图像;然后,将图像分割为矩阵块,如果矩阵的元素被 VI 轨迹经过,那么将对应矩形块的值设为真。具体步骤如下。

(1)采集电器稳态运行时的高频电压、电流序列,假设每个序列由 k 个采样点组成。

（2）创建一个 $N \times N$ 阶的零矩阵 $\boldsymbol{M}$。N 表示长宽像素数，当 N 较大时，每个通道中像素点更多，因此二值化后的 VI 轨迹细节更加丰富，这也使得后续训练过程更加耗时，实验表明 $N=32$ 是平衡分类精度和计算效率的最佳选择[7]。使用以下公式将这些序列中的电压和电流值转换为 0 和 N 之间的整数。

$$I_m = \left\lfloor \frac{i_m - \min i}{\max i - \min i} \times N \right\rfloor, m = 1,2,3 \cdots k \tag{1}$$

$$V_m = \left\lfloor \frac{v_m - \min v}{\max v - \min v} \times N \right\rfloor, m = 1,2,3 \cdots k \tag{2}$$

式中：i_m、v_m 分别为序列中第 m 个采样点的实际电流和电压值；I_m、V_m 分别为第 m 个采样点转换后的电流和电压值；$\min i$、$\min v$ 分别为序列中电流和电压的最小值；$\max i$、$\max v$ 分别为序列中电流和电压的最大值；$\lfloor\ \rfloor$ 为向下取整符号。

（3）将转换后的采样点（I_j, V_j），$j=1, 2, 3, \cdots, k$ 映射到 $N \times N$ 的网格中。通过如下循环获得含有二值 VI 轨迹的矩阵 M。

for every sampling points（I_j, V_j）

$$\boldsymbol{M}\left(I_j, V_j\right) = 1, j = 1,2,\cdots,k$$

end

其中，$\boldsymbol{M}\left(I_j, V_j\right)$ 表示矩阵 $\boldsymbol{M}$ 第 I_j 行，第 V_j 列的值，k 表示电压电流序列采样点的个数。

1.2 染色 VI 轨迹特征构建方法

为增加 VI 轨迹特征所含信息量，文献[2]提出了一种彩色编码（染色）技术，将二值 VI 轨迹转化为彩色图像。在文献[2]的基础上，本文使用原始电流来绘制 VI 轨迹，并使用 RGB 标度来代替原文中的 HSV 色彩空间。染色 VI 轨迹由红、绿、蓝通道组成。由于负载波动或噪声的影响，不同周期内的 VI 轨迹往往略有差异。因此，用 20 个周期内的平均电流和电压绘制红色通道，旨在提取更稳定的 VI 轨迹。绿色和蓝色通道由 20 个周期内每个周期的电流和电压绘制，从而反映负荷波动信息。在设备状态转换事件发生后功率稳定时，立即提取 20 个周期的稳态运行波形。由于 20 个周期的采样时间小于 0.5 s，可以假设设备在短时间内不会改变运行状态。染色 VI 轨迹的三个通道构建过程如下。

（1）红色（R）通道：该通道使用上文提到的二值化 VI 轨迹映射方法绘制。为了减小负荷波动和噪声对轨迹形状的影响，采用电器稳态运行时连续 20 个周期的平均电压和电流进行计算。

（2）绿色（G）通道：该通道由电器稳态运行期间连续 20 个周期的电压和电流绘

制，反映了设备运行的稳定性信息。当一个像素点被经过一次时，它的值会增加 1/20。当一个像素点被经过 20 次时，其值为 1。绿色通道中 VI 轨迹经过每个像素点，每个像素点的更新公式如下：

$$\boldsymbol{M}\left(I_j,V_j\right)=\frac{1}{20}\times M \tag{3}$$

式中：M 为 20 个周期内 VI 轨迹经过的次数。

（3）蓝色（B）通道：VI 轨迹通过环路方向反映电流和电压之间的相位关系。蓝色通道反映了 VI 轨迹每个周期内的旋转方向。它由电器稳态运行期间连续 20 个周期的电压和电流绘制而成。B 通道中的每一个像素代表此处交叉的多个 VI 轨迹的总体动量信息，该值受 VI 轨迹斜率和该位置的旋转方向影响。更新蓝色通道的每个像素的公式如下：

$$H(j)=\frac{\arg\left(\frac{V_{j+1}-V_j}{v_{\max}},\frac{I_{j+1}-I_j}{i_{\max}}\right)}{360\times 20} \tag{4}$$

以节能灯为例，所提方法绘制的染色 VI 轨迹如图 2 所示。

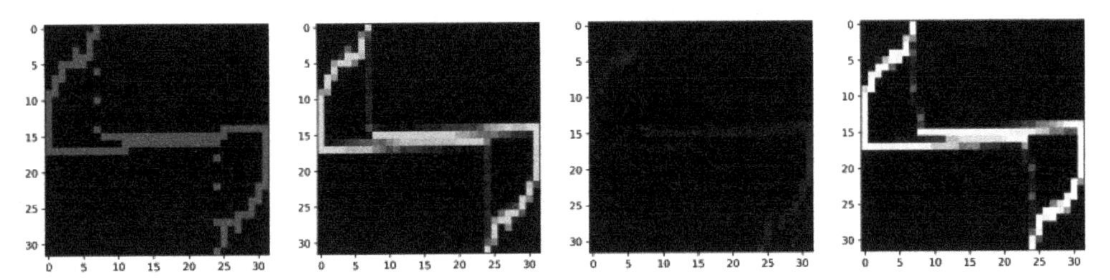

图 2　典型样本染色 VI 轨迹（红绿蓝三通道及最终结果）

1.3　有功、无功数据的最优离散化及背景染色

染色 VI 轨迹构建完成后，本节中将添加有功、无功信息。为克服数据分布不均衡以及离群点的影响，本文采用基于 Chi2 的最优离散化方法，通过 R 包 discretization[8]实现。Chi2 算法的基本原理如下：对于给定的 N 个对象，首先设置显著度系数 $\alpha=0.5$，然后计算预先定义的不一致率 ξ。卡方的计算公式如下：

$$\chi^2=\sum_{i=1}^{2}\sum_{j=1}^{k}\frac{(A_{ij}-E_{ij})^2}{E_{ij}} \tag{5}$$

$$E_{ij}=\frac{R_i\times C_j}{N} \tag{6}$$

式中：k 为类的数量，本文中指电器设备类型总数；A_{ij} 为第 i 个区间内第 j 类的样本数量；R_i 为第 i 个区间内的样本总数；C_j 为第 j 类样本总数；N 为所有样本总数；E_{ij} 为 A_{ij} 的预期频率。比较卡方与预设的阈值，然后合并最大归一化差值最大并且小于阈值的相邻区间。如果不一致率超过了预设值,则不应合并,更新显著度系数α并且重复该过程,直至不再有区间满足条件。

将数据集中的有功、无功数据均离散化之后,向上节建立的染色VI轨迹中添加有功、无功信息,我们希望新特征不仅能反映单个通道的内在特征,还要考虑不同通道之间的相关性。因此,我们在红色通道中只添加有功功率信息,在绿色通道中只添加无功功率信息。在蓝色通道中,我们同时添加有功和无功功率信息。此外,修改后的像素不能覆盖已有的VI轨迹。

一些典型结果如图3所示。可以看出,新增有功功率信息在对角线下方,无功信息在上方。值越大,对应区域的亮度越高。算例将分析所提特征对于区分不同类型设备的有效性。

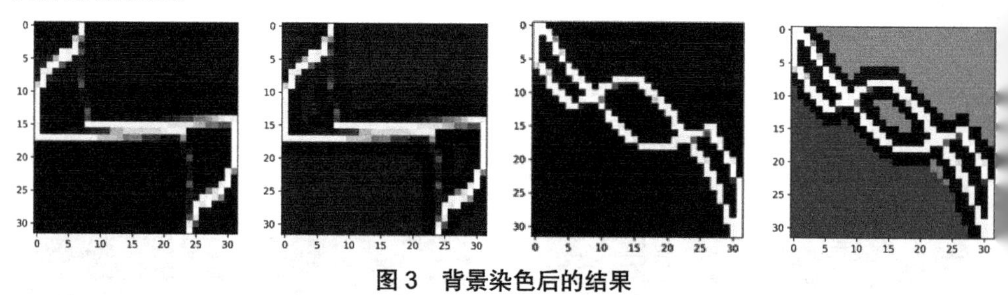

图3 背景染色后的结果

2 基于深度森林算法的VI轨迹分类器

深度森林(gcForest)算法是一个基于决策树的集成学习方法,通过对各个基于树的子分类器进行集成串联来提高分类效果[9]。对于VI轨迹分类问题,已有研究大多借用图像分类领域的成功经验,采用深度学习模型进行分类。但在本文看来,VI轨迹的分类与实际照片等图像的分类存在本质区别,如图4所示。一方面,实际照片中存在大量纹理细节,例如图中鹦鹉,这些纹理细节对分类器的正确分类至关重要深度神经网络(Deep Neural Networks,DNN)中采用复杂的层级结构和大量滤波器来对这些高级特征进行提取。而VI轨迹特征中完全不存在纹理,特征也相对突出,这意味着DNN的复杂结构并未得到充分利用,在VI轨迹分类问题上模型冗余度很高。另一方面,图像分类问题中,画面的主体可能出现在图像的任意位置,这导致卷积核必须对每个像素进行卷积滤波操作,而VI轨迹总是沿对角线分布,位置相对固定。DNN的训练需要大量的样本,而且训练速度慢,容易过度拟合。特别是对于非侵入式监测问题,考虑到现有数据集的样本数量有限,过拟合风险较高。相比之下gcForest算法作为一种基于决策树的集成学习算法,具有模型规模小、训练速度快鲁棒性强等优点。因此本文采用深度森林构建VI轨迹分类器,算例分析中将进一步对比深度学习方法与深度森林方法的分类效果。

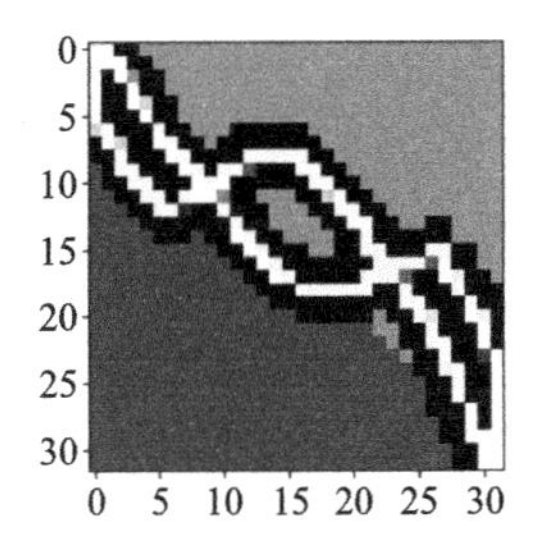

图4　VI轨迹特征与实际图片

文献[9]中提出的深度森林模型在结构上主要包括级联森林和多粒度扫描两类，其中多粒度扫描参考了卷积神经网络的计算过程，专门为图像问题设计。由于VI轨迹辨识问题与图像识别问题存在较大差异，我们采用级联森林结构来构建分类器，如图5所示。

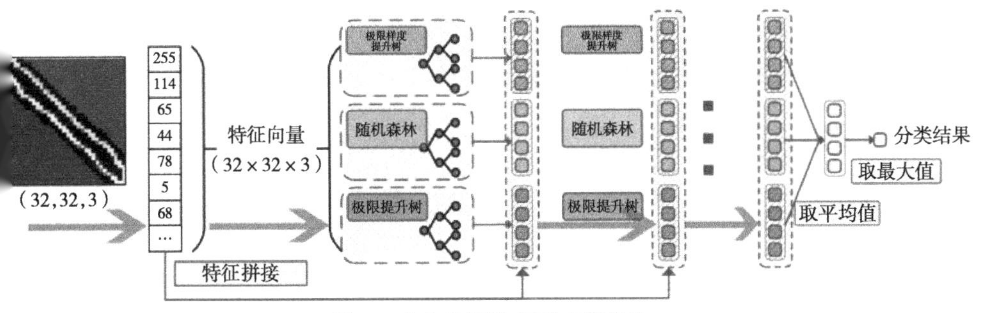

图5　本文使用的级联森林结构

级联森林的本质是对多个子分类器进行集成，而子分类器又是基于集成学习进行设计的，原文中称为“集成的集成”[9]。本文所选的三个子分类器分别为极限梯度提升树(Extreme Gradient Boosting，XGBoost)[10]，随机森林[11]以及极限提升树[12]。每个子分类器均由多个决策树组成，每棵树会根据样本所在子空间中训练样本的类别占比生成概率分布，最终每个子分类器都会产生一个长度为样本类别数 C 的概率向量，每层的输出为该层所有子分类器输出概率向量的组合 $3\times C$。级联森林采用了DNN中的layer-by-layer结构，即拼接该层的输入与输出共同作为下一层的输入，从而保持浅层信息。为了降低过拟合的风险，每个森林产生的类概率向量将进行 k 折交叉验证，如果级联过程中没有显著的性能改进，训练过程将终止。最后对最后一层的三组输出结果进行平均，并输出相对应的分类结果。

3　基于条件化PixelCNN++的样本平衡方法

3.1　条件化PixelCNN++样本生成原理

PixelCNN++是PixelCNN的改进版本，是一种具有易处理似然性的图像生成模

型。对于图片文件 $\boldsymbol{x}$，将图片的概率密度建模为

$$p(\boldsymbol{x})=\prod_{i} p(x_i \mid x<i) \tag{7}$$

这里 x_i 是图片 $\boldsymbol{x}$ 中的像素点。在条件化约束 $\boldsymbol{h}$ 下，概率密度函数进一步可建模为

$$p(\boldsymbol{x} \mid \mathbf{h})=\prod_{i} p(x_i \mid x<i,\boldsymbol{h}) \tag{8}$$

在 PixelCNN 中，每个条件分布由一组卷积层和一个掩模组成的卷积神经网络来建模。这些层以 $N\times N\times 3$ 的图像作为输入，并生成 $N\times N\times 3\times 256$ 个子像素作为输出。每个像素的生成取决于上方和左边的所有像素。该过程如图 6 所示。

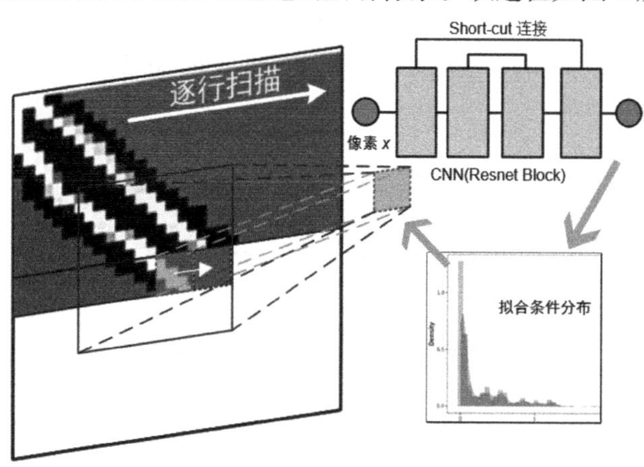

图 6　VI 轨迹图像生成过程

为了加快训练过程和提高训练速度，PixelCNN++模型在像素上使用了离散 logistic 混合似然。假设色彩强度隐向量 $\boldsymbol{v}$ 满足连续分布，通过将连续分布舍入到最邻近的 8 位表示来产生图像。通过对强度 $\boldsymbol{v}$ 进行建模，$\boldsymbol{x}$ 的预测分布更平滑，并且更节省内存。对于所有子像素值 x，观察到的离散值 x 的概率如下：

$$\boldsymbol{v} \sim \sum_{i=1}^{K} \pi_i \log istic(\mu_i, s_i) \tag{9}$$

$$P(x \mid \pi,\mu,s)=\sum_{i=1}^{K} \pi_i[\sigma((x+0.5-\mu_i)/s_i)-\sigma((x-0.5-\mu_i)/s_i)] \tag{10}$$

其中：$\sigma()$ 为 logistic sigmoid 函数。此外，PixelCNN++中还引入了 short-cut 连接以进一步加快训练速度。PixelCNN++的详细代码可见网站 https：//github.com/openai/pixel-cnn。

3.2　基于信息熵的生成样本筛选方法

训练后的生成器 G 理论上可以生成无限多个样本，但考虑到训练成本，我们希望选择最有助于提升分类器效果的样本添加到数据集中。本节采用信息熵对生成样本进行筛选，下面将介绍使用已训练的 PixelCNN++生成器 G 实现 VI 轨迹数据集平

衡的详细步骤。

（1）生成样本池：假设数据集中有 M 类设备，则为每种类型的设备生成相同数量且足够的 K 个样本作为样本池。

$$\mathrm{SP} = \mathrm{G.generate}(K,\ \mathrm{condition} = m) \quad m = 1, 2, \cdots, M$$

（2）训练分类器：使用原始数据集训练分类器 C。

（3）计算待添加样本的个数：将 M 类设备的样本数设为 $N_i(i = 1,\ 2, \cdots, M)$，样本数最多为 Y，故需要添加的样本数量为 $Y\text{-}N_i$。

（4）计算信息熵：用训练好的分类器 C 对样本池中的样本 $x_{\mathrm{class}=i,\,j}$ 进行分类，并输出相应的概率向量。

$$\mathrm{Prob}_j = \mathrm{C.predict\_prob}(x_{class=i,j}) \quad j = 1, 2, \cdots, K \tag{11}$$

基于 Prob_j，计算样本 x_j 的信息熵。

$$\mathrm{Entropy}(x_j) = -\sum_{m=1}^{M} p(y = m|x_j)\log[p(y = m|x_j)] \quad j = 1, 2, \cdots, K \tag{12}$$

式中：x_j 为第 j 个样本；y 为 x_j 的类标签；M 为类的数量；K 为未标记集合的样本数量；$P(y|x_j)$ 为样本 x_j 属于第 y 类的概率。

（5）选择信息熵较高的样本：根据信息熵从大到小对样本池进行排序，选择前 $Y\text{-}N_i$ 个样本加入原始数据集。

4 算例分析

本文使用 PLAID 数据集进行了特征构建与性能评估。PLAID 数据集是目前负荷数量较多的高频数据集，其每类负荷都采集了多个设备的多组电压电流数据。以空调为例，PLAID 数据集中涵盖了普通柜式空调以及大型中央式空调。这意味着即便是同一类型设备也可能存在较大差别，因而辨识难度较高。PLAID 数据集是负荷辨识领域最常用的基准数据集之一，包含 30 kHz 采样频率下的负荷电压电流数据，共有 11 类不同的家用负荷，235 个独立的负荷与 1 074 组样本，每组样本均包含负荷暂态与稳态过程数据。

本节中我们将首先给出构建 VI-DCEB 特征的实例，然后分别使用基于 CNN 和基于深度森林的方法来验证所提出特征的有效性。最后，我们将进一步讨论 VI 轨迹识别中存在的不平衡问题，并利用 PixelCNN++进行解决。

4.1 VI-DCEB 特征构建实例

本文的主要改进是在 VI 轨迹图像特征的基础上增加彩色编码背景来反映有功和无功功率特性，从而区分 VI 轨迹相似但功率不同的设备。该问题的难点在于设备有功、无功数据分布极不均匀。不仅不同设备的功率差别巨大,即使是同一种设备,如家用空调与中央空调,其功率也可能相差数十倍。在 PLAID 数据集上,有功和无功功率概率密度如图 7 所示。同时在右上角绘制小提琴图,以反映数据离群点。

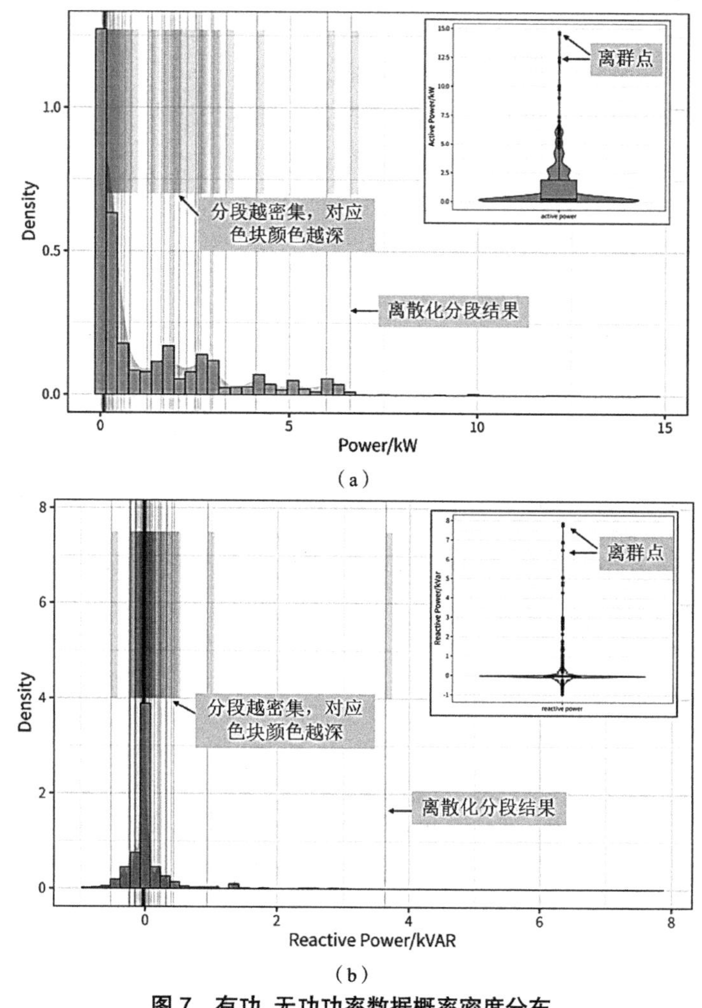

图 7 有功、无功功率数据概率密度分布

(a)有功概率密度分布 (b)无功概率密度分布

从图 7 可以看出,有功功率的数据分布中存在多个尖峰,而无功功率数据主要分布在 0 左右。如果将数据直接映射到颜色空间,离群值会影响特征的有效性。另外等频离散也不能反映分布的不均匀性。本文采用的 Chi2 方法是一种有监督的离散化方法,它可以充分利用标签信息,并考虑有功和无功数据分布的特点进行分段。在图 7 中, Chi2 方法的分段结果用垂直灰色线标记,色块的阴影表示分段的密度。在图 7(a)中,10 kW 以上的数据仅被划分为两个分段点,而在概率密度较高的 0~3 kW 区间,分段区间也更为密集。这表明本文提出的方法能够有效地适应有功和无功数据的分布特征，同时降低了异常值的影响。

由于无法反映功率信息，传统 VI 轨迹特征对于阻抗特性相似的负荷辨识效果较差，例如吹风机、热水器、电热壶等纯电阻型设备。本文所提出的改进特征解决了这一问题。我们从数据集中选择了原始 VI 轨迹易混淆的四组设备：空调和风扇，空调和加热器，电吹风和加热器，笔记本电脑和紧凑型日光灯。从中提取四种基于 VI 轨迹的特征以证明所提特征的优势。

（1）原始 VI 轨迹图像特征（二值图像，VI-O，Original）；

（2）仅在 VI 轨迹图像主体上使用颜色编码（VI-CE，Color Encoding）；

（3）不进行最优离散化，直接在背景上将有功、无功信息按数值大小映射到颜色空间的 VI 轨迹（VI-DMCE，Directly Map Color Encoding）；

（4）背景上采用离散颜色编码的 VI 轨迹（本文提出，VI-DCEB）。

从图 8 可以看出，对于具有相似阻抗特性的四组设备，原始 VI 轨迹（VI-O）几乎完全相同，仅从 VI 轨迹形态上无法区分。而通过颜色编码对 VI 轨迹染色后（VI-CE）区分度有所提高，但仍然高度相似。VI-DMCE 特征直接向背景中添加功率信息，由于有功、无功数据分布极不平衡且存在较多离群点，除空调和风扇外，其他三组设备的 VI-DMCE 特征背景几乎完全相同。相比之下，本文所提 VI-DCEB 特征通过对有功功率和无功功率信息的最优离散化，使得对角区域呈现出了显著不同的颜色，能够有效区分传统特征不易辨别的设备。

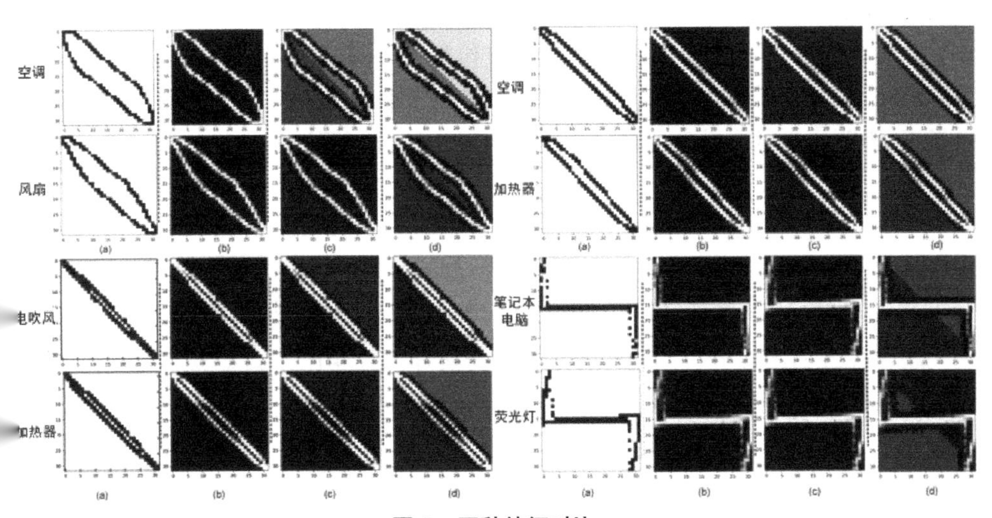

图 8　四种特征对比

（a）VI-O　（b）VI-CE　（c）VI-DMCE　（d）VI-DCEB

.2　分类器与特征有效性对比

本节将通过与先进方法的对比来验证所提特征和分类器的有效性。在 PLAID

数据集上随机抽取40%的样本作为测试集，60%的样本作为训练集。实验平台为AMD锐龙3700X(8核16线程,4.5 GHz),32 GB RAM,RTX 20708G。除上文所提深度森林算法外,对比分类器还包括图像识别中常用的基于CNN的方法,如VGG16、MobileNet v2和DenseNet121,均在不加载预训练权重、随机初始化的条件下训练120个周期。我们还加入了传统的支持向量机(Support Vector Marchine,SVM)方法作为对比。在特征方面,分别提取了VI-O、VI-CE和VI-DCEB三种特征。由于VI-O特征只有一个颜色通道,用于图像识别的CNN方法不再适用,因而未进行相关实验。

4.2.1 特征有效性

上述实验中分别使用了VI-O、VI-CE和VI-DCEB三种特征对深度森林模型进行训练。通过已经训练好的模型,我们以可视化的形式分析不同特征的信息量。输出每个像素的重要度来绘制热力图,像素重要度越高,色块越亮。对于VI-O特征,热力图中只包含一个灰度通道。VI-CE和VI-DCEB包含三个颜色通道。结果如图9所示。

VI-CE比VI-O多了两个颜色通道,从图9可以看出多出的两个通道在设备辨识的过程中发挥了作用。同时,VI轨迹出现频率越高的区域,像素重要度也越高,表明蕴含的信息更多。这可以解释为何VI-CE特征在分类效果上明显优于VI-O。另一点需要注意的是在VI-O和VI-CE特征的像素重要度热力图中存在很多无效像素。由于几乎没有VI轨迹通过,热力图左下角和右上角区域接近纯黑色,这表明这部分像素点在设备辨识过程中并未发挥作用,而本文提出的VI-DCEB特征几乎不存在无效像素,表明添加的有功和无功功率信息有助于区分不同设备。

4.2.2 分类器适用性

从分类器的角度来看,首先SVM的高级特征提取能力较弱,辨识正确率较低。对于基于CNN的方法,虽然它们在图像分类识别问题中表现优秀,但是VI轨迹识别问题与传统的图像分类问题差异显著。与实际照片相比，VI轨迹特征更为直观,颜色单一且没有复杂的轮廓和纹理细节。在图像识别问题中,为保证从复杂图像中发掘有效信息,通常采用更深层次的网络结构和池化操作来提取高级特征。而对于VI轨迹而言,这些操作冗余且会丢失更多的信息。此外,基于CNN的方法模型往往较为复杂,如本文使用的VGG16模型(528 MB)、DenseNet121(33 MB)、MobileNet v2(14 MB),导致训练时间更长,例如，VGG16(100个周期，1 min 38 s)，DenseNet121(100个周期,5 min 31 s),MobileNet v2(100个周期,3 min 11 s)。相比之下,深度森林方法虽然特征提取能力弱于CNN,但对于VI轨迹识别问题而言已完全足够还具备模型体积小(压缩后为 12.7 MB),训练速度较快(48 s)等优势。

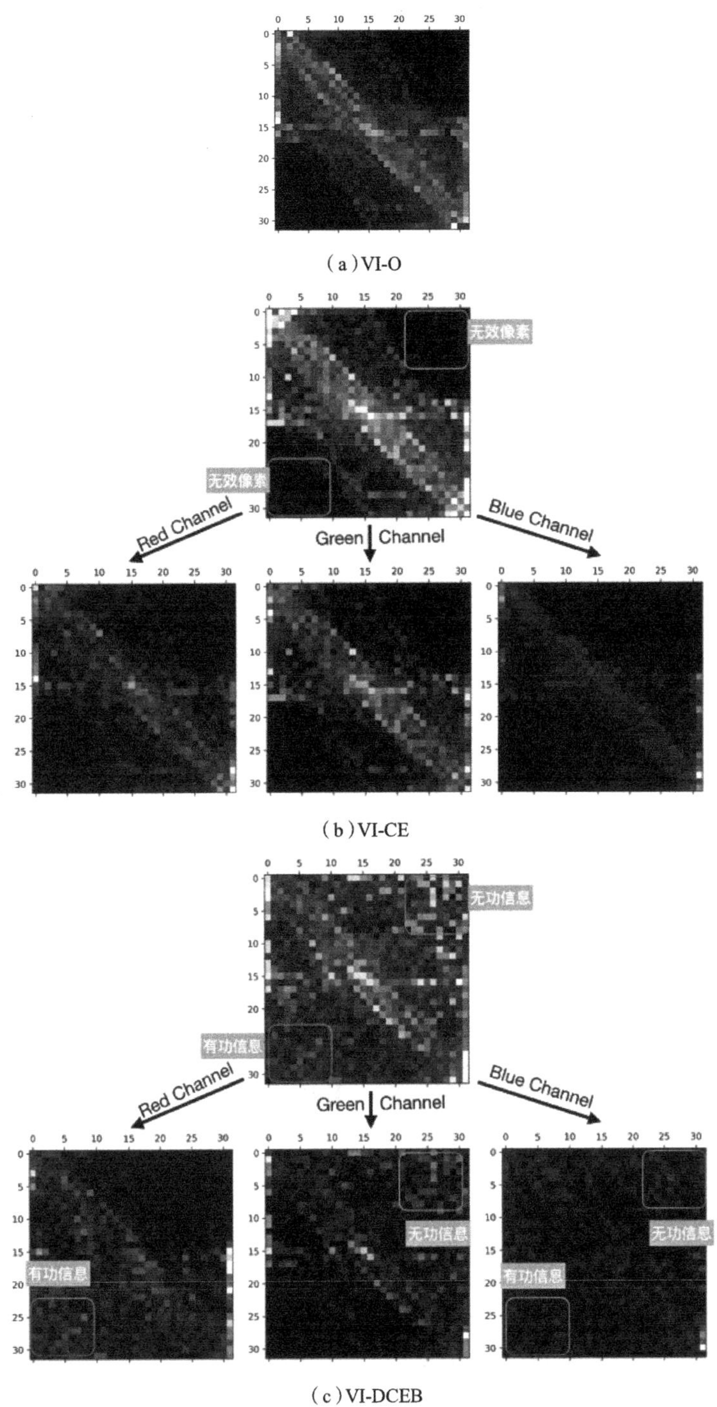

(a)VI-O

(b)VI-CE

(c)VI-DCEB

图 9 VI-O,VI-CE 与 VI-DCEB 特征像素重要度热力图

(a)VI-O (b)VI-CE (c)VI-DCEB

5 结语

本文从非侵入式负荷辨识算法中特征、分类器、数据集样本平衡三个方面开展了研究。针对已有 VI 轨迹特征无法反映功率信息,存在无效像素等问题,提出了一种含离散颜色编码背景的 VI 轨迹特征。在此基础上,提出了一种基于深度森林的 VI 轨迹分类方法。该算法在分类精度、训练速度和模型规模等方面都具有优势。本文进一步讨论了 VI 轨迹识别中的数据不平衡问题,提出了一种基于 PixelCNN++模型的类别平衡算法。在 PLAID 数据集上进行了验证,算例结果表明,与原始 VI 轨迹特征、染色 VI 轨迹特征相比,所提特征可以有效地提高分类精度。与基于 CNN 的先进图像识别方法相比,本文提出的深度森林分类器模型更小,精度更高,速度更快。在不平衡数据处理方面,本文提出的数据平衡方法能够生成逼真的 VI 轨迹样本,具有更强的鲁棒性,算例中对比了不同数据平衡方法的 $F1$ 指标,验证了所提方法的有效性。

参考文献

[1] DE BAETS L, RUYSSINCK J, DEVELDER C, et al. Appliance classification using VI trajectories and convolutional neural networks[J]. Energy and buildings, 2018, 158: 32-36.

[2] LIU Y, WANG X, YOU W. Non-intrusive load monitoring by voltage-current trajectory enabled transfer learning[J]. IEEE transactions on smart grid, 2018, 10(5): 5609-5619.

[3] SU D, SHI Q, XU H, et al. Nonintrusive load monitoring based on complementary features of spurious emissions[J]. Electronics, 2019, 8(9): 1002.

[4] GILLIS J M, MORSI W G. Non-intrusive load monitoring ising semi-supervised machine learning and wavelet design[J]. IEEE transactions on smart grid, 2017, (6): 2648-2655.

[5] LE T T H, KANG H, KIM H. Household appliance classification using lower odd-numbered harmonics and the bagging decision tree[J]. IEEE access, 2020, 8: 55937-55952.

[6] DU L, HE D, HARLEY R G, et al. Electric load classification by binary voltage-current trajectory mapping[J]. IEEE transactions on smart grid, 2016, 7(1): 358-365.

[7] 王守相, 郭陆阳, 陈海文, 等. 基于特征融合与深度学习的非侵入式负荷辨识算

法[J]. 电力系统自动化，2020，44(9)：103-111.

[8] KIM H. discretization：data preprocessing，discretization for classification[M/OL]. CRAN，2012[2021-01-28].

[9] ZHOU Z H，FENG J. Deep forest：towards an alternative to deep neural networks[C]//IJCAI International Joint Conference on Artificial Intelligence. California：International Joint Conferences on Artificial Intelligence Organization，2017：3553-3559.

[10] CHEN T，GUESTRIN C. Boost X G. A scalable tree boosting system[C]//Proceedings of the ACM SIGKDD International Conference on Knowledge Discovery and Data Mining. New York，NY，USA：ACM，2016：785-794.

[11] BREIMAN L. Random forests[J]. Machine learning，2001，45(1)：5-32.

[12] GEURTS P，ERNST D，WEHENKEL L. Extremely randomized trees[J]. Machine learning，2006，63(1)：3-42.

基于 LoRa 与轻量化 5G 的用电信息采集系统设计

安立源[1,2],葛红舞[1,2],赵华[1,2],程程[1,2],范镇淇[1,2],赵振非[1,2]
(1. 南瑞集团有限公司(国网电力科学研究院有限公司),南京市,211106;
2. 南京南瑞信息通信科技有限公司,南京市,211106)

摘要:当前用电信息采集主要依靠传统的电力线载波通信方式,易发生数据丢失和抄表失败的情况。针对此问题,结合5G和远距离无线电(Long Range Radio, LoRa)通信的技术优势,设计了一款以LoRa组网方式为主且兼容多种通信协议的用电信息采集系统。系统中网关以国产5G模块为主控模块进行拓展设计,通过裁剪相关频段和射频通路,降低了设备复杂度,实现了轻量化5G技术的应用。提出的自适应算法通过调整LoRa模块发射功率,可以在保障通信质量的前提下降低系统功耗。测试结果表明,系统有效通信距离可达8 km以上,完全满足使用需求。裁剪后的轻量化5G网关在成本降低60%的情况下,性能表现仍可达到工业级5G用户终端设备(Customer Premise Equipment, CPE)性能的80%以上,性价比优势明显,具有良好的推广应用前景。

关键词: LoRa;轻量化5G;发射功率自适应算法;远距离通信

0 引言

电网中普遍使用的智能电表主要依靠传统的电力线载波通信(Power Line Carrier, PLC),时常出现数据丢失和抄表失败的情况[1],需要电力工人现场补抄,极大地浪费了人力物力。部分地区使用基于2G的无线采集系统,但随着2G的逐步退网,这种方式难以为继。低功耗广域网(Low-Power Wide-Area Network, LPWAN)无线技术具有低功耗、低成本和广覆盖的特性[2-4],尤其适合应用于不发达地区的电网。历经多年的发展, LoRa技术在智慧表记领域取得了较为成功的应用[5-9],但网关与云平台的连接通常依赖光纤、通用分组无线业务(General Packet Radio Service, GPRS)或4G网络,且网关与终端仅考虑了LoRa组网方式。在实际应用中终端通信方式尚不统一,仍然需要设计兼容多种通信接口的通信网关。随着5G技术的普及, 5G网关设备逐渐开始取代传统的4G网关设备[10]。传统5G网关设备设计方向倾向于接口类型丰富、数据处理能力强,代价是迭代成本高，对5G技术的推广应用造成了很大阻碍。特别是不发达地区、农村地区，大部分情况下电力业务类型较为单一且成本敏感，因此开发低成本的轻量化5G网关更有利于5G技术在农村地区的发展应用。5G协议标准R17在R15版本上做了大量裁剪，优化了很多指标要求，比如吞吐率、天线数量和带宽等。5G芯片经裁剪之后，成本能够降低60%甚至更多，非常适合在农村地区进行推广应用。

综上考虑，本文提出了一种基于LoRa与轻量化5G技术的用电信息采集系统设计。该设计基于LoRa技术传输距离远、功耗低的特性，由网关与多个终端组建成局域网，并通过轻量化5G网关与云端通信。开发的智能手机终端App，具有良好的人机交互功能，有利于提升工作效率。经测试验证，本设计可行性高、通信覆盖距离远，能够满足农村电网的使用需求。

1 系统架构设计

本系统硬件分为网关和终端两部分，轻量化5G网关和终端节点的系统框图分别如图1和图2所示。网关与终端通过LoRa模块收集采集数据，通过5G将数据上传至云端。

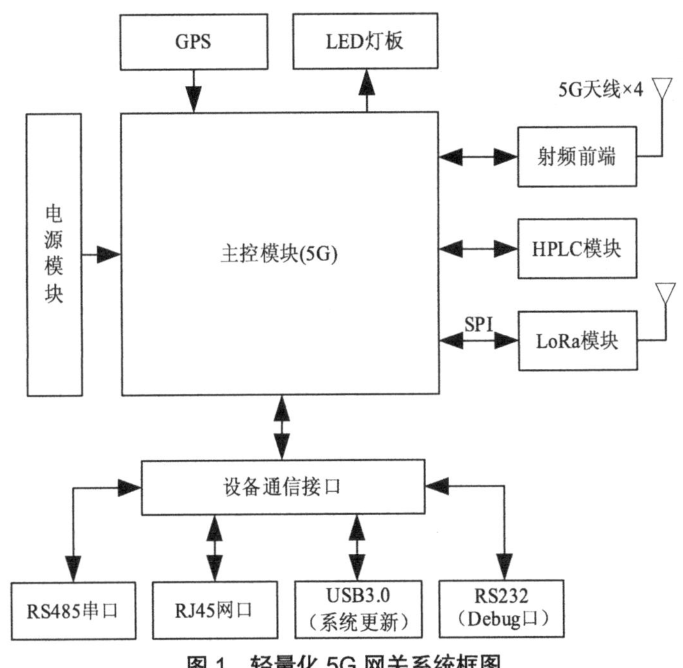

图1 轻量化5G网关系统框图

GPS—全球定位系统(Global Positioning System)；HPLC—高速电力线载波通信(High-speed Power Line Carrier)

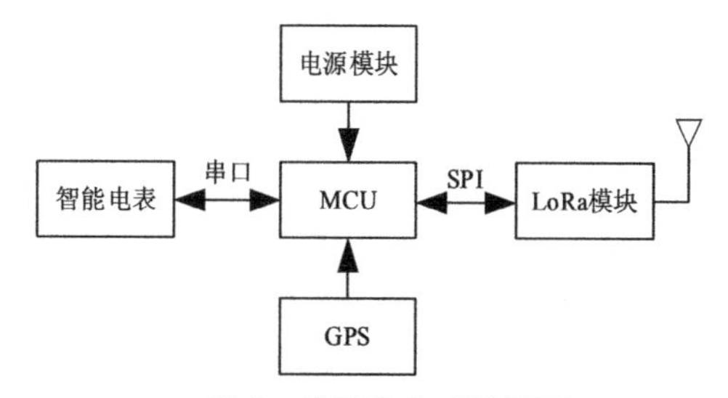

图 2　终端节点系统框图

MCU—微控制单元(Microcontroller Unit)

轻量化 5G 网关采用通则康威 UN30 模块作为主控模块,该模块是一款基于紫光展锐春藤 V510 芯片的高性价比 5G Sub-6 GHz 模块,裁剪了 2G 和 3G 频段并兼容 4G,降低了芯片复杂度,适合应用于轻量化 5G 网关的设计。轻量化 5G 网关配备 LoRa 模块、HPLC 模块和 RS485 串口,其中 HPLC 模块和 RS485 串口是为了兼容尚未配置无线模块的终端接入。轻量化 5G 网关裁剪频段和射频通道后,元器件数量和尺寸大幅减少,通过优化印制电路板(Printed Circuit Board, PCB)板图布局,改善 PCB 层数和走线复杂度,降低生产工艺要求和生产成本。终端以 STM32 为主控芯片,配备 LoRa 模块和 GPS 模块,用于信息采集和设备定位。此外,终端电路设计中加入超级电容,保证设备发生断电情况时能够上报消息。系统工作流程如下:终端节点通过串口读取用电信息流并传送至 LoRa 模块, LoRa 模块将接收到的信息向外广播,轻量化 5G 网关通过配备的 LoRa 模块接收并解析信息流,根据相关协议打包上传至云端,云端可将相关信息推送至手机智能终端。

图 3 为轻量化 5G 网关的输入电源设计。电源输入加入二极管防范电源反接引入 MYG14K101 型压敏电阻用于浪涌防护,压敏电阻在瞬压过后阻抗将会降低,从而将浪涌电压降至低电位[11],利用电解电容吸收瞬态电流,保护电路不被击穿。考虑到农村地区避雷设施较少,加入 SMD4532-090NF 型气体放电管进行防雷保护[12],当电压过大导致气体放电管被击穿时,气体放电管表现为短路状态,将电流引导至地面以保护设备。

尽管为保障安全性,电力通信设备很少引入恢复出厂设置功能以防止误操作但在实际应用中,经常出现因文件配置错误、混淆设备 IP 导致无法登录网关的情况对恢复初始配置的功能需求仍然十分强烈。恢复出厂设置电路设计如图 4 所示,加入瞬态二极管防止因启停操作引起的瞬态过电压损坏电路[13]。为防止误触情况发生,系统上电后长按开关键才会触发恢复出厂设置动作。若要下载更新系统,需上电前长按开关键。

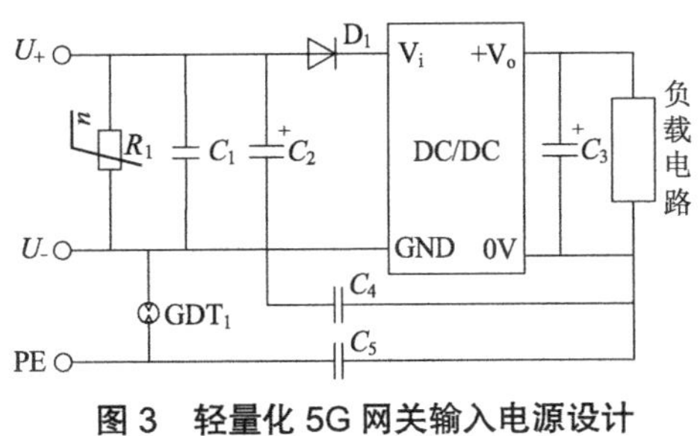

图3　轻量化5G网关输入电源设计

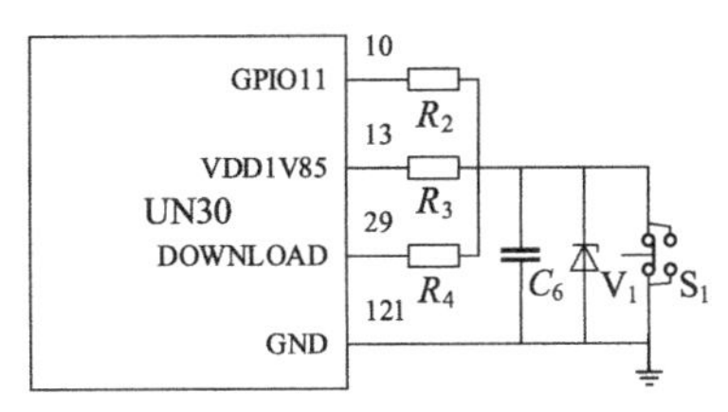

图4　恢复出厂设置功能电路设计

2　系统软件设计

2.1　嵌入式软件设计

5G网关以UN30作为主控模块，通过外围扩展电路实现多种接口通信，完成数据的收发和处理任务。网关嵌入式软件主要包括LoRa信息的收发和数据解析、5G信息传输和GPS信息的获取。完整的软件工作系统通过与终端、云平台、App之间的相互配合工作，流程如图5所示，若终端节点处于正常工作状态，则系统进行正常的数据采集和处理，若出现异常，则终端节点持续上报异常信息直至网关回应，然后云平台向手机智能终端App派发工单。

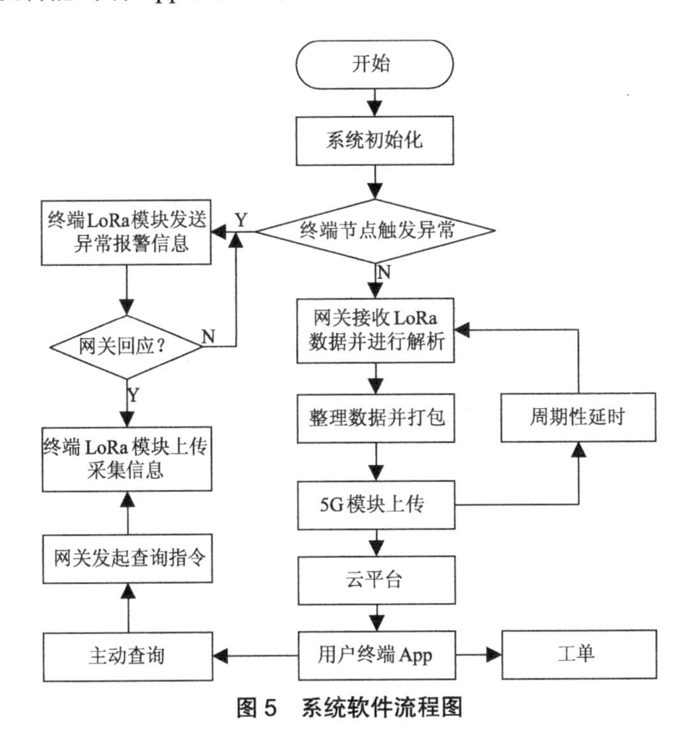

图5　系统软件流程图

2.2 本地网管功能设计

为方便运维人员进行设备操作和网络配置,开发了轻量化5G网关本地网管功能,实际界面如图6所示。网管功能主要包括系统状态、网络功能配置、设备配置、防火墙设置和系统管理功能等,运维人员可通过RJ45网口连接轻量化5G网关,使用网页进行各项配置。为保障设备安全,预定义唯一的轻量化5G网关登录IP,操作人员可根据需要进行修改。如果网络配置错误或遗忘登录IP信息,可使用恢复出厂设置功能恢复初始配置。

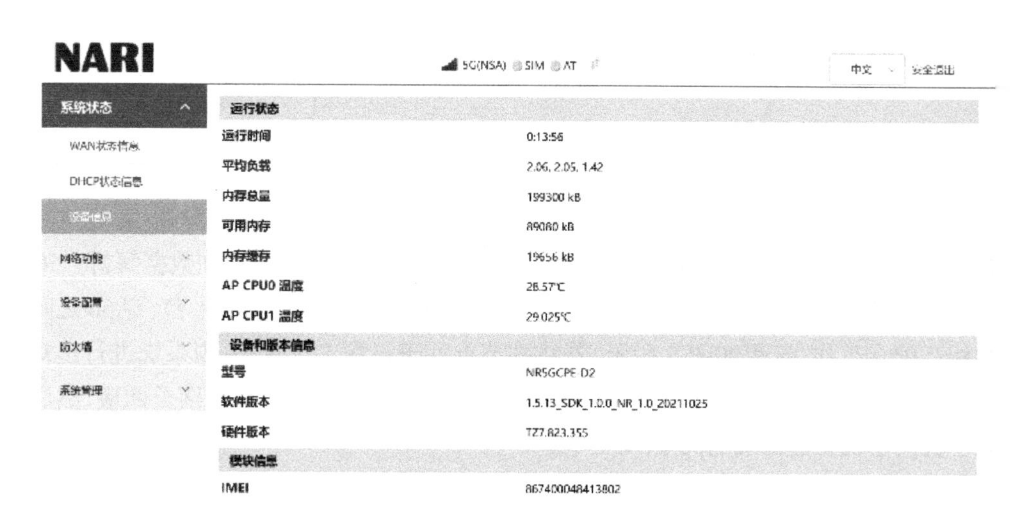

图6 轻量化5G网关本地网管界面

2.3 智能手机终端软件设计

智能手机终端App由JAVA语言编写,提供终端节点分布显示、终端节点信息查询、用电数据分析、异常用电警告和区域性异常停电警告等功能。"用电异常警告"功能表明当前用户用电量水平长期过高或过低,触发疑似违规用电警告,比如比特币挖矿或者窃电等违规用电行为,需要电力工人现场查证。"区域停电告警"功能是当区域内多个节点发出断电警告时,表明发生了一定面积的停电事件,将自动派出工单以进行检修和维护。图7给出了智能手机终端App的实际操作界面,系统简单易用,非常适合人机交互,提高了工作效率。

图7　智能手机终端App界面

3　LoRa模块发射功率自适应算法

LoRa模块的频率为470 MHz，这种频段的电磁波将穿透电离层而无法反射回来，因此只能作视线传播。根据地球半径与天线高度，可计算出设备的极限通信距离，如图8所示。考虑到大气折射等因素的影响，这里的地球半径 R 实际上为等效地球半径[14-15]，即 $R=8\ 500$ km。根据勾股定理，可得

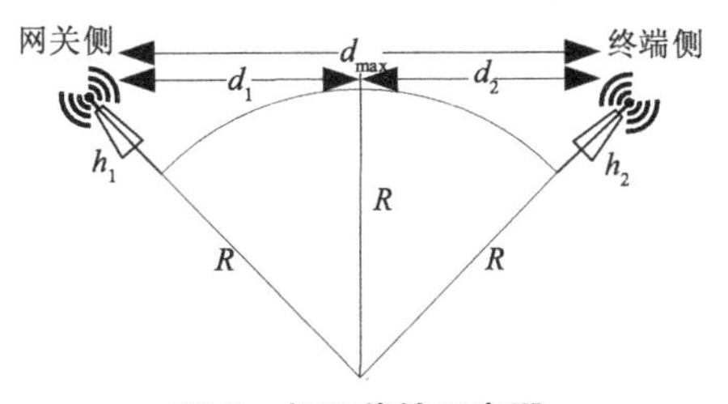

图8　视距传输示意图

$$d_1^2+R^2=(h_1+R)^2 \tag{1}$$

$$d_2^2+R^2=(h_2+R)^2 \tag{2}$$

考虑到天线高度远小于地球半径，可得

$$d_1=\sqrt{h_1^2+2h_1R}\approx\sqrt{2h_1R} \tag{3}$$

$$d_2=\sqrt{h_2^2+2h_2R}\approx\sqrt{2h_2R} \tag{4}$$

则LoRa的极限传输距离为

$$d_{\max}=d_1+d_1=\sqrt{2R}(\sqrt{h_1}+\sqrt{h_2}) \tag{5}$$

网关和终端节点的 LoRa 天线均为全向天线，根据弗里斯传输公式，接收机的接收功率

$$P_r = \frac{\lambda^2}{16\pi^2 d^2}(1-\eta)P_t G_t G_r \geqslant P_{r,\min} \quad \text{s.t.} \ d \leqslant d_{\max} \tag{6}$$

式中：λ 为 LoRa 信号的波长；d 为实际通信距离；η 为路径损耗因子；P_t 为发射功率；G_t 发射天线的增益系数；G_r 为接收天线的增益系数；$P_{r,min}$ 为 LoRa 模块接收灵敏度。

根据式(6)可以得到 LoRa 模块发射功率为

$$P_t = \frac{16\pi^2 d^2}{\lambda^2(1-\eta)G_t G_r}P_r \quad \text{s.t.} \ d \leqslant d_{\max},\ P_r \geqslant P_{r,\min} \tag{7}$$

系统开始工作时，首先根据式(5)计算出 LoRa 模块极限传输距离，初始发射功率设置为 LoRa 额定发射功率，在获取到接收功率后根据式(7)计算出路径衰减因子，从而计算出所需要的发射功率 P_t，确定发射功率后需要根据实际信道变化进行调整并保留一定冗余，算法流程图如图 10 所示。该算法能够使 LoRa 模块在保证通信质量的前提下尽量降低发射功率，以实现降低系统功耗的目的。

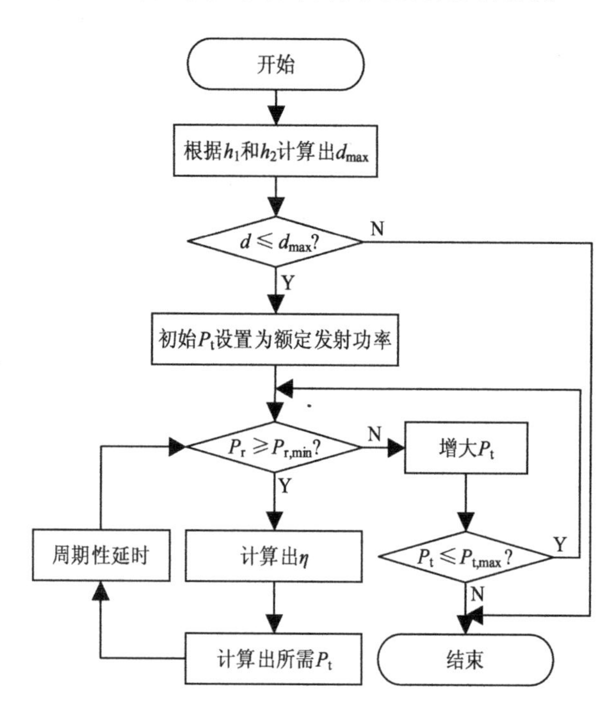

图 9　发射功率自适应算法

4 测试工具

使用测试工具 Speedtest 在相同环境下对轻量化 5G 网关和工业级 5G CPE 进行网络测试，测试过程中网络节点统一选取中国移动 5G(上海)并在不同时段进行多次测试。测试结果见表 1，轻量化 5G 网关的平均下行速率达到 715.9 Mbit/s，平均上行速率达到 94.6Mbit/s。轻量化 5G 网关成本仅为工业级 5G CPE 的 40%左右，但其上下行速率均达到工业级 5G CPE 性能的 80%以上，且时延表现基本无差，证明了轻量化 5G 网关具有超高的性价比。轻量化 5G 网关的设计主要裁剪的是 2G 和 3G 频段， 4G 和 5G 频段基本不受影响，并且保留了 4 根天线。未来可在性能需求容忍度内，继续裁剪相关频段和射频通路，降低天线数量，最大化轻量化 5G 网关的性价比优势。

表 1　5G 通信性能测试结果

测试项目	轻量化 5G 网关	工业级 5G CPE
平均下行速率/(Mbit/s)	715.9	892.6
平均上行速率/(Mbit/s)	94.6	114.57
平均 ping 时延/ms	20.7	19.6

为了保障用电信息采集系统的正常工作，对 LoRa 模块的实际通信距离进行了网络测试。测试场景选择信道条件较好的郊区，降低城市高楼和车流对测试结果的影响。每隔 200 m 记录一次终端接收信号强度，测试结果如图 10 所示。网关和终端的天线高度分别为 5 m 和 2 m，计算可得极限通信距离为 15 km。LoRa 模块分为固定发射功率和自适应发射功率两种情况，从图中可以看出，拉距 5 km 以内时固定发射功率的接收信号质量更好，而功率自适应情况下信号接收质量维持在一定范围内，这正说明自适应发射功率方法降低了系统功耗。随着距离的不断增大，固定发射功率情况下接收信号质量开始变差，而自适应功率方法通过增大发射功率，在距离发射端 8 km 的时候仍然可以实现正常通信。

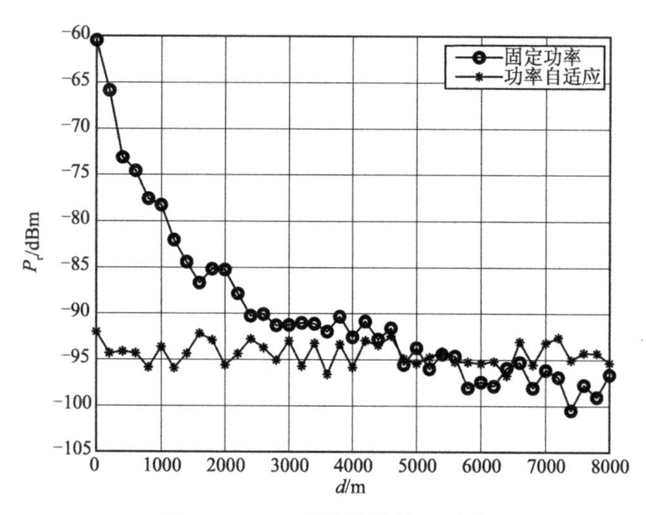

图 10　LoRa 通信性能拉距测试

5　结束语

与城市电网智能化水平相比,农村电网的无线通信建设情况较为滞后,考虑到5G 技术的发展趋势和 LoRa 远距离通信的优势,设计了一种基于 LoRa 和 5G 技术的用电信息采集系统,该设计抄表成功率高,通信覆盖距离远。发射功率自适应算法能够在保障通信质量的前提下降低系统功耗,开发的智能手机终端 App 具有丰富的功能模块和具备良好的人机交互特性。轻量化 5G 网关采用国产中央处理器(Central Processing Unit, CPU),顺应当下电网通信设备核心部件国产化的趋势。裁剪之后的 5G 网关大幅降低了设备成本且性能依然优越,具有很高的性价比,在芯片等物料产能受限和价格上涨的环境下,更具备推广优势。

参考文献

[1]　王艳芹, 李蒙, 周凤华, 等. 高速电力线载波技术在电力集抄业务中的研究及应用[J]. 能源与环保, 2021, 43(9): 202-208.

[2]　SANDOVAL R M, GARCIA-SANCHEZ A, GARCIA-HARO J, et al. Optimal policy derivation for transmission duty-cycle constrained LPWAN[J]. IEEE internet of things journal, 2018, 5(4): 3114-3125.

[3]　EDWARD P, EL-AASSER M, ASHOUR M. et al. Interleaved chirp spreading LoRa as a parallel network to enhance LoRa capacity[J]. IEEE internet of things journal, 2021, 8(5): 3864-3874.

[4]　赵斌, 张闯, 殷聪, 等. 基于 LPWAN 和 LAN 混合通信模式的高分辨率油管道

损检测系统[J]. 电测与仪表，2020，57(10)：108-113.

[5] 李蕴. 基于 LoRa 和边缘计算的电力用采信道虚拟拓宽技术[J]. 电气自动化，2019，41(6)：96-99.

[6] 汪晓华，唐明，宋玮琼，等. 满足国家电网公司标准体系下的 LoRa 用能采集专网技术研究及应用[J]. 电测与仪表，2020，57(8)：8-12.

[7] 姚俊杰，张新晨. 基于超长距低功耗数据传输技术与无线通信技术的智能水表系统[J]. 计算机测量与控制，2018，26(5)：282-285.

[8] 付建文，蒋昱麒. 基于 LoRa 技术的远程抄表系统设计[J]. 电子设计工程，2019，27(15)：157-160,165.

[9] XIA Z Q，ZHOU H，GU K，et al. Secure session key management scheme for meter-reading system based on LoRa technology[J]，IEEE access，2018，6：75015-75024.

[10] CHETTRI L，BERA R. A comprehensive survey on internet of things (IoT) toward 5G wireless systems[J]. IEEE internet of things journal，2020，7(1)：16-32.

[11] 荣国成，王昊，沙莎. 电力线通信设备电源端口浪涌防护电路设计[J]. 长春理工大学学报(自然科学版)，2021，44(4)：84-89.

[12] 张本军，徐加征. 气体放电管选型设计指导[J]. 电子质量，2021(7)：135-138.

[13] 陈旸，何征，吕弘，等. 无人机天线在雷电效应中的响应研究及性能检测[J]. 电子测量与仪器学报，2020，34(12)：29-35.

[14] 刘少毅，张卫柱，赵永刚，等. 基于等效地球半径和地形的电磁波覆盖范围分析[J]. 测绘科学，2015，40(5)：29-32.

[15] 胡冉冉，赵振维，孙树计，等. 大气折射对我国近地面无线电视距的影响分析[J]. 电波科学学报，2018，33(1)：14-20.

基于 OpenWRT 的 5G 融合通信网关设计

安立源[1,2],葛红舞[1,2],赵振非[1,2],陈民[1,2],赵华[1,2],范镇淇[1,2]
(1. 南瑞集团有限公司(国网电力科学研究院有限公司),南京市,211106;
2. 南京南瑞信息通信科技有限公司,南京市,211106)

摘要: 目前业务状况复杂的城市电网存在多种通信方式,不利于统一管理电力物联网感知层数据,亟须通过边缘汇聚设备统一接口上传至物联管理平台。针对此问题,结合电力业务实际通信需求,提出了一种融合多种通信协议的5G物联网关设计。设计选用IPQ8072 A作为主控芯片,支持5G、WiFi、以太网、HPLC、LoRa和串口等通信方式,不仅适用于视频监控、智能巡检等性能敏感的宽带通信业务场景,还适用于采集、传感等成本敏感的窄带通信业务场景。本设计采用的电磁兼容防护设计方案,可有效保障设备抗击电力环境复杂电磁干扰的能力。双时钟备份方案能够避免电路和PCB版图的重复设计,有效节约生产测试成本。区域轻量级安全加密认证方法,避免了端设备与云端的直接通信,降低了端设备的硬件资源消耗,提升了系统的安全性。测试结果表明,5G网关与4G终端相比,大幅提升了传输速率,并且验证了轻量级安全加密认证功能。本设计功能接口丰富,实现了多数据通道并行传输,通过汇聚的方式化繁为简地实现了电力物联网"端-边-云"的通信链路,具有广泛的应用场景。

关键词: 5G;融合通信;EMC防护;时钟备份;IPQ8072 A

0 引言

随着我国城镇化建设的发展和城市电网规模的扩大,城市电网规划管理和稳定保障的压力变大[1],尤其是大城市和特大城市对电网运行可靠性要求高,政治任务重。与城市发展不匹配的是,城市电网设备老化问题严重,对电网安全监测能力较差,非常不利于保证电能质量和供电可靠性。城市电网数字化改造过程中存在大量分布式传感和监控终端,需要建立城市电网多模态本地融合通信体系涵盖网络架构、通信功能、性能及接口要求。面向城市电网的本地融合通信系统由融合通信网关、融合中继和多种端设备构成[2]。融合通信网关是可信安全的本地通信核心设备,位于电力物联网(IoT)的感知层,负责与物联管理平台进行业务和管理数据交互,实现对感知层端设备、中继设备的管理以及业务数据的采集、存储和分析功能,支撑各类型终端的标准化接入。由于城市电网中存在大量数据高速传输的业务应用需求,例如视频监控和远程运维检修等,融合通信网关需支持 5G、WiFi 和以太网功能。与此同时,融合网关需要通过 WiFi、LoRa、HPLC 和串口下联中继设备和各种端设备,因此城市电网本地融合通信网络需要设计能够兼容 5G、WiFi、以太网、LoRa、HPLC 和串口等通信方式的融合物联网关。

随着 5G 技术应用的普及,各大厂商推出了多种 5G 用户终端设备(CPE),但大多面向个人和商业用户,对电力业务适配性较差,难以满足电力业务通信需求。目前许多文献介绍了 5G 技术在各种电力业务中的应用方案[3-7],部分文献提出了一些电力 5G 设备的研究方案。文献[8]提出了一种适用于电力行业的 5G 通信终端,主要是为了解决电力设备授时问题。文献[9]研究了主要面向配电网差动保护的 CPE 接口技术。文献[10]介绍了 5G CPE 在 5G 网络中的位置,提出了一种提升数据传输性能的方法。以上几篇文献提出的设计方案面向的电力业务较为单一,功能接口少,难以满足复杂的城市电网业务需求。

针对上述问题,本文提出了一种兼容多种通信协议的 5G 融合通信网关设计。设计采用高通公司的 IPQ8072 A 芯片作为主控芯片, OpenWRT 作为嵌入式操作系统。电路设计采用了电磁兼容(EMC)四级防护标准,充分保证设备的可靠性。通过双时钟备份的设计,降低了不同需求下 5G 网关的研发生产成本。5G 融合通信网关应用场景定位于输、配、变电站房内,属于室内场景。在承载传统网关接入功能的同时,支持边缘计算功能且接口资源丰富,能够对接多类业务终端,有效服务电力物联网和智慧物联体系建设。

5G 融合通信网关方案设计

5G 融合通信网关硬件架构包括主控芯片、5G 通信模块、WiFi 模块,以太网模块、HPLC 模块、LoRa 模块、电源模块和其他通信接口。电力 5G 融合通信网关的整体设计必须满足严酷的工业标准,北向实现 5G 高速数据转发,南向连接各类电力业务终端设备,同时承载大量复杂的业务处理进程,具备电力业务数据综合处理能力,支持边缘计算和业务加密功能。考虑使用独立 CPU+各类接口外设的硬件架构,在统一硬件平台管理下,统筹协调硬件资源分配,实现各类业务应用功能。通信网关采用高通公司的 IPQ8072 A 作为主控芯片,该芯片是一款性能优越的系统级芯片,能够满足网关复杂的任务处理需求。

1.1 硬件架构

电力5G融合通信网关位于电力物联网感知层，通过RJ45网口、RS485串口、HPLC通信、LoRa模块下连各种感知层端设备，如采集器、集中器等，汇聚各种电力业务信息，通过5G模块上传至物联管理平台。5G融合通信网关不仅要兼容多种通信协议，还必须能够承载大量的业务处理进程，并且适合进行外设扩展。在分析多种型号CPU的参数信息之后，选定高通公司的IPQ8072A作为5G网关的主控芯片，能够满足网关的高性能要求。5G融合通信网关的硬件结构框图如图1所示。

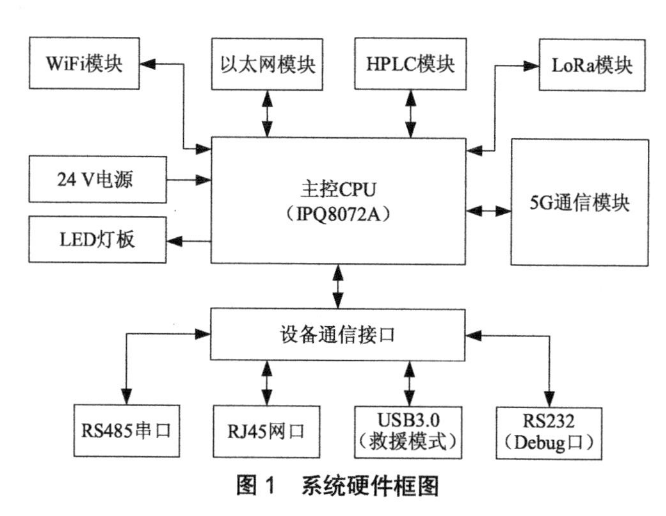

图1 系统硬件框图

1.2 软件架构

由于OpenWRT系统对ARM处理器架构具有很好的适配性，5G融合通信网关使用OpenWRT作为嵌入式Linux系统，OpenWRT高度模块化的特性非常适合进行定制化软件开发，能够满足系统的稳定性和功能需求[11-13]。5G网关的软件平台架构如图2所示，根据功能特性，软件平台分为数据分析层、接入控制层和应用服务层。网关下连多种感知端设备，软件平台通过分析接口类型和协议种类，负责将数据在本地进行处理或者上传至物联管理平台。

2 硬件关键设计

2.1 输入级电源EMC防护设计

EMC是保证通信装置可靠和安全性的重要指标，作为设备整体电源的入口，输入级电源的设计必须考虑电源EMC防护[14]。一般商业消费品电子设备主要考虑对周围的辐射和干扰,但 5G 融合通信网关作为工业级电力通信设备,一般工作于电磁环境复杂的输、变电站房内,其主要设计目标更多是加强自身的抗干扰能力。EMC 设计必须满足四级防护等级要求[15]。EMC 的产生必须满足三个要素:干扰源、耦合途径和敏感装置。这三个要素构成产生 EMC 的闭环,因此在电源设计中仅需对其中一个方面进行针对性设计就能解决 EMC 防护问题,比如屏蔽干扰源、改良传输介质和远离敏感体。此外,还需要根据开关电源模块的特性进行 EMC 电路的匹配设计,主要考虑的因素有开关电源输入电压与电流范围、最大瞬态干扰承受电压、适当的共模滤波与防护设计等方面。根据以上分析, 5G 融合通信网关输入电源 EMC 电路防护设计如图 3 所示。

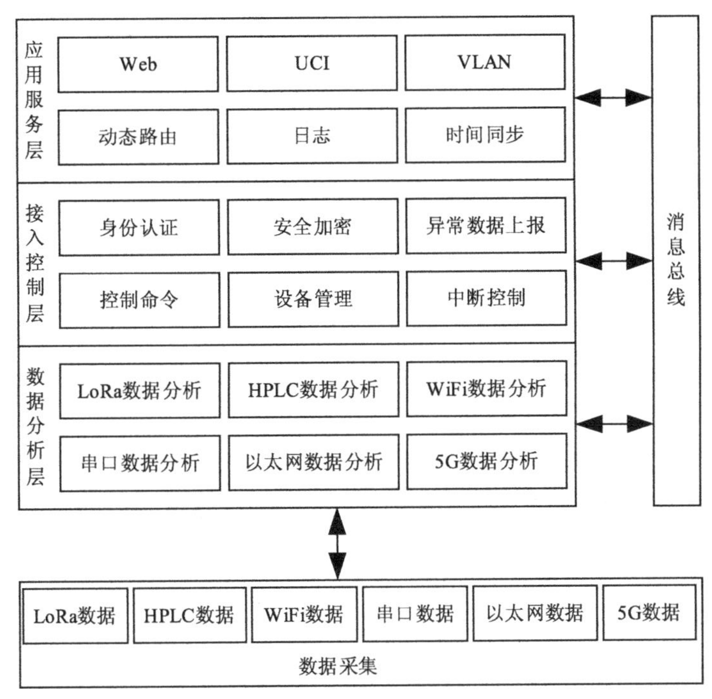

图 2 软件平台架构

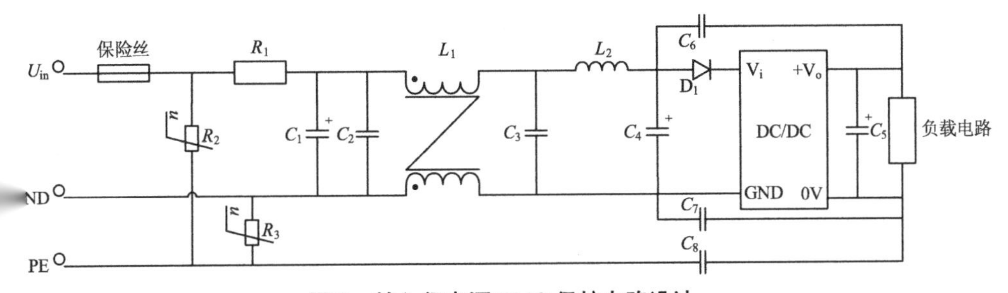

图 3 输入级电源 EMC 保护电路设计

外围电路中 R_1、R_2、R_3 和 R_4 主要用于浪涌防护,压敏电阻 R_2、R_3 在瞬时过压后阻抗降低的特性,将浪涌电压钳位至低电位,利用去耦电阻弥补压敏电阻反应时间慢的问题。同时通过电解电容吸收瞬态电流,降低浪涌电压。最大浪涌输入电流的计算公式为

$$I_S = U_S / R_I \tag{1}$$

根据浪涌防护要求,防护电压等级 U_S 为 4 kV,线路模拟阻抗 R_I 为 2 Ω,则最大浪涌输入电流为 2 kA,因此压敏电阻浪涌通流能力不能低于 2 kA。

理想情况下,倾向于选择阻值较大的去耦电阻,使压敏电阻能够承载较大的浪涌电流,并减小电解电容的体积。然而阻值过大会放慢电流波形,保险丝容易发生熔断的情况。去耦电阻的额定功率公式为

$$P_D = I_{max}^2 R_1 / \eta$$

根据工程经验和测试数据,去耦电阻阻值 R_1 选择 0.1 Ω,电阻功率降额 η 通常为 50%,系统最大工作电流 I_{max} 为 2 A,经过计算去耦电阻额定功率应为 0.8 W。考虑到开关电源瞬时功率提升 3 倍左右的影响,选择额定功率为 2 W 的去耦电阻。

浪涌抑制电压和电解电容值的关系为

$$V_R = V_{in} + (V_S - V_{in}) * (1 - e^{-t/R_I C})$$

式中:U_R 为浪涌抑制后的残压,其值应小于输入冲击电压 50 V;U_{in} 为输入电压 24 V;短路电流发生时间 $t = 20$ μs,则经过计算总容值为 1 524 μF。C_4 的目的主要是去除浪涌时电感形成的感应电压,通常选择 330 μF,则 C_0 的容值选择应为 1 224 μF。但这种情况没有考虑到压敏电阻的吸收作用,因此 C_0 的电容值存在过设计,根据压敏电阻的吸收能力和测试残压值的影响,C_0 的容值设计为 660 μF。

2.2 双频 WiFi 设计

传统的电力通信装置设计 WiFi 的方式有两种。一种是在 4G/5G CPE 上安装 mini PCIe 接口的 WiFi 通信模组。这种方式的优点是电路设计简单、成本低、升级方便,缺点是通信质量差、传输速率低、距离近、难以承载高清视频传输等大带宽应用需求。另一种是通过以太网口连接无线路由器以实现扩展 WiFi 功能的目的,比如电力上使用的移动边缘计算装置就是这种设计,这种方式的优点是无线路由器性能强,信号质量有保障,缺点是占用设备空间极大、功耗大、严重限制移动边缘计算装置等电池电量有限设备的工作时长,且不满足小型化需求。

IPQ8072 A 作为一款具有 WiFi 子系统的系统级芯片,支持 IEEE802.11ax(WiFi 6)与双频同步操作,能够实现 5G 和 2.4G 的双频 WiFi 热点功能,在 WiFi 设计上具

有天然优势,可有效解决功耗大和设备体积大的问题。基于主芯片的 WiFi 通信系统架构如图 4 所示, WiFi 射频链路由 5G PHY 芯片、2.4G PHY 芯片和射频前端模块(Front-end Modules, FEM)和射频天线构成,其中射频 FEM 包括射频前端芯片、射频滤波器和无源配置电路。射频前端芯片需具备功放和低噪放功能,在硬件上支持 5G 和 2.4G 频段的信号放大以及数据接收与处理能力。由于 5G、2.4G 频段频率较高,易发生信号损耗失真的情况,必须采用高质量的射频前端芯片。经综合考虑,采用 QPF4588SB 和 QPF4288SB 作为射频前端芯片。射频芯片分别外接 4 路天线通道,实现了 4×4 MIMO,大幅提高了频谱利用率。

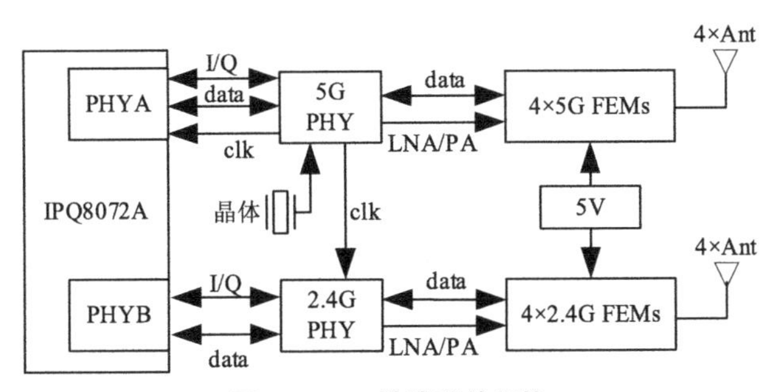

图 4　WiFi 模块硬件架构

2.3　双时钟备份设计

如图 4 和图 5 所示,根据 IPQ8072 A 芯片架构,系统时钟采用 96M 晶振输入,通过 5G WiFi PHY 芯片倍频产生 192M 时钟供给 2.4G WiFi PHY 和 CPU, CPU 通过内部分频分别产生 50M 时钟和 25M 时钟供给以太网 PHY。这种方式下系统对 WiFi PHY 芯片形成依赖,但在部分电力应用场景中,物联网关并不需要使用 WiFi 功能,若要重新进行电路设计,则会提高生产测试成本,加大工厂物料采购压力。如图 5 所示,在电路图和 PCB 图设计中,加入 50M 外部晶振作为备份,若使用 WiFi 功能,生产过程中暂不焊接 50M 晶振即可。同样地,若不使用 WiFi 功能,可将 50M 晶振焊接,而 WiFi 部分相关器件不焊接即可。

无论采用哪一种方案,都需要在 U-boot 和内核中添加相关驱动代码,修改时钟寄存器和设备树文件。如图 6 所示,当使用 WiFi 方案时,即使用 96M 输入时钟,也需要将寄存器值修改为 0×8017。当使用外部 50M 时钟时,如图中注释为 backup 的语句,需要增加 50M 时钟的定义,并将寄存器值修改为 0×8218。如不进行相关定义和修改,系统将无法识别本地时钟源,导致系统无法正常启动和工作。

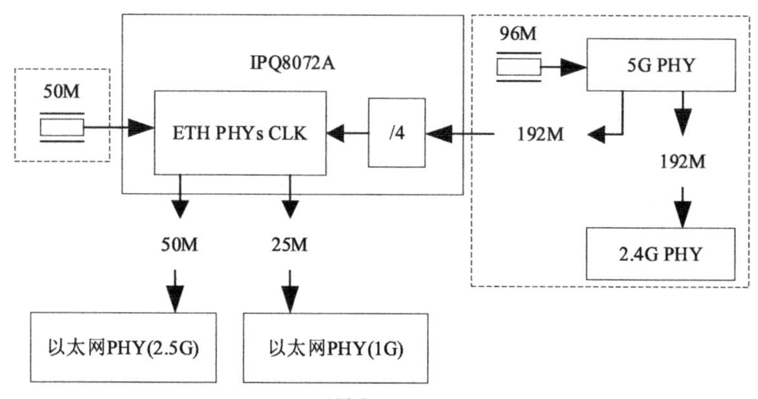

图 5　时钟备份设计示意图

```
#define REF_CLK_96M 0×8017
#define REF_CLK_50M 0×8218
int node;
node = fdt_path_offset(gd->fdt_blob, "/ess-switch");
if (node >= 0) {
   if(fdtdec_get_bool(gd->fdt_blob, node, "uniphy_ext_ref_clk")){
       /*96M(default)*/
       writel(REF_CLK_96M, PLL_REFERENCE_CLOCK);
       /*50M(backup)*/
      //writel(REF_CLK_50M, PLL_REFERENCE_CLOCK);
       writel(ANA_EN_SW_RSTN_DIS, PLL_POWER_ON_AND_RESET);
       mdelay(1);
       writel(ANA_EN_SW_RSTN_EN, PLL_POWER_ON_AND_RESET);
   }
}
```

图 6　时钟寄存器定义

3　软件关键设计

3.1　5G 通信软件设计

5G 融合通信网关作为信息汇聚设备,必须保证通信的可靠性。软件服务层根
平台层信息进行 5G 无线通道检测、最佳信道切换、模组重启等动作,保障数据的
常发送与调度。如图 7 所示,网关上电启动后会进行软件初始化并检测无线信道,
要包括信号强度(Reference Signal Receiving Power, RSRP)、误码率、频点信息等,
后初始化为最佳信道,如果初始化失败则重新进行检测。信道初始化完成后会入
并循环检测网络状态,然后进入循环收发守护进程,根据数据收发指令分别调用接
应用程序接口(Application Programming Inferface, API)与发送 API,若收发失败则
入重发机制。收发守护进程会对数据发送和接收的状态进行监测,无论成功与失

均会进行记录和报告,有效地保障了 5G 融合通信网关的通信可靠性。

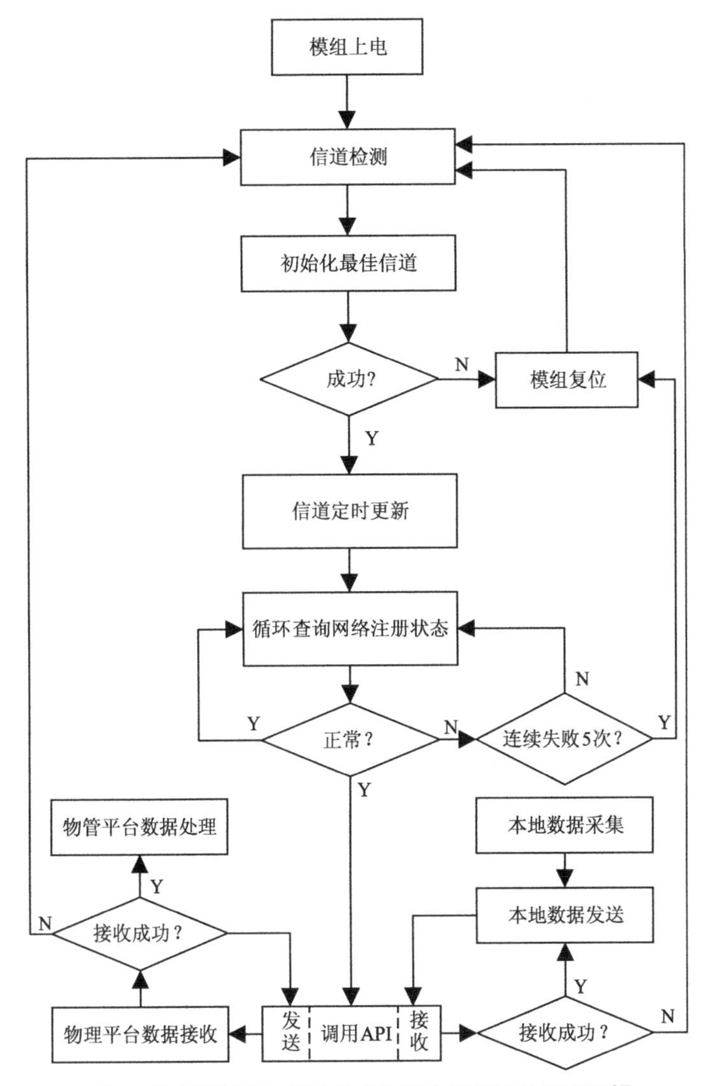

图 7　具备可靠接入能力的 5G 融合通信网关处理逻辑

.2　轻量级安全加密认证

为保证电网数据安全,通常情况下“边-端”设备之间需进行安全认证,考虑到资源消耗量和端设备处理能力,本设计采取“边-端”区域级的局部认证机制。5G 网关作为云端安全中心的下级设备,负责通过互联网安全协议(Internet Protocol Security,IPSec)隧道从云端获取授信的根证书等保密通信和安全认证所需的参量。作为感知层的中心设备, 5G 网关负责端设备等物理接入终端的轻量级安全加密认证,实现与端设备的保密通信。

如图 8 所示,端设备将设备 ID 发送给 5G 网关,网关接收模块接收到设备 ID 信息后发送至处理模块。处理模块接收到 ID 信息后,在 ID 匹配池中进行 ID 匹配,如果匹配失败,则视该设备为入侵者,将其 ID 信息列入黑名单,拒绝该设备的再次接入。如果匹配成功,处理模块则进行生成密钥、签名处理、密钥封装等一系列操作,最后通过发送模块将生成的签名私钥发送给端设备,从而实现“边-端”设备间的安全加密认证。区域安全加密认证的方式实现了“云-边”和“边-端”的分层认证接入,避免端设备与云端的直接通信,从而减小了端设备对云端恶意攻击的概率,有效提高了云端安全性。

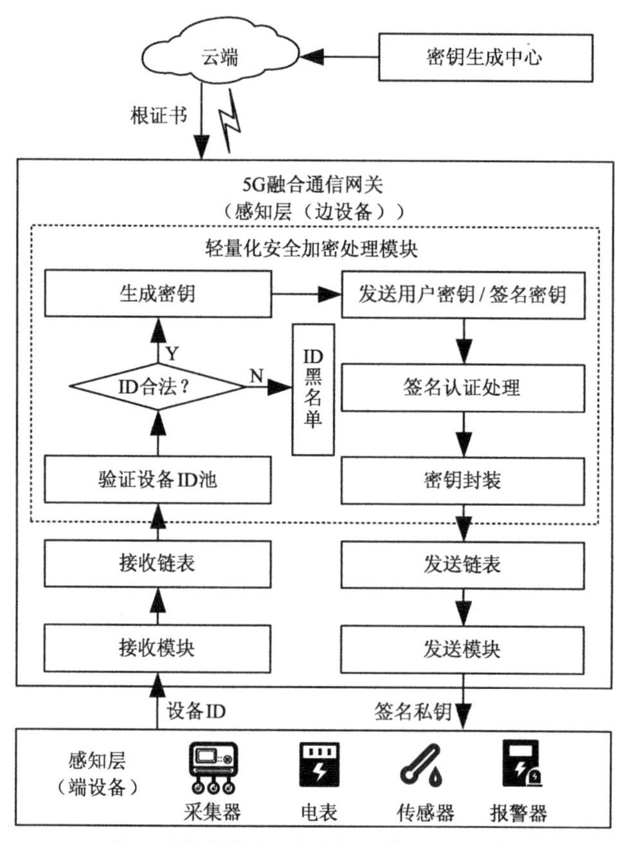

图 8　区域轻量级安全加密认证逻辑架构

4　测试与应用

在相同的实验环境下,使用测试工具 Speedtest 对设备进行网络测试。由于实际环境受多重因素影响,测试过程中的网络节点统一选取中国移动 5G(上海)并进行多次测试。测试结果见表 1，5G 融合通信网关平均下行速率达到 875.6 Mbit/s，平均上行速率达到 92.2 Mbit/s，满足绝大部分电力业务 5G 通信需求。与边缘物联代理（4G 设备）相比，下行带宽提升 20 倍，上行带宽提升 12 倍，ping 时延减小 46%，充分证明了 5G 融合通信网关的优越性能。

表 1　终端无线通信性能测试结果

测试项目	5G 融合通信网关	边缘物联代理（4G）
下行/（Mbit/s）	875.6	42.8
上行/（Mbit/s）	92.2	7.5
ping/ms	18.6	34.6

在用电信息采集业务中开展 5G 融合通信网关的轻量级安全加密认证功能测试。首先确保 5G 网关正常开启且轻量级安全加密防护 App 正常运行，用采测试终端正常加载安全认证动态库。三台用采终端通过 RS485 串口接入 5G 网关，分别使用正确 ID、错误 ID 和正确 ID 但未加密的方式与 5G 网关进行通信。测试结果见表 2，5G 融合网关根据预设认证逻辑对接入设备进行了安全处理。3 号用采终端虽然使用了正确的设备 ID，但仍然被视为入侵设备，这符合轻量级安全加密认证的要求。

表 2　用采终端轻量级安全加密认证测试结果

测试项目			
设备号	1 号	2 号	3 号
设备 ID 情况	正确	错误	正确
信息是否加密	是	是	否
测试结果	通过	拒绝	拒绝

结语

根据城市电网多种通信方式并存的现状，充分考虑电力业务场景特点和环境适应性，设计了一种兼容多种通信协议的 5G 物联网关，具有丰富的接口和高性能的业务处理能力。5G 通信进程保障了设备的通信可靠性，区域轻量级安全加密认证设计保证了端设备的安全接入并降低了云端被攻击的概率。5G 融合通信网关位于电力物联网感知层，传感、采集等端设备数据统一在网关中处理后上传，有效简化了物联管理平台与末端设备的数据沟通。此外，由于国际环境的变化和芯片等物料产能的限制，电网关键通信设备的研发虽然仍以非国产化设计方案为主，但正在向核心部件国产化或全国产化的方向演进，所提5G融合通信网关设计方案经过了详细论证和实践检验，相关设计思路可为下一步国产化5G网关的研制提供技术积累。

参考文献

[1] 马凯，欧晓勇，雷卫，等. 边缘物联代理装置设计及在电缆沟道综合监测的应用[J]. 电力信息与通信技术，2020，18（11）：56-62.

[2] 马润，王圣杰，华荣锦，等. 电力物联网边缘物联代理的一致性测试系统研究[J]. 电力信息与通信技术，2021.19（10）：58-64.

[3] 黄彦钦，余浩，尹钧毅，等. 电力物联网数据传输方案：现状与基于5G技术的展望[J]. 电工技术学报，2021，36（17）：3581-3593.

[4] 姜炜超，沈冰，李昀，等. 基于5G的含分布式电源智能分布式馈线自动化实现方法[J]. 供用电，2021，38（10）：57-63.

[5] 陈文伟，朱玉坤，张宁池，等. 面向能源互联网的5G关键技术及应用场景研究[J]. 电力信息与通信技术，2021，19（8）：83-90.

[6] 张晖，余蕊，张宁池，等. 基于5G通信的智能配电网改造经济性综合评估方式[J]. 科学技术与工程，2021，21（25）：10746-10754.

[7] 赵玉坤，代冀阳，应进，等. 基于5G通信的泛在电力物联网的设计与研究[J]. 现代电子技术，2021，44（21）：6-10.

[8] 徐涛，李暖暖，关儒雅，等. 基于5G的电力通信终端研制及应用研究[J]. 电工电气，2021（8）：16-19，34.

[9] 余江，陈宏山，罗长兵. 基于5G的配电网差动保护与CPE接口技术研究[J]. 供用电，2021，38（5）：23-28.

[10] 姜元山，王运付，李佳. 5G CPE传输性能提升研究与实现[J]. 邮电设计技术 2021（7）：27-30.

[11] 陶伟，潘丰，崔恩隆，等. MT7628与OpenWrt的MQTT异构协议设计[J]. 单片机与嵌入式系统应用，2021，21（9）：14-17，22.

[12] 汤永锋，龚云生. MT7620 A平台与OpenWRT的WiFi通信系统设计[J]. 单片机与嵌入式系统应用，2017，17（4）：32-36.

[13] 吴君胜，许颖频. 基于OpenWRT的无人收派智能快递箱设计[J]. 单片机与嵌入式系统应用，2020，20（2）：70-72，76.

[14] 黄华，陈量. 信息系统装备电磁兼容性设计技术及工程实践[J]. 微波学报 2018，34（S2）：483-486.

[15] 国家质量技术监督局. 远动设备及系统 第2部分：工作条件 第1篇：电源和电磁兼容性：GB/T 15153.1—1998[S]. 北京：中国标准出版社，1999.

基于电力物联网低压末端智能感知设备技术的研究

郭延凯[1]，王迟[2]，倪光捷[2]，徐琼[2]，黄子杰[2]

（1. 国网天津市电力公司信息通信公司，天津市，300140；
2. 国网信通亿力科技有限责任公司，福建省福州市，350003）

摘要：本方案介绍了物联网的建设总体目标和建设思路，分析了配电物联网的总体架构，其中包括感知层、网络层、平台层及应用层；重点介绍了用电信息采集系统支撑基于电力物联网的配网可视化的技术方向和实现方式，分析得出通过用电信息采集系统的电力物联网建设，可达到智能感知升级和通信扩展能力提升效果的结论。

关键词：电力物联网；低压末端；感知设备

引言

用电信息采集系统是对电力用户的用电信息进行采集、处理和实时监控的系统，实现用电信息的自动采集、计量异常监测、电能质量监测、用电分析和管理、相关信息发布、分布式能源监控、智能用电设备的信息交互等功能。基于目前用电信息采集系统的各类弊端，根据国家电网公司统一部署，参照用电信息采集软件系统统一标准设计实现软件系统相关功能，本方案通过开展配用电物联网的总体架构设计、技术实现方向、支撑配网可视化功能完善场景和支撑现代营销体系建设和项目实施计划，寻求电力公司配用电物联网建设的合理化解决方案，积累经验，推动国网电力物联网建设向更合理、更智能、更高效、更安全转变。

基于电力物联网低压末端智能感知设备建设目标

充分应用“大云物移智”等现代信息技术、先进通信技术，实现电力系统各个环节万物互联、人机交互，大力提升数据自动采集、自动获取、灵活应用能力，对内实现“数据一个源、电网一张图、业务一条线”“一网通办、全程透明”，对外广泛连接内外部、上下游资源和需求，打造能源互联网生态圈，适应社会形态，打造行业生态，培育新兴业态,支撑“三型两网”世界一流能源互联网企业建设。

围绕“三型两网”战略目标,主动适应国家和公司关于物联网建设的工作部署,推动物联网技术与营销、计量、配电运检管理工作深度融合,实现设备状态全面感知、数据信息高效处理、业务应用便捷灵活,逐步建立开放、共享的物联网生态系统,加快营销、计量和设备运检方式转变,支撑能源流、业务流、数据流“三流合一”的能源互联网建设[1]。

2 低压末端智能感知设备可视化技术研究

2.1 智能感知升级

2.1.1 集中器+多功能智能扩展模块实现继承发展

为解决低压设备数量多、类型复杂、通信协议不一致、低压配网自动化台区监管理手段缺乏等问题,提出了用电信息采集系统支撑基于电力物联网建设方案。过集中器增加多功能智能扩展模块,满足低压侧配变台区配网信息采集和控制。能扩展模块实现示例如图1所示。

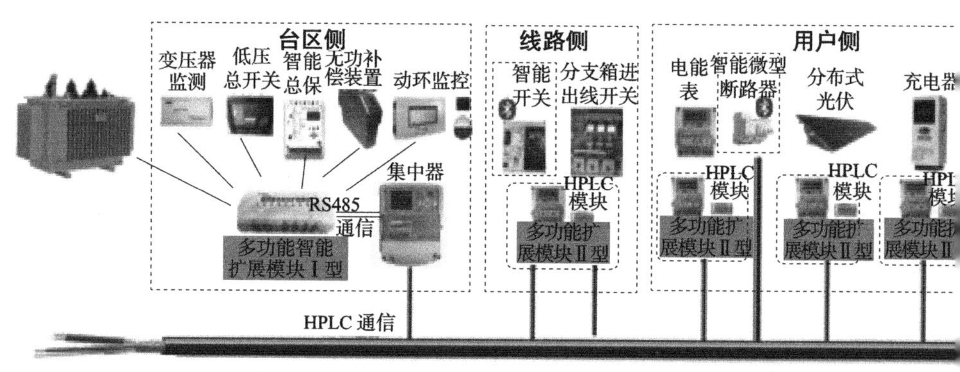

图1 集中器+多功能智能扩展模块实现示例图

多功能智能扩展模块分两种类型:一种是针对距离集中器较近的分路开关等智能设备,采用Ⅰ型多功能智能扩展模块,支持低压全网设备以近距离通信,支持多路遥信、遥控、遥测方式接入;另一种是针对距离集中器较远的表箱总开关等设备,采用Ⅱ型多功能智能扩展,支持设备以HPLC、蓝牙等小无线多模方式接入。针对物联网的接入设备层,应用各层级带通信的智能开关(剩余电流保护器)及表后智能微型断路器,支持各类设备“即接即用”。

2.1.2 新型多模通信智能开关提升客户服务能力

为提升台区配网精益管理水平，满足主动服务、设备状态管理需要，建设由智能漏保开关为主导的低压智能台区建设方案，对低压配网触电技术进步有质的飞跃。新型高性能智能低压开关（智能漏保）集 HPLC、蓝牙、数据监测采集、数据接入网关于一身，同时还可以作为 HPLC 的中继节点，解决 HPLC 通信组网抗衰减能力弱，信号覆盖程度低的问题[2]。

1. 线路侧智能开关

线路侧智能开关具备剩余电流保护、过负荷保护、过压保护、欠压保护投入、退出及短路保护功能；具有报警状态功能，在不允许断电的场合或进行故障检修时，保护器能进入报警状态，此时保护器失去剩余电流保护跳闸功能；具有一次自动重合闸、手动合闸、手动分闸及闭锁功能；具有剩余电流数值及故障相位显示、监控、记录功能，剩余动作电流值、动作时间可调；通信方面上行具有载波通信功能，下行具有微功率无线通信功能，并与表下智能漏电监测微型断路器实现自组网功能；具有多种形式的本地接口，包括 RS485 和红外通信、微功率无线通信接口；可实现远程控制，能远距离进行分闸、合闸及查询运行状况等智能化功能；具有显示、监测线路运行电流、电压的功能；具有软件升级和可通信功能，可本地和远程读取设备基础信息和用电信息；具有 1 路继电器或辅助输出开关接点可向终端管理设备提供设备的分合状态信号；带有单相电能表双模通信模块，且可热插拔，内嵌的微功率无线模块（蓝牙模块），支持分簇自组网，网络规模支持 16 个从节点，支持将从上行信道（高速电力线载波 HPLC）发来的报文进行重新封装发送至蓝牙信道，支持蓝牙信道接收到的报文进行重新封装发送给上行信道。

2. 用户侧微型断路器

用户侧微型断路器即表后开关具备漏电流保护、过载保护、短路保护功能；能实时监测漏电流功能，漏电电流测量范围为 1~1 000 mA，测量精度不低于 2 mA 及 %；具备漏电保护功能智能投切功能；具备跳闸事件记录和跳闸原因监控功能；具备温度测量功能；能测量开关腔体内温度，测量误差不超过 5 ℃；具有微功率无线通信接口，能通过无线通信采集表后开关相关状态和信息；采用微功率无线通信时能支持即插即用，并支持与表前开关实现自组网、具备开关状态监测功能、漏电试跳、电压测量、远程升级功能。

3. 基于居民负荷多面数据采集的互动需求响应

通过更换具备非侵入式用电行为感知技术的电能表，扩展相应的数据项，通过 HPLC 实现电能表与集中器的交互。通过负荷数据的采集、负荷特征的提取、负荷特征的匹配、识别结果的输出四个步骤，对用户各类负载情况进行实时监测与分析，其原理框架图及算法框图如图2和图3所示。

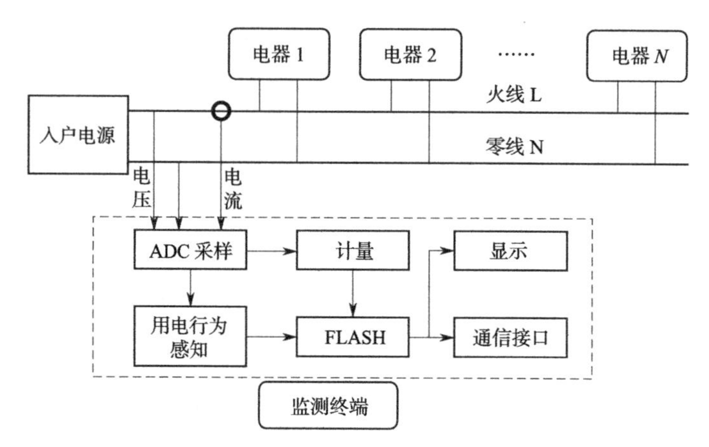

图2　非侵入式用电行为感知技术原理框架图

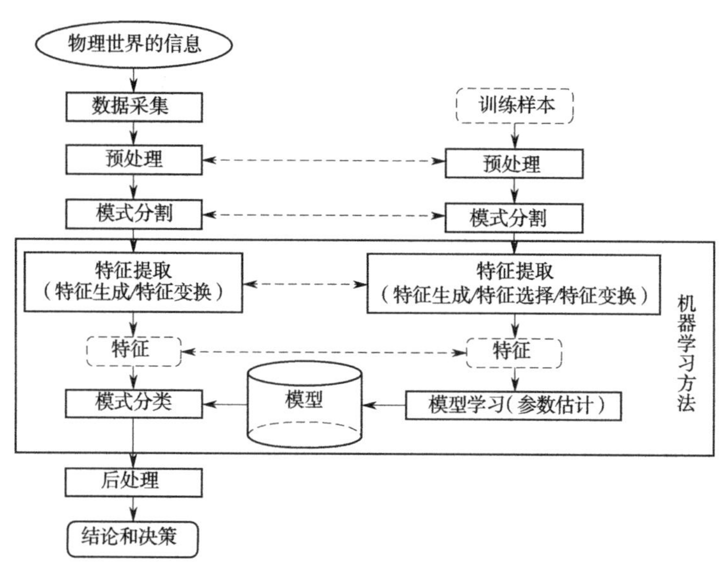

图3　非侵入式用电行为感知技术算法框图

借助电能表MCU芯片,集成非侵入式检测软件,采用用电行为双芯片设计方案电能表,包含MCU芯片、负荷开关控制芯片、计量芯片、RS485通信芯片、开关电源芯片,具备计量、存储、用户负荷监测及通信功能。通过电能表进行电压、电流数据采样,不需额外增加互感器等设备[3]。

非侵入式负荷监测的本质是模式识别,核心是模式分类,多数是利用机器学习解决模式分类问题。通过数据采集,记录负荷变化过程,然后进行特征提取,就是检测用电设备对电流、谐波参数的影响形成什么样的相量,根据提取到的相量进行特征库比对，通过机器学习算法进行模式分类，确定该特征是属于哪种电器。

4. 无线传感实现配电室环境采集监测

配电房环境监测系统以通信网关作为核心设备，通过智能传感器和无线（ZigBee）本地自组网通信技术，实现配电房的视频监控、环境监控（温度、湿度、水浸、烟感）、控制子系统（灯光、空调、除湿机、风机）、门禁监控子系统等环境传感数据形成统一数据交互平台及联动响应，后续可依托大数据及云服务技术，将通信网关的数据交互能力与监控平台分析能力相结合，强化数据的采集和共享、分析服务，以“终端+平台”的模式打造“互联网+物联网”的环境监控管理系统，推进环境智能监测采集技术在配变台区的深度融合，构建配用电物联网台区智能化。配电房环境采集应用架构如图 4 所示。

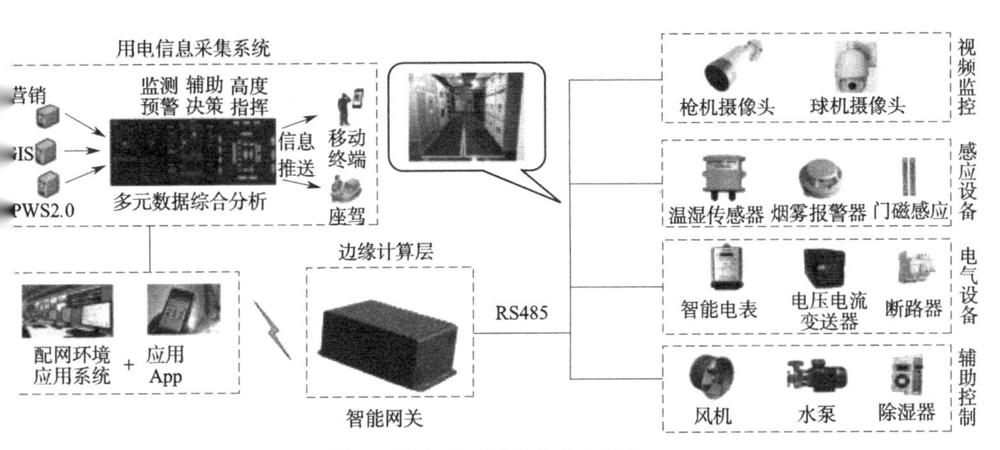

图 4　配电房环境采集应用架构

5. 无源无线传感实现变压器状态采集

依据变压器的机械和电气特性，通过加装无源无线变压器传感器实时采集相关的非电气量和电气量数据，分析变压器运行的数据，对变压器可能发生的故障及时准确地作出预测，有异常信息的实现在配电自动化系统上告警提示，有效提升配电网运行的安全、稳定、经济[4]。

变压器监测系统主要由 SF6 监测传感器及变压器进出线接头、油温、本体温度监测传感器等智能传感器组成。

1）SF6 监测传感器

采用多组新型高灵敏度红外 SF6 传感器、电化学式 O_2 传感器，当室内 SF6 及 O_2 的浓度发生微小变化时，传感器即可检测到。

2）变压器进出线接头监测传感器

变压器进出线接头因接触不良、腐蚀等原因，容易发生热故障，可采用无线测温传感器绑扎在电缆接头进、出线处进行监测。

3)变压器本体温度监测传感器

油浸变压器本体发热时,顶部温度一般高于底部温度,因此变压器本体温度的监测点选择在变压器顶部,安装在变压器顶部或测温孔,监测顶部温度或顶层油温。

6. 智能三相平衡调节装置提高用能质量

三相不平衡装置治理功能通过实时监测装置源侧电流和负载侧电流,根据电流值决策是否投用装置,并对装置投运效果进行评估;基于物联网技术的增强型静止无功发生器(Advanced Static Var Gererator, ASVG)三相不平衡调节装置,解决配电台区无功谐波、电压波动以及三相负荷不平衡等问题,实现安全供电、可靠供电、降低损耗、提升服务,提高输配电运行效率,为用户提升电力能源价值。实现低压台区的全相计算、指标监控、优化方案输出、治理效果评价等功能,与生产管理系统(Production Management System, PMS)、GIS、用采系统贯通、互动,实现台区的三相负荷监测、预警、分析、治理、评价等闭环管控机制,实现实时动态平衡。通该装置应用,提高电能质量、改善低电压、提高电动机效率、延长变压器寿命;降低线损、降低变损、降低线路维护成本、减少停电时间。

2.2 通信能力扩展提升

2.2.1 基于采集规约扩展实现营配采集一体化

为支撑基于用电信息采集系统的电力物联网建设,需要对用采系统的通信规约进行扩展,在满足用电信息采集基础上扩展以满足配用电物联网建设,实现营配采集一体化[5]。

对698规约和1376.1/645规约进行扩展,规约中添加设备类型标志用于区分各类感知设备的类型,扩展其他相应采集数据项,制定各类设备的地址规则,确保同一台区下所有设备地址无重复,满足智能开关、智能漏保、动环监控装置等各类感知设备的数据采集。

各类感知设备与采集系统的通信有以下两种实现方式。

1. 使用4G模块实现

多功能扩展模块支持4G用户身份识别卡(Subscriber Indentification Module, SIM)卡插槽,模块通过采集专网通信链路实现数据采集。

优点:采集终端无须升级,模块可以直接与采集主站进行通信,可以有效突破老旧终端并发处理瓶颈。

缺点:4G网络信号未覆盖区域影响数据传输。

2. 利用终端透明转发功能实现

优点:无须加装其他通信设备,节约成本。

缺点:所有终端都需进行版本升级,以满足扩展规约的通信。

.2.2　集成“国网安全芯”提升智能感知接入安全

低压台区智能感知升级,通过复用基于用电信息采集系统“国网安全芯”密钥方案实现安全通信。目前智能电能表采用的嵌入式安全控制模块(Embedded Secure Access Module，ESAM)实质为双列直插(Dual In-Line，DIP)或者集成电路(Small Out-Line，SOP)芯片封装的 CPU 卡芯片,实现数据的安全存储,数据的加解密,终端身份的识别与认证。为满足低压台区智能感知升级,满足台区侧类型终端、传感器、智联单元、智能开关等产品的安全接入需求,需要在相关智能感知层构建“国网芯”的低压配电物联网产品生态树(图 5),建立安全、稳定、运行可靠的低压台区配电物联网。

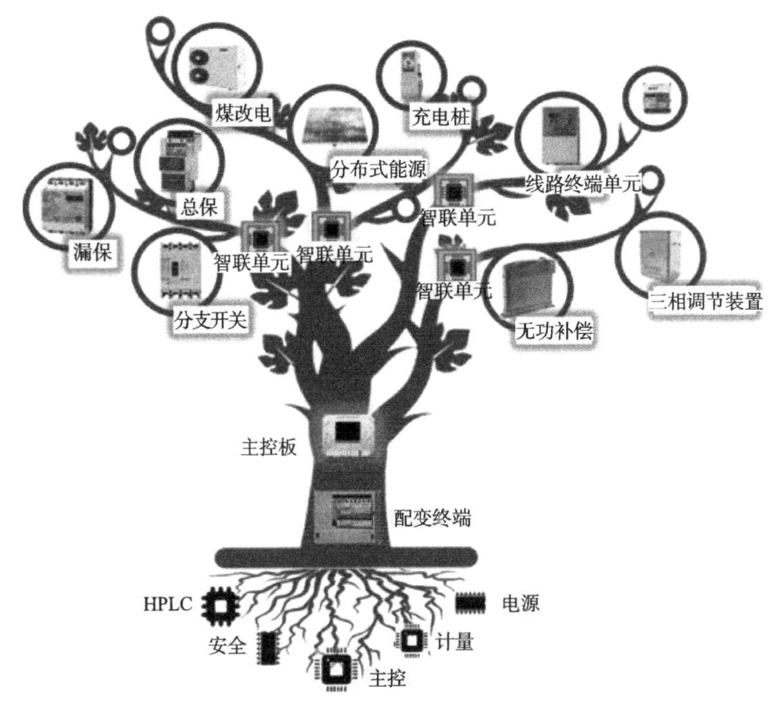

图 5　国网安全芯产品系列

.2.3　外置北斗位置定位模块提供位置信息

当今世界在全球卫星定位领域上只有四套系统:全球定位系统(GPS)、欧洲伽利略(Galileo)全球定位系统、俄罗斯格洛纳斯(GLONASS)全球定位系统、中国北斗全球定位系统。在这四套系统中，随中国北斗全球组网步伐的加速，其应用市场得到很大拓展。多功能智能扩展模块带外置北斗多模定位天线，实现终端的经纬度位置采集，可拓展更多的应用场景。

3 基于电力物联网的配网可视化应用

3.1 精确到户的分钟级停电监测及数据可视化

依托现有的HPLC智能表配置电流监控任务，实现表后电流的分钟级监控，依托大数据分析支撑表后停电研判。依靠智能开关和表后智能微型断路器，结合各级开关跳合闸和停上电事件，实现全台区从分路开关到用户户内开关各级停电故障的分钟级研判，精准定位故障位置并确定跳闸原因，为低压故障抢修效率和主动服务能力提升提供有力支撑。

基于用户停电监测数据、台区停电监测数据和定位信息，与GIS系统数据相结合，对停电用户、台区在GIS地图中进行展示。以停电计划数据为基准，通过对停电数据的比较分析，在用户停电分布密集的区域，可以进一步研判是否为配变异常停电并支撑配变供电抢修工作。在台区停电相对密集区域，可以通过对周边台区运行状态召测，来分析线路是否异常停电，并支撑线路供电抢修工作的开展。

3.2 低压台区多层拓扑建模与综合分析

基于多功能智能扩展模块的北斗定位信息，结合HPLC网络节点数据、GIS系统数据、3D地图数据，可对各类感知设备进行拓扑网络图绘制，分别绘制电气设备拓扑图、通信设备网络拓扑图、3D地图台区拓扑图、基于GIS的台区拓扑图，拓扑结构从配变到低压用户（台区配变→分支箱→表箱→户表），实时显示开关状态、线路状态及户表档案信息。实现台区下所有感知设备物理位置拓扑关系展示[6]。

3.3 业扩报装与供电指挥服务集成可视化建设

通过流程融合、信息共享、系统集成应用，实现客户诉求的汇集和督办、配电运营协同指挥，配套工程高度协同，配网信息高度共享，办电服务高效便捷，报装监控实时在线的建设目标。完善业扩流程规范，使供电服务质量监督与管控等跨专业协同环环相扣、无缝对接、全过程实时预警和评价，打造电力企业核心力，进一步提升客户满意度。

全业务统一数据中心分析域存放实时采集量测类数据和历史数据，利用其高效的分析计算能力为供电服务指挥中心提供各项业务分析计算组件，供电服务指挥统通过其数据接口服务获取数据用于事件研判和高级分析；一体化“国网云”平台包含对集中式架构和分布式架构的完整支撑，通过云平台关键核心组件间的相互协作，实现微服务开发、微应用组装、微应用迭代发布、微应用弹性伸缩等。

3.4 供电可靠性分析

对不同电压等级的供电电压超出偏差限值的情况进行统计，综合计算各单位电压合格率，按照单位、区域、时间、变电站、线路、台区等维度，统计电压异常的时长、次数，按照单位、区域、时间、变电站、线路、台区等维度，统计电压异常的时长、次数。通过停电计划优化、精细化停送电监测管理两方面措施，降低户均停电次数、停电时长，降低重大/敏感停电事件引发服务风险概率，提升供电可靠性[7]。

4 结束语

物联网是继计算机、互联网与移动通信网之后，世界信息产业的第三次发展浪潮，是通信网和互联网的拓展应用和网络延伸。为了顺应能源革命和数字革命融合发展趋势，必须打造“三型两网，世界一流”企业，以建设电力物联网为电网安全经济运行、提高经营绩效、改善服务质量，以及培育发展战略性新兴产业，提供强有力的数据资源支撑。以电网为枢纽，发挥平台和共享作用，为全行业和更多市场主体发展创造更大机遇，提供价值服务。

参考文献

[1] 王欣. 省级泛在电力物联网云平台监控系统建设实践[J]. 科技风，2020（13）：189.

[2] 吴金宇，张丽娟，孙宏棣，等. 泛在电力物联网可信安全接入方案[J]. 计算机与现代化，2020（4）：52-59.

[3] 方晶晶，常海青. 泛在电力物联网在智能变电站中的应用与展望[J]. 电工电气，2020（4）：1-6.

[4] 张琨，张桂韬，李健. 基于泛在电力物联网的配电网数据管控体系建设[J]. 电气时代，2020（4）：36-38.

[5] 马青云，王永坤，潘晓波，等. 基于泛在电力物联网架构的智能电量计量终端设计[J]. 浙江电力，2020（3）：22-29.

[6] 张伟. 泛在电力物联网关键技术探讨[J]. 通信电源技术，2020（5）：224-225.

[7] 雷威，盛化才，王宏伟，等. 基于泛在电力物联网综合能源案例分析[J]. 上海节能，2020（2）：165-168.

基于零信任的电力移动互联网络安全态势感知模型研究

席泽生[1]，张波[1]

（1. 国网智能电网研究院有限公司，北京市，102211）

摘要：针对当前传统的网络安全防护方法很难适应电力移动业务对安全的多样化需求，无法有效防御复杂的网络攻击与威胁，导致内网安全事故频发这一现状，提出了一种基于差分隐私和用户实体行为分析（User Entity Behavior Analytics，UEBA）的电力移动互联网络安全态势感知模型。采用UEBA对电力移动互联业务终端进行网络态势感知，并且通过引入差分隐私机制有效保护了用户数据的隐私性。同时针对UEBA中首次访问预警误报率较高的缺点，引入首次访问评估机制优化，通过基于推荐系统的方法来预测用户与访问实体间的推荐分数。经过实验分析表明，本文提出的方法能够有效减少首次访问预警的误报率。

关键词：零信任；差分隐私；UEBA；态势感知

0 引言

目前，随着移动办公等业务的高速发展，电力移动互联业务架构和网络环境发生了重大变化。然而，传统基于边界防护的网络安全架构很难适应电力移动业务对安全的多样化需求，对于一些高级持续性威胁攻击无法有效防御，内网安全事故也频频发生，对于已经意识到问题紧迫性的企业而言，使用传统的安全防御技术只能单独反映网络状况的一个或几个指标，已经不能满足管理员及时掌握网络整体安全状况的需求，并不能够帮助他们有效解决来自内部的安全问题。

内部威胁通常难以检测，因为内部威胁攻击者一般为具有系统、网络以及数据访问权的组织的员工（在职或离职）、承包商以及商业伙伴等。由于攻击者来自安全边界内部，因此可以躲避防火墙等外部安全设备的检测，导致多数内部攻击难以被检测到。内部攻击者的恶意行为往往嵌入在海量的正常行为数据中，大大增加了数据挖掘分析的难度；同时内部攻击者具有组织安全防御的相关知识，可以采取措施逃避安全检测。事实上内部威胁往往比外部威胁造成的后果更严重，2014 年美国计算机紧急情况反应小组（Computer Emergency Response Team，CERT）发布的网络安全查显示仅占 28% 的内部攻击却造成 46%的损失。在大数据时代,内部威胁往往带来数据泄漏等危害[1],并因其隐蔽性、透明性而难以检测。主要原因是内部攻击者自身具有组织的相关知识,可以接触到组织的核心资产、敏感数据,从而对组织的资产、业务以及信誉进行攻击。由此可见,安全最薄弱的环节是人,而零信任安全的本质就是从传统的以网络边界为中心转变为以用户身份为中心,将身份和访问控制作为信任重建的基石。只有建立以用户为核心对象的网络安全态势分析体系,才能更加及时发现和终止内部威胁,杜绝信息泄漏于萌芽状态。

网络安全态势感知技术也逐渐成为近年来网络安全领域的研究热点,偏重于外部攻击全局预警的态势感知和侧重于内部威胁检测的用户实体行为分析(UEBA)衔接,可以高效解决以人、资产、应用为维度的账号安全和数据安全问题。UEBA 是一种检测组织内用户活动和内部攻击的新方法,它强调通过机器学习,运用数据模型和规则,对用户和实体的正常行为进行描绘从而对异常行为进行检测。与传统的误用检测相比, UEBA 通过对正常行为进行描绘刻画、建立基线从而进行异常检测, 因此可以发现异常行为和未知威胁。UEBA 在搜寻内部攻击的过程中使用了预定义的规则、异常检测和机器学习技术。数据从各种来源收集,如系统日志、应用程序日志、网络设备、网络流量、网络流量等。这些数据包含关于用户活动的有价值的信息,例如登录和注销信息、电子邮件活动、网络搜索、文件活动、访问的服务器、应用程序、通用串行总线等。从这些数据源收集的原始信息随后通过分析引擎传递,分析引擎将这些点连接在一起,形成正在进行的用户活动的结果。

近年来用户数据隐私问题也受到了极大的重视,在组织中进行数据传送时,几乎很少或者不会为用户提供隐私保护,这也导致了在组织内部发生用户数据被窃取、敏感信息泄露等诸多问题。因此,考虑到内部威胁,在使用先进的机器学习和人工智能技术对数据进行分析之前,仍需在数据交付之前设置隐私保护,防止敏感数据遭到泄露以及其他攻击。

基于用户行为状态持续进行网络安全感知,准确识别出安全风险,是在电网环境中实现零信任架构安全落地的基础。以零信任理念为核心的网络安全态势感知模型,通过终端安全感知、用户行为分析,提升现有安全防护措施的灵活性,建立满足移动业务场景需求的动态主动防御能力。为此,本文提出了一种基于差分隐私和 UEBA 的电力移动互联网络安全态势感知模型,采用 UEBA 对电力移动互联业务终端进行网络态势感知,同时通过引入差分隐私机制有效保护了用户数据的隐私性。同时针对 UEBA 服务中首次访问预警被广泛部署的缺点,引入首次访问评估机制优化,通过基于推荐系统的方法预测用户与访问实体间的推荐分数,从而减少首次访问预警的误报率。

本文第 1 节是相关领域的研究介绍及存在问题;第 2 节提出了本文的具体模型,

并阐述其具体细节;第3节对本文提出的方案通过实验加以证明;第4节是全文的总结,以及对未来工作的展望。

1 相关性研究

电力行业等关键领域工业控制系统作为关乎国计民生的重要基础设施,一直以来都是网络安全攻击的重点且极易成为网络战的首要目标。随着攻击技术的发展,网络攻击手段、程度和形态等呈现出一些新的趋势,网络安全防护和网络攻击之间的博弈日益焦灼,形成现阶段"易攻难守,极端不对称"的网络攻防态势。同时在电力移动互联网高速发展阶段,用户、设备身份形态复杂化、规模海量化特征凸显,使得身份信息盗用、内部用户非法行为等情况层出不穷,传统的安全防护方式已不能满足电力移动互联业务中的安全需求,如何将先进的网络安全防护技术与电力移动互联业务环境进行有机结合,并有效感知电力移动终端状态、及时检测出用户的异常行为是本文的研究重点。下面,我们结合国内外的相关研究成果说明本文方案的不同与优越性。

Bass在1999年首次引入了网络空间态势感知的概念[2-3]。他认为,基于融合的网络态势感知是网络管理的发展方向。Franke U.等认为情境意识是一种可以达到不同程度的状态。基于这一思想,作者将情境感知视为环境感知的一个子集,即网络情境意识是与网络环境相关的情境意识的一部分。从Bass开始,相关研究一直围绕网络安全态势展开,并逐渐研究了网络安全态势感知的概念。Bass将网络安全态势感知模型分为五个功能层:零层处理数据信息提取;第一层处理基于对象的提取,第二层处理基于情境的特征提取;第三层进行威胁评估;第四层进行资源管控操作,实现从最底层到最顶层的"数据-信息-知识"实践。预测网络系统安全趋势的过程是保证网络安全的有效手段。尽管目前的研究大多将网络安全态势感知划分为态势提取、态势评估和态势预测三个功能模块,但仍有不同的研究者将网络安全态势感知划分为不同阶段。因此,科学全面地定义网络安全态势感知,合理划分不同阶段,仍是需要探讨和解决的问题。

目前国内主流的态势感知解决方案从技术实现上看可大体分为基于流量的态势感知和基于安全日志事件管理(Security Information Event Management, SIEM)的态势感知、基于产品集成的态势感知三种类型。文献[4]在分析了三种传统解决方法后,认为与传统的基于流量、SIEM的态势感知相比,UEBA不关心各种海量告警、不聚焦某条高级事件,而是对"异常用户"和"用户异常"行为具备高命中率,使异常事件的告警更符合业务场景。UEBA强调通过机器学习,运用数据模型和规则,对用户和实体的正常行为进行描绘从而对异常行为进行检测。与传统的误用检测相比

UEBA 通过对正常行为进行描绘刻画、建立基线从而进行异常检测,因此可以发现异常行为和未知威胁。同时,随着深度学习的发展,由于其具有诸多优点,也被越来越多地引入网络安全领域。深度学习最大的优点是其表征学习能力与复杂函数表示能力。现有的网络异常检测手段大多是基于人工提取特征的,这意味着需要专家知识的引入,并且异常检测效果很大程度上取决于人工特征提取的好坏。但人工特征提取通常无法做到极致并且需要耗费大量时间,这就导致当新的攻击手法出现时,不能做到及时检测与快速安全防护。而深度学习的表征学习能力可以有效解决这一问题。

大多企业管理中采用 SIEM 和 UEBA 相结合的方法,国内外已有多家企业自主研发了基于 UEBA 的产品, Exabeam 通过一系列专家规则和服务日志,预见事件时间表[5]; GURUCUL 侧重检验超出签名、规则和模式能力的威胁,预测风险评分并立即查找和制止威胁; LogRhythm 通过多维行为分析快速显示事件和其优先级[6]。以上产品的共同之处是都用于检测内部威胁、数据泄露、身份盗用这一类正常用户做出的异常行为。在国内,启明星辰用于发现员工泄露数据和账号等异常行为;观安[7]同样用于数据泄露分析。在 2018 年 Gartner 发布的应用安全报告中,单个 UEBA 的产品越来越少,它们的发展趋势都是作为一种核心引擎并购到其他产品中以发挥作用[8]。

态势感知需要获取大量的数据进行存储,并对其进行分析,然而在这个过程中,由于为用户提供的隐私保护几乎没有,很有可能导致私人数据的泄露。在 2020 年 7 月,一次对推特的攻击导致许多美国知名人士的数据被泄露。数据泄露不仅包括登录凭证,还包括非常敏感的个人信息,例如近年来就有超过 50 万个 Zoom 账户登录凭证被泄露。随着此类案件的增加,保护存储数据的需求越来越大。在德沃克[9]的一部开创性著作中首次正式引入的“差分隐私”被认为是提供这种保护的有力工具。差分隐私(Differential Privacy)是一种基于数据失真的隐私保护方法,该方法建立在坚实的数学基础之上,对隐私保护进行了严格的定义并提供了量化评估方法,使得不同参数处理下的数据集所提供的隐私保护水平具有可比较性。差异隐私使得由于单个信息的存在或不存在而导致的输出结果的差异将是微不足道的,因此为给定的信息提供隐私,让攻击者无法确定它的存在或不存在。在本文中,我们将差分隐私和 UEBA 融合在一起进行异常检测[10]。

网络安全态势感知模型

针对内部威胁和数据泄漏风险,本文提出一种基于差分隐私和 UEBA 的电力移动互联网络安全态势感知模型,我们假设数据采集与隐私保护设置在客户端,态势感知部署在组织的移动安全监测平台。该模型应用场景如图 1 所示。

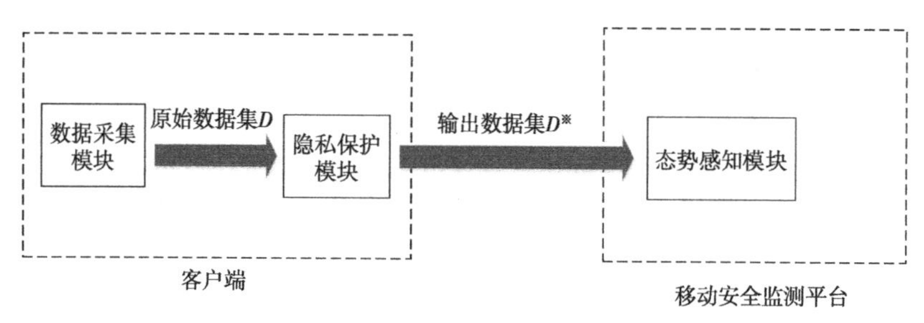

图 1　模型应用场景

在该模型中,我们设立了隐私保护代理,采用差分隐私基础对数据进行保护。同时为了防止内部威胁,基于 UEBA 对用户行为进行实时分析,发出异常警告。基于差分隐私和 UEBA 的网络安全态势感知模型如图 2 所示。

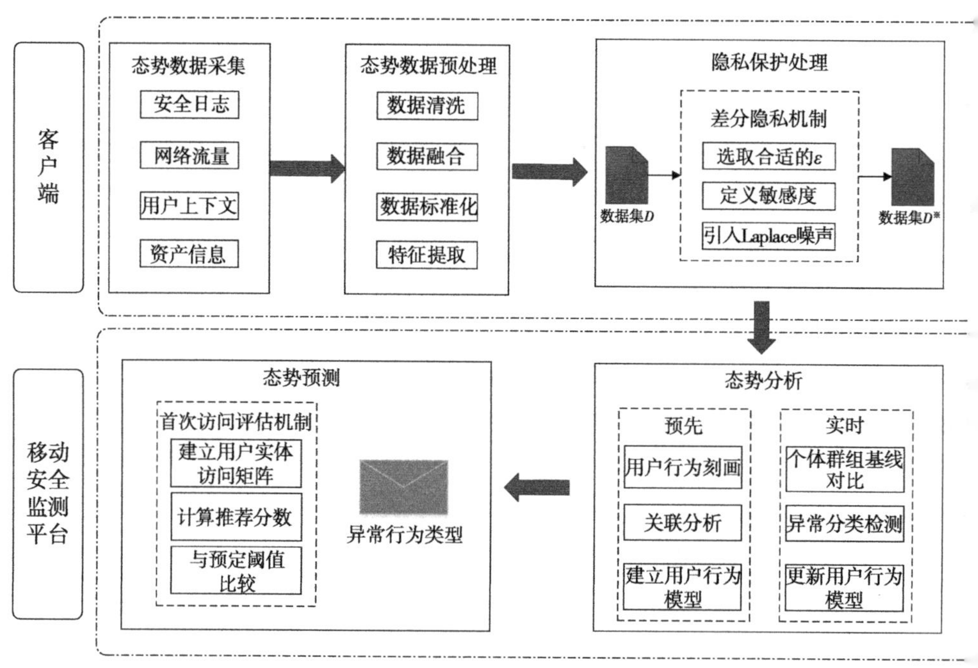

图 2　网络安全态势感知模型

该模型分为五个层次:态势数据采集、态势数据预处理、隐私保护处理、态势分析和态势预测。

数据采集是基于预定的网络安全态势指标对感知的用户终端环境数据进行采集,主要接收来自海量多源异构数据的态势信息,将其转换为可理解的格式,为数据预处理提供原始数据。数据预处理是通过数据处理算法对原始数据进行标准化和分

处理，产生规范化数据，从中提取特征数据或态势因子，保证数据的全面性和精确
，为态势分析奠定基础。

考虑到内部威胁，在模型中增加了隐私保护处理模块，在客户端对用户的数据进
保护后再送往态势感知模块进行分析，防止敏感数据泄露和内部攻击。

态势分析是网络安全态势感知模型的核心。它是对当前安全形势的动态理解过
。它通过识别用户行为是否偏离正常范围，以获得网络的安全状况。

态势预测基于安全态势信息、当前网络安全态势和网络态势历史，预测未来网络
势的变化趋势，给出反馈结果，并判断是否发出警报。

态势数据采集

该环节主要用来采集与网络态势相关的数据，主要采集方式包括日志及日志代
、安全产品、外部情报、内部扫描以及手工录入信息。其中，日志及日志代理直接部
日志服务器或从日志审计系统上收集日志（如 syslog、snmp 以及 trap 等）；安全产
包括拦截设备（如防火墙等）、流量分析设备（入侵检测、行为审计以及流量审计
）等信息安全产品；外部情报是指从威胁情报网、病毒库以及入侵检测规则库等外
信息库获取；内部扫描是指可导入漏洞扫描、基线扫描等信息安全产品输出的扫描
果；手工录入信息是指针对设备信息可根据实际情况调整自动识别的资产信息表。

这些数据可以大体分为移动终端用户数据，包括用户身份数据、设备实体身份数
和用户行为数据三类[11]。

（1）用户身份数据包括注册资料、用户资产信息、虚拟共用网络（Virtual Private
twork，VPN）日志、办公自动化（Office Automation，OA）日志、门禁刷脸日志、工单
志、安全日志等。

（2）设备实体身份数据包括 IP 地址、MAC 地址、网络流量、威胁情报、应用系统
志等。

（3）用户行为数据分为网络行为信息和终端行为信息。通过深度包检测（Deep
cket Inspection，DPI）系统获取包括日志源地址、目的地址、源端口、目的端口以及
议类型，审计信息、应用程序会话识别信息、应用程序会话流量统计信息、网络传
层流量统计信息、应用层流量统计信息等网络行为信息。通过终端检测与响应
ndpoint Detection and Response，EDR）系统采集终端的内存操作、磁盘操作、文件
作、系统调用、端口调用、网络操作、注册表操作等终端行为信息。

用户身份数据与实体身份数据通过用户行为数据，即通过用户网络行为与终端
为信息的整合，可以完成用户与实体的关联，同时也还原了用户的网络会话和会话
间的用户行为。

2.2 态势数据预处理

所采集的网络环境中的数据复杂多样，为了全面提取特征数据或态势因子，需要对数据进行处理，得到规范化数据，实时保存感知到的网络数据，从而提高感知的速度和效率。

数据清洗根据预设的清洗规则，清除异常数据值，填补空缺值，归一化处理各种用户身份信息（注册资料、用户资产信息、VPN 日志、OA 日志）、实体身份数据（IP 地址、MAC 地址、威胁情报、应用系统日志）、安全数据源（如数据包、流量、日志、文件、警报、威胁源）等，根据数据库要求进行存储和索引编制，完成数据的标准化。

数据融合，即对多个传感器或多源信息进行综合处理，以获得更准确、可靠的结论。在数据融合时，原始数据相互关联以使其更有意义（例如，将 IP 地址与用户关联），并提炼为提供丰富上下文的摘要（例如，身份验证和设备使用历史记录、端口协议关系），为下一步态势特征提取做好准备。目前数据融合的典型算法有贝叶斯网络和 D-S 证据推理。

1. 贝叶斯网络

贝叶斯网络是神经网络和贝叶斯推理的结合。贝叶斯网络采用偏倚语义逻辑，能更容易地反映推理过程，因此也具有内在的不确定性推理，在决策问题中得到了广泛应用。虽然贝叶斯网络以其概率论的坚实基础及其有效性被认为是最佳的当前不确定性推理算法，但是任何复杂的贝叶斯网络推理结构计算都比较困难。另外，虽然贝叶斯网络比较简单，但需要更多的先验知识，在先验知识不足的情况下可以使用 D-S 证据理论方法。

2. D-S 证据理论

D-S 证据理论能够处理由未知引起的不确定性，它允许人们对不确定性问题进行建模、不精确性和不确定性推理，为不确定性信息融合提供了一条思路。另外，它不要求信息融合是相似的，因此在融合处理异构、同步和异步信息时优势非常明显。但是，在证据发生严重冲突的情况下，组合结果往往与实际情况不符。

态势特征提取采用机器学习算法进行，为后续的用户行为异常建模分析、实体行为异常建模分析提供输入。目前常用的算法有卷积神经网络（CNN）、粒子群优化（Particle Swarm Optimization，PSO）算法等[12]。

1）卷积神经网络

作为深度学习的代表算法，卷积神经网络具有表征学习能力，即能够从输入信息中提取高阶特征。它具有良好的容错能力、并行处理能力和自学习能力，可处理环境信息复杂、背景知识不清楚、推理规则不明确情况下的问题，自适应性能好。

b. 粒子群优化算法

PSO 算法是一种新的群体智能优化算法，与其他进化算法相比，它具有更强的全局优化能力。基于 PSO 的态势提取模型，利用模糊技术对历史情境因素集进行模糊预处理，利用 PSO 固有的隐式并行性和优良的全局优化能力对神经网络的连接权重进行优化。

2.3 隐私保护处理

身由隐私保护模块对采集的数据进行差分隐私保护，并将处理过的数据集发送给移动监测平台。

若相邻数据集 D_1 和 D_2 之间至多相差一条数据记录，给定随机算法 K 提供差分隐私，Range(K) 表示随机算法 K 的取值范围，Pr[*] 表示数据集加上同一随机噪声之后查询结果为 S 的概率，对于差别只有一条记录的两个数据集 D_1、D_2，要使得查询它们获得相同值的概率非常接近，这样即使攻击者具有足够多的背景知识，也无法在最终的结果中找出个别用户隐私数据。算法 K 满足在 D_1、D_2 上的输出结果 $S \in \text{Range}(K)$ 符合公式：

$$\Pr[K(D_1)=S] \leqslant e^{\varepsilon} \times Pr[K(D_2)=S] \tag{1}$$

式中：ε 为隐私保护预算因子，用于衡量隐私保护的强度。ε 取值的大小与保护效果成正比，与数据失真程度成反比。

我们采用 Laplace 机制添加噪声来实现差分隐私，首先根据隐私保护的需求选取合适的隐私保护预算因子 ε，范围为 0~1；之后定义敏感度 f，它代表对于一个映射函数 f：$D \to R^d$ 表示数据集 D 到一个 d 维空间的映射，它最大变化范围（比如查询数量）的敏感度就是 1。

$$\Delta f = \max_{D1,D2} \| f(D_1) - f(D_2) \| \tag{2}$$

向 $\Delta f(D)$ 中添加满足 Laplace 分布的随机变量 x，其中，随机变量 x 的概率密度函数为

$$p(x \mid \mu, \lambda) = \frac{1}{2\lambda} e^{-\frac{|x-\mu|}{\lambda}} \tag{3}$$

式中，μ 为位置参数，一般情况下默认为 0；$\lambda>0$ 为尺度参数，满足

$$\text{Lap}(\lambda) = \frac{\Delta f}{\varepsilon} \tag{4}$$

最后的返回结果 $A(D)$ 满足：

$$A(D) = f(D) + (\text{Lap}_1\left(\frac{\Delta f}{\varepsilon}\right) \quad \text{Lap}_2\left(\frac{\Delta f}{\varepsilon}\right) \quad \cdots \quad \text{Lap}_d\left(\frac{\Delta f}{\varepsilon}\right))^{\mathrm{T}} \tag{5}$$

这样得到的就是添加噪声后的数据，最后由隐私保护模块将经过差分隐私机制

处理后得到的数据集 D' 发送给移动安全监测平台。

2.4 态势分析

态势分析是网络安全态势感知的核心,通过分析特征数据得到影响网络安全态势的相关因素,依据这些因素,识别网络攻击,检测网络威胁。UEBA 通过对内部用户和资产的行为分析,对这些对象进行持续学习和行为画像构建,以基线画像的形式检测异于基线的异常行为作为入口点,结合以降维、聚类以及决策树为主的计算处理模型发现异常行为,对用户和资产进行综合评分,识别内鬼行为、已入侵的潜伏威胁以及外部入侵行为,从而提前预警。

基于 UEBA 的思想,由态势感知模块事先对行为特征数据进行分析,并进行用户行为刻画、关联分析,建立持续的用户行为基线,形成用户行为模型。

行为刻画,即对所有用户和实体的行为基于时间序列进行持续不断的跟踪和画像[13]。例如该用户都有哪些账号、访问哪些应用、使用哪些文件、都使用什么设备、什么时候在线、所在位置等属性信息。画像过程是建立基线的过程,通过画像将用户和实体的一切网络活动完全可视化。

关联分析主要分为情境关联、规则关联和行为关联三种。我们主要使用的是行为关联,即根据典型的安全场景,结合 UEBA 安全事件进行多维度分析。具体地,从用户、设备、应用、数据四个维度,做实时关联分析,形成一个自动化、持续化的分析过程。

在行为建模阶段,对个体行为从多维度在时间序列、地点区域进行分析,不仅分析个体,还要对群组的行为进行分析,基于行为刻画和关联分析的数据,建立群组基线和个体基线。

首先,定义个体基线为我们评估用户在过去的时间里所做过的行为,群组基线为我们根据用户所属群体的行为评估用户的行为。

其次,必须定义用户行为的含义。这涉及确定分析的时间粒度(每小时、每天、每周等),并确定一组特征来描述每个用户在每个时间段内的访问模式。例如,监控每天的用户访问行为,下面是每天每个用户-服务器对计算的特征集:

(1)当天第一次访问的时间戳;

(2)当天最后一次访问的时间戳;

(3)上次访问和第一次访问之间的持续时间;

(4)当天访问的持续时间总和;

(5)总上传字节数;

(6)总下载字节数。

通过上述所有特征收集的数据作为异常检测算法的输入,可以将特定用户-服务器对的历史上数天的数据向量用作个体基线，在特定日期访问服务器的所有用户（或特定组中的用户）的数据向量将用作该日期的群组基线。

最后，通过学习用户行为特征、关联分析、建立基线构建用户的行为模型。

通过先前数据已经训练好的用户行为模型，实时地对用户行为进行态势分析，即对实时的用户行为数据，对个体和群组行为进行对比，识别出偏离正常基线的行为。计算某次行为与其基线偏离的算法有多种，可以借助密度、平均值、方差、相似度等。常用算法例如基于密度的算法，即如果异常行为的某些特征的取值的分布相对来说是很稀疏的，那么可以通过计算其密度来表示偏离。比如最简单的 k 近邻，一个样本和它第 k 个近邻的距离就可以当做其与基线的偏离值，偏离值越大越异常。类似的还有孤立森林 iForest 算法通过划分超平面来计算“孤立”一个样本所需的超平面数量，此数量也可作为与基线的偏离值，不过此时偏离值越小表示越异常。

如果确定行为偏离了正常基线，则使用机器学习算法如孤立森林、SVM，K-Means 聚类等进行异常行为分类检测，由于不同算法有各自的局限性，很难有一个算法适用于所有场景，需要对异常检测的结果进行验证和回馈；否则，将该数据添加至数据集，更新并训练用户行为模型。

.5 态势预测

态势预测是网络安全态势感知的目的，依据态势分析输出的结果，确认是否发出异常行为警告，确定潜在的网络威胁，以此为基础来预测网络安全状态的发展趋势。针对目前首次访问警报出现误报率较高的问题[14]，在态势分析结果为首次访问警报时，我们可以引入首次访问评估机制。首次访问评估机制利用基于推荐系统的方法，来预测用户首次访问网络实体的推荐分数。如果预测分数超过预定阈值，则首次访问警报被抑制；否则，仍然发出警报。该过程具体流程如图 3 所示。

首次访问评估的具体步骤如下。

（1）假设一个访问推荐系统包含 m 个用户和 n 个实体，首先建立用户实体访问矩阵

$$\boldsymbol{R}=\left\{r_{ij}\right\}_{m\times n} \tag{6}$$

式中，r_{ij} 为用户对网络实体的访问次数，如果用户未访问过该网络实体，则 r_{ij} 的值为 0。

（2）从基于用户的实体访问偏好和实体的访问用户群画像两个角度来计算访问推荐分数。从用户的实体访问偏好角度计算推荐分数的方法包括：利用基于项目的协同过滤推荐算法思想，通过学习用户历史访问实体的数据，计算历史访问实体和本次访问目标实体的相似度，并以相似度作为权重，加权用户对各历史访问实体的访问

次数,得到对目标实体的访问推荐分数$S(u_i)$ 。

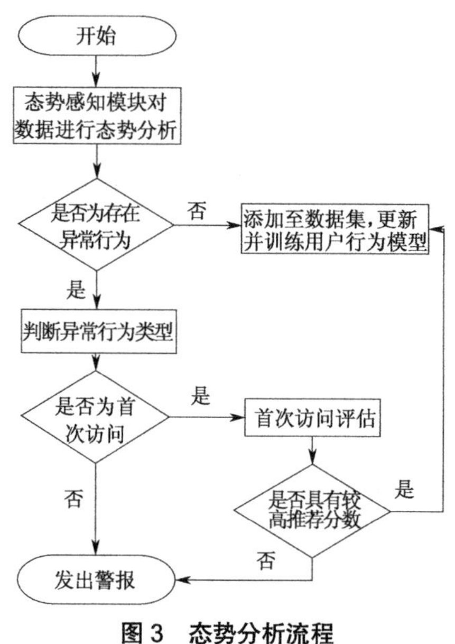

图 3　态势分析流程

$$S(u_i)=\sum_{j=1}^{n}Q_1\times r_{ij} \tag{7}$$

式中:u_i为用户;Q_1为实体间的相似度,使用余弦相似性算法、Pearso 相似性算法进行计算。

从实体的访问用户群画像角度计算推荐分数的方法包括:通过学习过去访问过该实体的用户的数据,计算这些用户与当前用户的相似度,并以相似度作为权重,加权各用户对目标实体的访问次数,得到对目标实体的访问推荐分数$S(e_j)$如下式:

$$S(e_j)=\sum_{i=1}^{m}Q_2\times r_{ij} \tag{8}$$

式中:e_i为实体;Q_2为用户间的相似度。最终的访问推荐分数 $S(u_i,e_j)$如下式:

$$S(u_i,e_j)=S(u_i)+S(e_j) \tag{9}$$

(3)将访问推荐分数$S(u_i,e_j)$与预定阈值相比,如果大于预定阈值,则抑制首次访问警报,并且将该数据添加至数据集,更新并训练用户行为模型;如果低于预定阈值,则仍然发出警报。理想的预定阈值通过前期选取几个不同的推荐分数在该机制中进行训练,得到结果后进行验证和回馈,最终选出准确率最高的推荐分数作为预定阈值。

3 实验证明

本文的实验在 python 环境下进行，我们收集了一个月内 100 名用户对一些网络实体的访问次数（天数）作为实验的数据集，70%用做训练集，30%用做测试集，用以验证首次访问评估算法的有效性。

首先建立用户实体访问矩阵，包含 70 名用户 $(u_1,u_2,\cdots,u_{70})$ 和 10 个网络实体 $(e_1,e_2,\cdots,e_{10})$，即

$$\boldsymbol{R}(u_i,e_j)=\left\{r_{ij}\right\}_{70\times10} \tag{10}$$

我们将测试集中 30 名用户作为首次访问网络实体 e_{10} 的用户，利用本文所设计的算法测试首次访问用户对网络实体 e_{10} 的访问推荐分数，其中在计算目标实体的访问推荐分数 $S(e_j)$ 时为了方便计算，将结果分数乘上缩小系数 0.1，即

$$S(e_j)=0.1\times\sum_{i=1}^{m}Q_2\times r_{ij} \tag{11}$$

计算得出的访问分数与源数据中这 30 名用户的访问次数的对比如图 4 所示。

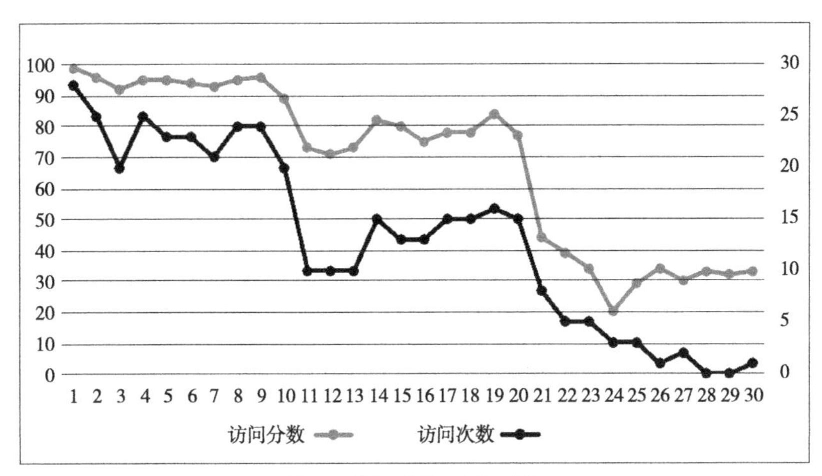

图 4　访问分数-次数对比

从图中可以看出，源数据中访问次数较多的用户对网络实体也有较高的推荐分数，我们将理想阈值设定为 70 分，则在测试用户中将有 66.7%的首次访问警报会被抑制，相较于其他方案中普遍对首次访问发出警报的设置，我们的方案可以有效地减少首次访问警报的误报率。

与一般的态势感知方案相比，我们的方案具有更多的优点，综合分析对比见表 1。

表1

	一般的态势感知方案	基于零信任的网络安全态势感知模型
访问控制	以网络边界为中心,使用传统的安全防护策略	基于零信任理念,以用户身份为中心,持续监测
隐私保护	无	使用了差分隐私,保护用户敏感数据不被泄露
首次访问	发出首次访问警报	启动首次访问评估机制,大大降低了首次访问警报的误报率
安全防护	使用传统的基于边界安全防护策略,难以有效防护外部高级持续性威胁和内生威胁	使用 UEBA 技术不仅可以防范外部攻击,还可以检测出内部正常用户做出的异常行为,保证了内生安全

4 结语

本文介绍了一种基于零信任的电力移动互联网络安全态势感知模型。该模型能在客户端和移动安全监测平台上使用,与其他方案相比,本方案能够有效防范外部攻击和内部威胁,同时对用户的隐私数据进行保护,防止敏感数据泄露;针对用户到实体的首次访问异常的行为指标,由于易于解释和与恶意行为的良好相关性而被广泛应用的问题,我们提出了一种基于协同过滤的访问推荐方法,以减少来自这些警报的误报。

今后要做的工作是对本方案用户行为分析进一步研究,提高异常行为分类的准确率,还可以在一个联合学习环境中实现我们提出的方案,其中数据来自不同的节点,然后放在提供者端执行我们提出的模型,以便对用户的隐私数据进行保护。

参考文献

[1] 司德睿,华程,杨红光,等.一种基于机器学习的安全威胁分析系统[J].信息技术与网络安全,2019(4):37-41.

[2] BASS T. Multisensor data fusion for next generation distributed intrusion detection systems[C]//Proceeding. of the '99 IRIS national symp. on sensor and data fusion. Laurel, 1999:2427.

[3] BASS T. Instrusion systems and multisensory datafusion[J]. Communications of the ACM, 2000,43(4):99-105.

[4] 徐飞.基于 UEBA 的网络安全态势感知技术现状及发展分析[J].网络安全技术与应用,2020(10):10-13.

[5] Exabeam. User and Entity Behavior Analytics [EB/OL]. [2020-03-30]. https://www.exabeam.com/siem-guide/ueba.

[6] Logrhythm. User and Entity Behavior Analytics (UEBA)[EB/OL]. [2020-03-30

http://logrhythm.com/-solutions/security/user-and-entity-behavior-analytics.

[7] 胡绍勇. 基于 UEBA 的数据泄漏分析[J]. 信息安全与通信保密, 2018(8):26-28.

[8] LITAN A, SADOWSKI G, BUSSA T, et al. Market Guide for User and Entity Behavior Analytics(G00349450)[EB/OL]. (2018-04-23) [2020-03-30]. https://www.gartner.com/en/documents/- 3872885.

[9] DWORK C, POTTENGER R. Toward practicing privacy[J]. Journal of the American medical informatics association, 2013, 20(1):102-108.

[10] RASHID F, MIRI A. User and event behavior analytics on differentially private data for anomaly detection[C]//2021 7th IEEE Intl Conference on Big Data Security on Cloud (BigDataSecurity), IEEE Intl Conference on High Performance and Smart Computing, (HPSC) and IEEE Intl Conference on Intelligent Data and Security (IDS). IEEE, 2021:81-86.

[11] 莫凡,何帅,孙佳等 . 基于机器学习的用户实体行为分析技术在账号异常检测中的应用 [J]. 通信技术,2020,53(5):1262-1267.

[12] 雷璟. 用户行为特征提取及安全预警建模技术[J]. 中国电子科学研究院学报, 2019,14(4):368-372.

[13] 谢康, 吴记, 肖静华. 基于大数据平台的用户画像与用户行为分析[J]. 中国信息化, 2018(3):100-104.

[14] TANG B M, HU Q N, LIN D. Reducing false positives of user-to-entity first-access alerts for user behavior analytics[C]//2017 IEEE International Conference on Data Mining Workshops(ICDMW), November, 18-21, 2017, New Orleans, LA, USA. IEEE Computer Society,2017:804-811.

基于身份标识密码的终端身份认证方法

张琛馨[1]，李烁[1]，范柏翔[1]，龚亚强[1]，马嘉麟[2]

（1. 国网天津市电力公司信息通信公司，天津市，300140；

2. 国网天津市电力公司宝坻供电分公司，天津市，301899）

摘要：随着电力移动互联网高速发展，传统身份鉴别与认证模式仍存在身份信息盗用、无法防范内部用户非法行为等情况，已不能满足移动互联业务中身份认证的安全需求。针对这一问题，本文提出了一种基于身份标识密码（Identity-Based Cryptograph，IBC）的移动终端身份认证方法。注册时通过移动终端采集用户语音建立身份向量（i-vector）声纹模型，提取特征加入身份标识生成用户 ID 并生成对应的身份密码体制；认证时先根据语音识别判断用户合法性防止非法用户入侵，然后基于身份密码结合对称加密算法（Advanced Encryption Standard，AES）对数据加密解密实现终端身份认证以抵御移动互联网中常见的攻击。最后通过实验分析表明，该方案有效地提升了电力移动互联网身份认证过程中的安全性且具有低成本、高效率等优点。在电力移动互联业务场景下，本方法大大提高了对非法用户的鉴别能力以及对网络恶意攻击的抵抗能力。

关键词：身份标识密码；身份认证；AES 算法；i-vector

0 引言

随着电力移动互联网的高速发展以及移动设备的广泛使用，人们在衣食住行方面的传统生活方式都发生了极大的改变。然而，移动设备的普及也伴随着用户、备身份形态复杂化、规模海量化特征凸显等问题。因此，身份认证在保障移动互联络安全中既是最基础的也是最重要的一环，需要我们放到首要考虑的位置。

零信任是一种新的网络安全防护概念，相较于传统单一的身份认证，基于零信理念的身份认证的特点是持续验证、永不信任。它的意思就是不论网络外还是网内的人，系统和设备都保持不信任的状态，当它们需要访问相关资源时，便通过身认证系统进行鉴别获得信任，以此来保证用户身份，应用和移动终端的可信，大大高了网络防护的安全性，而传统单一的身份鉴别与认证模式仍面临着身份信息盗用易遭受网络攻击、无法防范内部用户非法行为等隐患。因此，未来传统的单一认证式将逐步被淘汰。

作为密码学的主要功能之一，身份认证是鉴别真人用户、计算机系统、网络主机等主体真伪的过程，身份标识密码技术是一种基于身份标识的密码系统，它是传统的PKI 证书体系的最新发展。相较于传统的 PKI 证书体系，身份标识密码技术不需要证书签发机构（Certificate Authority，CA）签发数字证书便可以直接利用用户特定标识来生成公私钥对，这些标识可以是电子邮箱、姓名、手机号码等，容易获取，减少了额外维护一套完整的用户密钥及证书体系的开支，大大降低了成本，提高了灵活性和适用性。近年来，标识密码技术得到了蓬勃发展，已在某些政府行政领域和私人领域成功运用。然而，与 PKI 体系的身份认证机制一样，基于身份标识密码系统的身份认证依然避免不了移动互联网中常见的攻击，存在密钥管理方面的安全性问题。

与此同时，近数十年来以神经网络为代表的机器学习方法在身份识别、机器视觉等多领域快速发展以及应用，尤其是随着计算能力的大幅提升和深度学习的出现，人工神经网络慢慢成为高效及广泛应用的科学技术。此外，神经网络所具备的高容错性、自适应性、联想记忆等特征也符合密码学中对密钥管理、抗攻击能力等内容的需求，而其大规模高速并行的处理能力同样有利于密码技术的实现。目前基于神经网络的研究主要集中于口令密码、生物特征密码等真人用户与计算机系统之间的身份认证，由此，神经网络和密码学在身份认证领域相结合存在较大的研究空间。基于 i-vector 的系统是使用得最多的说话人识别系统。它在联合因子分析技术的基础上，提出说话人和会话差异可以通过一个单独的子空间进行表征。利用这个子空间，可以把从一个语音素材上获得的数字矢量，进一步转化为低维矢量（就是 i-vector）。使用 i-vector 有诸多好处，例如 i-vector 的维数可以定为一个固定值，从而顶替了原来话音信息的变长序列。

为提高移动终端环境下身份认证的安全性，基于物理边界构筑安全基础设施、依靠网络位置建立安全信任的传统防御架构被彻底打破，零信任架构下基于身份的认证和授权成为新的安全防御机制。为解决目前存在的问题，本文提出了一种基于身份标识密码（IBC）的移动终端身份认证方法。注册时通过移动终端采集用户语音建立身份向量（i-vector）声纹模型，提取特征加入身份标识生成用户 ID 并生成对应的身份密码体制；认证时先根据语音识别判断用户合法性，然后基于身份密码结合对称加密算法（AES）对数据加密解密实现终端身份认证以抵御移动互联网中常见的攻击。最后通过实验分析表明，该方案有效地提升了电力移动互联网身份认证过程中的安全性且具有低成本、高效率等优点，提高了在电力移动互联业务场景下对非法用户的鉴别能力以及对网络恶意攻击的抵抗能力。

本文第 2 节是相关领域的研究及发展；第 3 节是本文方法的系统设计；本文第 4 节是对本文方法的仿真实验及分析；第 5 节是对本文方法的总结。

1 相关性研究

本节将对身份标识密码体系的发展以及密码学与神经网络在身份认证方面的研究进行探讨。下面介绍与本文相关的国内外研究。

文献[1]中 Shamir 在 1985 年提出了身份标识密码体系的概念。该体系中存在一个密钥中心(Key Generating Centre,KGC)用来生成密钥、管理密钥以及更新密钥,由于其承担的功能较多,在很多场景下依旧有着较大的开销,但相较于传统的 PKI 认证体系,各方面效率都得到了较大的提升。文献[2]中 Boneh 在 2001 年提出了一种基于分布式的密钥生成方法来优化密钥的托管,该方法以 Shamir(t,n)为基础设计了 n 个密钥中心门限密码来保护用户私钥,并将资源进行合理分配,解决了密钥中心权力过于集中的问题。文献[3]提出了一种利用身份标识算法来实现电网系统内部端与端之间的远程认证和移动终端间的双向认证。文献[4]提出了一种跨域认证协议,它是在身份标识算法的基础上通过将基于 PKI 的链间信任传递与基于 IBC 域的链内认证相互结合,以此来解决传统 IBC 体系密钥撤销难的问题。

与此同时一些科研人员想到了将新兴的神经网络技术运用到密码学中对密钥的管理进行优化。比如,文献[5]中 Jin 等提出了一种基于人工神经网络的 3D CUBE 混合算法,该方法可以学习生成密钥并且可以使共享信息达到最小,在对称密码体制中常见的难题就是密钥的交换,此方法可以有效地解决这类难题,使得安全性有所提高,不过在运行速度方面变慢了。文献[6]中第一次通过将神经网络与遗传算法相结合来为公钥密码生成密钥,该方法为了生成公钥和私钥,使用不同轮数的混合。这确保了生成的私钥不能从公钥导出,使得密钥生成过程中的安全性大大提高。文献[7]提出了一种防止密钥生成错误的方法,通常在物理环境下存在的外部干扰可能会对密钥的生成产生影响,该方法利用 Hopfield 神经网络可以对噪声进行识别并重新生成准确的密钥,且其纠错速率也比其他方法更快一些。文献[8]提出了一种基于 Hopfield 神经网络的身份认证方法,该方法中除去了验证表,同时还具有更准确地识别率和更快的处理时间。文献[9]介绍了一种基于 Hopfield 网络的密码验证方法。该方法通过将文本与图形密码转换为概率值来获得身份验证,相较于已有分层神经网络,所提出的方法对注册和密码更改提供了更好的准确性和更快的响应时间。

文献[10]提出了一种基于神经网络的多步指纹认证系统,该方法利用了反向传播学习算法的 3 层神经网络,随着步数的增加认证率也会提高。因此,该方法可以通过步数来控制认证率。文献[11]提出了一种多生物特征识别技术,该方法利用人工神经网络和支持向量机对生物特征提取识别,通过多特征有效地提高了系统识别认证的安全性和真实性。文献[12]提出了一种基于人脸识别的神经网络系统,该方法通过傅里叶滤波器提取特征向量作为神经网络的输入向量并使用随机投影降低输入向量的维数，因此，此系统有着较好的稳健型和准确性。

在数据保护方面，文献[11] 提出了一种扩展的网络分配向量方案，它能够恢复节点间大部分丢失的吞吐量，并减少被攻击节点的能量流。文献[12] 提出了一种利用二部匹配方法实现保护隐私的信道调度的方法，提升了大数据环境下的隐私保护。文献[13] 提出了一个基于监督式学习的心电数据分类模型，以此保护心电图数据免受攻击方的非法分类，进一步保护患者的数据隐私。

由以上的研究内容可知，目前基于神经网络的身份认证功能主要集中于生物特征密码等真人与计算机系统之间的身份认证，而缺乏对移动互联网环境下基于公钥密码体制的身份认证的探索。因此，本文将研究基于神经网络与密码学的身份认证。

2 基于身份标识密码的终端身份认证框架设计

2.1 整体框架

如图 1 所示，本文提出的基于身份标识算法的移动终端身份认证系统的实现主要由客户端和服务端构成，涉及神经网络与密码学两个方面，包含两个阶段：注册时通过移动终端采集用户语音建立身份向量声纹模型，提取特征加入身份标识生成用户 ID 并生成对应的身份密码体制；认证时先根据语音识别判断用户合法性，然后基于身份密码结合对称加密算法对数据加密解密实现终端身份认证以抵御移动互联网中常见的攻击。经实验分析表明，该方案有效地提升了电力移动互联网身份认证过程中的安全性且具有低成本、高效率等优点。

2.2 用户身份注册

身份注册阶段包括声纹模型的建立和用户密钥的生成。首先，通过设备的传感器对用户的语音进行采集，然后对采集的语言数据进行预处理、声纹特征提取，并建立声纹模型。同时，将提取的用户声纹特征和用户的身份标识相结合生成身份 ID，根据身份标识算法由密钥生成中心产生对应用户的公私钥。

1. 数据预处理

采集到的语音信号中包含很多干扰噪声，比如语音静默段、无效声音、环境的干扰噪声等。针对这些干扰，系统需要对语音预处理来获取有利于声纹特征提取和模式匹配的“干净”的语音数据。除了对噪声的处理，语音信号是一种长时非平稳的信号，不利于特征的提取和分析，因此，需要对语音信号进行预加重、分帧、加窗和端点检测处理。当采集的语音品质比较差时，还需要对语音进行降噪滤波或语音增强补偿等处理。

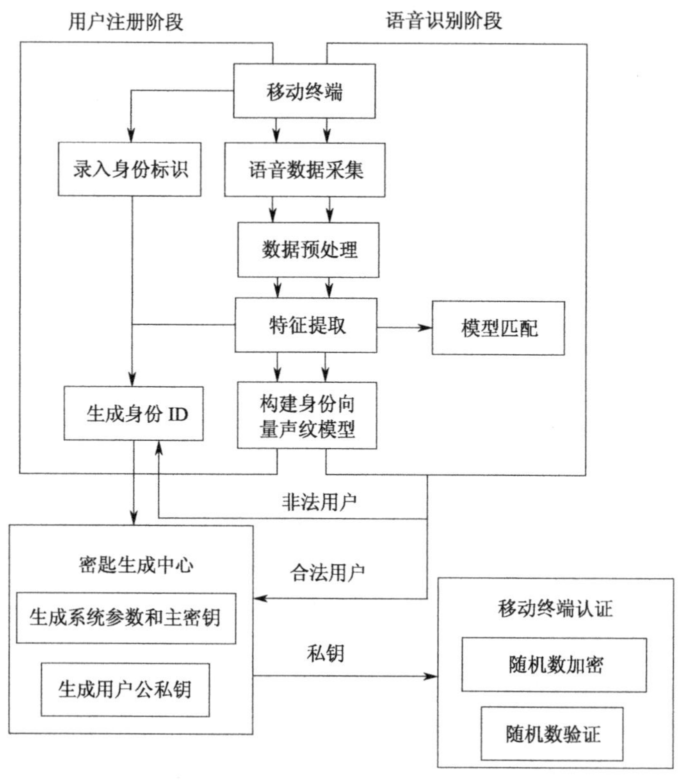

图 1　系统框架

2. 特征提取

语音信号经过预处理之后,提取有效的特征参数是建立说话人模型的关键。提取的特征参数需要能够表征说话人不同于他人的个人特性,且能够被数学模型处理,同时为了提升后端模型的处理效率,需要考虑特征参数的维度和对信息的贡献程度,尽可能地去除与说话人无关的干扰信息,以提高系统的性能。常用的声纹特征包括线性预测倒谱系数(Linear Predictive Cepstral loding, LPCC)、梅尔频率倒谱系数(Mel Frequency Ceptrum Coefficient, MFCC)、感知线性预测(Perceptual Linear Predictive, PLP)等。人耳对声音率的感知能力不是线性变化的。基于这种特性我们选择梅尔频率倒谱系数。

3. 建立模型

目前,说话人识别模型主要有矢量量化(Vector Quantization, VQ)、隐马尔可夫模型(HMM)、高斯混合模型(Gaussian Model Mixture, GMM)、支持向量机(SVM)、身份向量(i-vector)、人工神经网络(Artificial Neural Network, ANN)与深度学习等。

基于身份向量的模型系统是目前使用得最多的说话人识别系统。在高斯混合模型-通用背景模型(Gaussian Mixture Model-Universal Background Model, GMM

JBM）的模型中，将 GMM 的每个高斯分量组合在一起可以构建一个高斯超向量来表征说话人身份。通常一个高斯超向量的维度可达到 105 量级。为了有效降低超向量的维度，可以借助因子分析（Factor Analysis，FA）的算法框架，将高维超向量映射到低维的基向量空间，可以将维度降到几百维。不仅如此，高斯超向量中不仅含有说话人身份信息，还含有信道噪声信息。不同的信道噪声会影响模型的分类性能。于是我们需要将信道信息和身份信息相分离来去除超向量的冗余信息，增强模型的识别性能。联合因子分析（Joint Factor Analysis，JFA）方法就是对这一问题的一次尝试，它基于因子分析方法，尝试将身份因子和信道因子分离，计算公式为如下：

$$\boldsymbol{M}=\boldsymbol{S}+\boldsymbol{C}$$

$$\boldsymbol{S}=\boldsymbol{m}+\boldsymbol{V}\boldsymbol{y}+\boldsymbol{D}\boldsymbol{z}$$

$$\boldsymbol{C}=\boldsymbol{U}\boldsymbol{x}$$

式中：$\boldsymbol{M}$ 为 GMM 的均值超矢量；S 为与身份相关的超矢量；C 为与信道相关的超矢量；$\boldsymbol{m}$ 为与说话人无关的因子；$\boldsymbol{y}$ 为与说话人相关的因子；$\boldsymbol{z}$ 为与说话人有关的残差因子；$\boldsymbol{V}$ 为本征音矩阵；$\boldsymbol{D}$ 为对角线残差矩阵；$\boldsymbol{U}$ 为本征信道矩阵；$\boldsymbol{x}$ 为与信道相关的因子。JFA 可以提高 GMM-UBM 模型的性能。但是在丢掉的信道因子中仍包含有用的说话人信息，这限制了模型性能的进一步发展。由于声纹信息和信道信息不能完全独立，因此用一个超向量子空间对这两种差异信息同时建模，提出了身份向量（i-vector）模型，如下式所示：

$$\boldsymbol{M}=\boldsymbol{m}+\boldsymbol{T}\boldsymbol{w}$$

式中：$\boldsymbol{M}$ 为一段语音的 GMM 均值超矢量，它与说话人和信道是相关的；$\boldsymbol{m}$ 为 UBM 的均值超矢量，它与说话人和信道是无关的；$\boldsymbol{T}$ 为一个变化子空间矩阵；$\boldsymbol{w}$ 为一个与说话人和信道相关的矢量，$\boldsymbol{w}$ 就是包含了说话人信息的 i-vector。在 i-vector 模型中，每段语音都会被编码为一个身份向量，即使是同一个人的不同语音。通过 i-vector 模型将语音降为了低维定长向量，之后采用相距离测量算法，即可对向量所属的身份进行分类[13]。

4. 用户密钥生成

用户通过客户端录入相关身份标识信息，如姓名、IP 地址、电子邮箱地址、手机号码等。选取其中一个与提取的用户声纹特征组成一个新的用户 ID。

系统初始化（Setup）：给定安全参数 λ，分别选取 N 阶加法循环群 G_1 和 G_2 以及乘法循环群 GT，P_1、P_2 分别是加法循环群 G_1、G_2 的生成元。密钥生成中心（KGC）选取双线性对 e: $G_1 \times G_2 \rightarrow GT$，并挑选两个安全的 Hash 函数 H_1: $\{0,1\}^* \rightarrow Z^*q$，$H_2$: $\{0,1\}^* \rightarrow Z^*q$，随机选取 $s \in [1, N-1]$ 作为系统参数主密钥，计算 $P_{pub}=sP2$ 作为主密钥。KGC 公布系统参数 params = <$\lambda, G_1, G_2, e, N,$ Ppub$, H_1, H_2$>，秘密保存 s。

密钥生成算法（KeyEx）：对用户身份 ID，KGC 选择并公开用一个私钥生成函数识别符 hid,在椭圆曲线有限域 FN 上计算 $t_1=H_1(\mathrm{IDA}\parallel \mathrm{hid},\ N)+s$,若 $t_1=0$ 则需要重新产生主私钥 0,否则计算 $t_2=s\times t_1-1$,私钥 $d=t_2P_1=\mathrm{s}\times P_1/[H_1(\mathrm{ID}\parallel \mathrm{hid},\ N)+s]$ 和公钥 $Q=H_1(\mathrm{ID}\parallel \mathrm{hid},N)P_1+P_{pub}$[14]。

2.3 移动终端身份认证

身份认证包括物理认证和虚拟认证两个阶段。物理认证采用语音识别来确认来访用户的合法性;虚拟认证基于身份标识算法和对称加密算法对随机数发生器生成的随机数进行加密验证。

在物理认证阶段,用户在设备端读出随机生成的文本,设备端采集语音进行处理通过注册时生成的身份向量声纹模型进行匹配处理(图2),识别当前用户是否合法如果用户非法,则锁定设备进行相对应的处理。

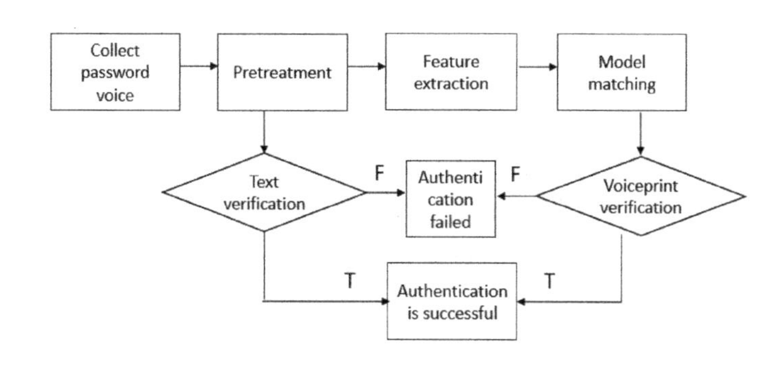

图2 身份向量声纹模型匹配处理

获取到的用户语音数据同样要进行处理,提取其特征,并将提取出来的特征作为模型的输入,通过与特征库比对计算特征值之间的最小距离,在语音确认中需要设置一个阈值,这个阈值可以根据实际的结果进行调整。根据计算得到的相似度,进行身份匹配验证,判断用户是否合法,系统根据结果进行响应。

从模型匹配中获取用户是否合法,分为两种响应机制:

(1)若用户合法,则密钥生成中心将用户私钥发送至客户端;

(2)若用户非法,对非法用户分类。如果是未注册用户,则服务器会锁定客户端设备;如果是已注册用户,则将新采集的语音数据输入模型进行训练,同时更新用户ID,密钥生成中心重新生成用户密钥,删除原本数据。

虚拟身份认证在物理身份认证之后,对于公钥加密,私钥解密,由于采用公钥加密,所以很难证明加密后的密文是来自真正的发送者,即很难证明信息的真伪,也就是很难验证信息发布者的真实身份。而采用公钥进行解密无疑降低了信息的保密程度。基于身份标识算法和对称加密算法对随机数进行加密解密作为身份认证的第二道防护提高用户身份认证的安全性。具体流程如下。

用户在设备端发起请求访问的同时，随机数发生器生成随机数，并将随机数同步至设备和服务器；服务器利用对称加密算法对随机数进行加密并暂存服务器；当用户在设备端完成语音认证后，服务器利用公钥对 AES 密钥加密并将其发送至设备端；若语音认证失败，则将随机数删除。设备利用已获取的私钥对 AES 密钥进行解密，然后，服务器将加密的随机数发送至设备端，设备端对其进行解密验证，当匹配成功时，移动终端身份认证成功，否则，认为移动终端身份认证失败。

基于身份标识密码的终端身份认证实验分析

.1 实验设置

为测试本文提出的基于 i-vector 的身份标识密码的移动终端身份认证方法的安全性以及其空间开销性能，本实验在 Windows10 64 位操作系统硬件平台采用 Matlab 2014a 进行仿真实验。在此环境下与基于 PKI 的指纹认证（文献[15]）和基于使用 KI 的生物特征认证（文献[16]）进行对比来验证本文方法的安全性和高效性。

.2 安全性测试

为验证本文方案的安全性，我们选取了常见的四种攻击模式（表 1）分别对本文方法、基于 PKI 的指纹认证和基于使用 PKI 的生物特征认证进行 10 次仿真攻击，统计这三种认证方法无法抵御攻击的次数。

表 1　常见的攻击模式

攻击模式	
RA	抗重放攻击（Replay Attack）
SCA	侧信道攻击（Side Channel Attack）
U2L	远程非法用户访问攻击（User to Local）
DDoS	分布式拒绝服务攻击（Distributed Denial of Serrice）

上述三种认证方法在模拟攻击后得到的结果如图 3 所示。

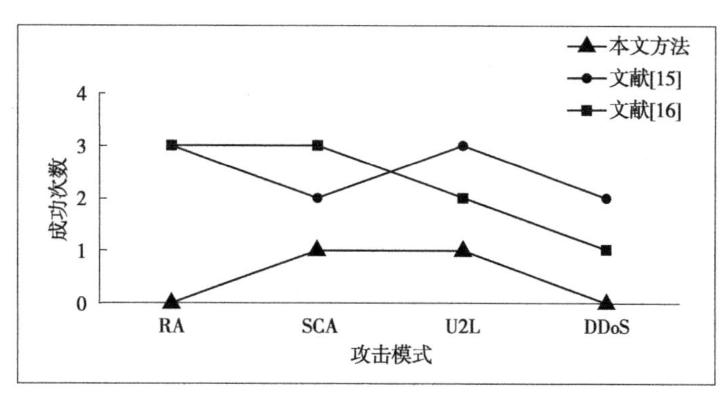

图 3　三种方法抵御攻击情况

3.3　空间开销测试

对于空间开销，我们选择以用户数量为变量来对系统空间开销进行测试。通过与文献[15]和文献[16]两种方法进行对比验证本文方法的高效性。测试结果如图所示。

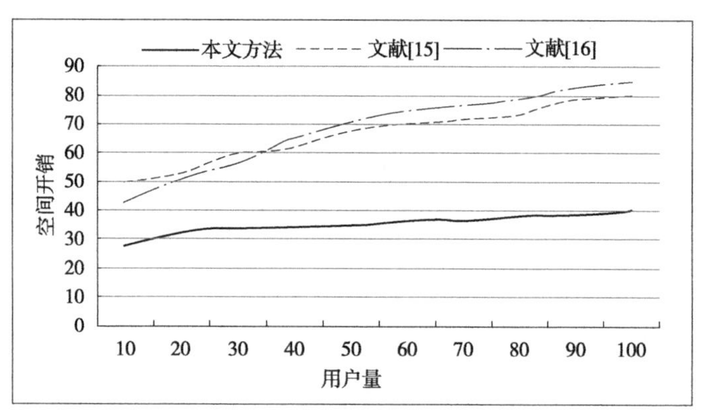

图 4　三种方法随用户量的空间开销

由上图结果分析可知，本文方法的空间开销明显低于基于 PKI 的指纹认证和基于使用 PKI 的生物特征认证。随着用户数量的增加，本文方法的空间开销增长趋势较为缓慢，而后两者增长幅度相对较高。通过对比表明本文方法的空间开销相较于传统的基于 PKI 体制的身份认证也得到了显著降低，提高了身份认证的效率。

对于时间复杂度，通过对不同长度的信息进行 20 次加密和解密得出平均耗时见表 2。

表 2　信息长度不同时加解密的平均耗时

信息长度/B	加密平均耗时/s	解密验证平均耗时/s
64	0.062	0.350
128	0.073	0.582
256	0.090	0.638
512	0.136	0.794

通过实验数据可以看出本文方法具有较高的效率。

结语

随着电力移动互联网的高速发展以及移动设备的广泛使用，身份认证的安全问题也显得越发重要。本文主要研究了一种基于身份标识密码的移动终端身份认证方法，它利用移动终端采集用户语音建立身份向量声纹模型，提取特征加入身份标识生成用户 ID 并生成对应的身份密码体制来完成用户注册；认证时先根据语音识别判断用户合法性防止非法用户入侵，然后基于身份密码结合对称加密算法对数据加密解密实现终端身份认证以抵御移动互联网中的常见攻击。该方法与同类型的其他方法相比有效地提升了电力移动互联网身份认证过程中的安全性且具有低成本，高效率等优点，提高了在电力移动互联业务场景下对非法用户的鉴别能力以及对网络恶意攻击的抵抗能力。但在此方面的研究仍然有较大发展空间，未来这种多级身份认证模式将会逐步淘汰传统的单一认证模式。

参考文献

[1] SHAMIR A. Identity-based cryptosystems and signature schemes[C]//Advances in Cryptology:Crypto ′84. Berlin:Sringer. 1985:47-53.

[2] DAN B, FRANKLIN M. Identity-based encryption from the weil pairing[C]//Proceedings of the 21st Annual International Cryptology Conference on Advances in Cryptology,August,2001. Berlin:Springer, 2001:213-229.

[3] 许艾，刘刚，徐延明. 基于 SM9 标识密码智能变电站安全防护技术[J]. 自动化博览，2018，35(S2):65-71.

[4] 马晓婷，马文平，刘小雪. 基于区块链技术的跨域认证方案[J]. 电子学报，2018，46(11):9.

[5] JIN J, KIM K. 3D CUBE algorithm for the key generation method: applying deep neural network learning-based[J]. IEEE access,2020(8):33689-33702.

[6] JHAJHARIA S, MISHRA S, BALI S. Public key cryptography using neural networks and genetic algorithms[C]//Proceedings of 6th International Conference on Contemporary Computing. IEEE, 2013:137-142.

[7] ALIMOHAMMADI N, SHOKOUHI S B. Secure hardware key based on physically unclonable functions and artificial neural network[C]//Proceedings of 8th International Symposium on Telecommunications(IST). IEEE, 2016:756-760.

[8] 魏宏吉. Password authentication using hopfield neural networks[J]. IEEE transaction on systems,Man and bernetics,2008,38(2):265-268.

[9] CHAKRAVARTHY A, AVADHANI P S, PRASAD P, et al. A novel approach for authenticating textual or graphical passwords using hopfield neural network[J]. Advanced computing an international journal, 2011, 2(4):33-46.

[10] TANAKA A, KINOSHITA K, KISHIDA S. Construction and performance of authentication systems for fingerprint with neural networks[J]. Journal of signal processing, 2013, 17(1):1-9.

[11] DEBNATH S, ROY P. User authentication system based on speech and cascade hybrid facial feature[J]. International journal of image and graphics, 2020, 20(3): 2050022.

[12] BOUZALMAT A, BELGHINI N, ZARGHILI A, et al. Face recognition using neural network based fourier gabor filters & random projection[J]. International journal of computer science and security,2011,5(3):376-386.

[13] 林舒都,邵曦. 基于 i-vector 和深度学习的说话人识别[J]. 计算机技术与发展, 2017, 27(6):66-71.

[14] 邱帆,胡凯雨,左黎明. 基于国密 SM9 的配电网分布式控制身份认证技术[J]. 计算机应用与软件,2020,37(9):291-295,327.

[15] ZHU X, XU H. A fingerprinting authentication system design based on PKI[J]. 2006.

[16] OHKUBO C, MURAOKA Y. Biometric authentication using PKI[C]//Proceedings of the 2005 International Conference on Security and Management, SAM'05, June 20-23,2005,Las Vegas,Nevada,USA. DBLP:446-450.

基于图卷积网络的客服对话情感分析

孟洁[1,2],李妍[1,2],赵迪[1,2],张倩宜[1,2],刘赫[1,2]

(1. 国网天津市电力公司 信息通信公司,天津市,300140;

2. 天津市能源大数据仿真企业重点实验室,天津市,300140)

摘要:随着电力业务的发展,客服工作时刻产生着大量的数据,然而传统对话数据情感检测方法对于客服质量检测的手段存在着诸多的问题和挑战。本文根据词语出现的排列和定位构建字图,对整个语句进行非连续长距离的语义建模,并针对文档不同组成部分之间的关系,对语句上下文之间的交互依赖或自我依赖关系进行建模,最后通过卷积神经网络对所构建的图进行特征提取和邻域节点的特征聚合以得到文本的最终特征表示,进而实现客服通话过程中的情绪状态检测。通过实验证明本文提出的模型情感分类性能指标始终高于基线模型,这表明融合词共现关系、顺序语句上下文编码和交互语句上下文编码结构可以有效提高情感类别检测精度。该方法为智能化、自动化地检测客服通话过程中的情绪状态提供了更细粒度的分析,为有效地提高客服服务质量具有重要意义。

关键词:对话情感分析;异质网络;图卷积网络;注意力机制;双向门控循环单元

引言

电力行业[1]是关系国计民生的基础性行业。电力业务运营过程产生了海量的多形态的自然语言数据,但是海量的数据会造成信息过载,导致关键信息淹没在大量其他数据中,增加了工作人员筛选、获取有效信息的难度,导致对已有数据缺乏有地处理和利用,造成信息资源的浪费。在我们相关的研究中,已实现针对电力业务音数据设计自然语言识别模型,智能化地提取语音信息中的重要特征并根据语音据自动生成对应文字内容。进一步地,由于电力行业专业性较强,通过基于自然语理解技术将非结构数据结构化,实现电力业务知识库地自动构建。而在本文的研中,针对对话信息进行有效的分析和理解,改进了传统的繁杂、费时费力且重复性高的客服电话质检工作,有利于电力系统高效而稳定地运行,将工作人员从繁杂的录工作中解脱出来,极大地提升数据的利用率及信息服务的自动化、智能化。

客服的话务质量关系着用户的满意度,是服务中的一项重要指标。在社交网络平台以及在客服服务等情境中,都会出现大量的对话文本。随着开源会话数据集的增加,会话中的数据挖掘也得到了越来越多研究者的关注[2-3]。目前,在客服对话领域数据挖掘工作主要是从对话系统的设计[4-5]以及在商业领域的客户购物预测[6]进行的,而在客服对话的情感分析领域的研究也有越来越多的工作。如胡若云等[7]提出基于双向传播框架,首先从外部语料中获取情感词和评价属性并对其进行扩展,然后使用基于词向量的语料相似度计算方法识别长尾词,最后挖掘出客服对话文本的情感词和评价属性。王建成[8]通过长短时记忆网络和注意力机制挖掘对话历史中的相关信息,融入句子的语义表示,在解码器中将已解码句子的情感类别的概率分布融入当前句子的情感分类过程中实现客服对话情感分析。Wang[9]等提出基于主题感知的多任务学习方法,该方法通过捕捉各种主题信息来学习客服对话中主题丰富的话语表达。对话情感识别是识别对话中说话人所说语句的情绪,本质上也可以归纳为文本分类问题。

传统的情感分析(又称观点挖掘)是从文本中分析人们的观点和情感,是自然语言处理中一个活跃的研究领域[10]。现有的基于文本的情感分类研究,作为情感分析的一个重要组成部分,可以分为基于句法分析、基于词典分析与基于机器学习分析三大类。基于句法分析的情感分析主要采用句法知识对文本进行分析,从而确定文本情感类别;基于词典分析的情感分析方法通常将文本看成词的集合,通过统计文本中的关键词再使用相关算法对文本情感进行评分,从而判断情感类别;基于机器学习分析的情感分类方法主要基于 Pang 等[11]的工作,将文本情感分类看作文本分类问题利用从情感词选取的大量嘈杂的标签文本作为训练集直接构建分类器(朴素贝叶斯、支持向量机等)。近年来,随着深度学习技术的发展,人们提出了各种神经网络模型,并在文本情感分类方面取得了显著的效果。

Kim[12]首次将神经网络用于情感分类,该方法是卷积神经网络(Convolutional Neural Networks, CNN)的直接应用,具有预先训练好的词嵌入功能。Kalchbrenner等[13]提出了一个动态 CNN 方法用于句子语义建模,来处理长度不同的输入句子,并在句子上生成一个特征图。这种模型能够明确地捕捉短期和长期的关系; Xu 等[14]提出了一个缓存的长短期记忆网络(Long-Short Term Memory, LSTM)模型来捕获长文本中的整体语义信息; Zhou 等[15]设计了由两个基于注意力的 LSTM 模型用于跨语言情感分类;宋曙光等[16]提出基于注意力机制的特定目标情感分析方法; Wang 等[17]提出利用 CNN-LSTM 组合模型预测文本情感极性。SOUJANYA 等[18]使用双向门控循环单元(Bi-directional Gated Recurrent Unit, BiGRU)提取对话句子表征,指出对话中的信息主要依赖于话语中的序列上下文信息;王伟等[19]将 BiGRU 模型与注意力机制相结合,并成功提成了情感分类效果。孟仕林等[20]提出利用情感词的情感信息构造出情感向量,与语言模型生成的向量相结合来表示文本,并使用双向 LSTM 模作为分类器进行情感分析。邱宁佳等[21]提出融合语法规则构建双通道中文情感模型,首先设计语法规则对文本进行预处理然后使用 CNN 和 BiLSTM 模型提取局部情感特征并挖掘到文本时间跨度更大时的语义依赖关系。Shen 等[22]和 Wang 等[23]利用双向注意网络捕捉单轮问答对话中的语义匹配信息。以上对话情感分析研究主要集中在话语间语境联系的建模上,而没有考虑对话的整体特征,也没有考虑特定说话人的特征。Majumder 等[24]提出采用注意机制,将每个目标话语的全部或部分对话信息集中起来。然而,这种聚合机制没有考虑说话人的话语之间信息以及其他话语与目标话语的相对位置关系。

从理论上分析,RNN、LSTM、GRU 等网络模型,可以传播长期的上下文信息,然而在实际应用中,这些方法过度依赖于对话上下文和序列信息,容易忽略对话中的上下文情感动态建模,并且由于缺乏标准数据集对文本的有效标记,难以实现对文本的意图、个性以及主题等方面的建模。

近年来,图卷积神经网络(Graph Convolutional Networks, GCN)受到越来越多的关注。在最近对相关自然语言处理任务的研究中, Yao 等[25]提出在整个语料库上构建一个异构图来进行文本级分类。Wu 等[26]反复消除 GCN 层之间的非线性,并将函数折叠成线性变换,以降低 GCN 的复杂性。Zhang 等[27]将句法依赖树引入到 GCN 中对句法结构进行编码,并将新的 GCN 结构用于句子和体层的情感分析。陈佳伟等[28]提出基于自注意力门控图卷积网络的特定目标情感分析模型,并将预训练 BERT 应用到该任务中实现情感极性的分析。

由于图神经网络在文本分类[25, 29]、链接预测[30]、文档摘要[31]和关系分类[32]等方面取得了成功,受以上研究的启发,本文将图网络应用于客服对话的情感识别问题。

在对话过程中,词语是构成语句的主要成分,词语在决定句子的情感极性方面起着最重要的作用,词语的出现、排列和定位以及文档不同组成部分之间的关系对于理解文档是必要的和有价值的。另外,在双方对话的交互语句进行建模时,说话人信息是建模说话人之间依赖的必要条件,即模型能够理解说话人是如何影响其他说话人的情感状态;同样地,对说话人自身话语的建模有助于模型理解说话人个体的情感状态变化。此外,在对话过程中,上下文话语的相对位置决定了过去话语会对未来话语产生影响。

基于以上因素,本文提出了一种新的基于异构图卷积网络的对话情感识别模型(Conversation Sentiment Analysis based on Graph Convolution Network, CS-GCN)。在该模型中,首先,根据词共现关系构建词语关系图,对整个语句进行非连续长距离的语义建模。然后,使用 BiGRU 模型来捕捉连续顺序语句之间的上下文信息,并根据对话双方语句信息建立顺序语句的自我上下文依赖关系和交互语句上下文依赖关系,并通过邻居语句特征聚合进而得到每个语句的特征。最后,通过以上图模型的建立,将词结构嵌入表示、语句上下文之间的自我顺序依赖和交互依赖关系得到的语句嵌入表示聚合得到文本信息的最终嵌入表示,实现对话情感状态检测。

1 基于图卷积网络的对话情感识别

1.1 模型设计

在大数据时代,文本是存储数据和元数据最普遍的形式之一,数据表示是数据挖掘中特征提取阶段的关键步骤。因此,如何构建一个合适的文本表示模型,更好地描述文本数据的固有特征,仍然是一个挑战。本文从词共现关系、语句的自依赖关系和互依赖关系两方面构建分别构建词图模型和有向语句图模型,并采用图卷积网络提取文本特征,进一步得到文本最终的嵌入表示用于识别对话情感状态。该模型主要由四部分组成:字图编码结构、顺序上下文语句编码结构、交互上下文语句编码结构和情感分类器。所提出框架如图1所示。

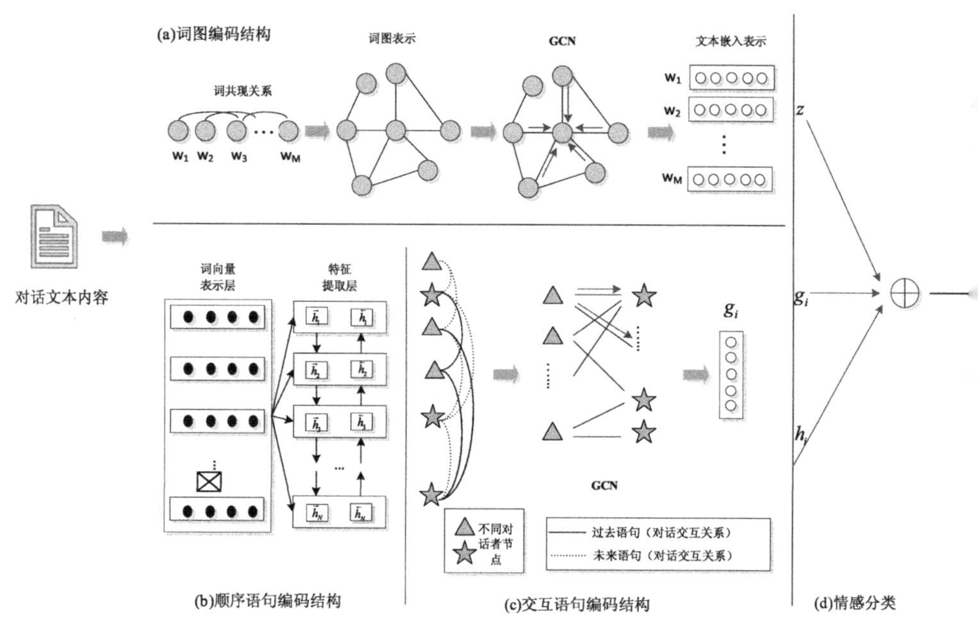

图1 基于图卷积网络的客服对话情感分析框架

1.2 字图编码

1.2.1 词共现图构建

词语是构成语句的主要成分,词语在决定句子的情感极性方面起着最重要的用,词语的出现、排列和定位以及文档不同组成部分之间的关系对于理解文档是必要的和有价值的。对话情感识别的第一个关键问题是对对话语句词语进行建模并提取特征。尽管有各种基于图形的文档表示模型,但词共现图是表示社交媒体内容中一个词和另一个词之间关系的有效方法。在文献[33]的启发下,本文构建窗口大小为3的词图。图2给出了一个示例句子,当两个节点在一个最大长度为3的窗口内时,则认为两节点之间具有连边。

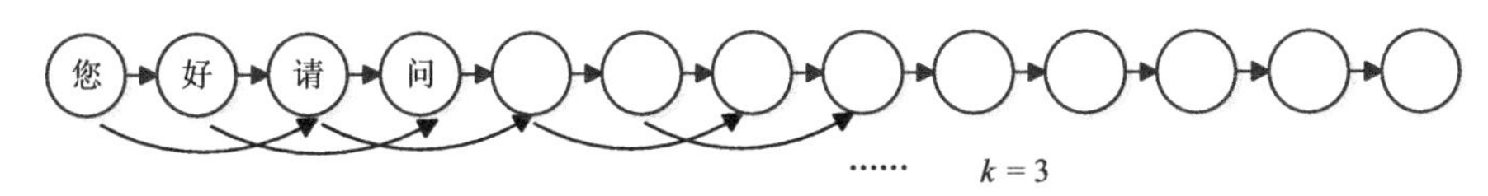

图2　示例语句

.2.2　字图编码结构

在本文提出的方法中,为每个数据样本构造了一个异构图 $G_{\mathrm{W}}=(V,E_{\mathrm{W}})$,其中,$V$ 为字节点集合,$v_i\in V$,$i\in[1,2,\cdots,M]$;E_{W} 为字-字之间的边集合;M 为语句中包含的字数,使用邻接矩阵 $\boldsymbol{A}$ 表示字图中的节点关系。

然后,将该图输入到GCN网络中,根据图中的关系,利用卷积运算对局部信息进行有效编码。对于 l 层GCN节点表示定义为 $\boldsymbol{Z}_{\mathrm{W}}^{l}$,其中 l=1,2⋯L。第 l 层的第 i 节点表示被定义为 $\boldsymbol{z}_{\mathrm{W}i}^{l}$。然后,每个节点的表示根据式(1)中的卷积运算来更新:

$$\boldsymbol{z}_i^l=\mathrm{ReLU}\left(\sum_{j=1}^{M}c^i\boldsymbol{A}_{ij}\left(\boldsymbol{W}^l\boldsymbol{z}_j^{l-1}+\boldsymbol{b}^l\right)\right)\tag{1}$$

式中:$c^i=1/D_{ii}$ 为归一化常数;$\boldsymbol{D}$ 为节点的度矩阵;D_{ii} 为节点 i 在图中的度;$\boldsymbol{W}^l$ 和 $\boldsymbol{b}^l$ 为可训练的权重和偏差。最后一层的节点表示为 $\boldsymbol{z}_{\mathrm{W}}^{L}=\left\{\boldsymbol{z}_{\mathrm{W}_1}^{L},\boldsymbol{z}_{\mathrm{W}_2}^{L},\cdots\boldsymbol{z}_{\mathrm{W}_M}^{L}\right\}$,GCN各层之间传播的信息表示为

$$\boldsymbol{Z}_{\mathrm{W}}^{l}=\mathrm{ReLU}\left(\tilde{\boldsymbol{A}}\boldsymbol{Z}^{(l-1)}\boldsymbol{W}^l+\boldsymbol{b}^l\right)\tag{2}$$

式中,$\tilde{\boldsymbol{A}}=\boldsymbol{D}^{-\frac{1}{2}}\boldsymbol{A}\boldsymbol{D}^{-\frac{1}{2}}$。

3　语句编码

3.1　构建对话语句有向图

对话情感识别另一个关键的是对语句上下文进行建模,语句上下文包括说话者身语句的上下文以及双方对话形成的上下文。受MAJUMDER等[24]的启发,针对一句对话本文都通过两种上下文关系进行建模。但考虑到在对上下文语句进行建

模时,情感动态会随之改变,即对话双方未来语句的情感状态不仅会受到自身过去语句的影响,还会受到对方过去语句的影响,这种对话语句自身的依赖性和语句交互的依赖性分别称为顺序语句自身依赖和交互语句相互依赖关系。在本文提出的方法中,将这两种截然不同但相关的上下文信息(顺序语句编码和交互语句编码)结合起来,实现增强的上下文表示,从而更好地理解会话系统中的情绪状态。如图 3 所示为语句自依赖和交互语句依赖关系。

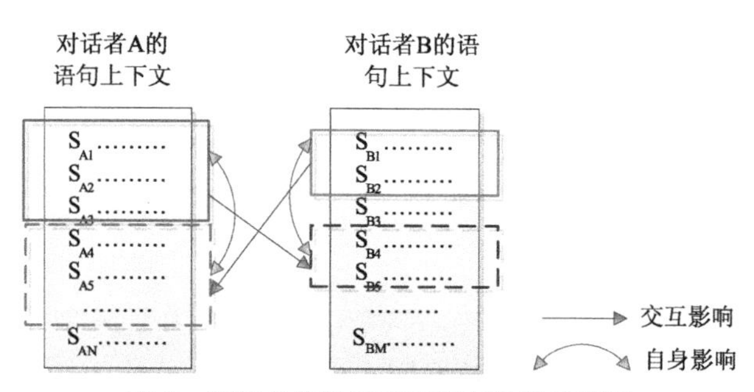

图 3 语句自依赖和交互语句依赖关系图

1.3.2 顺序语句编码

对话的本质是一种序列信息,RNN 模型被广泛用于序列信息建模,GRU 是一种与 LSTM 相似的递归神经网络,它也被用来解决反向传播中的长期记忆和梯度问题。GRU 的输入输出结构类似于 RNN,其内在思想类似于 LSTM。与 LSTM 相比,GRU 具有更少的“选通”和更少的参数,但可以实现与 LSTM 相同的性能。因此,考虑到计算开销,本文选择 BiGRU 来捕捉上下文信息。首先,在编码语句时不区分说话人,对全部对话语句信息进行特征表示。以前向传播 GRU 为例,每个 GRU 单元包含更新门和重置门,给定状态向量 $\boldsymbol{h}^t \in \boldsymbol{R}^F$,当前隐藏状态可计算如下:

$$\begin{aligned}
\boldsymbol{z}^t &= \sigma\left(\boldsymbol{W}_z\boldsymbol{h}^t + \boldsymbol{U}_z\boldsymbol{h}^{t-1}\right)\\
\boldsymbol{r}^t &= \sigma\left(\boldsymbol{W}_r\boldsymbol{h}^t + \boldsymbol{U}_r\boldsymbol{h}^{t-1}\right)\\
\tilde{\boldsymbol{h}}^t &= \tanh\left(\boldsymbol{W}_s\boldsymbol{h}^t + \boldsymbol{U}_s\left(\boldsymbol{r}^t \odot \boldsymbol{h}^{t-1}\right)\right)\\
\boldsymbol{h}^t &= \left(1-\boldsymbol{z}^t\right)\odot \boldsymbol{s}^{t-1} + \boldsymbol{z}^t \odot \tilde{\boldsymbol{h}}^t
\end{aligned} \tag{3}$$

其中,$\boldsymbol{z}^t \in \boldsymbol{R}^F$ 为更新门;$\boldsymbol{r}^t \in \boldsymbol{R}^F$ 为重置门;$\boldsymbol{W}_z,\boldsymbol{W}_r,\boldsymbol{W}_s \in \boldsymbol{R}^{F\times D}$,$\boldsymbol{U}_z,\boldsymbol{U}_r,\boldsymbol{U}_s \in \boldsymbol{R}^{D\times F}$ 为可训练参数;$\sigma(\cdot)$ 为激活函数;$\odot$ 为哈达玛乘积。BiGRU 分别在时间维以前向和后向依次处理输入序列,并将每个时间步 RNN 的输出拼接成为最终的输出层,进而得到的网络输出为

$$\boldsymbol{h}_i = \left[\vec{\boldsymbol{h}}^t \oplus \overleftarrow{\boldsymbol{h}}^t\right] \tag{4}$$

这样每个时间步的输出节点,都包含了输入序列中当前时刻完整的过去和未

的上下文信息。

.3.3 交互语句上下文编码

定义上下文语句有向图 $G=(V,E,R)$，每条语句表示一个顶点，V 为所有顶点集合，$v_i \in V$，$i \in [1,2,\cdots,K]$，K 为语句总数。由于 $|V|+|R| \geqslant 2$，该图为异质图。在异质图 G 中，每个顶点 v_i 的初始向量都由顺序语句编码得到的特征矩阵 $\boldsymbol{h}_i$ 进行初始化。E 为所有边关系的集合，$\boldsymbol{a}_{ij} \in E$ 表示句子对 (v_i, v_j) 之间的连边关系。在对话文本中，由于语句表达有先后顺序，在本文中把语句 v_i 前后的语句分别称为过去语句和未来语句，并通过设置两种大小的窗口来构建语句之间的连边关系，即过去语句的窗口大小为 P，未来语句的窗口大小为 Q，语句 v_i 与过去语句 $v_{i-1}, v_{i-2}, \cdots v_{i-P}$ 和未来语句 $v_{i+1}, v_{i+2}, \cdots v_{i+Q}$ 分别组成语句对。其次，与语句 v_i 构成连边的关系有两种，一种是说话者本人的语句，另一种是对方的语句，因此设置 $r \in R$，表示不同种类的连边关系。而针对每一组语句对，其不同语句针对目标语句的重要性并不完全相同，因此在特定连边关系 r 情况下，为了计算语句 v_i 与不同语句之间的连边权重，本文采用基于相似度的注意力算法计算，权重计算如下：

$$a_{ij}^r = \frac{\exp\left(\boldsymbol{v}_i^{\mathrm{T}}, \boldsymbol{v}_j\right)}{\sum_{i=1}^{K} \exp\left(\boldsymbol{v}_i^{\mathrm{T}}, \boldsymbol{v}_j\right)}, j = i-P, \cdots, i+Q \tag{5}$$

顶点 v_i 通过聚合局部邻域信息（由过去和未来的上下文窗口大小指定的邻域语句），利用边信息利用节点对 (v_i, v_j) 之间边的权重 a_{ij} 以及节点的隐藏状态 $\boldsymbol{h}_i^t$ 和 $\boldsymbol{h}_j^t$ 信息得到更新信息 $\boldsymbol{m}_i^{t+1}$：

$$\boldsymbol{m}_i^{l+1} = \sum_{r \in R} \sum_{j \in N(i)} f\left(\boldsymbol{h}_i^l, \boldsymbol{h}_j^l, \boldsymbol{a}_{ij}^r\right) \tag{6}$$

式中：$f(\cdot)$ 为连接操作；$N(i)$ 为节点 v_i 在关系 r 下邻居节点的集合。在得到邻居聚合信息后，进一步利用节点本身隐藏状态信息 $\boldsymbol{h}_i^l$ 和更新信息 $\boldsymbol{m}_i^{l+1}$ 得到节点的状态信息 $\boldsymbol{g}_i^{l+1}$：

$$\boldsymbol{g}_i^{l+1} = \sigma\left(\boldsymbol{h}_i^l + \boldsymbol{m}_i^{l+1}\right) \tag{7}$$

式中：$\sigma(\cdot)$ 是激活函数。等式（6）和（7）有效地聚合语句上下文有向图中每个语句的邻域信息。

.4 情感分类与模型优化

为了实现对对话情感状态的分析，我们设置了三种聚合函数 $f(\cdot)$ 将上述三种编码器得到的顺序语句编码特征、交互上下文语句特征以及字图编码特征聚合得到对话文本的嵌入表示 e_i，三种聚合函数分别为

求和聚合：

$$e_i = f\left(z_i, h_i, g_i\right) = z_i + h_i + g_i \quad (8$$

最大池化聚合：

$$e_i = f\left(z_i, h_i, g_i\right) = \text{element-wise-max}\left(z_i, h_i, g_i\right) \quad (9$$

串联聚合：

$$e_i = f\left(z_i, h_i, g_i\right) \quad (10$$

在实验中我们进一步测试了不同聚合函数的性能，在将以上三种嵌入表示聚合后，进一步基于注意机制来获得最终的句子表示：

$$\begin{aligned} \beta_i &= \operatorname{soft\,max}\left(\boldsymbol{e}_i^{\mathrm{T}} W_\beta \left[\boldsymbol{e}_1, \boldsymbol{e}_2, \cdots \boldsymbol{e}_N\right]\right) \\ \tilde{\boldsymbol{e}}_i &= \beta_i \left[\boldsymbol{e}_1, \boldsymbol{e}_2, \cdots \boldsymbol{e}_N\right]^{\mathrm{T}} \end{aligned} \quad (11$$

最后，使用全连接网络对话语进行分类：

$$\begin{aligned} \boldsymbol{l}_i &= \operatorname{ReLU}\left(\boldsymbol{W}_l \tilde{\boldsymbol{e}}_i + \boldsymbol{b}_l\right) \\ P_i &= \operatorname{soft\,max}\left(\boldsymbol{W} l_i + \boldsymbol{b}\right) \\ \hat{y}_i &= \arg\max\left(P_i[k]\right) \end{aligned} \quad (12$$

使用分类交叉熵和 $L2$ 正则化作为训练期间损失的度量：

$$L = -\frac{1}{\sum_{l=1}^{N} s(l)} \sum_{i=1}^{N} \sum_{j=1}^{s(i)} \log p_{(i,j)}\left[\hat{y}_{i,j}\right] + \lambda \|\theta\|_2 \quad (13$$

式中：N 为样本（对话）的数量；$s(i)$ 为样本 i 中的话语数量；P_{ij} 为对话 j 中语句 j 的情感标签的概率分布；y_{ij} 为对话 i 中语句 j 的期望标签；λ 为正则化权重；θ 为所有可训练参数的集合。在实验中使用基于随机梯度下降的 Adam 优化器来训练。为避免网络模型训练过程中出现过拟合现象，Dropout 设置为 0.5。

2 实验

在实验中，首先将所提出的 CS-GCN 方法与基线和性能较好的情感分析方法进行了比较，验证了不同上下文窗口对情感分析准确率以及 F1 值的影响，并且验证了不同聚合函数的性能，最后设置了消融实验来验证采用词共现关系，顺序语句编码器和交互语句上下文编码器进行对话情感分析的有效性。实验环境为：Intel Xeon 2.30GHz，RAM 256GB 和 Nvidia Quadro P620 GPU；操作系统和软件平台是 ubuntu16.04、TensorFlow 1.14 和 Python 3.5。

.1 数据集与评价指标

IEMOCAP：南加州大学的 SAIL 实验室收集的双人对话数据。该数据集包括51 段对话，共 7433 句。该数据集标注了 6 类情绪：中立、快乐、悲伤、愤怒、沮丧、兴奋，其中非中立情绪占比 77%。为简化实验，实验中对 6 种情绪状态只进行积极、消极以及中立 3 种情感分类。

AVEC2012：SEMAINE 数据库收集的多模态对话数据，由 4 个固定形象的机器人与人进行对话，曾用于 AVEC2012 挑战赛使用的数据。该数据有 95 段对话，共 798 句。标注了 4 个情感维度：Valence，Arousal，Expectancy，Power。Valence 表示情感积极的程度，Arousal 表示兴奋的程度，Expectancy 表示与预期相符的程度，Power 表示情感影响力。其中 Valence、Arousa 和 Expectancy 为[-1，1]范围内的连续值，Power 为大于等于 0 的连续值。

为了评价不同模型的情感分析准确率，采用准确率和 F1 值作为评价指标。

.2 情感分析对比

为了全面评估 CS-GCN，将本文提出的模型与以下方法进行比较，选择串联操作作为聚合函数，并且在参数设置过程中，尽量保持 4 种文本模型在参数设置上的一致性，由于模型结构的不同而无法达到一致性时，采用最优的参数设置。IEMOCAP 和 AVEC2012 中没有提供预定义的训练集和验证集分割，因此使用 10%的训练对话作为验证集。

CNN[12]：基于卷积神经网络的基线模型，该模型是上下文无关的，不使用上下文语境中的信息。该模型中，词向量维度为 100，学习率为 0.001，滤波窗口选择 3、4 和 5，Dropout 为 0.5，批大小为 64。

Memnet[34]：每一个话语都被反馈到网络中，与先前话语相对应的记忆以多跳方式不断更新，最后利用记忆网络的输出进行情感分类。该模型中，学习率是 0.01，每 5 个 epoch 学习率自动减半，直到 100 个 epoch。在梯度下降中，没有采用动量和权重衰减。矩阵采用 Gaussian distribution 随机初始化，均值为 0，方差为 0.1。批大小为是 32，采用正则。

c-LSTM[35]：通过使用双向 LSTM 网络捕获上下文内容进行建模，然后进行情感分类，但是上下文 LSTM 模型与说话人之间的交互无关，即不对语句间交互依赖关系建模。该模型词向量维度为 100，Bi-LSTM 隐藏层有 64 个神经元，学习率为 0.001，Dropout 为 0.5，同时设置双向 LSTM 的层数为 128 层。

CMN[36]：CMN 使用两个不同的 GRU 模型为两个说话人从对话历史中建模话语境。最后，将当前话语作为查询反馈给两个不同的记忆网络，得到两个说话人的话语表示。对于CMN模型,卷积层的滤波器大小为3、4和5,每个滤波器具有50个特征映射,在这些特征图上使用最大池,池窗口大小为2,最后使用100个神经元的完全连接层。

DialogueRNN[24]:基于说话者、过去话语的上下文和过去话语的情绪,应用了三个GRU来对这三方面进行建模,该模型是目前在对话情感分析领域取得最好性能的模型,因此在本文中选用原文的参数进行实验。

在实验中将所有的实验都独立运行5次,并取平均值作为最终实验结果,如表和表2所示。

表1 IEMOCAP数据集在不同模型上的情感分类准确率对比

模型	IEMOCAP					
	积极		中立		消极	
	准确率	F1	准确率	F1	准确率	F1
CNN	43.53	54.62	34.32	39.25	49.23	50.28
Memnet	55.33	60.28	58.21	52.74	53.43	62.57
c-LSTM	56.24	56.12	54.22	51.43	58.67	60.21
CMN	59.37	58.56	52.47	52.38	61.14	59.37
DialogueRNN	62.83	64.52	58.34	59.12	63.22	65.24
CS-GCN	68.34	71.26	62.36	65.41	68.81	70.24

表2 AVEC2012数据集在不同模型上的情感分类准确率对比

模型	AVEC2012							
	V		A		E		P	
	准确率	F1	准确率	F1	准确率	F1	准确率	F1
CNN	53.21	50.33	49.24	50.16	47.28	50.13	49.35	51.32
Memnet	52.53	53.86	53.16	54.31	48.21	50.34	53.25	56.86
c-LSTM	54.24	56.48	52.58	55.66	53.85	58.56	55.12	57.13
CMN	58.75	59.76	60.63	58.78	61.12	66.31	59.81	60.34
DialogueRNN	64.36	63.54	63.38	65.43	68.43	70.25	66.45	63.26
CS-GCN	70.12	71.35	69.34	70.26	73.21	72.33	69.83	70.77

在IEMOCAP数据集上，CS-GCN的准确率和F1值分别为68.34%和71.26%相比于DialogueRNN模型的准确率和F1值分别提高了5%和6%左右。AVEC2012数据集上，CS-GCN在所有四个情感维度上的准确率和F1值也同样都于其他模型。与CNN，Memnet，c-LSTM和CMN四个基线模型相比，CS-GCN

DialogueRNN 都对交互语句级别的上下文进行建模，而其他基线模型都没有对交互语句之间的依赖关系进行编码，因此其情感分类的准确率优于基线模型。其次，CS-GCN 和 DialogueRNN 都对交互语句级别的上下文进行建模，但 CS-GCN 同时采用了词共现关系对语句进行编码，其次 CS-GCN 通过卷积神经网络对语句的邻域信息进行聚合进而得到该语句的特征表示，因此相比于 DialogueRNN 模型，CS-GCN 模型获得了更好的情感分类性能。

.3 上下文窗口设置

在实验中分别验证了不同的上下文 4，窗口对情感分类准确率的影响，分别设置 $P=10,\ Q=10,\ P=8,\ Q=8,\ Q=4,\ P=4,\ P=0,\ Q=0$ 四组实验进行对比，在两个数据集上得到的准确率和 F1 值如图 4 所示。

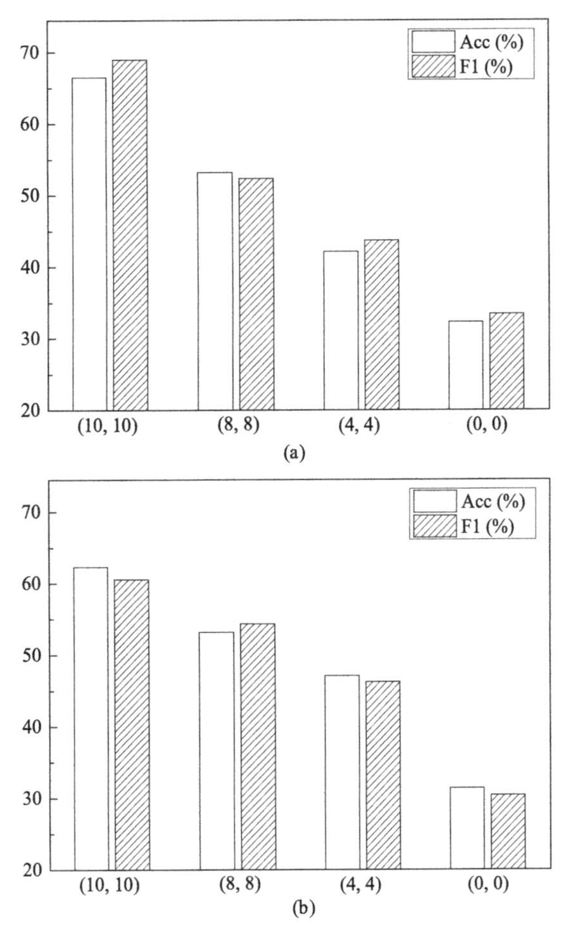

图 4 不同上下文窗口大小情感分类性能对比

(a)IEMOCAP (b)AVEC2012

由图4可知，在两类数据集上，随着上下文窗口的减小，CS-GCN模型的情感分类性能也逐步下降，当上下文窗口大小为$P=0,Q=0$，CS-GCN模型只对词共现结构和顺序上下文进行编码，不再对交互语句之间的依赖关系进行编码，因此情感分类性能较差。

2.4 聚合函数测试

为了验证不同聚合函数对情感分类准确率的影响，我们测试了三种聚合函数在两个数据集上的性能，实验准确率如表3所示。

表3 不同聚合函数测试准确度

函数	聚合函数类型		
	求和	最大池化	串联
IEMOCAP	56.24	53.31	69.35
AVEC2012	58.72	56.83	70.23

显然，串联融合达到了最佳准确度，而其他两个聚合函数的性能相对较差。这是因为串联操作在嵌入聚合期间保留比求和和和最大池更多的信息，有助于学习更好的节点信息表示。

2.5 消融实验

为了验证采用词共现关系，顺序语句编码器和交互语句上下文编码器进行对话情感分析的有效性，在两个数据集上对几种模型的情感预测性能进行了实验比较。首先，将只有顺序语句编码器模型视为对话语句情感分析的基线模型，记为CS-GCNN。此外，为了验证词共现关系和交互语句上下文编码对情感分析的有效性，在基线模型的基础上加入了词共现编码结构记为CS-GCNW。为了验证交互语句上下文编码的适用性，在基线模型的基础上增加了交互语句上下文编码结构，记CS-GCNS。最后，将词共现关系编码结构和交互语句上下文编码结构嵌入到基线模型之上，进一步验证组合的优越性。模型类型如表4所示，实验结果如图5所示。

表4 不同模型类型

模型	顺序语句上下文编码	词图编码	交互语句上下文编码
CS-GCNN	√	×	×
CS-GCNW	√	√	×
CS-GCNS	√	×	√
CS-GCN	√	√	√

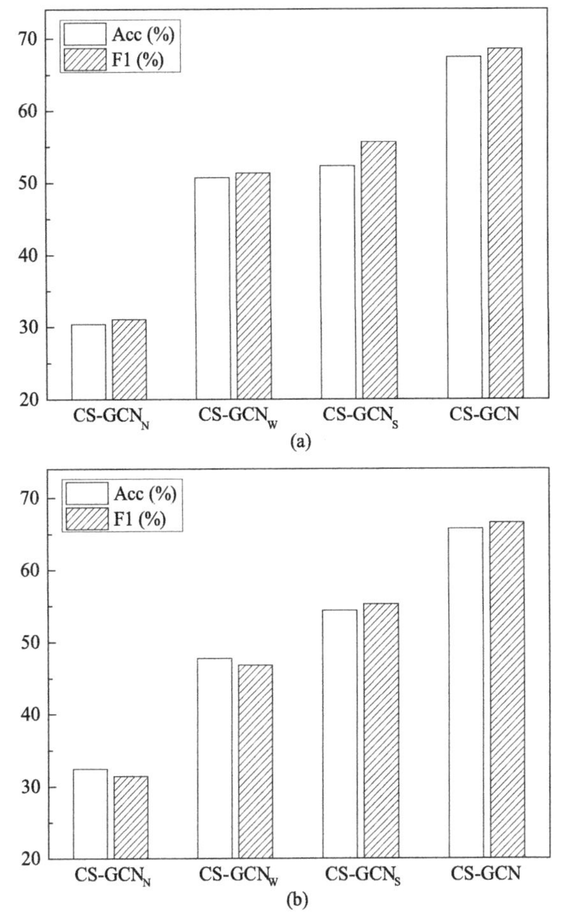

图 5　不同模型类型情感分类性能对比

(a)IEMOCAP　(b)AVEC2012

从图 5 可以看出,随着词共现关系编码器,交互语句上下文编码器结构的加入,感分类的准确率和 F1 得到了逐步提高。在数据集 IEMOCAP 上,与 CS-GCNN 模相比, CS-GCNW 模型的准确率和 F1 值分别提高了 10.38%和 10.05%左右。与 S-GCNN 模型相比, CS-GCNS 模型的准确率和 F1 值分别提高了 13.66%和 .75%。通过词共现关系编码器、交互语句上下文编码器结构的加入,证明了 CS-CNW 和 CS-GCNS 模型能够提高情感分类的性能,具有普遍适用性。其次,在 CS-CN 模型中,实现了三类编码结构的嵌入和融合用于情感分类,与 CS-GCNN 模型比, CS-GCN 模型的准确率和 F1 值分别提高了 40.98%和 38.06%。最后,将 CS-CN 模型与 CS-GCNW 和 CS-GCNS 模型相比较,准确率和 F1 值同样得到了显著提高。综上所述,这些对比实验充分验证了本文提出的 CS-GCN 模型通过引入词现关系编码器,交互语句上下文编码器结构,显著提升了对话情感分析的性能。

3 结论

受异质图卷积网络的启发,本文提出了一种基于图卷积网络的客服对话情感分析方法。提出的 CS-GCN 模型与传统的基于 RNN 模型的对话数据情感检测方法不同,CS-GCN 模型将词共现关系,语句的顺序上下文特征以及不同说话人语句之间的交互依赖关系进行融合编码,通过图卷积网络实现对文本特征提取与聚合得到最终的文本表示,进一步实现对对话情感的状态识别。在实验中,将 CS-GCN 模型与基础 CNN, Memnet, c-LSTM, CMN 和 DialogueRNN 模型在两个数据集进行情感分类准确率的对比,验证了 CS-GCN 模型可有效提高情感识别准确度。其次,设计了相关的消融实验验证了融合词共现编码,顺序语句上下文编码以及交互语句上下文编码三种结构对于对话情感识别准确率提高的有效性。在未来的工作中可将多模态信息整合到 CS-GCN 网络中,进一步提高对说话人之间的情感转换检测,为客服的质检工作提供及时、客观、有效的分析。

参考文献

[1] 王林信, 杨鹏,江元,等. 智能电网大数据隐私保护技术研究与实现 [J]. 电力信息与通信技术,2019, 17(12): 24-30.

[2] KRATZWALD B, ILIC S, KRAUS M, et al. Decision support with text-based emotion recognition: Deep learning for affective computing. [EB/OL]. (2018-03-11)[2022-12-02]https://arxiv.org/pdf/1803.06397.pdf

[3] COLNERIC N, DEMSAR J. Emotion recognition on twitter: comparative study and training a unison model[J]. IEEE Transactions on Affective Computing, 2018, 11(3): 433-443.

[4] 雷鸣. 电商客服领域对话系统的设计与实现[D]. 北京:北京交通大学,2020.

[5] 吕诗宁,张毅,胡若云,等. 融合神经网络与电力领域知识的智能客服对话系统研究[J]. 浙江电力,2020,39(8):76-82.

[6] 杨昕. 基于客服会话的客户购物意愿预测模型研究与应用[D]. 南昌:南昌大学, 2020.

[7] 胡若云,孙钢,丁麒,等. 基于双向传播框架的客服对话文本挖掘算法[J]. 沈阳工业大学学报,2021,43(2):188-192.

[8] 王建成. 面向对话文本的情感分类方法研究[D]. 苏州:苏州大学,2020.

[9] WANG J, WANG J, SUN C, et al. Sentiment classification in customer service dialogue with topic-aware multi-task learning[C]//Proceedings of the AAAI Conference

on Artificial Intelligence. 2020,34(5): 9177-9184.

10] BROWN P, DESOUZA P, MERCER R, et al. Class-based n-gram models of natural language[J]. Computational Linguistics. 1992, 18(4):467-479.

11] PANG B, LILLIAN L. Thumbs up? Sentiment classification using machine learning techniques[C]//Proceedings of the ACL-02 conference on Empirical methods in natural language processing-Volume 10, Association for Computational Linguistics. Philadelphia: ACM, 2002: 79.

12] KIM Y. Convolutional neural networks for sentence classification[C]//Proceedings of the 2014 Conference on Empirical Methods in Natural Language Processing. Doha: ACL, 2014: 1746.

13] KALCHBRENNER N, GREFENSTETTE E, BLUNSOM P. A convolutional neural network for modelling sentences[C]//Proceedings of the Annual Meeting of the Association for Computational Linguistics. Baltimore: ACL, 2014: 655-665.

14] XU J, CHEN D, QIU X, et al. Cached long short-term memory neural networks for document-level sentiment classification[C]//Proceedings of the Conference on Empirical Methods in Natural Language Processing. 2016: 1660.

15] ZHOU X, WAN X, XIAO J. Attention-based LSTM network for cross-lingual sentiment classification[C]//Proceedings of the Conference on Empirical Methods in Natural Language Processing. Austin: ACL, 2016: 247-256.

6] 宋曙光，徐迎晓. 基于多注意力网络的特定目标情感分析[J]. 计算机系统应用. 2020,29(6):163-168.

7] WANG J, YU L, LAI K R, et al. Dimensional sentiment analysis using a regional CNN-LSTM model[C]//Proceedings of the Annual Meeting of the Association for Computational Linguistics. Berlin: ACL, 2016: 225.

8] SOUJANYA P, NAVONIL M, RADA M, et al. Emotion recognition in conversation: research challenges datasets, and recent advances[J]. IEEE Access, 2019(7): 100943-100953.

9] 王伟,孙玉霞. 基于 BiGRU-Attention 神经网络的文本情感分类模型[J]. 计算机应用研究, 2019, 36(12): 3558-3564.

0] 孟仕林，赵蕴龙，关东海，等. 融合情感与语义信息的情感分析方法[J]. 计算机应用, 2019, 39(7): 1931-1935.

1] 邱宁佳，王晓霞，王鹏，等. 融合语法规则的双通道中文情感模型分析[J]. 计算机应用, 2021, 41(2): 318–323.

2] SHEN C, SUN C, Wang J, et al. Sentiment Classification towards Question-Answering with Hierarchical Matching Network[C]//Proceedings of the 2018 Confer ence on Empirical Methods in Natural Language Processing. 2018，3654-3663.

[23] WANG J，SUN C，LI S，et al. Aspect sentiment classification towards ques tion-answering with reinforced bidirectional attention network[C]//Proceedings o the 57th Annual Meeting of the Association for Computational Linguistics. 2019 3548-3557.

[24] MAJUMDER N，PORIA S，HAZARIKA D，et al. Dialoguernn：An attentive rn for emotion detection in conversations[C]//Proceedings of the AAAI Conference o Artificial Intelligence. 2019，33（01）：6818-6825.

[25] YAO L，MAO C，LUO Y. Graph convolutional networks for text classifica tion[C]//Proceedings of the AAAI Conference on Artificial Intelligence. 2019，3 （01）：7370-7377.

[26] WU F，SOUZA A，ZHANG T，et al. Simplifying graph convolutional ne works[C]//International conference on machine learning. PMLR，2019：686 6871.

[27] ZHANG C，LI Q，SONG D. Aspect-based Sentiment Classification with As pect-specific Graph Convolutional Networks[C]//Proceedings of the 2019 Confe ence on Empirical Methods in Natural Language Processing and the 9th Interna tional Joint Conference on Natural Language Processing（EMNLP-IJCNLP 2019：4560-4570.

[28] 陈佳伟，韩芳，王直杰. 基于自注意力门控图卷积网络的特定目标情感分析[J 计算机应用，2020，40（8）：220-2206.

[29] ZUO E，ZHAO H，CHEN B，et al. Context-specific heterogeneous graph conv lutional network for implicit sentiment analysis[J]. IEEE Access，2020，8：3796 37975.https://doi.org/10.110 9/ACCESS.2020.2975244.

[30] ZHANG C，SONG D，HUANG C，et al. Heterogeneous graph neural ne work[C]//Proceedings of the 25th ACM SIGKDD International Conference Knowledge Discovery & Data Mining. 2019：793-803.

[31] WANG D，LIU P，ZHENG Y，et al. Heterogeneous graph neural networks for e tractive document summarization[EB/OL].（2020-04-26）[2020-12-02] http://arx org/abs/2004.12393.

[32] XIE Y，XU H，LI J，et al. Heterogeneous graph neural networks for noisy fe shot relation classification[J]. Knowledge-Based Systems，2020，194：105548.

[33] Violos J，Tserpes K，Psomakelis E，et al. Sentiment Analysis using Wor

Graphs[C]//Proceedings of the 6th International Conference on Web Intelligence, Mining and Semantics. 2016, 1-9.

[34] SUKHBAATAR S, SZLAM A, WESTON J, et al. End-to-end memory networks[C]//Proceedings of the 28th International Conference on Neural Information Processing System. 2015, 2: 2440-2448.

[35] PORIA S, CAMBRIA E, HAZARIKA D, et al. Context-dependent sentiment analysis in user-generated videos[C]//Proceedings of the 55th Annual Meeting of the Association for Computational Linguistics. Vancouver, Canada. Association for Computational Linguistics. 2017, 1: s 873-883.

[36] HAZARIKA D, PORIA S, ZADEH A, et al. Conversational memory network for emotion recognition in dyadic dialogue videos[C]//Proceedings of the conference. North American Chapter. Meeting. NIH Public Access, Association for Computational Linguistics.2018: 2122-2132.

基于双重 AHP 的网络安全态势评估模型研究

席泽生[1],张波[1]
(1. 国网智能电网研究院有限公司,北京市,102211)

摘要: 网络安全态势评估是态势感知研究过程中的重要一环,重中之重。态势评估,是指通过实时分析网络安全态势感知数据,利用适当的模型和方法,对系统当前的安全状况进行评估。当前网络边界逐渐瓦解,电力移动互联业务网络正朝着架构复杂化、暴露攻击面增多化、业务范围广泛化等趋势发展,需要对零信任架构下的移动安全监测进行研究,以提升电力移动互联业务隐患发现与风险防范能力,而网络安全态势评估正是移动安全监测研究的重点。本文针对网络安全中可能存在的风险,提出了一种基于改进的 AHP(层次分析法)对态势感知信息进行综合评估。先在节点内部构建基于层次分析法的单节点层次分析模型,并计算得出单节点设备的评价结果。随后将单节点设备作为层次分析因素,再次构建层次分析模型,综合计算出多节点所构成的分布式系统的态势评估结果。这种基于双重 AHP 的网络安全态势评估模型为分布式系统从单点态势评估到多点融合的态势评估提供了一种具体可行的方案。

关键词: 双重层次分析法;态势评估;网络安全;零信任

0 引言

随着电力移动互联网的发展,网络的结构、规模、数据、应用也越来越复杂、多样
网络边界正逐渐模糊,电力移动互联网安全问题日益突出。将零信任安全防护应
到电力移动互联业务,能有效构建起“内生安全”能力,为电力移动业务安全运行
供保障。针对移动网络实施持续性安全监测是实现零信任安全防护框架的理念
石。通过对用户终端设备环境以及用户自身访问行为进行持续的监测,可实现零
任安全防护框架的身份认证,另外通过监测环境数据的变化也可帮助实现动态的
限管控。而在零信任安全防护中,通过态势评估对潜在安全风险进行决策处置正
满足移动安全监测要求的关键所在。因此,网络安全态势评估能够为零信任安全
护提供强而有力的支持。

所谓安全态势评估[1],是指通过汇总、过滤和关联分析网络安全设备等产生的

全事件,在构建安全指标的基础上建立合适的数学模型,对网络系统整体上所遭受的安全威胁程度进行评估,从而分析出网络遭受攻击所处阶段,全面掌握网络整体的安全状况。

目前,国内外关于网络安全态势评估方法的研究成果有很多,按照评估依据的理论技术基础,可分为三大类,分别是基于数学模型、基于概率和知识推理和基于模式分类,如图 1 所示。

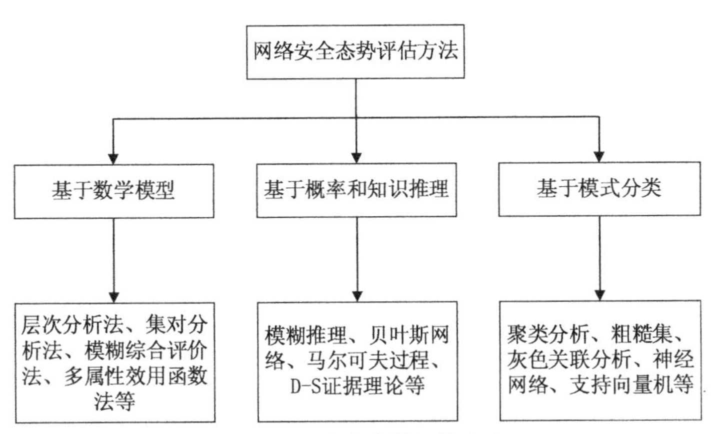

图 1　网络安全态势评估方法

基于数学模型的方法以层次分析法[2]、集对分析法[3]、模糊综合评价法[4]、多属性效用函数法[5]等方法为代表,它是对影响网络安全态势感知的因素进行综合考虑,然后建立安全指标集与安全态势的对应关系,进而将态势评估问题归属到多指标综合评价或者多属性集合等问题。这是一种定性与定量分析相结合的方法,用数值的形式将人的主观判断表达出来,并对其进行科学处理。该类型方法是最早用于网络安全态势感知中的评估方法,也是应用最为广泛的方法,其缺点是利用此类方法构造的评估模型以及对其中变量的定义涉及的主观因素较多,缺少客观统一的标准。

基于概率和知识推理的方法以模糊推理[6]、贝叶斯网络[7]、马尔可夫过程[8]、D-S 证据理论[9]等为代表,依据专家知识和经验数据库来搭建模型,采用逻辑推理方式对安全态势进行评估。其主要思路是借助模糊理论、证据理论等来处理网络安全事件的随机性。采用该方法构建模型需要首先获取先验知识,从实际应用来看,该方法对知识的获取途径仍然比较单一,主要依靠机器学习或者专家知识库,机器学习存在操作困难的问题,而专家知识库主要依靠经验的累积。

基于模式分类的方法以聚类分析[10]、粗糙集[11]、灰色关联分析[12]、神经网络[13]和支持向量机[14]等为代表,利用训练的方式建立模型,然后基于模式的分类来对网络安全态势进行评估。该方法优点是学习能力非常好,模型建立得较为准确。

综上所述,每种评估方法都有其优点和适用场合,但也有一定的缺点。传统的网络态势评估方法,通常是基于信息采集模块采集所需态势感知信息并经过数据预处理后将结果存储在统一的数据库中。通过态势分析模块对中心数据库中数据进行提取,利用融合算法和评估计算方法对各种低层次态势指标数据进行综合处理和计算进而得到上层的态势结果,以此作为评判整体网络安全态势的依据。这种将安全设备所感知到的态势信息集中统一发送至中心数据库的操作,可能会在传输过程中出现数据泄露的问题。同时,多个设备并发上传操作也会出现网络负载过重的问题此外,对于分布式系统中的态势评估缺乏行之有效的单点态势值到多点态势值融合计算的可行方案。

基于此,本文提出了一种基于分布式架构的双重 AHP 分析法来对系统的安全态势进行评估。其中进行的第一重层次分析将直接在节点内部计算态势值,不再将感知结果信息统一上传至中心数据库中,而是依托分布式系统的一致性原则,同步本节点的态势权值向量到其他节点中,避免了直接传输态势感知信息而造成的数据泄露其中进行的第二重层次分析将单节点设备作为分析因素,再次构建层次分析模型,并结合态势权值向量综合计算出多节点所构成的分布式系统的态势评估结果。这种基于双重 AHP 的网络安全态势评估模型为分布式系统从单点态势评估到多点融合的态势评估提供了一种具体可行的方案。

本文安排如下:①介绍态势指标体系的构建;②介绍了双重 AHP 评估模型及改进之处;③给出模型的实例分析;④总结全文。

1 态势指标体系的构建

网络安全态势评估的第一步就是要对采集到的安全感知数据进行预处理。通过对数据的筛选和规约之后,选取能够描述网络安全属性的元素指标,形成定性与定量的态势指标体系,能够标准客观的完成对网络安全的评价与分析。与此同时,态势指标的选取也反映出评估人员对网络安全态势评估的决策思路和评估的角度,并影响着所建立起的网络安全态势指标体系的应用范围和最终的评估结果。因此,网络安全态势指标体系的构建对网络安全态势评估具有重要的意义。

1.1 态势指标属性的分类

网络安全态势评估是一个复杂的过程,涉及的指标众多,类型也不尽相同。通过对不同类型的指标属性进行归类整理,可正确地认识各类指标,有利于态势计算和评估的准确性。依据不同分类标准,指标可分为以下 4 种[15]。

1. 定性指标与定量指标

定性指标是一种主观性指标,用于反映评估者对评估对象的意见和满意度。

用定性指标完成的态势评估往往会以可视化图形的形式展现网络安全态势的变化过程。

定量指标则是一种客观指标，它有确定的数量属性，通过一定的数学函数和算法模型，将指标信息转化成网络安全态势量化数据，以此来体现当前系统安全状况。本文正是通过构建层次化的网络安全态势指标体系，结合可计算的定量指标，完成网络安全态势评估。

2. 综合指标和分类指标

综合指标是通过结合控制和评估的基本模型和框架，总体上反映了网络安全的综合特征。分类指标则是在不同的系统中进行深度降级，以充分解释不同系统之间的差异。

3. 分析性指标和描述性指标

分析性指标主要用于反映待评估要素之间的内在关系，了解和掌握安全风险存在和发展的现状和趋势。描述性指标通过收集描述安全状况和趋势的基础数据，反映系统的实际情况和网络安全的基本情况。

4. 效益型指标和成本型指标

效益型指标和成本型指标包括通过对比单一指标对整体系统安全状况来区分它们之间的不同。如果单个指标的属性值较高，则网络的安全状况较好，称之为效益型，这时是一个优势；反之，当单一指标的属性值越高，网络的安全状况就越低，则称之为成本型，此时则成为劣势。

2 构建层次化的网络安全态势指标体系

以电子科技大学王娟、张凤荔[16]等为代表的一批学者就建立了一套较为完整的网络安全态势指标，层次清晰、覆盖全面、参考性强。该套指标通过对比各类态势影响因素，能够覆盖到网络的不同层次、不同数据源和不同用户。本文将以此为蓝本构建网络安全态势指标体系。

1. 基础运行状态指标

基础运行状态指标是通过采集一定时间窗口内系统运行的数据，对其进行量化评估，计算得出的一个数值。该数值体现了网络系统当前的运行状态，一般来说，数值越大，代表网络系统运行状况越差。

根据关注的点不同，基础运行状态指标可以有不同的选择和组合。例如，某组织重点关注网络系统对网络安全事件的防范性能力大小，因为大多数安全设备只能对出现过的攻击事件制定规则并进行防护或响应，对于未曾出现过的安全事件无法及时有效地防护，所以在选择基础运行状态指标时，希望它能体现网络入侵攻击发生时继续正常工作的能力，以及网络硬件设备和软件设施对抵抗未知安全事件的能力。因此，该部分可以选用基础运行状态作为一级指标，安全设备的 CPU 使用率、内存使用率、硬盘空间使用率等具体指标作为基础运行态势的基层指标。如表 1 所示。

表 1　基础运行状态指标相关字段描述

指标名称	描述
CPU 使用率	节点设备单位时间内主机 CPU 使用率
内存使用率	节点设备单位时间内主机内存使用率
硬盘使用率	节点设备单位时间内主机硬盘使用率

2. 设备脆弱性状态指标

设备脆弱性状态指标通过量化漏洞数目等信息来进行全面分析，进而计算得出脆弱性指数，它能从整体上来衡量网络面临攻击时可能对系统造成的损失程度[17]。一般来说，其数值越大，说明网络越容易遭受攻击，遭受的损失的可能性也就越大。

由于计算机软硬件的复杂性，在设计、开发和测试阶段不可避免地会造成设备的安全脆弱性，被外部恶意使用更可能升级成为安全漏洞。根据部署在网络上的漏洞扫描安全设备报告的漏洞分析结果，我们使用设备脆弱性状态指标来指示攻击者在提取网络设备漏洞时的网络安全严重性。它可以统计未修复漏洞的数量和漏洞的风险等级，计算设备的漏洞状态指数。

我们选用漏洞扫描系统上报的漏洞事件作为基层指标，得到层次化的设备脆弱性状态指标，如表 2 所示。

表 2　设备脆弱性状态相关字段描述

指标名称	描述
报头追踪漏洞分布	节点设备内报头追踪漏洞占总漏洞数的百分比
SQL 注入漏洞分布	节点设备内 SQL 注入漏洞占总漏洞数的百分比
跨站脚本漏洞分布	节点设备内跨站脚本漏洞占总漏洞数的百分比
弱口令漏洞分布	节点设备内跨站弱口令漏洞占总漏洞数的百分比

3. 风险事件指标

风险事件指标主要是用来在一定时间内，收集由网络攻击引起的各种安全事件，并对这些事件的发生频率和危害程度进行全面、定量的评估，进而计算得出个表示网络系统造成危害程度的一个数值。该数值越大，表明这种危害程越深。

所以我们结合网络安全事件的类型，分别提取病毒攻击、僵尸网络、木马攻击、拒绝服务等多种安全事件作为风险事件指标体系的基层指标，如表3所示。

表3　风险事件相关字段描述

指标名称	描述
病毒攻击分布	节点设备单位时间内遭受的病毒攻击事件占总安全事件的百分比
僵尸网络分布	节点设备单位时间内遭受的僵尸网络攻击事件占总安全事件的百分比
木马攻击分布	节点设备单位时间内遭受的木马攻击事件占总安全事件的百分比
拒绝服务分布	节点设备单位时间内遭受的拒绝服务攻击事件占总安全事件的百分比

4. 威胁事件指标

威胁事件指标是通过收集一段时间内由用户违规行为或设备运行所引发的安全事件，并对这些事件进行量化评估，计算得出的数值[18]。

威胁事件指标主要是对设备上面由于用户操作或系统非正常运行引起的各类告警事件进行评估，如用户不当行为所引发的非法访问和策略违规等事件，又如安全设备运行过程中设备离线或异常事件引起的系统告警事件，这些事件的确会对网络安全造成一定的威胁。我们可以将网络威胁事件指标作为一级指标，将由于用户操作或系统非正常运行引起的各类告警事件作为二级指标，层次化构建威胁事件指标体系，如表4所示。

表4　威胁事件指标相关字段描述

指标名称	描述
非法访问量	节点设备单位时间内遭受非法访问次数
离线异常量	节点设备单位时间内遭受离线异常次数

5. 综合指标体系和指数划分

综上所述，我们根据实际需求，从网络安全事件和网络节点等基本信息入手，在不同维度中选取了多种类型指标构建出了一个完整的层次化的网络安全态势综合指标体系，如图2所示。

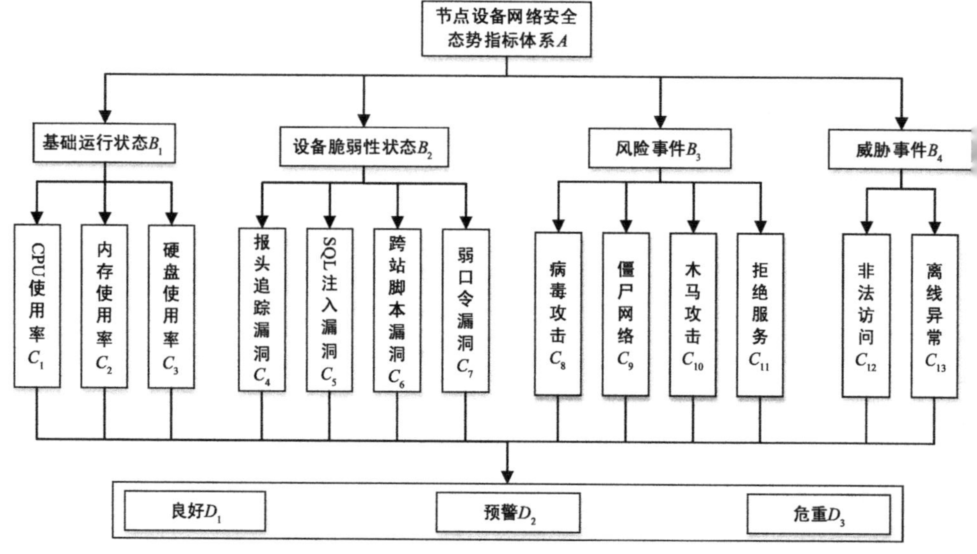

图2 节点设备网络安全态势指标体系

此外,我们还结合了安全设备部署情况和网络系统运行状况,在构建适合的网络安全态势指标体系的同时设计了合适安全等级来对网络安全态势状况实现定性的划分,如图3所示。

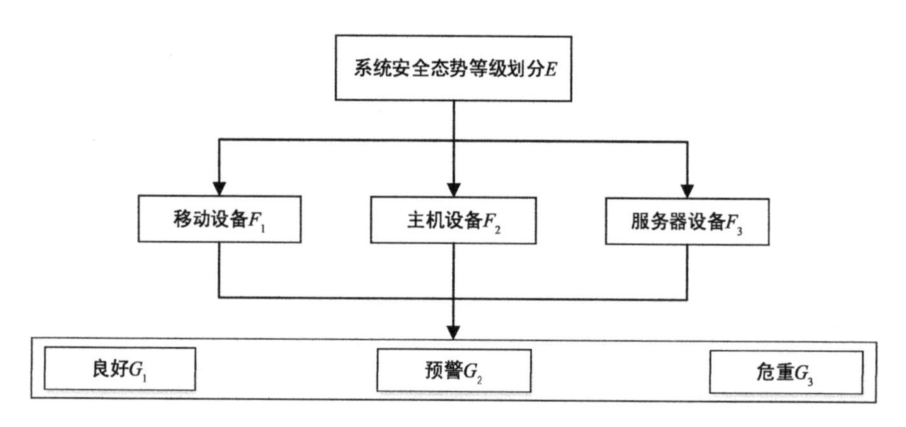

图3 系统安全态势等级

2 双重AHP评估模型

层次分析法(The Analytic Hierarchy Pricess,以下简称AHP)最先是由Saaty教授于1977年的国际数学建模会议上率先提出[19]。这种方法,明确地将需要决策的问题分解为不同的组成因素,并按照因素之间相对重要性的权值排序,从而完成对于目问题的决策[20]。

2.1 第一重层次分析

第一重层次分析法通过单节点设备内部感知信息计算获得当前节点的态势评估结果信息，其步骤如下。

1. 建立设备节点层次结构模型

从上到下依次递进构建目标层 A、准则层 B、指标层 C 和方案层 D。目标层表示为决策的目的，即当前节点设备的安全态势状况。目标层由一个元素构成，并支配准则层因素 B_1，B_2，B_3，B_4。准则层考虑能够影响当前决策的各种因素，包括基础运行状态 B_1、设备脆弱性状态 B_2、风险事件 B_3、威胁事件 B_4 四个因素。指标层是对准则层各项决策因素进行细化而生成的能够计算的定量性指标，并受限于准则层对应因素。方案层各因素则表示对节点态势的评估结果，分别包括：良好 D_1、预警 D_2、危险 D_3。

2. 构造判断矩阵

从层次模型结构的准则层开始，对于从属于上一层每个因素的同一层诸元素，用成对比较法构造判断矩阵，直到最下层。其中成对比较法是将表示本层的诸因素与所受支配的上一层因素两两之前相互比较而形成的相对重要性评价。各因素间相对重要性评价使用 Santy 1-9[21]标度方法给出，如表 5 所示。

表 5　Santy1-9 标度方法

取值	含义
1	A 与 B 比较，A 与 B 同等重要
3	A 与 B 比较，A 与 B 稍微重要
5	A 与 B 比较，A 与 B 明显重要
7	A 与 B 比较，A 与 B 强烈重要
9	A 与 B 比较，A 与 B 极端重要
2,4,6,8	介于上述相邻两级之间的重要程度

根据表 5 所示赋值方法，我们可以确定矩阵的每一个元素值，从而构造出判断矩阵 $\boldsymbol{A}=(a_{ij})_{n\times n}$，其中 a_{ij} 满足以下性质：

$$a_{ij}\begin{cases}=1 & i=j\\ =\dfrac{1}{a_{ji}} & i,\ j>0\#\\ >0 & i,\ j>0\end{cases}\tag{1}$$

3. 计算特征向量

根据成对比较法构造判断矩阵后,要获得这些指标的归一化权重,即从判断矩阵中求得其特征向量 $\boldsymbol{W}$,以此表示同一层元素对于所属上一次元素的相对重要性排序权值。首先使用下式对矩阵 $\boldsymbol{A}$ 中元素按列归一化,获得列归一化列矩阵 $\boldsymbol{Q}=(p_{ij})_{m\times n}$

$$p_{ij}=a_{ij}/\sum_{k=1}^{m}a_{ij}\# \quad (2$$

将 $\boldsymbol{Q}$ 矩阵元素按行相加得到 $\bar{\boldsymbol{W}}=(\alpha_1, \alpha_2,\ldots, \alpha_m,)^{\mathrm{T}}$ 。随后计算特征向量 $\boldsymbol{W}$:

$$\boldsymbol{W}=(w_1, w_2,\ldots, w_m)^{\mathrm{T}}, w_i=\alpha_i/\sum_{k=1}^{m}\alpha_k\# \quad (3$$

4. 一致性检验

根据公式计算一致性指标 CI:

$$CI=\frac{\lambda_{max}-m}{m-1}\# \quad (4$$

其中,m 为判断矩阵阶数。根据公式计算一致性比率 CR:

$$CR=\frac{CI}{RI}\# \quad (5$$

其中,RI [22]如表 6 所示。

表 6　平均随机一致性指标

阶数(m)	平均随机一致性指标(RI)
1	0
2	0
3	0.52
4	0.89
5	1.12
6	1.26
7	1.36
8	1.41
9	1.46
10	1.49

当 $CR<0.1$ 时,认为判断矩阵的一致性可以接受,特征向量 $\boldsymbol{W}$ 即为所求,否则

要调整判断矩阵，直至 $CR < 0.1$ 。

2.2 第二重层次分析

第一重层次分析法计算获得的本节点态势评估结果信息（设备节点态势评估权值向量）将根据当前分布式系统的一致性原则被发送本网络中的其他节点中。

利用接收到的其他节点态势评估结果信息以及本节点内的安全态势评估结果进行第二重层次分析，计算获得整个分布式系统的网络安全态势，其步骤如下。

1. 建立态势感知系统层次结构模型

从上到下依次递进构建目标层 E、准则层 F、方案层 G。目标层表示为决策的目的，即当前系统的安全态势状况。目标层由一个元素构成，并支配准则层因素 F_1，F_2 F_3。准则层各因素为当前感知系统中的各个感知实体，包括移动设备、主机设备、服务器设备等。方案层表示对系统的评估结果，分别包括：良好 G_1、预警 G_2、危险 G_3。

2. 计算层次单排序

首先计算方案层所有因素 G_1,G_2,G_3，对于准则层因素 F_i 的层次单排序 $W_{F_iG}=(w_{F_iG_1},w_{F_iG_2},w_{F_iG_3})^{\mathrm{T}}$ 其中

$$\boldsymbol{W}_{F_iG}=\boldsymbol{W}^i=\left(w_1^i,w_2^i,w_3^i\right)^{\mathrm{T}} \# \quad (6)$$

式中：$\boldsymbol{W}^i$ 为第 i 个设备节点态势评估权值向量。

3. 构造准则层判断矩阵

根据设备资产权重地位不同继续使用成对比较法构造准则层 F 的判断矩阵，并计算其特征向量 $\boldsymbol{W}_F=(w_{F_1},w_{F_2},\cdots,w_{F_i})^{\mathrm{T}}$ 。

4. 计算层次总排序

计算方案层 G 的层次总排序 $\boldsymbol{W}_G=(w_{G_1},w_{G_2},w_{G_3})^{\mathrm{T}}$ ，其中

$$w_{G_j}=\sum_{i=1}^{n}w_{F_i}w_{F_iG_j} \# \quad (7)$$

式中：w_{G_j} 为第 j 个评估结果权重值，j=1，2，3。

5. 一致性检验

计算层次总排序一致性比率：

$$CR=\frac{\sum_{i=1}^{3}w_{F_i}\times CI_i}{\sum_{i=1}^{3}w_{F_i}\times RI_i} \# \quad (8)$$

式中，CI_i 与 RI_i 表示准则层设备 i 的一致性指标与比率。

当 $CR < 0.1$ 时,认为判断矩阵通过一致性检验,否则需要调整一致性比率比较高的判断矩阵,直至 $CR < 0.1$;

层次总排序中权值最高项对应的因素即为所求系统的安全态势评估结果。

3 实例分析

本文以某小型局域网作为分析实例,主要感知设备节点包括移动设备、主机设备以及服务器设备。本文主要通过该局域网内感知到的基础运行状态、设备脆弱性状态、风险事件以及威胁事件对该网络内部节点设备进行态势评估,并建立目标层、准则层、指标层形成的态势指标体系如图 2 所示。

该评估模型以节点设备网络安全态势指标体系为目标层 A,准则层包括基础运行状态 B_1、设备脆弱性状态 B_2、风险事件 B_3 和威胁事件 B_4。基础运行状态 B_1 可分解为 CPU 使用率 C_1、内存使用率 C_2 和硬盘使用率 C_3 这三个指标。设备脆弱性状态 B_2 可分解为报头追踪漏洞 C_4、SQL 注入漏洞 C_5、跨站脚本漏洞 C_6 和弱口令漏洞 C_7 这四个指标。风险事件 B_3 可分解为病毒攻击 C_8、僵尸网络 C_9、木马攻击 C_{10} 和拒绝服务 C_{11} 这四个指标。威胁事件 B_4 可分为非法访问 C_{12} 和离线异常 C_{13} 这三个指标。方案层包含良好 D_1 预警 D_2 和危重 D_3 三个等级。

由于计算方法相同,本文仅以移动设备 F_1 为例计算第一重层次分析态势评估权值向量,其余设备评估权值向量将直接给出。

根据成对比较法确定态势指标体系的判断矩阵及权重的,建立第一重层次分析准则层评估因素的判断矩阵和权值向量(如表 7 所示)以及指标层评估因素的判断矩阵和权值向量(如表 8 所示)。建立第一重层次分析方案层评估因素的判断矩阵和权值向量(如表 9 所示)。

表 7 第一重层次分析准则层 B 评估因素的判断矩阵和权值向量

准则层评判因素集	判断矩阵	权值向量 $\boldsymbol{W}_B(w_{B_i})$
$B=[B_1、B_2、B_3、B_4]$	$\boldsymbol{A\_B}=\begin{pmatrix}1.0000 & 0.3333 & 0.1667 & 0.1429\\3.0000 & 1.0000 & 0.2500 & 0.2000\\6.0000 & 4.0000 & 1.0000 & 0.3333\\7.0000 & 5.0000 & 3.0000 & 1.0000\end{pmatrix}$	$\boldsymbol{W}_B=\begin{pmatrix}0.0535\\0.1123\\0.2913\\0.5429\end{pmatrix}$

表 8　第一重层次分析指标层 C 评估因素的判断矩阵和权值向量

指标层评判因素集	判断矩阵	权值向量 $\boldsymbol{W}_{B_i\_C}(w_{B_iC_j})$
$B_1=[C_1、C_2、C_3]$	$\boldsymbol{B}_1\_\boldsymbol{C}=\begin{pmatrix}1.0000 & 4.0000 & 0.5000\\0.2500 & 1.0000 & 0.1667\\2.0000 & 6.0000 & 1.0000\end{pmatrix}$	$\boldsymbol{W}_{B_1\_C}=\begin{pmatrix}0.3238\\0.0893\\0.5869\end{pmatrix}$
$B_2=[C_4、C_5、C_6、C_7]$	$\boldsymbol{B}_2\_\boldsymbol{C}=\begin{pmatrix}1.0000 & 0.3333 & 0.5000 & 4.0000\\3.0000 & 1.0000 & 5.0000 & 6.0000\\2.0000 & 0.2000 & 1.0000 & 3.0000\\0.2500 & 0.1667 & 0.3333 & 1.0000\end{pmatrix}$	$\boldsymbol{W}_{B_2\_C}=\begin{pmatrix}0.1787\\0.5571\\0.1996\\0.0646\end{pmatrix}$
$B_3=[C_8、C_9、C_{10}、C_{11}]$	$\boldsymbol{B}_3\_\boldsymbol{C}=\begin{pmatrix}1.0000 & 0.1429 & 0.2500 & 0.2000\\7.0000 & 1.0000 & 3.0000 & 4.0000\\4.0000 & 0.3333 & 1.0000 & 0.3333\\5.0000 & 0.2500 & 3.0000 & 1.0000\end{pmatrix}$	$\boldsymbol{W}_{B_3\_C}=\begin{pmatrix}0.0531\\0.5319\\0.1566\\0.2584\end{pmatrix}$
$B_4=[C_{12}、C_{13}]$	$\boldsymbol{B}_4\_\boldsymbol{C}=\begin{pmatrix}1.0000 & 3.0000\\0.3333 & 1.0000\end{pmatrix}$	$\boldsymbol{W}_{B_4\_C}=\begin{pmatrix}0.7500\\0.2500\end{pmatrix}$

表 9　第一重层次分析方案层 D 评估因素的判断矩阵和权值向量

方案层评判因素集	判断矩阵	权值向量 $\boldsymbol{W}_{C_jD}(w_{C_j\_D_k})$
$D=[D_1、D_2、D_3]$	$\boldsymbol{C}_1\_\boldsymbol{D}=\begin{pmatrix}1.0000 & 5.0000 & 0.5000\\0.2000 & 1.0000 & 0.1429\\2.0000 & 7.0000 & 1.0000\end{pmatrix}$	$\boldsymbol{W}_{C_1D}=\begin{pmatrix}0.3338\\0.0755\\0.5907\end{pmatrix}$
$D=[D_1、D_2、D_3]$	$\boldsymbol{C}_2\_\boldsymbol{D}=\begin{pmatrix}1.0000 & 5.0000 & 2.0000\\0.2000 & 1.0000 & 0.2000\\0.5000 & 5.0000 & 1.0000\end{pmatrix}$	$\boldsymbol{W}_{C_2D}=\begin{pmatrix}0.5559\\0.0904\\0.3537\end{pmatrix}$
$D=[D_1、D_2、D_3]$	$\boldsymbol{C}_3\_\boldsymbol{D}=\begin{pmatrix}1.0000 & 0.3333 & 6.0000\\3.0000 & 1.0000 & 9.0000\\0.1667 & 0.1111 & 1.0000\end{pmatrix}$	$\boldsymbol{W}_{C_3D}=\begin{pmatrix}0.2819\\0.6583\\0.0598\end{pmatrix}$
$D=[D_1、D_2、D_3]$	$\boldsymbol{C}_4\_\boldsymbol{D}=\begin{pmatrix}1.0000 & 3.0000 & 0.1429\\0.3333 & 1.0000 & 0.1111\\7.0000 & 9.0000 & 1.0000\end{pmatrix}$	$\boldsymbol{W}_{C_4D}=\begin{pmatrix}0.1549\\0.0685\\0.7766\end{pmatrix}$
$D=[D_1、D_2、D_3]$	$\boldsymbol{C}_5\_\boldsymbol{D}=\begin{pmatrix}1.0000 & 0.2500 & 0.2000\\4.0000 & 1.0000 & 0.5000\\5.0000 & 2.0000 & 1.0000\end{pmatrix}$	$\boldsymbol{W}_{C_5D}=\begin{pmatrix}0.0982\\0.3339\\0.5679\end{pmatrix}$
$D=[D_1、D_2、D_3]$	$\boldsymbol{C}_6\_\boldsymbol{D}=\begin{pmatrix}1.0000 & 0.5000 & 2.0000\\2.0000 & 1.0000 & 8.0000\\0.5000 & 0.1250 & 1.0000\end{pmatrix}$	$\boldsymbol{W}_{C_6D}=\begin{pmatrix}0.2584\\0.6380\\0.1036\end{pmatrix}$

续表

方案层评判因素集	判断矩阵	权值向量 $\boldsymbol{W}_{C_jD}(w_{C_j\_D_k})$
$D=[D_1、D_2、D_3]$	$\boldsymbol{C}_7\_\boldsymbol{D}=\begin{pmatrix}1.0000 & 5.0000 & 2.0000\\0.2000 & 1.0000 & 0.1667\\0.5000 & 6.0000 & 1.0000\end{pmatrix}$	$\boldsymbol{W}_{C_7D}=\begin{pmatrix}0.5455\\0.0845\\0.3700\end{pmatrix}$
$D=[D_1、D_2、D_3]$	$\boldsymbol{C}_8\_\boldsymbol{D}=\begin{pmatrix}1.0000 & 2.0000 & 0.2000\\0.5000 & 1.0000 & 0.2500\\5.0000 & 4.0000 & 1.0000\end{pmatrix}$	$\boldsymbol{W}_{C_8D}=\begin{pmatrix}0.1925\\0.1307\\0.6768\end{pmatrix}$
$D=[D_1、D_2、D_3]$	$\boldsymbol{C}_9\_\boldsymbol{D}=\begin{pmatrix}1.0000 & 2.0000 & 0.5000\\0.5000 & 1.0000 & 0.1667\\2.0000 & 6.0000 & 1.0000\end{pmatrix}$	$\boldsymbol{W}_{C_9D}=\begin{pmatrix}0.2693\\0.1180\\0.6127\end{pmatrix}$
$D=[D_1、D_2、D_3]$	$\boldsymbol{C}_{10}\_\boldsymbol{D}=\begin{pmatrix}1.0000 & 6.0000 & 2.0000\\0.1667 & 1.0000 & 0.2000\\0.5000 & 5.0000 & 1.0000\end{pmatrix}$	$\boldsymbol{W}_{C_{10}D}=\begin{pmatrix}0.5750\\0.0819\\0.3431\end{pmatrix}$
$D=[D_1、D_2、D_3]$	$\boldsymbol{C}_{11}\_\boldsymbol{D}=\begin{pmatrix}1.0000 & 7.0000 & 4.0000\\0.1429 & 1.0000 & 0.2500\\0.2500 & 4.0000 & 1.0000\end{pmatrix}$	$\boldsymbol{W}_{C_{11}D}=\begin{pmatrix}0.6877\\0.0778\\0.2344\end{pmatrix}$
$D=[D_1、D_2、D_3]$	$\boldsymbol{C}_{12}\_\boldsymbol{D}=\begin{pmatrix}1.0000 & 4.0000 & 7.0000\\0.2500 & 1.0000 & 1.0000\\0.1429 & 1.0000 & 1.0000\end{pmatrix}$	$\boldsymbol{W}_{C_{12}D}=\begin{pmatrix}0.7208\\0.1524\\0.1268\end{pmatrix}$
$D=[D_1、D_2、D_3]$	$\boldsymbol{C}_{13}\_\boldsymbol{D}=\begin{pmatrix}1.0000 & 0.5000 & 6.0000\\2.0000 & 1.0000 & 5.0000\\0.1667 & 0.2000 & 1.0000\end{pmatrix}$	$\boldsymbol{W}_{C_{13}D}=\begin{pmatrix}0.3700\\0.5455\\0.0845\end{pmatrix}$

随后根据上述获得准则层权值向量 W_B 以及指标层权值向量 $W_{B_i\_C}$ 计算指标层各因素组合权重 $\boldsymbol{W}_C$：

$$\boldsymbol{W}_C\left(w_{C_j}\right)=\begin{pmatrix}0.0173\\0.0048\\0.0314\\0.0201\\0.0626\\0.0224\\0.0072\\0.0155\\0.1550\\0.0456\end{pmatrix}$$

其中，$w_{C_j}=w_{B_i}\times w_{B_iC_j}$，$\{i\,|\,i\in[1,4],\ i\in N^+\}$，$\{j\,|\,j\in[1,13],\ j\in N^+\}$。

根据所求方案层权值向量 $\boldsymbol{W}_{C_jD}$ 以及指标层组合权重 $\boldsymbol{W}_C$ 计算得出方案层的层总排序 $\boldsymbol{W}_D$：

$$W_D\left(w_{D_k}\right)=\begin{pmatrix}0.502\ 7\\0.271\ 7\\0.225\ 6\end{pmatrix}$$

其中，$w_{D_k}=\sum_{j=1}^{13}w_{C_j}w_{C_jD_k},\{j,\ k\mid j\in[1,13],\ k\in[1,3],\ j\in N^+,\ k\in N^+\}$。层次总排序 W_D 即为当前设备节点的态势评估权值向量，记为 $W_D^{F_1}$，表示设备 F_1 的权值向量，第一重层次分析完成。

同理可得 $W_D^{F_2}=\begin{pmatrix}0.451\ 7\\0.210\ 5\\0.337\ 8\end{pmatrix}$，$W_D^{F_3}=\begin{pmatrix}0.652\ 1\\0.311\ 0\\0.036\ 9\end{pmatrix}$。

该评估模型的第二部分，第二重层次分析以系统安全态势为目标层 E，准则层包括移动设备 B_1、主机设备 B_2、服务器设备 B_3。方案层 G 包含良好 G_1、预警 G_2、和危重 G_3 三个等级。

根据成对比较法确定态势指标体系的判断矩阵及权重的，建立第二重层次分析准则层评估因素的判断矩阵和权值向量，如表 10 所示。

表 10　第二重层次分析准则层评估因素的判断矩阵和权值向量

准则层评判因素集	判断矩阵	权值向量 $W_F(w_{F_p})$
$F=[F_1、F_2、F_3]$	$E\_F=\begin{pmatrix}1.000\ 0 & 5.000\ 0 & 0.500\ 0\\0.200\ 0 & 1.000\ 0 & 0.200\ 0\\2.000\ 0 & 5.000\ 0 & 1.000\ 0\end{pmatrix}$	$W_F=\begin{pmatrix}0.353\ 7\\0.090\ 4\\0.555\ 9\end{pmatrix}$

由于方案层 G 与第一重层次分析时的方案层 D 评价等级相同，则第二重层次分析方案层评估因素对所属准则层因素 F_p 的权值向量 $W_{F_pG}(w_{F_pG_q})$ 等价于相应设备节点第一重层次分析完成的层次总排序，即 $W_{F_pG}=W_D^{F_p},\{p\mid p\in[1,3],\ i\in N^+\}$。

根据所求方案层权值向量 W_{F_pG} 以及准则层权重 W_F 计算得出方案层的层次总排序 W_G：

$$W_G\left(w_{G_q}\right)=\begin{pmatrix}0.581\ 1\\0.288\ 1\\0.130\ 8\end{pmatrix}$$

其中，$w_{G_q}=\sum_{p=1}^{3}w_{F_p}w_{F_pG_q},\{p,\ q\mid p\in[1,3],\ q\in[1,3],\ p\in N^+,\ q\in N^+\}$。层次总排序 W_G 即为当前设备节点的态势评估权值向量，第二重层次分析完成。

分析结果可知，良好评价等级占比为 0.581 1，预警评价等级占比为 0.288 1，危重评价等级占比为 0.130 8。根据综合评价权值最大准则，可知该网络安全态势评估处于良好状态。

4 结语

当前电力移动互联业务快速发展，其网络结构日益复杂，所受攻击面广泛，网络安全问题日渐突出。通过对网络安全态势的评估研究，能够有效构建电力互联业务网络的内生安全。为此，本文提出了一种基于分布式系统的双重层次分析态势评估模型。该模型首先使用层次分析法评估节点设备态势，从而获得当前设备的态势安全等级权值向量。其次根据分布式系统的一致性原则，同步集群内的其他所有节点的态势安全等级权值向量。最后在单节点内继续构建层次模型，将设备重要性程度和态势安全等级权值向量关联，计算得出系统的安全态势评估结果。本文使用了层次化的分析模型来对系统进行安全态势评估。其中进行的第一重层次分析将直接计算单节点的态势安全等级权值向量，并不将此评估信息上传至中心数据库中，而是依托分布式系统的一致性原则，保证了评估信息的同步，有效避免了评估信息的泄露以及安全数据的篡改。其中进行的第二重层次分析围绕设备重要性权重再次构建层次分析模型，实现了直接在单节点内部完成系统的态势评估，为分布式系统从单点态势评估到多点融合的态势评估提供了一种具体可行的方案。

参考文献

[1] 韦勇，连一峰，冯登国．基于信息融合的网络安全态势评估模型[J]. 计算机研究与发展，2009，46（3）:353-362.

[2] 王志平，贾焰，李爱平，等. 基于模糊层次法的网络态势量化评估方法[J]. 计算机安全，2011（1）:61-65.

[3] 蒋云良，徐从富. 集对分析理论及其应用研究进展[J]. 计算机科学，2006，33（1）:205-208.

[4] 陈连栋，吕春梅. 基于模糊综合评判的电力风险评估方法的研究[J]. 电力科学与工程，2010，26（11）:50-54.

[5] 高建伟，郭奉佳. 基于参考点相依效用函数的区间直觉模糊多属性决策方法[J]. 统计与决策，2019（17）:45-50.

[6] 钱斌，蔡梓文，肖勇，等. 基于模糊推理的计量自动化系统网络安全态势感知[J]. 南方电网技术，2019，13（2）:51-58.

[7] 丁华东，许华虎，段然，等. 基于贝叶斯方法的网络安全态势感知模型[J]. 计算机工程，2020（6）:130-135.

8] 毛勇. 联合隐马尔可夫与遗传算法的态势预测方法研究[D]. 西安：西北大学，2019.

9] 汤永利，李伟杰，于金霞，等. 基于改进 D-S 证据理论的网络安全态势评估方法[J]. 南京理工大学学报，2015，39(4)：405-411.

10] SKOPIK F，WURZENBERGER M，SETTANNI G，et al. Establishing national cyber situational awareness through incident information clustering[C]//International Conference on Cyber Situational Awareness，Data Analytics and Assessment，IEEE，2015：1-8.

11] LI D W，JI X，TIAN X. Chaos-GA-BP neural network power load forecasting based on rough set theory[J]. Journal of Physics：Conference Series，2021，(1)：1-6.

12] BENG L Y，MANICKAM S. A Novel adaptive grey verhulst model for network security situation prediction [J]. International Journal of Advanced Computer Science and Applications，2016，7(1)：90-95.

3] HE F，ZHANG Y，LIU D，et al. Mixed wavelet-based neural network model for cyber security situation prediction using MODWT and Hurst exponent analysis[C]//International Conference on Network and System Security，2017. 99-111.

4] 胡柳，周立前，邓杰，等. 基于支持向量机和自适应权重的网络安全态势评估模型[J]. 计算机系统应用，2018，27(7)：188-192.

5] 韩晓露，刘云，张振江，等. 网络安全态势感知理论与技术综述及难点问题研究[J]. 信息安全与通信保密，2019(7)：61-71.

6] 王娟，张凤荔，傅翀，等. 网络态势感知中的指标体系研究[J]. 计算机应用，2007(08)：1907-1909+1912.

7] 龚俭，臧小东，苏琪，等. 网络安全态势感知综述[J]. 软件学报，2017，28(4)：1010，1026.

8] 张红斌，尹彦，赵冬梅，等. 基于威胁情报的网络安全态势感知模型[J]. 通信学报，2021，42(6)：182-194.

9] MUSTAFA M A，AL-BAHAR J F. Project risk assessment using the analytic hierarchy process[J]. Engineering Management，IEEE Transactions，1991：46-52.

0] SAATY T L. The analytic hierarchy and analytic network measurement processes：Applications to decisions under Risk[J]，European Journal of Pure and Applied Mathematics，2008，1(1)：122-196.

1] 葛世伦. 用 1—9 标度法确定功能评价系数[J]. 价值工程，1989(1)：33-34.

2] 洪志国，李焱，范植华，等. 层次分析法中高阶平均随机一致性指标(RI)的计算[J]. 计算机工程与应用，2002(12)：45-47，150.

基于数据共享创新应用平台的小站模式构建

杨一帆[1],刘宁[2],孙妍[1],韩悦[1]
(1. 国网天津市电力公司信通公司,天津市,300140;2. 国网天津市电力公司,天津市,300010)

摘要:在电网数字化转型阶段,电力单位注重运用数据找问题、查原因、看成效,致力于将数字化理念融入到企业的血液中去。国网天津信通公司以提升企业效益为目标,基于业务系统"一手"数据,应用数据共享创新应用平台,助力小站供电服务中心开展典型应用场景搭建工作,及时发现经营活动中存在的异动和问题,从数据中提炼更精准的业务见解,支持班组业务高效决策,有效消除管理薄弱环节,实现各类风险"可控、能控、在控",提升整体战略规划水平,保障执行规范到位。

关键词:数字化转型;电力大数据;数据应用

0 引言

小站供电服务中心位于天津市津南区东部。近年来,随着全面深化改革、数化转型等不断深入,传统班组管理模式与班组数字化转型要求之间的差距凸显数据管理薄弱,档案台账、系统数据不全或与现场信息不一致,缺乏系统性数据理机制,制约了数据价值发挥。用数能力不够,缺乏高效获取、开发数据的能力,务质量管控依赖经验,核心指标管理穿透性不足,难以精细到组、细化到人。人活力不足,薪酬分配平均主义严重,考核不透明,缺乏精准激励机制,部分员工老化、技能单一,缺乏改变提升的动力。面对这些看似普遍却难倒众人的基层难题几代"小站人"持续深化技术和管理创新,抓数据质量、抓自主用数、抓绩效量化,索出一条"数据驱动为基础、绩效激励为牵引、网格服务为核心"的班组数字化转之路。

业务痛点

.1 数据获取成本高

中心融合营配业务后，数据依旧分散在各个专业部门的不同系统中，获取数据需要和不同的部门沟通。传统的数据获取模式需要班组成员每天在固定时间内从各个业务系统中导出，耗时较长，数据准确性依赖于员工负责程度；其次，小站特色的网格承包制工作模式以及为优化线损管理设置的“一台区一指标”等都需要大量的系统外信息导入，以往都需要采用自建看板、公式关联等方式对数据进行处理，线下数据的整合需要投入大量精力。

2 绩效分析难度大

由于指标种类较多，调取相应数据的表格十分繁杂，各类指标计算规则的差异很大，通过公式计算对指标结果进行统计并转化为绩效奖金的过程复杂且繁琐。此外，对单个环节的数据进行分析，通常难以寻找到造成绩效差异的真正原因，因此也难采取针对性的措施，不能对领导的决策提供支撑。

3 监控反馈不及时

采取措施来进行绩效管控后，需要对各部门各单位的工作情况进行监控，逐一检各项工作会耗费大量的时间精力。为方便监控异动，提高分析精度及问题处理质，需要消耗大量人力进行数据导出计算处理，才能做到各类台区各项指标数据日监，监控反馈往往不及时。

主要做法

1 多维度全业务指标按日监控

将公司下发到服务中心的指标集细化分解，同时根据本地化管理需求添加个性指标，基于融合各专业系统数据的数创平台，结合各项工作特点设计开发一套业务控与绩效管控自动化报表。一是，利用报表数据指导业务开展，通过对数据的深入析，将各项指标转换成为具体任务，精准指导班组开展具体工作；二是，利用报表数指导绩效管控，通过现场反馈数据与月度指标数据变化情况，客观合理地分配奖金效，充分激发班组人员的活力与工作效率。

1. 业务需求

供电服务中心直面营销服务和配网运维一线,业务类型杂、承担指标多、服务压力大,日常经营管理千头万绪,亟需建立统一高效的运营监测体系。

2. 解决措施

梳理汇总营销量价费损及配网运维抢修全量业务指标,结合业务现状,拆解、补充形成 14 类 44 项监测指标,如图 1 所示。

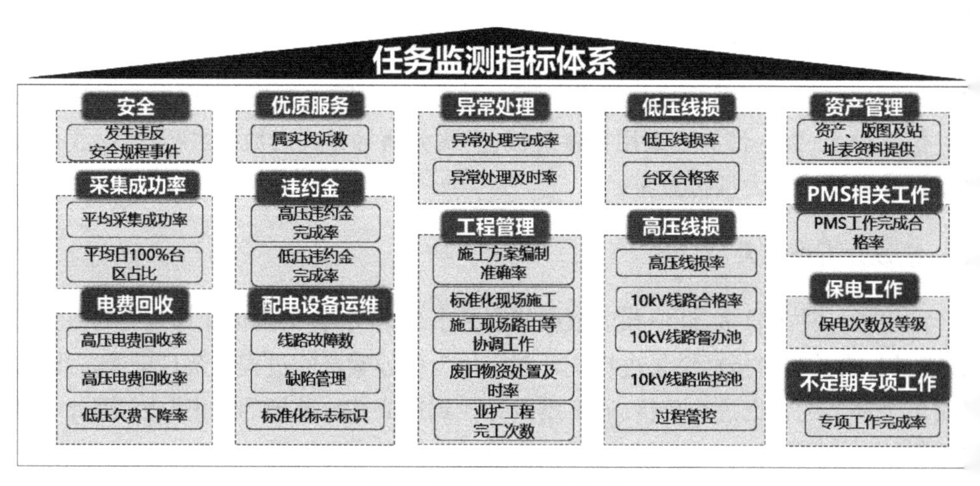

图 1 任务监测指标体系

分解责任到组、到人,自主开发多维度全业务指标监控看板,实时显示指标完成情况,降低业务执行反馈成本,指标管理实现由“月监测”向“日管控”的飞跃,确保异常问题不过夜,逐步引导员工由“经验依赖”向“数据驱动”转变。

3. 实践案例

以台区线损日监控为例,汇集电力营销业务应用、设备资产运维精益管理和用电信息采集 3 个系统内台区档案、运行以及电量数据,匹配网格承包清单,合理设定“一台区一指标”,建立到组到人的台区日线损排名看板,及时呈现线损治理成效,激发网格组人员降损稽查动力。

2.2 核心指标异动智能诊断

一线班组经常需要处理线损异常、远程购电失败等业务异动,原因分析复杂、排查工作量大,传统的经验判断及现场检查模式难以满足精细化的专业管理要求,亟需找到高效分析手段,精准定位异常原因。

总结提炼专家经验,搭建智能分析模型,汇集业务异常影响因素,复现线下问题处理流程,固化业务监测规则 24 项,快速输出疑似问题清单,辅助外勤人员快速排查原因,上半年累计支持 1 022 项异常工单处理,覆盖客户投诉、稽查监控等 5

业务。

典型案例:聚焦低压台区线损异动,构建辅助分析模型,以台区 JN53147HK 甲为例,将 6 类线损影响因素集中呈现在同一界面,方便业务人员快速排查线损异动原因,如表 1 所示。

表 1　台区分析

分析步骤	分析方式
1. 台区线损趋势	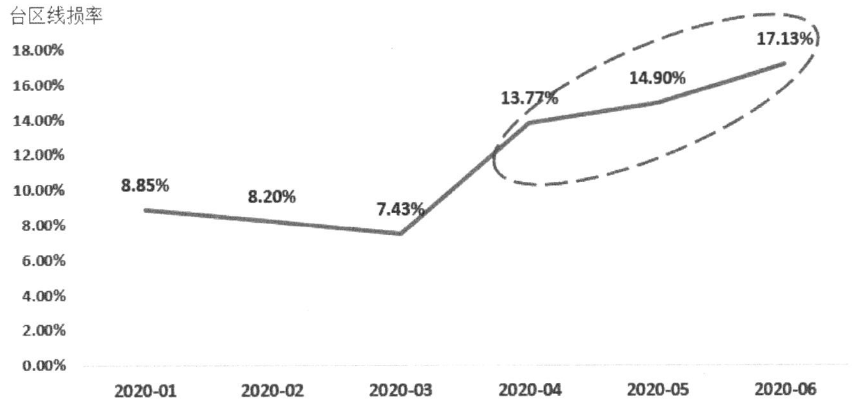 台区线损率 18.00% 16.00% 14.00% 12.00% 10.00% 8.00% 6.00% 4.00% 2.00% 0.00% 2020-01: 8.85%; 2020-02: 8.20%; 2020-03: 7.43%; 2020-04: 13.77%; 2020-05: 14.90%; 2020-06: 17.13%
	分析:4 月到 6 月线损随天气变热在 13%到 17%缓慢爬升,符合窃电台区基本变化规律。
. 台区打包分析	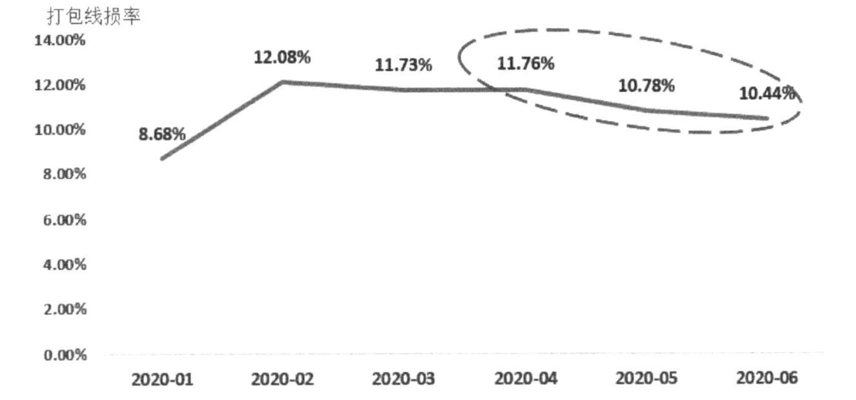 打包线损率 14.00% 12.00% 10.00% 8.00% 6.00% 4.00% 2.00% 0.00% 2020-01: 8.68%; 2020-02: 12.08%; 2020-03: 11.73%; 2020-04: 11.76%; 2020-05: 10.78%; 2020-06: 10.44%
	分析:以小区为单元进行打包分析,发现线损超出合格范围,判断户变关系不是首要影响因素。

续表

<table>
<tr><th>分析步骤</th><th>分析方式</th></tr>
<tr><td>3. 台区非智能表情况</td><td> 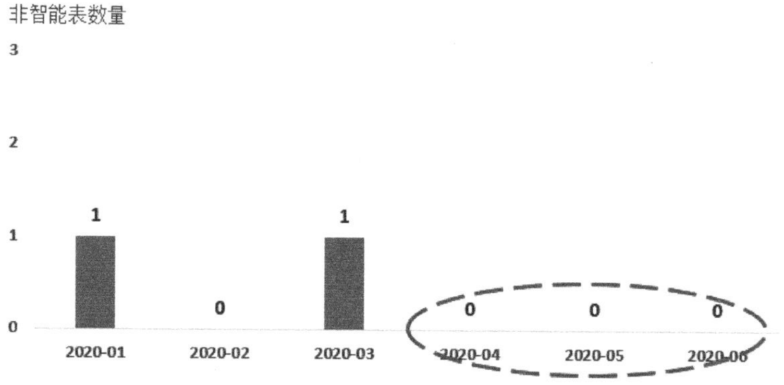非智能表数量
2020-01：1　2020-02：0　2020-03：1　2020-04：0　2020-05：0　2020-06：0
分析:4~6 月无非智能表,排除人工抄表不到位的因素。</td></tr>
<tr><td>4. 台区采集信息</td><td> 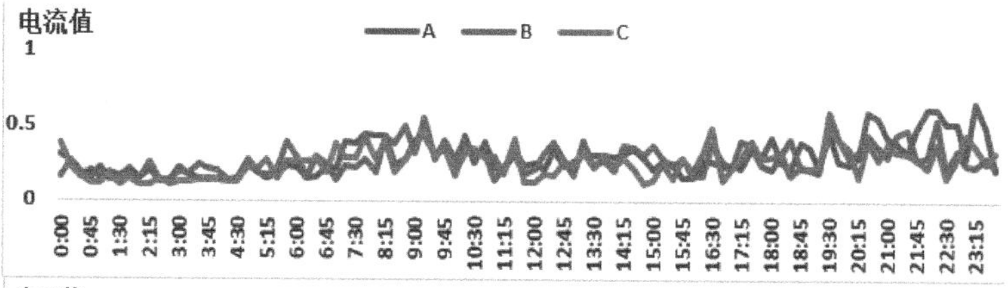电流值（A、B、C）
电压值
分析:台区表电压、电流值在合格范围内,排除计量、采集环节不准的因素。</td></tr>
<tr><td>5. 台区零电量信息</td><td>
<table>
<tr><th>用户编号</th><th>电压等级</th><th>用电类别</th><th>电能表类别</th><th>20200630</th><th>20200629</th><th>20200628</th><th>20200627</th><th>......</th><th>20200403</th><th>20200402</th><th>20200401</th></tr>
<tr><td>0007331161</td><td>交流 220V</td><td>城镇居民生活用电</td><td>智能表</td><td>0</td><td>0</td><td>0</td><td>0</td><td>......</td><td>0</td><td>0</td><td>0</td></tr>
<tr><td>0004387666</td><td>交流 220V</td><td>城镇居民生活用电</td><td>智能表</td><td>0</td><td>0</td><td>0</td><td>0</td><td>......</td><td>0</td><td>0</td><td>0</td></tr>
<tr><td>0020745644</td><td>交流 220V</td><td>城镇居民生活用电</td><td>智能表</td><td>0</td><td>0</td><td>0</td><td>0</td><td>......</td><td>0</td><td>0</td><td>0</td></tr>
<tr><td>0010342363</td><td>交流 220V</td><td>城镇居民生活用电</td><td>智能表</td><td>0</td><td>0</td><td>0</td><td>0</td><td>......</td><td>0</td><td>0</td><td>0</td></tr>
<tr><td>0020732758</td><td>交流 220V</td><td>城镇居民生活用电</td><td>智能表</td><td>0</td><td>0</td><td>0</td><td>0</td><td>......</td><td>0</td><td>0</td><td>0</td></tr>
<tr><td>0007377121</td><td>交流 220V</td><td>城镇居民生活用电</td><td>智能表</td><td>0</td><td>0</td><td>0</td><td>0</td><td>......</td><td>0</td><td>0</td><td>0</td></tr>
</table>
分析:台区零电量用户较多,锁定近三月的零电量用户为疑似窃电用户范围,下发至相应网格班组进行现场稽查。</td></tr>
</table>

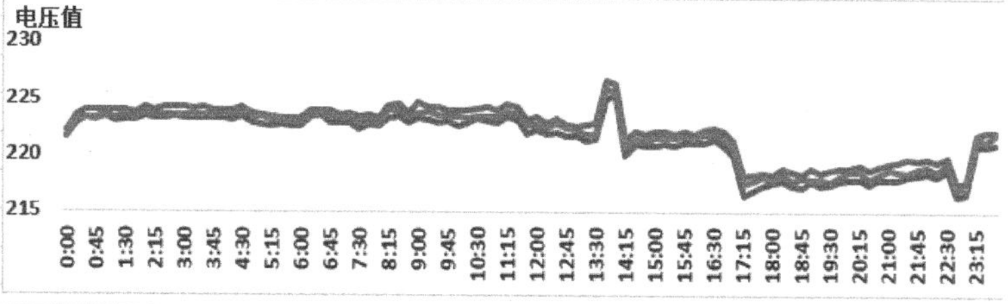

.3 基于告警信息分析的工单精准派发

1. 业务需求

各业务系统按照既定业务规则运行，常态化输出大量告警信息，例如电表零金额
正常用电、失流失压、反向有功走字等计量告警和台区低电压、重过载、三相负荷不均
等设备告警信息频繁出现，尤其是迎峰度夏度冬期间，更是成倍增加，这给及时有效
处置带来很大困难。

2. 解决措施

针对电价、电量、电费、计量、采集、档案及台区运行 7 大类 35 小类常见告警信
息，利用关联指标分析和历史记录比对，逐项制定甄别筛查规则，构建告警智能分析
过滤模型，及时准确辨识有效告警信息，精准指导现场运维。

3. 实践案例

以 6 月 1 日至 10 日小站供电服务中心告警信息处理为例（图 2），自动分析处理
电表告警信息 1 582 条，判定真实异动 29 条，台区运行告警信息 175 条，判定实际异
常 63 条，档案错误告警信息 16 条，判定需现场处置 13 条等，累计过滤 80%以上的无
效告警信息，从源头避免不必要的现场检查，实现精准派单，显著提升现场运维效率
和客户服务体验。

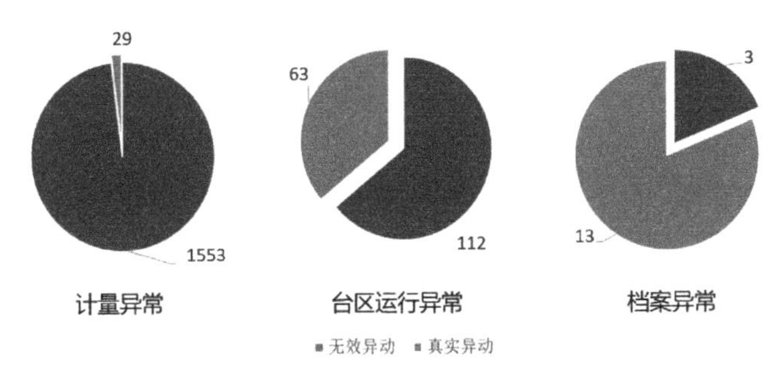

图 2 告警信息智能过滤结果统计

4 灵活透明的绩效量化管控

1. 业务需求

基层管理普遍缺乏行之有效的绩效考评手段，业绩评定多以“印象式”、“回顾
”考核为主，甚至仍然实行“大锅饭”式的平均分配，员工主观能动性和干事创业活
难以有效激发。

2. 解决措施

在绩效管理中牵住数据驱动这个牛鼻子，综合 14 类监测指标完成情况、专项工
开展质效和实际任务完成量，建立“三灵活”绩效分析模型（指标设计灵活优化、指

标权重灵活配置、奖金额度灵活调整），突出绩效赋能，基于“包干到人”的业务指标分析，自动计算网格组、网格成员业绩排名和绩效薪酬奖励，在部门范围公开，让员工做到业绩目标心中有数，挣多挣少心中有感。

3. 实践案例

绩效量化管控实行以来，各网格组想方设法提高指标结果，争先恐后提升排名位次，绩效排名竞争激烈每月变化，台区线损合格率等关键指标也随之持续向好。以2021 年 2 月绩效分配情况为例，网格一组和三组整体差异较大，其中一组韩某绩效奖金 6 907.5 元，三组王某绩效奖金 1 121 元，两者相差近 6 倍，组间成员绩效差异明显。同时，通过数据驱动的绩效评价，各网格组也充分意识到基础数据质量是业务管理的生命线，小站中心营配数据质量也得以大幅提升，实现了“数据-业务-指标”的良性循环，如图 3 所示。

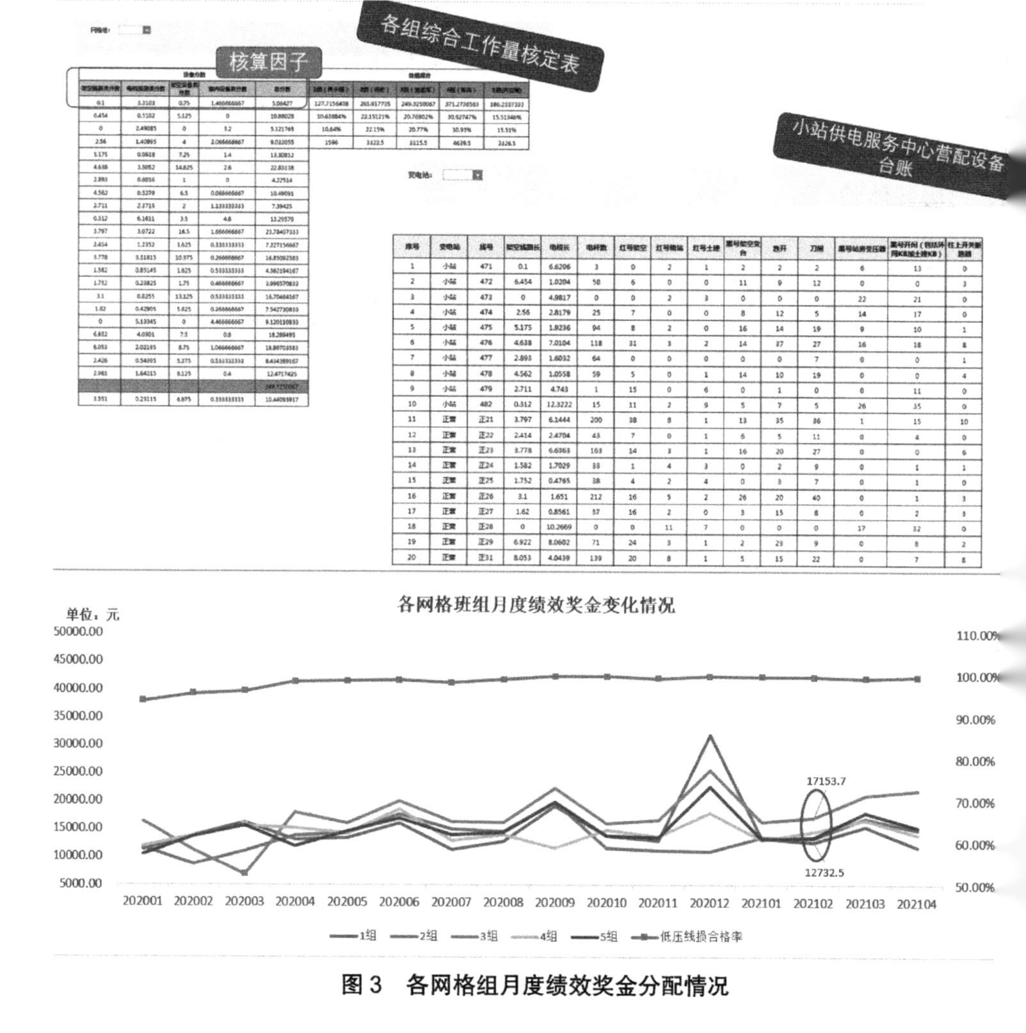

图 3　各网格组月度绩效奖金分配情况

3　成效意义

小站供电服务中心以薪火相传的韧劲持续“保养”高质量的数据资产，以高质量的数据资产支撑“包干到人”的多维度指标分析，以“包干到人”的多维度指标分析辅助透明差异的绩效考评，以透明差异的绩效考评促进全员自觉自主参与数据质量监督维护，形成了“循环生长”的班组数据管理与应用生态。

3.1　经营管理质效显著提升

“小站模式”实行以来，小站中心基础管理和指标管理水平取得了质的飞跃。营配基础数据更加翔实精准，高低压营配基础数据与现场一致性达到 100%，电费回收率多年保持 100%；低压线损率由过去的 8.6%降至 2.22%，台区线损合格率 100%；供电可靠率由 2017 年的 99.973 4%提升至 2020 年的 99.994 5%。

3.2　社会综合效益不断显现

通过数据精准管控和广泛宣传，小站中心服务区域用电环境不断优化，群众依法守法用电意识持续增强。通过推行不停电作业、主动抢修、主动运维等服务举措，实现了“供电不间断、用户无感知”，群众满意度持续保持高水平，客户诉求万户工单量由 2017 年的 264 件降至 2020 年的 193 件，降幅 26.9%。通过农网升级改造等项目，户均容量由 2017 年的 3.8 kV·A 提升至 2020 年的 6.5 kV·A，美丽乡村建设电能支撑更加充足。

3.3　员工动力得到有效激发

创新建立的网格组成员选聘和激励发展机制，切实激发了员工干好工作和提升素质的主动性。小站中心员工累计参与双向选择 60 人次，26 名员工踊跃参加一专多能培训。职工、业务委托工薪酬倍比分别达到 1.18、2.31，员工转型压力转化为工作动力，班组从“要人推活”转变为“减人争活”。一大批营配业务精湛、数据分析能力出色、综合管理能力突出的人才在小站成长起来，近三年，小站中心输出人才 13 人，8 人得到重用，4 人聘任职员，员工成长与公司发展实现“同频共振”。

4　结语

随着数字化应用快速发展，以大数据为代表的信息资源向生产要素的形态演进，数据已和其他要素一起融入经济价值创造过程，国网天津市电力公司积极推进数据价值共享,优化数据要素配置模式,解耦业务与数据的关系,让数据生产资料进行通盘配置、共享应用,促进生产关系革新。在基础数据共享方面,数据要素进行二次分配,在集中汇总的基础上,各专业各基层按权限实现对业务数据的自主使用,致力营造共享共建的数据应用氛围。

参考文献

[1] 郭超凡. 基于数据粒度预计算的零售报表系统的设计与实现[D]. 北京:北京交通大学,2018.

[2] 唐敏. 基于大数据的企业报表平台构建[J]. 中国新通信,2019(2):4-10.

[3] 梁雨薇. 面向企业管理平台的数据仓库报表服务系统[D]. 北京:北京邮电大学,2018.

[4] 黄传禄. 基于用友 UAP 平台的报表设计[D]. 江西:江西信息应用职业技术学院,2014.

[5] 孙志斌,邵晓勇,李军. 转变思路 另辟蹊径 创建报表服务新模式[J]. 金融电子化,2012(7):5-10.

[6] 周永庚,邓佑满. 跨平台电力系统报表工具的设计和应用[J]. 电网技术,202(5):4-12.

[7] 赖伟良. 大数据环境下计算机应用技术的分析及探讨[J]. 技术与市场,2020(9):3-7.

神经拟态视觉传感计算技术综述

鲁毅[1]，章飚[1]，曾永红[1]，赵斌[1]，单诚[1]

（1. 天津津航计算技术研究所，天津市，300308）

摘要：人眼成像具有动态响应范围大、功耗低、带宽高的特点。通过将神经拟态视觉传感器与以 SNN 为代表的类脑计算技术融合，可以初步实现对人眼视网膜成像到大脑视皮层处理图像工作过程的模拟。本文对来神经拟态视觉传感技术、神经拟态计算技术以及使用两种技术构建神经拟态视觉系统的发展情况进行回顾，并对未来适用于视觉感存算系统的光子忆阻器等技术的研究现状进行了综述和展望。

关键词：神经拟态视觉，类脑计算，视觉感存算一体

引言

1980 年代，加州理工学院的 Carver Mead 最早提出了神经拟态的概念[1]。这一念引出了一门工程学科，其目标之一是通过计算神经学的理论来构建智能的视觉统，该领域被称为神经拟态工程学[2]。

目前，主流视觉成像技术中使用电荷耦合器件（Charge Coupled Device，CCD）或源像素图像传感器（Active Pixel Sensors， APS）成像机制，遵循以“帧”为基础的成结构，同一时刻每个像素点都参与成像，过程中每一帧重复采集静止的背景信息。拍摄高速运动物体时，冗余信息导致数据带宽不足，无法捕捉到足够的“帧”，造成像模糊，且无效功耗极大。同时，上述两种传感器形成的图像，会在光源消失后迅消失，不具备图像记忆能力。

生物学研究表明，人类视觉系统采集信息时，有一套自适应的动态和静态信息处机制。包括人在内的动物视觉神经对于运动物体极为敏感，可以捕捉到运动物体运动特征和轨迹。这使得采样到的冗余背景信息全部筛除，极大降低了图像传输宽，图像传输中加强了对时间参量的捕获，增强了图像采集实时性的同时，降低了集单元的功耗水平。而且，人类视觉系统能够在光源消失后的较长时间内，保持光激信息不变。

人眼采集的信息最终进入大脑视觉皮层进行处理和存储。传统的视觉神经拟态程中，通过将传感器的信息传递至中央处理单元完成信息的提取、存储和应用。基

于人工神经网络(Artificial Neural Network，ANN)的算法在图像提取场景里进行了广泛的应用,特别是深度神经网络(Deep Neural Network，DNN)实现了在众多图像分类和目标识别场景中,对人眼平均识别准确率的超越。但DNN模型的生物学意义不精确,只能使用权重粗略表达神经突触间不同的连接关系,没有精确的神经动力学模型准确描述生物神经元的运作机制。通过神经拟态传感系统采集的信息传递给DNN进行处理时,需要进行复杂的变换,丧失了神经拟态视觉传感器的时序优越性。

脉冲神经网络(Spiking Neural Network,SNN),是受益于脑科学启发的新一代神经网络。脉冲神经网络也属于人工神经网络的范畴,与DNN等以放电率为信息载体的模型相比,SNN模型中增加了时间维度的描述,使SNN成为具备时空复合维度的网络范式。生物学模型能够通过SNN进行更精确地模拟和表达,成为类脑计算中最为重要的发展技术路径。因此,通过该网络完成神经拟态传感信息的计算,可以充分利用神经拟态视觉传感器具备的时域图像特性,使神经拟态传感和神经拟态计算自然耦合,这将成为视觉领域最有前景的技术方向之一。

本文首先介绍人类视觉采集和大脑视觉皮层处理信息的原理;梳理神经拟态视觉传感技术和神经拟态计算技术的发展历程与现状;阐述目前已经形成的神经拟态传感计算系统和数据集。最后,本文着重整理感存算一体忆阻器件原理及最新进展,这种器件具备模拟神经突触特性的潜质,为未来神经拟态视觉传感与视觉计算的融合提供了可行的路径。

1 神经拟态视觉原理

人类视觉系统是由异步事件驱动(Asynchronous Event Driven)的,通过在多路神经系统中分层、并行处理,形成低延迟、高速率、低功耗的处理范式。

1.1 人类视觉感知系统模型

人的视觉感知系统有三个主要功能层,包括感光功能层、视网膜表层和神经节细胞[3]。基本工作过程是,感光功能层中的视杆细胞和视锥细胞,将采集到的视觉信息传递到具有缓冲处理功能的双极细胞层中。双极细胞通常横向互连,一方面实现感光功能层的亮度调节,另外一方面可以实现输入图像信息的锐化,再把处理过的信息传递到视网膜表层。视网膜表层的神经节细胞根据接收到的信号内容产生电位变化,电位变化通过视神经传输到大脑的视觉皮层。神经节细胞具有事件驱动的特性,工作过程中会关注变化的图像信息,将大量的背景静态信息过滤掉,极大降低人类视觉感知系统的数据传输带宽和功耗水平。

人的视觉感知系统对一定范围内的光线变化有自适应能力。在强光环境下,靠感光功能层中的视锥细胞工作，能够识别颜色；在弱光环境下，依靠视杆细胞工作，对颜色不敏感，能够识别物体轮廓等灰度信息。双极细胞层中的自适应能力也依赖两种类型的细胞实现，包括感知光线增强的 ON 型细胞和感知光线减弱的 OFF 型细胞。

总体来看，人类视觉感知系统的优势包括[4]：感光功能层通过记录光线变化而不是光线的绝对亮度来提高光线感知的动态范围（High Dynamic Range，HDR）；感光功能层采用两种结构分别采集目标信息的静止纹理和运动目标的轮廓；视神经细胞对采集的目标信息采用了带有时间特征的时空脉冲编码，这是一种高效的视觉信息编码方法[9]，提高了对变化的敏感度，并降低了信息带宽；视杆细胞具有带通滤波的功能，进一步降低了信息传递的带宽。

.2 人类视觉神经拟态计算模型

人类视觉神经拟态计算的核心，是构建与人脑视觉皮层工作机制类似的人工智能计算实体。类脑智能期望从脑科学研究中获得包括架构、运行机制和处理能力方面的启示，使神经拟态的智能计算能够逼近甚至超过人类智能的水平。SNN 是这一领域的研究热点。

脉冲神经网络理论基础是生物学中以神经元为基本单元的脑部神经组织结构。神经元主要包括三个部分：树突（Dendrite）、胞体（Soma）和轴突（Axon）。树突的作用是汇集其他神经元的信号，并将这些信号转发至胞体；胞体完成输入信号处理，输入的生物电位会有一个阈值，当输入信号累加结果超过阈值后，会产生一个神经脉冲；轴突的末端是突触结构，胞体产生的神经脉冲信号沿轴突传播并利用突触传递到下一级神经元。

神经元是通过生物基础动力学方程实现数据精确表达的。1952 年，Hodgkin 和 Huxley 对乌贼巨轴突的电位数据进行研究，提出了 H-H（Hodgkin-Huxley）模型[5]。这项工作对神经系统中离子通道的机制与运动电位之间的关系进行了精确近似，完成了奠基性的工作；1907 年，Lapicque 提出了 LIF（Leaky Integrated-and-Fire）模型[6]，该模型描述的过程比较粗糙，但是保留了动作电位中泄漏、累积和阈值激活这几个比较关键的特征。该模型简洁的数学表达，使其在计算机模拟仿真中容易近似，因此成为目前脉冲神经网络中采用比较广泛的模型。在这个模型的基础上，衍生出了二阶 LIF 模型[7]、指数 LIF 模型[8]和自适应指数 LIF 模型[9]等。Izhikevich 模型[10]在保留 H-H 模型的生物合理性同时，兼顾简洁的数学计算能力。通过组合该模型的参数设定机制，可以模拟几乎所有大脑皮层中的神经元放电机制。在简化 H-H 运算方面，Izhikevich 模型相较于前者达到 2 个数量级的提升[11]。SRM（spike response model）模型在 LIF 模型的基础上增加了对神经元不应期特性的描述，同时，该模型采用了滤波器的表达方式进行数学表述[12]。

生物系统中的学习和记忆过程是通过局部的突触可塑性实现的。这与现在神经网络学习过程中通常采用的BP函数机制有本质的不同。1949年，Hebb(赫布)提出了关于脑神经元与学习活动的假说。之后，科学家关于海马体长时程增强作用(Long-Term Potentiation，LTP)与长时程抑制作用(Long-Term Depression，LTD)的实验，验证了假说的成立。Markram等人[13]，发现在10 ms时间差异下，突触前-突触后的神经元发放顺序会触发LTP，反之会触发LTD，连续同一时刻的刺激不一定导致突触间的连接增强，但是时间上的前后顺序不同会导致突触的极性和幅度发生显著变化。后来，这一结论被归纳为脉冲时间相关的突触可塑性(Spike-Timing Dependent Plasticity，STDP)。

2 神经拟态视觉的实现

2.1 神经拟态视觉传感技术的实现

在神经拟态工程学诞生的几十年时间里，人们开发了多种多样的神经拟态视觉传感器。神经拟态视觉传感器是通过捕获感受野中光线强度变化产生异步事件流的一种传感器。在基于事件(Event-Based)的视觉传感器问世(也称为事件相机)前，神经拟态视觉研究的成果在电路设计、工艺实现、噪声控制、像素单元面积等诸多方面都存在问题，研究成果成熟度很低。

参照人类视觉系统的记录机制，基于事件的视觉传感器记录感受野内光强的变化信息。当一个像素位置的亮度变化(变化带有极性，可能增强或减弱)超过指定阈值时，基于事件的视觉传感器会在当前时间点输出一个带有时间信息的异步事件。

神经拟态基础单元之间的互联复杂，神经元的信号传递需要采用高效的异步方式才能实现。目前，最有效的方法是由Mahowald等人提出的AER协议[14]。该协议采用多路异步的传输。在协议框架下，每个像素的脉冲信号以事件形式独立传输，根据时间先后顺序按照非固定频率异步发起。接收端根据事件数据中携带的地址和时间信息完成解码。目前，较为成熟的神经拟态视觉传感器有两类技术实现路径，分别是差分型视觉传感器和积分型视觉传感器。

2.1.1 差分型视觉传感器

差分型视觉传感器采用三层结构抽象的方式，模拟了人类视觉系统中视网膜外周的光感受器、双极细胞以及神经节细胞。从器件功能层面上模拟视觉系统中高时间分辨率的光感知能力。采用差分方式，即光电流与电压之间形成对数映射，可以效地提高光强动态范围。目前,已经成熟的代表性产品有 4 类。

1. DVS

DVS[15]是最早成熟应用的事件相机。在该结构的基础上衍生出了 ATIS、DAVIS 和 CeleX。DVS 主要由三部分电路组成,包括光电转换电路、动态检测电路和比较器输出电路。采用对数光感知模型使 DVS 获得了接近人类视网膜的高动态范围(120 dB),差分模型保证了对运动目标的高灵敏度响应。利用 AER 协议进行的异步传输,保证了变化场景下较高的时间分辨率(1 MHz)。采用 DVS 结构可以忽略静止或者变化微小的信息,降低数据冗余。这种机制保持了对高速运动信息的敏感性,但是丧失了对绝对光强和静止图像信息的采集能力。

IniVation 公司开发的 DVS128 是第一款商用的事件相机,具有 128 × 128 的分辨率,时域采样频率达到 1 MHz,动态范围达到 120 dB[16]。Samsung 公司发布了 DVS-G2,具有 640 × 480 的分辨率,像素尺寸为 9 um × 9 um。

2. ATIS

ATIS[17]的工作原理是初始阶段所有的像素点都被强制触发,获得一个全局静态图像作为背景。之后的运动区域在光强变化刺激下不断产生基于事件的时序脉冲序列。此外,在 DVS 电路每次触发产生事件时,通过基于时间间隔的光强测量电路,建立起光强与时间序列之间的对应关系,这样可以获得变化像素点的光强信息。新产生的光强信息会叠加在初始阶段的图像上记录背景灰度的变化。与 DVS 相比,这种改进获得了一定范围的背景信息,但仍旧造成事件与灰度信息随时间积累的错位,最终在可视化恢复后显示出明显的纹理差异。

Prophesee 公司研制了首款商用 ATIS[18],具有 304 × 240 的空间分辨率、1×10^6 Hz 的时域采样频率和 143 dB 的动态范围。Intel 公司采用该技术应用于自动驾驶汽车的视觉处理系统中。

3. DAVIS

DAVIS[19]在 DVS 基础上直接加入 APS 传感器,从而获得清晰的背景信息。这使得 DAVIS 在商用领域应用获得了较大的进步,众多学术机构与商业团体使用该技术,建立神经拟态视觉的数据集,为神经拟态计算技术进步打下了坚实的基础。

IniVation 公司在 DAVIS240(空间分辨率 240 × 180)的基础上研制了带有 APS 辅助的 DAVIS346,空间分辨率提升至 346 × 260。时域采样率和动态范围保持了原 DAVIS240 的水平。该传感器在工作中,对于事件产生的脉冲序列会添加有 APS 传感器捕获的 RGB 彩色信息。不过由于 APS 模式的帧频率只有 50 FPS,与 DAVIS240 的 1 MHz 的时域采样频率相距甚远,且动态范围也只有 56.7 dB,因此无法精确同步,导致高速场景下的模糊。

4. CeleX

CeleX[20]在 ATIS 结构基础上改进而来。CeleX 将输出事件采用(x, y, t, I)四元组表示。与 DVS 的(x,y,t)三元组事件表示方式相比,除了记录像素位置(x,y)和触发时间(t)之外,还记录了光强信息(I),有效改进了 ATIS 机制中光强记录迟滞的问题。光强信息是通过将对数光感受器的结果转换后得到的。CeleX 在工作起始时也进行全局触发获得初始背景信息。

CelePixel 公司研制的 CeleX-V[21],具有 1280×1280 的分辨率,在保持动态范围120 dB 的条件下,具有 160 MHz 的时域采样频率。Baidu 公司采用该方案用于汽车自动驾驶辅助系统,主要完成驾驶异常行为的实时检测。

2.1.2 积分视觉传感器

积分型神经拟态视觉采样是对人类视网膜中央凹区域的光感受器、双极细胞和神经节细胞三层结构的抽象。积分型传感器的每个像素也是独立的,它模拟了积分发放模型,光信号转换为电信号,积分器通过时间累积达到设定阈值后,相应像素点输出一个脉冲信号,积分器此时清空电荷,比较成熟的积分视觉传感器有 2 类。

1. 章鱼视网膜相机

章鱼与人的眼部成像机制非常相似。同时,还避开了视网膜倒置的结构问题。章鱼视网膜相机是第一个使用积分采样模型实现的事件相机。APS 传感器在一个固定的时间内对光电流进行积分,这个时间长度通常被称为扫描时间。章鱼视网膜相机将光电流进行积分转换成电压处理。当电压超过阈值后,会产生一个神经脉冲,光电流的数值表示两个相连神经突触间的峰值时间间隔。峰值时间间隔与光线强度呈反比。此外,章鱼视网膜中的每一个神经突触的读出动作是由每一个像素单元独立控制的。就是说,超过阈值的像素会独立申请对外输出数据的访问权限,从而实现数据带宽显著释放。

Culurciello 等人[22]基于 AER 协议使用 0.6 μm CMOS 工艺设计了一种事件相机,具有 80×60 像素的空间分辨率,每个像素单元的尺寸为 32 μm×30 μm。时域采样频率达到 200 kHz。在局部照明的条件下,像素点可以实现 180 dB 的最大动态范围,阵列整体也可以达到 120 dB 的动态范围,而平均功耗只有 3.4 mW。

2. Vidar

Vidar[23]的主要电路结构包括光电转换、积分器以及比较器。积分器将光电转换得到的信号进行累加,通过与预设脉冲触发阈值的比较来产生脉冲信号,积分器电荷同时清零复位,实现光强信息的频率编码,这个过程称为脉冲频率调制(Pulse Frequency Modulation,PFM)。这种机制能够同时保有构建静态和动态图像细节的能力,但是其工作过程产生较多冗余信息,使其时域采样频率受到限制。

黄铁军等人研制出首款 Vidar,具有 400×250 的空间分辨率,时域采样频率达

0 kHz。由于兼具动态和静态纹理重构的能力，Vidar 可以实现高速运动场景下的物体检测、追踪和目标识别，已经应用在包括自动驾驶、无人装备等领域。

.2 神经拟态视觉计算技术的实现

脑神经系统具有无中心、多路径并行和可扩展的特点。传统的冯·诺依曼结构计算机，通常使用集中计算资源、存储资源和集总式总线的体系结构。这不利于神经系统结构的模拟。在贴近神经拟态的视觉计算处理架构中，计算资源被平均分配到若干个计算核心，每个计算核心拥有独立的存储，通过路由式总线实现连接，彼此间进行对等的计算和数据交换。每个计算核心承担一些神经突触的仿真运算任务，实现神经元之间的连接、学习期间的权重更新以及推理任务。事实上，神经元动力学的电特性更容易通过模拟电路实现验证，但是模拟电路鲁棒性不足、不易量化、可编程性不足。基于上述原因，目前利用硅基集成电路实现类脑计算的比较成熟的技术路径有两个分支，分别是数模混合电路和全数字电路。

.2.1 数模混合电路实现

美国斯坦福大学提出的 Neurogrid[24]，可以支持复杂的 H-H 模型，利用硅晶体管的亚阈值特性，通过模拟电路仿真离子通道的各种生物动力学行为。Neurogrid 系统中的每个计算核包含 256 × 256 个神经元，16 个计算核在一块电路板上通过路由网络实现互联，从而实现百万级神经元的行为模拟，网络整体功耗约为 3.1 W。

瑞士苏黎世大学提出的 DYNAPs[25]，其基础原理与 Neurogrid 类似，但是该团队提出了异构路由结构，在芯片间采用网格状的二维拓扑，在片内的计算核之间采用个父节点和 4 个子节点的树形路由拓扑，计算节点内还引入了内容寻址存储器 CAM)，使得在不同层级上将低延迟和低带宽的特性发挥到了极致。论文实际的演示系统中每个神经元具有 64 扇入、4 000 扇出的能力，256 个神经元组成一个计算核，一颗芯片中集成 4 个计算核心，计算系统中使用 9 块芯片部署了一个 4 层卷积神经网络，完成了扑克识别的应用任务。

海德堡大学和德累斯顿大学联合开发团队提出的 BrainScaleS[26]采用超阈值模拟电特性进行神经元动力学仿真。该结构中每个芯片包含 512 个神经元，在一个晶圆上制造了 352 颗相同规格的芯片，通过 FPGA 实现芯片间的路由通信。晶圆利用 TDP 原理完成神经突触的权重更新，晶圆间也通过 FPGA 实现路由通信。相比于两种结构，BrainScalseS 实现了脉冲神经网络的在线训练过程。整个系统的功耗约 1 kW。

ROLLS[27]采用亚阈值模拟电路实现神经元动力学。该结构的研究重点在神经态突触的学习机制方面，模拟了 LTP 和 LTD 机制，在芯片内部实现了 256 × 256 个

LTP 突触和 256×256 个 LTD 突触。

2.2.2 全数字电路实现

SpiNNaker 平台包含 18 个 ARM 处理器核,每个处理器核可以仿真近 1 000 个神经元[28]。128 兆字节的片外 DRAM 存储器用于存放突触参数。基于可编程的通用处理器架构, SpiNNaker 支持多种神经元动力学模型,包括 LIF、Izhikevich 和 H-H 模型。平台内部的神经元采用六角形的结构实现互联,并扩展成一个完整的神经网络。借助这个结构,SpiNNaker 具备了在线学习能力。

清华大学类脑计算研究中心团队,首次提出了深度神经网络架构与脉冲神经网络融合的异构计算神经拟态芯片[29]。该芯片模拟实现了标准神经元的五个主要部分,包括轴突、突触、树突、胞体和路由。针对不同计算范式的脉冲神经网络,可以进行对应映射,实现一定的通用性。此外,该芯片中设计的计算核轴突、胞体同时具备非脉冲和脉冲两种工作模式,内部通过数据路由完成神经元间的链接和数据分发。可灵活配置的结构使该芯片能够帮助探索新的类脑计算模型。

Loihi[30]是英特尔研制的神经拟态芯片,该芯片能够支持在线学习,架构上支持一定程度的重构,因此可以完成针对仿生突触学习的研究。Loihi 芯片中包含 128 个计算核,每核有 1 024 个神经元和 16 MB 的突触容量。突触的权重可以在 1 bit 到 9 bit 之间选择,以平衡不同场景的计算精度与计算速度之间矛盾。论文中完成了 LASSO 问题的求解,该计算过程与使用通用处理器相比,有 5 000 倍的能效提升。此外, Loihi 的通用性体现在支持核对核的多播传输、稀疏连接的模型、状态变量随机噪声、树突计算、发放阈值自适应以及可配置的突触延迟等功能。

FlexLearn[31]支持在线学习功能,支持 17 种突触学习规则,比如 LTP、LTD 和内稳态等。论文中提出的结构采用了多种优化手段提高不同学习规则间资源复用的比例,包括针对特定规则的专用变量变化通路、分析路径间的耦合程度等方法,进一步地将控制和数据流动中的通路拆分成细粒度的基础通路单元,使微架构层面可以实现并行化和流水线化。论文实现了 128 个计算核的组合,核间采用网格状的路由拓扑实现连接。

上述工作中完成了神经拟态计算的小规模实现,部分成果获得在线学习的能力。进一步的如果使用 1 200 块 SpiNNaker 演示板,可以模拟出人脑百分之一的计算力。但是,上述研究工作中仍然有诸多问题需要解决,包括更适合的硬件实现神经模型,在保持简洁的同时,能够模拟离子通道的特性; STDP 学习机制的改进和效率提升。

.3 神经拟态视觉系统

神经拟态数据通常由一组四维向量(x, y, t, p)表示,其中(x, y)表示有效像素信息的拓扑坐标,t 表示相应脉冲产生的时间信息(分辨率 us),p 表示脉冲的极性。这些信息很好地展示了数据间的时间特征,包括精确地发放时间和帧之间的时序耦合,而基于脉冲神经网络的神经拟态计算单元则可以处理异步的事件驱动信息。

由于事件相机的神经拟态输出数据格式与传统帧的数据格式差异较大,因此经典机器视觉算法不能直接应用,需要进行计算范式的转换。神经拟态视觉系统是利用神经拟态视觉传感器和神经拟态计算核心对事件驱动的脉冲时序天然兼容的特性,在现有技术条件下,对人类视觉神经系统从感知到脑皮层处理最好的模拟系统。

目前实现的神经拟态视觉系统已经能够完成特定的目标分类和识别任务。唐华锦等人设计了一种前馈脉冲神经网络,该网络采用级联式的多层结构,可以对 DVS 采集的数字字符进行分类[32]。施路平等人在深度学习平台上实现层数较深的脉冲神经网络,实现了面向分类任务的监督学习和加速计算[33]。Benosman 等人利用多层神经元组成的脉冲神经网络,实现了具有双目视差及单目变焦能力的立体视觉系统[34]。Acharya 等人使用级联式的多层脉冲神经网络,完成了固定场景指定区域的检测功能[36]。Bing 等人面向机器人视觉导航应用设计了一个具有端到端结构的脉冲神经网络系统[37]。

使用神经拟态视觉传感器收集产生的数据集,是目前充分利用神经拟态计算能力最高效的方式。部分研究团队借助已有的事件相机产品对热点研究领域进行了图像数据的积累,已经形成了几类公开的数据集,主要集中在目标分类和识别领域,包括:N-MINIST、N-Caltech101、MNIST-DVS、CIFAR10-DVS、DVS-Gesture、N-CARS、LS-DVS、DVS-PAF 和 DHP。

感存算一体神经拟态视觉方法

前文所述神经拟态视觉系统采用硅基集成电路,在拟合神经动力学方程的能力仍显不足。对于构建深层次的仿生神经网络,超大规模异步数字电路的设计难度高。同时,模拟电路方式存在鲁棒性严重不足、一致性差的问题。近年发现的光子阻器等新型材料和器件,在模拟视神经和脑神经方面,显示出了较传统集成电路器更优良的特性,因此,本文后续章节将对未来有望实现新型神经拟态视觉系统的技进行阐述。

3.1 光子忆阻器和光电晶体管

忆阻器[38]是1971年美国Chua发现的一种与电阻、电容、电感并列的无源基本电路元件。忆阻器元件描述了阻值与流经电荷的相关性,可以实现阻态变化的掉电保持。由于忆阻器在一定范围的电压或者电流刺激下,能够产生持续的阻态变化;施加反向电压或电流后,阻态产生相反方向的持续变化。这种特性与前文所述的生物神经突触可塑性相似,使得忆阻器成为模拟生物神经突触的理想器件。同时,忆阻器实现结构简单,容易实现高密度的集成,有望实现类脑计算。

如果在忆阻器制备中引入光敏材料,使忆阻器控制电压与外部光照条件结合,可以得到光学感知、存储和计算一体的新型器件,称为光子忆阻器。2012年, Ungureanu M等人[39]通过Al_2O_3实现的忆阻器,能够在不同光照条件下实现器件阻态的可控变化。这是首次实现光子忆阻器的实物成果,成为感存算一体研究的奠基性工作。

根据光敏材料的工作机理不同,可以将光子忆阻器分为光调制离子忆阻器和光调制电子忆阻器,主要区别在于光辐射作用到材料时,前者内部参与电流形成的是离子流,而后者是电子流。根据光信号调制机制的不同,又可以将光子忆阻器分为光电调制忆阻器和全光调制忆阻器,主要区别在于前者需要电信号与光信号同时参与阻变效应,而后者仅通过光信号就能实现可逆的阻变过程。

光子忆阻器具备在同一器件上感知光信息、存储信息以及模拟神经突触行为的潜力。使用光子参与神经突触的输入和调控,可以使神经突触获得高带宽、抗串扰和低功耗的能力。

光电晶体管具备较好的光电传感特性。这是一种利用异质结结构实现光敏信号捕捉和放大的三端器件。通过晶体管栅极电压和入射光子调制,可以实现比较好的光响应特性,得到较大的动态范围提升。研究团队采用光子忆阻器、光电晶体管和忆阻器结合等方法,实现神经拟态视觉的传感和计算融合。

3.2 感存算一体传感器

在Ungureanu M等人研究工作的启发下,研究重点集中在光电特性、神经突触结构模拟等方面,取得了部分模拟人类视网膜完成目标识别等功能的研究成果,获得近人眼的光强动态范围,并且拥有与事件相机相似的低带宽、高实时性的数据生成能力。

光电特性研究方面,2013年,Emboras等人[40]发现光信号在波导中传输时会随忆阻器高阻和低阻状态的改变而改变。2015年, Tan等人[41]在使用不同的光照强度对一种新型光子忆阻器件进行照射时,产生不同的光电响应;同时,在不同照射时间的影响下,器件的光电响应特性也会发生变化,利用这个特性实现了对光照信息存储。

神经突触模拟方面，2015 年，Lorenzi 等人[42]使用 250 个忆阻器神经突触组成的网络实现了对 5×5 规格的二进制图像的识别。2018 年，Chen 等人[43]基于对紫外光信号敏感 In_2O_3 材料制备了光探测器，与忆阻器串联在一起组成具备探测和存储能力的类神经突触单元。使用该单元组成的 10×10 阵列能够完成紫外光图像的实时检测。该单元首次实现了在光源刺激结束后，长时间记忆图像的功能。不过，与人类视觉系统相比，阵列还不具备图像处理的能力。

2019 年，Dong 等人[44]使用并行的多条突触电路与单个激活单元设计了神经元电路，实现了超分辨率的单图像重建。Lin 等人[45]使用数模混合的方式制备了一种忆阻器，在图像识别中实现了准确度和速度的调节。Sun 等人[46]证明了 2 维无铅钙钛矿材料能够满足神经拟态计算的自由度需要。

2020 年，Yang 等人[47]使用钙钛矿材料实现了对紫外光和深红色光的双模操作，论文中钙钛矿材料与 3 个种类的透明基底结合，实现了高透的人工神经突触，可以获得对不同强度刺激的长期记忆和短期记忆。Mennel 等人[48]制备了基于 WSe_2 的二维半导体光电二极管。利用 27 个二极管器件组成的 3×3 阵列可以运行有监督学习算法与无监督学习算法形成的神经网络，完成图像分类或编码的功能。

2021 年，Wu 等人[49]使用光预处理单元与增强神经网络的结合，实现了不同噪声条件下自适应模式识别。Wang 等人[50]开发出能够完成弱光检测、图像存储、视觉识别等功能的超低功耗人工视觉阵列，该阵列还具备图像的预处理和简单降噪功能。Hsu 等人[51]研制了基于非挥发性钙钛矿材料的光忆阻器，具备红光激发传感、存储和信号处理功能，能够模拟神经拟态突触。

人类视网膜功能模拟方面，2018 年，Seo 等人[52]研制了三端忆阻器和光学传感器串联的光神经突触单元，本项工作的特点是对不同波长的可见光产生不同的响应特性，从而引起传感器中不同的阻态变化，完成混合颜色模式光信息的感知、存储与预处理功能。使用上述光神经单元制备 28×28 规模的神经拟态视觉阵列，构建了一个光学神经网络，可以模拟 3 种神经元的行为。

2019 年，Zhou 等人[53]设计了基于 Mo 氧化物的光忆阻器神经突触，该器件对紫外光波段敏感，在 365 nm 波长的光照下能够实现高阻态到低阻态的转变，还能通过反向偏压实现阻态的复位。光照强度和光照时间对光忆阻器神经突触的记忆结果都有比较明显的影响。使用该结构制备的 8×8 光忆阻器阵列能够实现图像对比度增强和背景噪声过滤等预处理和存储功能，模拟生物短期记忆的效果。

2020 年，Choi 等人[54]设计了曲面神经拟态图像传感器阵列（cNISA，curved neuromorphic image sensor array）。该系统使用 MoS_2-pV_3D_3 异质结构激活，并从光输入产生加权电输出，模拟人类视觉系统基于突触可塑性推导出输入数据的显著特征，从而在非结构化数据分类方面表现出高效率。此外,该系统还模拟了人眼的半球形视网膜与人眼单晶状体的半球形焦平面相匹配的结构,在不需要复杂得多透镜光学的情况下,最小化了光学像差。此项工作在人眼视网膜模拟的基础上更进一步,对眼球的生理结构进行了成功的仿制,为简化神经拟态视觉系统做出重要贡献。

2022年,Chai等人[55]设计了基于Mo硫化物的光电晶体管视觉传感器,传感器的动态范围达到了199 dB。该阵列很好地模拟了视网膜中水平细胞和感光细胞的功能,利用器件的陷波态在不同的光照条件下动态调制器件的光敏性。光晶体管的栅极可以控制器件的光响应特性,使得阵列具备了类似人眼视杆细胞和视锥细胞的光线强度自适应能力。这是目前已经取得的研究成果中,动态范围最大并且功能上与人眼工作机制十分接近的成果。

4 总结与展望

神经拟态视觉传感技术发展到事件相机形态后获得了低功耗、高带宽、高时间分辨力和高动态范围的特性,相比传统相机,在高速运动物体捕捉等方面获得较大优势,成功实现商业应用,生成的神经形态数据集成为目前可用于脉冲神经网络训练的最成熟数据集。

不过事件相机本身不具备存储和计算能力,需要与脉冲神经网络计算处理器结合,才可以模拟人眼视觉成像到视脑皮层处理的整个过程。虽然事件相机摒弃了大量冗余数据,但是上述处理方式,仍旧保持了数据源与处理单元之间的分立状态,与真正的神经拟态计算还有差距。

随着硅基类脑计算单元规模越来越大,相信通过异步协议以及异步计算的方法在数模混合类脑和纯数字类脑方面能够寻找到合适的方法,将现有视觉传感器产生的带有时间维度的信息进行直接处理,从而实现类人仿生智能成熟度的显著提升。

光子忆阻器或者光电晶体管与忆阻器集成的形态,确保了每一个传感器成为独立的光信息输入单元,形成脉冲并在器件内完成信号的预处理或全部计算。这种独特的器件特性将有可能将神经拟态视觉和神经拟态计算集成在一个统一的器件上完成,彻底解决存储和计算分分立的问题。并且,如果能够成功制备两端器件,与基于CMOS工艺的现有类脑计算电路相比,集成密度将获得更大幅提高。此外,光子忆阻器的光电混合调制或全光调制模式,能够给神经拟态视觉系统带来更高的数据带宽和更强的抗串扰能力。光子忆阻器和光电晶体管所具备的可调节动态范围能力,使得器件更接近人眼的特性。因此,光子忆阻器一定会成为未来神经拟态视觉系统研究发展的重要方向。

参考文献

[1] MEAD C. Neuromorphic electronic systems[J]. Proceedings of the IEEE, 1990, 78 (10):1629-1636.

[2] MAHER M A C, DEWEERTH S P, MAHOWALD M A, et al. Implementing neural architectures using analog VLSI circuits[J]. IEEE Transactions on Circuits and Systems, 1989, 36(5): 643-652.

[3] FIELD G D, CHICHILNISKY E J. Information processing in the primate retina: circuitry and coding[J]. Annual Review of Neuroscience, 2007, 30: 1-30.

[4] POSH C, SERRANO-GOTARREDONA T, LINARES-BARRANCO B, et al. Retinomorphic event-based vision sensors: Bioinspired camera with spiking output. Proceedings of the IEEE, 2014, 102(10): 1470-1484.

[5] HODGKIN A L, HUXLEY A F. A quantitative description of membrane current and its application to conduction and excitation in nerve[J]. The Journal of Physiology, 1952, 117(4): 500-544.

[6] DAYAN P, ABBOTT L. Computational neuroscience: Theoretical neuroscience: Computational and mathematical modeling of neural systems[M]. Cambridge: MIT Press, 2001.

[7] BRUNEL N, LATHAM P E. Firing rate of the noisy quadratic integrate-and-fire neuron[J]. Neural Computation,2003,15(10):2281-2306.

[8] FOURCAUD-TROCME N, HANSEL D, VAN VREESWIJK C, et al. How spike generation mechanisms determine the neuronal response to fluctuating inputs[J]. The Journal of Neuroscience,2003,23(37):11628-11640.

[9] BRETTE R, GERSTNER W. Adaptive exponential integrate-and-fire model as an effective description of neuronal activity[J]. Journal of Neurophysiology, 2005, 94 (5): 3637-3642.

[10] IZHIKEVICH E M. Simple model of spiking neurons[J]. IEEE Transactions on Neural Networks, 2003, 14(6): 1569-1572.

[11] IZHIKEVICH E M. Which model to use for cortical spiking neurons? [J]. IEEE Transactions on Neural Networks, 2004,15(5):1063-1070.

[12] JOLIVET R, TIMOTHY J, GERSTNER W. The spike response model: A framework to predict neuronal spike trains[C]//Proceedings of the 2003 Joint International Conference on Artificial Neural Networks and Neural Information Processing. Berlin: Springer, 2003: 846-853.

[13] MARKRAM H, GERSTNER W, et al. A history of spike-timing-dependent plasticity[J]. Frontiers in Synaptic Neuroscience, 2011, 3:4

[14] LAZZARO J, WAWRZYNEK J, MAHOWALD M, et al. Silicon auditory processors as computer peripherals[C]//Proceedings of the Advances in Neural Information Processing Systems. Denver, USA, 1993: 820-827.

[15] LICHTSTEINER P, POSCH C, DELBRUCK T. A 128 × 128 120 dB 15 us latency asynchronous temporal contrast vision sensor[J]. IEEE Journal of Solid-State Circuits, 2008, 43(2): 566-576.

[16] NEFTCI E O, MOSTAFA II, ZENKE F. Surrogate gradient learning in spiking neural networks: Bringing the power of gradient-based optimization to spiking neural networks[J]. IEEE Signal Processing Magazine, 2019, 36(6): 51-63.

[17] POSCH C, MATOLIN D, WOHLGENANNT R. An asynchronous time-based image sensor//Proceeding of the IEEE international Symposium on Circuits and System. Seattle, USA, 2008: 2130-2133.

[18] AFSHAR S, HAMILTON T J, DAVIS L, et al. Event-based processing of single photon avalanche diode sensors[J]. IEEE Sensors Journal, 2020, 20(14): 767-7691.

[19] XU L, XU W, GOLYANICK V, et al. EventCap: Monocular 3D capture of high speed human motions using an event camera[C]//Proceedings of the IEEE Conference on Computer Vision and Pattern Recongnition. Seattle, USA, 2020: 496-4978.

[20] CHEN S, GUO M. Live demonstration: CeleX-V: A 1M pixel multi-mode event based sensor[C]//Proceedings of the IEEE Conference on Computer Vision and Pattern Recognition Workshops. Long Beach, USA, 2019: 1682-1683.

[21] GAO J, WANG Y, NIE K, et al. The analysis and suppressing of non-uniformity in a high-speed spike-based image sensor[J]. Sensors, 2018, 18(12): 4232.

[22] CULURCIELLO E, ETIENNE-CUMMINGS R, BOSHEN K A. A biomorphic digital image sensor[J]. IEEE Journal of Solid-State Circuits, 2003, 38(2): 28-294.

[23] DONG S, HUANG T, TIAN Y. Spike camera and its coding methods[C]//Proceedings of the Data Compression Conference. Salt Lake City, USA, 2017: 437

[24] AMIR A, TABA B, BERG D, et al. A low power, fully event-based gesture recognition system[C]//Proceedings of the IEEE International Conference on Computer Vision and Pattern Recognition. Hawaii, USA, 2017: 7243-7252.

25] DELMERICO J, CIESLEWSKI T, REBECQ H, et al. Are we ready for autonomous drone racing? The UZH-FPV drone racing dataset[C]//Proceeding of the IEEE International Conference on Robotics and Automation. Montreall, Canada, 2019: 6713-6719.

26] VASCO V, GLOVER A, MUEGGLER E, et al. Independent motion detection with event-driven camera[C]//Proceedings of the IEEE International Conference on Advanced Robotics. Hong Kong, China, 2017: 530-536.

27] VASCO V, GLOVER A, BARTOLOZZI C. Fast event-based Harris corner decectiontion exploiting the advantages of event-driven cameras[C]//Proceedings of the IEEEE/RSJ International Conference on Intelligent Robots and Systems. Daejeon, Korea, 2016: 4144-4149.

8] BOAHEN K. Neuromorphic microchips[C]. Scientific American, 2005, 292(5): 56-63.

9] Li H, Li G, Ji X, et al. Deep representation via convolutional neural network for classification of spatiotemporal event streams[C]. Neurocomputing, 2018, 299: 1-9

0] DAVIES M, SRINVASA N, LIN T H, et al. Loihi: A Neuromorphic Manycore Processor with On-Chip Learning[J]. IEEE Micro, 2018, 38(1): 82-99.

1] CANNICI M, CICCONE M, ROMANONI A, et al. Asynchronous convolutional networks for object detection in neuromorphic cameras[C]//Proceedings of the IEEE Conference on Computer Vision and Pattern Recognition Workshops. Long Beach, USA, 2019.

2] ZHAO B, DING R, CHEN S, et al. Feedforward categorization on AER motion events using cortex-like features in a spiking neural networks[J]. IEEE Transactions on Neural Networks and Learning Systems, 2014, 26(9): 1693-1978.

3] WU Y, DENG L, LI G, et al. Direct training for spiking neural networks: faster, larger, better[C]//Proceedings of the AAAI Conference on Artificial Intelligence. Hawaii, USA, 2019, 33: 1311-1318.

4] OSSWALD M, HENG S H, BENOSMAN R, et al. A spiking neural network model of 3D perception for event-based neuromorphic vision systems[C]. Scientific Reports, 2017, 7: 40703.

5] HAESSIG G, BERTHELON X, HENG S H, et al. A spiking neural network model of depth from defocus for event-based neuromorphic vision[J]. Scientific Reports, 2019, 9(1):3744.

[36] ACHARYA J, PADALA V, BASU A. Spiking neural network based region proposal networks for neuromorphic vision sensors[C]//Proceeding of the IEEE International Symposium on Circuits and Systems. Sapporo, Japan, 2019:1-5.

[37] BING Z, MESCHEDE C, HUANG K, et al. End to end learning of spiking neural network based on R-STDP for a lane keeping vehicle[C]//Proceedings of the IEEE international Conference on Robotics and Automation. Brisbane, Australia, 2018: 1-8.

[38] CHUA L. Memristor-the missing circuit element[J]. IEEE Transactions on Circuit Theory, 1971, 18(5): 507-519.

[39] UNGUREANU M, ZAZPE R, et.al. A light-controlled resistive switching memory[J]. Advanced Materials, 2012, 24(18):2496-2500.

[40] EMBORAS A, GOYKHMAN I, DESIATOV B, et al. Nanoscale plasmonic memristor with optical readout functionality[J]. Nano Letters, 2013, 13(12): 6151-6155.

[41] TAN H W, LIU G, ZHU X J, et al. An optoelectronic resistive switching memory with integrated demodulating and arithmetic functions[J]. Advanced Materials, 2015, 27(17): 2797-2803.

[42] LORENZI P, SUCRE V, ROMANO G, et al. Memrilstor based neuromorphic circuit for visual pattern recognition[C]//2015 International Conference on Memristive Systems(MEMRISYS), Paphos, Cyprus, 2015: 1-2.

[43] CHEN S, LOU Z, CHEN D, et al. An artificial flexible visual memory system based on an UV-motivated memristor[J]. Advanced Materials, 2018, 30(7): 1705400.

[44] DONG Zhekang, LAI C S, HE Yufei, et al. Hybrid dual-CMOS/memristor synapse-based neural network with its applications in image super-resolution[J]. IET Circuits, Devices & Systems, 2019, 13(S): 1241-1248.

[45] LIN Y, Wang G, REN Y Y, et al. Analog-digital hybrid memristive devices for image pattern recognition with tunable learning accuracy and speed[J]. Small Methords, 2019, 3(10): 1900160.

[46] SUN Y L, QIAN L, XIE D, et al. Photoelectric synaptic plasticity realized by 2D perovskite[J]. Advanced Functional Materials, 2019, 29(28): 1902538.

[47] YANG L, SING H M, SHEN S W, et al. Transparent and flexible inorganic perovskite photonic artificial synapses with dual-mode operation[J]. Advanced Functional Materials, 2020, 31(6): 2008259.

[48] MENNEL L, SYMONOWICZ J, et al. Ultrafast machine vision with 2D material neural network image sensors[J]. Nature Research, 2020, 579(7797):62-66.

[49] WU L D, WANG Z W, WANG B W, et al. Emulation of biphasic plasticity in retinal electrical synapses for light-adaptive pattern pre-processing[J]. Nanoscale, 2021, 13(6): 3483-3492.

[50] WANG X, LU Y, ZHANG J Y, et al. Highly sensitive artificial visual array using transistors based on porphyrins and semiconductors[J]. Small, 2021, 17(2): 2005491.

[51] HSU H T, YANG D L, WIYANTO L D, et al. Red-light-stimulated photomemroy[J]. Advanced Photonics Research,2021:2000185.

[52] SEO S, JO S H, KIM S, et al. Artificial optic-neural synapse for colored and color-mixed pattern recognition[J]. Natrure Communications, 2018, 9(1): 5106.

[53] ZHOU F C, ZHOU Z, CHEN J W, et al. Optoelectronic resistive random access memory for neuromorphic vision sensors[J]. Nature Nanotechnology, 2019, 14(8): 776-782.

[54] CHOI C, LEEM J, KIM M, et al. Author correction Curved neuromorphic image sensor array using a MoS2-organic heterostructure inspired by the human visual recognition system[J]. Nature research, 2020, 13(1):1.

[55] LIAO F Y, ZHOU Z, KIM B J, et al. Bioinspired in-sensor visual adaptation for accurate perception[J]. Nature Electronics,2022,5(2):1-8.

基于知识图谱的电力故障数据用户多模检索方法研究

郝美薇[1]，包永迪[1]，颜阳[1]，孙健[2]
（1. 国网天津市电力公司信息通信公司，天津市，300140；
2. 北京中电普华信息技术有限公司，北京市，100192）

摘要：随着电网拓扑结构日益复杂，技术文件及电网数据的不断更新，电网数据信息逐渐趋于大数据化和多维化，导致出现信息筛选和获取困难的问题。本文提出一种基于知识图谱的电力故障数据用户多模检索方法，首先结合深度学习以电力故障知识图谱和数据库为基础，提出电力图谱嵌入推理方法，然后对检索信息推荐通过知识图谱路径推理进行协同过滤，利用知识图谱来丰富故障实体的深度语义嵌入，最后对用户检索冷启动与常规检索两种模式下的检索意图进行动态感知，提出用户多模特征检索方法（User multimode feature retrieval methods, UMFR）实现对用户搜索意图精准预测。实验结果表明模型的精确度相较于其他传统方法提高5%，F1 值达 0.82，实体嵌入的预测匹配效果好，能够有效提高电力数据的可视化与精准化，增强电力系统的自动化运维能力。

关键词：深度学习；知识图谱；搜索意图预测；人工智能

0 引言

随着计算科学与信息技术的高速发展，人工智能与各行各业深度融合，极大地
进了社会信息数字化的进程[1]。而电网的数字化技术不断完善和发展不仅促进了
力系统的高效运维和自动化，不断迭代更新的技术设备、专家案例及标准要求，也
信息即时感知和高度共享的同时导致电力标准数据迅速增长，使得信息在实现快
共享的同时也带来一系列问题。由于电网标准的文件材料分散且数量过多，信息
时感知与共享带来的数据爆炸式增长，导致传统搜索结果的匹配度不高、信息筛选
难，存储数据结构的复杂导致检索的实时效率低，存在信息可视化程度低等问题
在信息泛滥的环境下，要准确获取用户的需求愈发艰难，因此缓解信息过载的影响
准确帮助用户匹配符合其个性化需求的结果，目前成为推荐系统的主要研究目标[3

知识图谱由谷歌提出率先应用于搜索引擎上，将知识表达为实体所对应的属性
值对，并且将知识之间的关系通过实体之间的连接来表示[4]。其数据来源主要是

页数据,例如维基百科等百科类网页和业内的数据库。因为它可以挖掘实体之间的潜在语义关联,缓解稀疏问题,提高推荐质量[5-7]。知识图谱嵌入方法被应用于知识图谱的预处理,将实体和关系嵌入到低维向量空间,并保留了知识图谱的结构信息[8]。随后,图神经网络由于其良好的图形表示学习能力被引入到推荐系统[9-12]。李建龙等[14]提出基于知识图谱实现智能索引功能,主要是通过建立索引词表和特征标注的方式进行检索,通过建立了 TransHR 模型,将知识图谱中的实体关系进行空间转换,进而实现了问答系统,也是知识图谱的一种常见应用[15]。

推荐系统中最有代表性的方法之一是协同过滤,搜索意图预测则是提出并将定义为在搜索查询时包含的用户意图。协同过滤利用用户的历史交互,根据用户的共同偏好进行推荐[16]。然而,基于 CF 的推荐方法往往存在冷启动和互动数据稀少的问题。为了提高模型的可移植性,李天然等[17-18]提出了一种基于 CF 的神经协作过滤方法,其中矩阵分解方法被转化为一个整体的神经框架,在模型中用以辅助提高用户或物品的语义表征的丰富性和准确性[19]。现有推荐方法研究主要集中在产品表征的建模上,可分为基于文本的方法和基于关系的方法[20-22]。例如提出一种基于查询子意图匹配算法,通过网页日志构建行为模型挖掘子意图,对查询结果进行重排序匹配。在基于用户意图的基础上改进了 PageRank 搜索排序算法,利用语义相关性分析用户查询意图[23]。

虽然检索推荐系统目前已经能够较好地实现用户个性化感知,并实现高效精准的推荐结果排序,但是在面向不同领域和受众时,推荐效果在多样化和推理方面仍然存在一些问题。在细粒度推理方面,仅考虑到项目的特性依靠项目的表征信息判断,不能得出其相关的细粒度特征。同时,机器学习算法需要较多的人工标注,且框架往往具有时效性需考虑到冷启动与常规检索的情景下的检索特征[24-25]。目前对知识图谱拓扑信息的挖掘仍未得到充分的利用,对关系推理等方面的研究还不能够深入挖掘,借此实现对用户检索兴趣的深度挖掘。

为解决上述问题,本文在当前搜索技术研究的基础上,提出一种面向电力故障数据的用户多模检索方法。结合深度学习以电力故障知识图谱和数据库为基础,利用知识图谱来丰富故障实体的深度语义嵌入,实现对检索信息推荐内容进行协同过滤。提出电力动态图谱推理检索方法,从多种检索模式实现对用户搜索意图精准预测。实验结果表明模型分类准确率高,预测匹配效果好,实际上应用广泛,能够有效提高从业者的工作效率,使得在面向不同岗位、不同需求的工作者时,能够更快、更准确地得到推荐用户需求检索内容。

1 研究现状

目前,对于检索推荐系统的研究已经取得了较为成熟的发展,尤其在大数据信息环境下的用户兴趣感知和实体特征表述等深入挖掘,能够使得用户获得更为符合个人需求的检索结果。而结合知识图谱的数据存储特征研究推荐系统现如今尚处于发展阶段,接下来是对现有一些推荐方法的介绍。

近年来,推荐系统研究逐渐在原有关键字及排序模型的基础上转向采用深度学习及强化学习等形式进行研究[9]。在各种方法中,基于条件随机场(conditional random field, CFR)的方法是推荐系统中较为广泛应用的模型。CFR 通过从用户的历史交互中学习用户和项目的嵌入,为用户提供个性化的项目推荐[8]。早期研究中最广泛涉及的基于 CRF 的算法是矩阵分解等。而传统的矩阵分解方法通过向量内积直接获得预测分数,其限制了矩阵分解方法的可表达性。随着深度学习的逐渐发展,利用其深度网络来学习用户和物品之间的非线性交互,成为研究的新热点[12]。许多基于深度学习技术的推荐模型已经被提出如 Wide&Deep、DMF 等。其中 NCF 模型[结合线性矩阵分解和神经网络来表征隐含的用户-项目交互关系,与传统的矩阵分解方法相比,虽然在推荐性能上有很大的提高但是其不能结合项目关系进行推理,存在一定的局限性。同时,基于强化学习的模型也应用于推荐系统,如基于多目标强化的模型[19],基于分层强化的模型[17]等。强化学习其能够理解环境,并且具有一定的推理能力,因此强化学习被广泛应用于推荐系统、机器人训练和多目标优化等。Xian 将用户、项目及其相关属性视为节点,训练模型寻找用户的潜在购买关系[26]。Wang 等人设计了一个基于强化学习的可解释性框架,可以根据使用场景进行灵活的解释[27]。CoTransH[28]是一个性化推荐的路径推理模型,通过路径推理感知用户检索项目之间的关系,实现更合理的推荐管理。

知识图谱(Knowledge Graph, KG)是由谷歌在 2012 年提出,应用于完善搜索引擎,将语义网和本体在知识表示方面的理念进行融合。基于知识图谱与深度学习方法来实现检索推荐,是对实体关系、项目表征等辅助信息进行感知和整合,实现用户个性化深度挖掘的重要研究方向。早期关于 KG 的研究集中在基于路径的模型上,这些模型利用实体的各种连接模式进行推荐,如 RKGE、Hete-MF 和 HeteRec 等。前期基于路径的模型依赖手工设计的路径,而后的研究多基于嵌入的方法,对知识图谱进行多层嵌入实现进一步推荐,如 CKE、SHINE 和 DKN 等。基于嵌入的方法更灵活,但容易忽略知识图谱中的实体连接特征关系[29]。因此,基于上述两种类型的混合推荐方法结合了词嵌入与路径信息实现用户特征挖掘,如 Ripple Net、Ripple Net-agg 和 lntentGC 等。在面向知识图谱的模型在训练时,大都通过分阶段设计算实现意图预测过程，主要包括提取图特征的模型和预测链接的模型，通过这种端到端的建模学习方法方式，使得图结构数据可以有效地嵌入和信息收集进而提高链接预测结果，其不仅可以实现卷积层权重的共享，并且允许以节 点特征的形式引入辅助信息，包括路径特征和实体图关系特征等[30]。

针对上述问题，本文面向电力大数据对用户的个性化特征及电力知识图谱路径关系进行嵌入感知，利用知识图谱来丰富故障实体的深度语义嵌入，对检索推荐数据进行协同过滤，提出电力动态图谱推理检索方法，实现对用户检索多模式的检索意图挖掘，从而对用户搜索意图精准预测。

用户多模检索方法

1 电力图谱嵌入推理方法

本文对电网知识图谱定义为$G=\{e,r,e'\}$，其中E为实体集，R为关系集，e和e'代表两种不同类型的实体，r代表实体之间的关系。将具有同近邻实体的两个实体作为互补实体，将具有同样关系的两个实体作为替代实体。本文依据此问题假设提出了电力图谱嵌入推理方法来推断知识图谱中的可替换和互补关系实现对知识图谱中的电力实体进行嵌入表征，用以后续的用户多模检索推荐。

1.1 电力图谱实体嵌入

电力知识图G具有关系集R和实体集E，实体集E由通信设备V、传输设备W、测设备B、用户C和监测设备U组成。其中每个实体-关系-实体视为图谱中的三组，表示知识图谱G中的三元组关系。本文采用深度学习中的BiLSTM网络结构对时间t状态下的搜索状态知识图谱进行实体关系的嵌入表示，并将其嵌入结果征存储到实体特征属性中。

如图1所示，输入LSTM神经元的e_t为检索t状态下的电力知识图谱实体表征阵，输出为经过深度挖掘的实体特征向量e_t'，其中长期状态C存储长期记忆的信，用于存储故障文本中实体关系的特征，使得上文中的特征向量作为长期状态可以存并传递。

其输入门i_t计算过程如式(1)所示、输出门o_t与遗忘门f_t的计算如式(2)、(3)：

$$i_t = \sigma\left(W_i\cdot\left[e'_{(t-1)},\mathrm{e}_t\right]+b_i\right) \tag{1}$$

$$o_t=\sigma\left(W_i\cdot\left[e'_{(t-1)},\mathrm{e}_t\right]+b_0\right) \tag{2}$$

$$f_t=\sigma(W_f\cdot[e'_{(t-1)},e_t]+b_f) \tag{3}$$

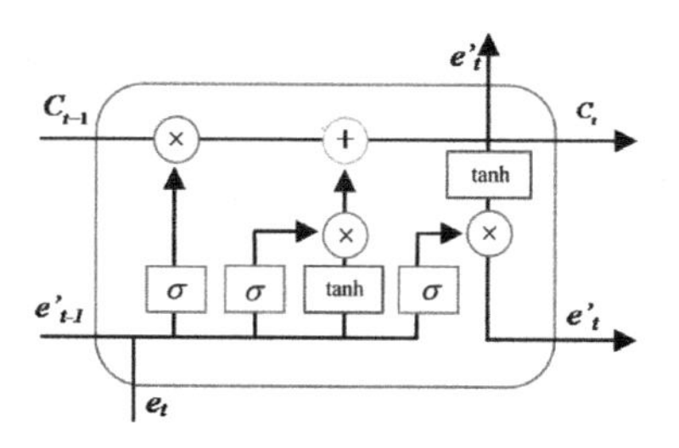

图1 LSTM神经元结构图

同时,忘记门将输入信息 v 和上一单元输出信息 $y_{(t-1)}$ 通过 f_t 计算判断是否传
给 C,以此来决定信息的丢弃,其计算过程如式(4)、(5)所示,其中 W 为权值, b 为
置,最终输出隐藏层 y_t 的值其计算公式如式(6)所示。

$$\tilde{C}_t = \tanh\left(W_C \cdot \left[e'_{(t-1)},\ e_t\right] + b_C\right) \quad (4$$

$$C_t = f_t \odot C_{(t-1)} + i_t \odot \tilde{C}_t \quad (5$$

$$e'_t = o_t \odot \tan h\left(C_t\right) \quad (6$$

通过单个LSTM神经元提取到的实体特征信息按照图2的BiLSTM神经网
结构进行传递和计算,由于LSTM神经网络能够对特征传递,BiLSTM的神经网络
构同时接收上下实体的特征信息,因此其输入的实体特征 E 经由BiLSTM进行训
传递,并通过该结构实现实体节点的嵌入特征输出 E'。对于电力知识图谱中的每
节点,实体嵌入推理模块以无监督的方式将其近邻的实体特征信息编码。通过此
方法处理,不仅可以得到节点的局部结构,还可以通过传播捕捉图中节点之间的高
结构接近性。在传播和聚合之后,得到了实体特征的嵌入表示,它与物品的通用表
相融合,然后被送到推荐模块进行预测。

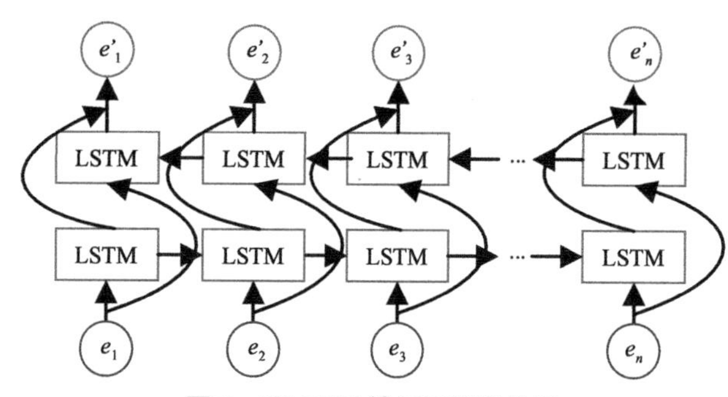

图2 BiLSTM神经网络结构图

2.1.2 图谱路径推理

(1)图谱的路径推理框架主要分为三个主要部分即子图谱构建、路径推理和

正写入，如图 3 所示。首先根据电力实体的属性构建一个子知识图谱。对于当前态 S 的图谱进行知识更新，构建新的子知识图谱，其中 r 为关系数目，(r_{tk},e_{tk}) r 为实体-关系的元组。

$$s_t=[(r_{t1},e_{t1}),(r_{t2},e_{t2}),\cdots,(r_{tk},e_{tk})] \tag{7}$$

（2）在路径推理阶段，通过动态策略网络和多特征推理找到正确的推理路径。通过动态策略使实体能够根据知识图谱中的相邻属性。如式（8）所示，下一状态的知识图谱更新是对映射矩阵 Q 对应的 T 状态下的增量更新。

$$s_{t+1}=Q(s_t,T) \tag{8}$$

对于实体推理，我们通过对多特征推理的分数进行过排序来获得补充或替代实体的关系。对子图中的新的关系进行建立，并实现可视化的结果显示，采用图数据库存储。

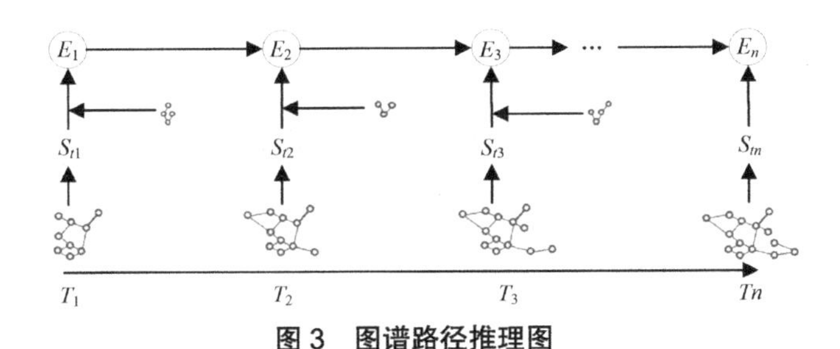

图 3　图谱路径推理图

2　用户多模特征检索方法

结合子图谱的路径关系获得新的实体检索特征之后，设计用户多模特征检索方法，进入搜索结果智能预测阶段，如图 4 所示。首先通过对用户的检索信息进行中文语义分析，然后对用户特征信息按照传统检索方式在电力知识图谱中进行检索，匹配用户画像特征并排序。同时对不同模式下的检索子图进行更新，步骤如下。

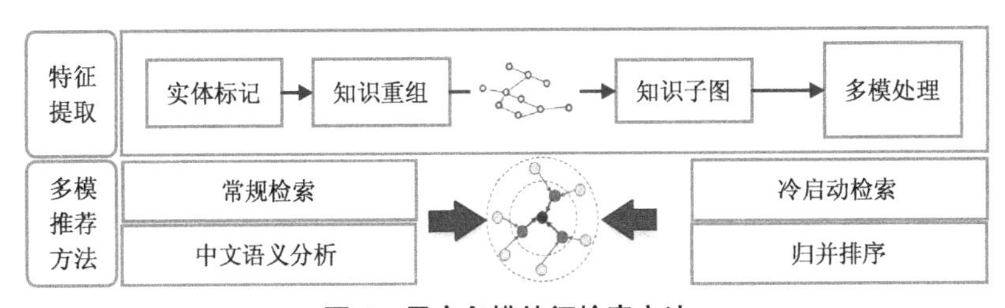

图 4　用户多模特征检索方法

（1）输入检索信息，进行中文语义分析和关键字提取，得到检索核心内容要素，同时，对用户增量浏览数据进行抽取，包括用户在短期时间 Δt 内进行检索行为点击项目实体 $E_n(e_1, e_2, e_3, \ldots, e_n)$。

(2)采用传统关键字检索方式,在数据库检索匹配实体与文档。提取对应实体和文档的访问路径与特征向量,得到符合检索结果列表 L 。并根据两种项目的图令簇实体采样信息形成用户常规模式与冷启动模式电力知识图谱子图。

(3)使用遍历算法将列表 L 内的特征向量 e 与 s 作差,并求模: $Z'=\|e_i-s_i$ $\tilde{Z}_i=\|h_i-s_i\|$,判断是否符合阈值 $Z_i'=\|e_i-s_i\|<\varphi$,如果符合则对冷启动模式进行更新求解,不符合则是对常规检索模式进行求解。

(4)最后将 Z_i 使用归并排序算法,并将与之对应的列表 L 内的路径进行编号,按此编号呈现结果,分别得到两种模式下的检索排序结果并呈现给用户。

3 实验分析

3.1 实验环境与评估

模型是使用 python 中的 tensorflow 框架进行搭建,搜索预测效果评估采用准确率 P(Precision, P),召回率 R(Recall, R),以及 $F1$ 值(F1-score, F1)作为模型对故障实体与关系抽取结果的评估标准。实验数据来自电网信息系统提供的知识图谱存储数据的属性和关系文本,其中训练数据总量为 5 000 条短文本,选取其中每类的 70% 用于模型训练,剩余 30%作为测试,基于以上数据形成电力知识图谱。

本文采用准确率是指故障实体与关系分类正确的正样本个数占分类器判定为正样本的样本个数的比例,计算方式如式(9)所示。召回率是指故障实体与关系分类正确的正样本个数占真正的正样本个数的比例,计算方式如式(10)所示。

$$P=\frac{TP}{TP+FP} \tag{9}$$

$$R=\frac{TP}{TP+FN} \tag{10}$$

$$F1=\frac{2PR}{P+R} \tag{11}$$

式中: TP 为将正样本预测为正样本的数量; FN 为将负样本预测为负样本的数量; FP 为将负样本预测为正样本的数量。最后按照式(9)计算得到 $F1$ 值,用以评估模型分类预测效果,其值越高则分类效果越好。

3.2 检索模型效果评估

如电力故障数据知识图谱检索结果表示,基于提出用户多模检索方法,可实现故障数据类型、级别、原因及解决方案的精准检索,进而实现用户多种模式下的检索图的动态感知和搜索意图精准预测，如图 5 所示。

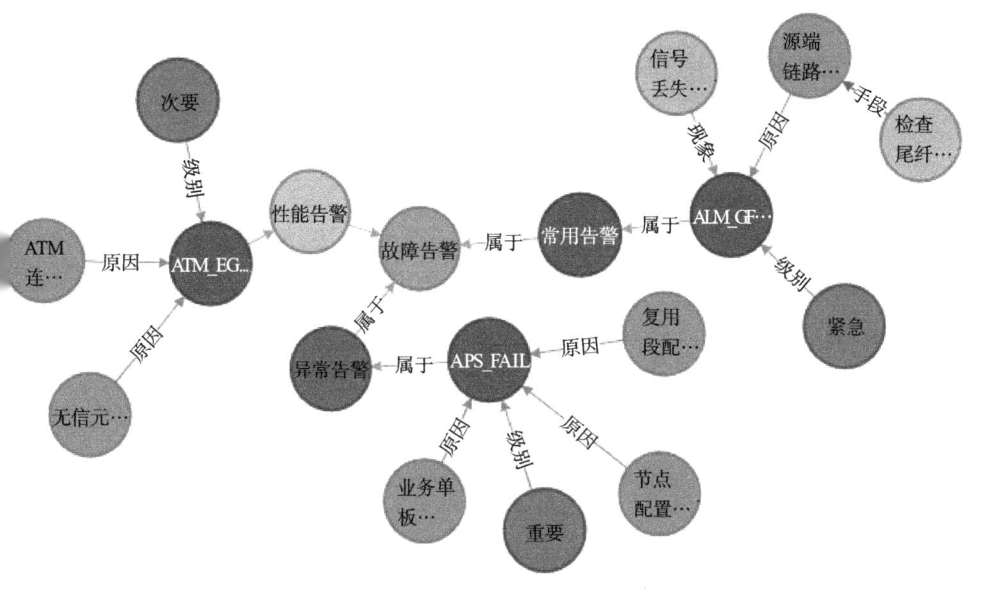

图 5　检索模型效果评估

如表 1 所示的用户多模特征检索方法评估情况表明，在精确度与 $F1$ 值方面，LibFM、DeepFM 与 CKE 的推荐效果都达到较好的效果（图 6），其中 RippleNet 通过知识图谱的路径关联来获取用户画像形成推荐结果排序，推荐效果仅次于本文的模型。本文提出的 UMFR 推荐方法在此基础上对知识图谱进行嵌入处理，相较于 RippleNet 等模型精确度高 5%，$F1$ 值达 0.82。

表 1　用户多模特征检索方法评估情况

模型名称	P	R	$F1$ 值
LibFM	0.62	0.60	0.60
DeepFM	0.74	0.73	0.73
RippleNet	0.80	0.72	0.75
UMFR	0.85	0.80	0.82

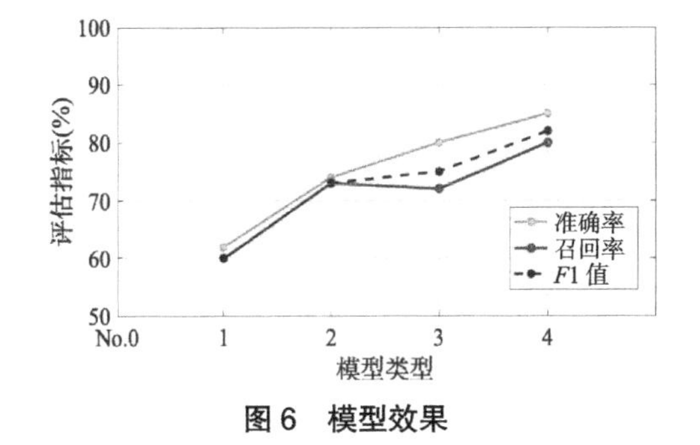

图 6　模型效果

实验结果表明模型的分类效果较好,能根据用户浏览的部分数据高效准确的分析和提取出用户搜索倾向,通过多种模式匹配获取用户检索特征,符合用户习惯性检索行为,模型更能贴近用户的搜索意图。

4 结论

本文结合电力知识图谱提出一种用户多模检索方法,依靠深度学习以电力故障知识图谱和数据库为基础,实现图谱实体关系的嵌入推理,对检索信息推荐通过知识图谱路径推理进行协同过滤,设计用户多模特征检索方法(User multimode feature retrieval methods, UMFR)实现对用户多种模式下的检索意图的动态感知实现搜索意图精准预测。实验结果验证该方法的可行性及用户多模检索的优越性,有效提高工从业者的工作效率。

参考文献

[1] 王慧芳,曹靖,罗麟. 电力文本数据挖掘现状及挑战[J],浙江电力, 2019, 38(3): 1-7.

[2] CHEN C, WANG G, Fan L, et al. Detection of ambient backscatter signals from multiple-antenna tags[C]//Proceedings of the IEEE 19th International Workshop on Signal Processing Advances in Wireless Communications (SPAWC), Kalamata, Greece, 2018:1-5.

[3] SHI W, ZHU Y, HUANG T, et al. An integrated data preprocessing framework based on apache spark for fault diagnosis of power grid equipment[J]. Journal of Signal Processing Systems, 2017, 86(2-3):221-236.

[4] LAN Z, CHEN M, GOODMAN S, et al. Albert: A lite bert for self-supervised learning of language representations[C]// International Conference on Learning Representations ICLR 2019, ICLR,2019:1-17.

[5] LAMPLE G, BALLESTEROS M, SUBRAMANIAN S, et al. Neural Architectures for Named Entity Recognition[C]// 15th Conference of the North American Chapter of the Association for Computational Linguistics: Human Language Technologies NAACL HLT, 2016: 260-270.

[6] 李彦儒,陈耀军,王慧芳,等. 知识图谱在电力设备缺陷文本查错中的应用问题与对策[J]. 电力系统及其自动化学报,2022,34(7):113-128.

[7] 张屹晗,王巍,刘华真,等. 基于知识图嵌入的协同过滤推荐算法[J]. 计算机应用研究, 2021, 38(12):3590-3596.

8] Steffen R. Factorization machines with libFM[J]. ACM Transactions on Intelligent Systems and Technology, 2012, 3(3):1-22.

9] 龚乐君,张知菲. 基于领域词典与 CRF 双层标注的中文电子病历实体识别[J]. 工程科学学报,2020,42(4):469-475.

10] WANG S, ZHAO D. A Hierarchical power grid fault diagnosis method using multi-source information[J]. IEEE Transactions on Smart Grid, 2019(99):1-1.

11] 于皓,张杰,吴明辉,等. 领域知识图谱快速构建和应用框架[J]. 智能系统学报, 2021, 16(5):15.

12] 王昊奋,丁军,胡芳槐,等. 大规模企业级知识图谱实践综述[J]. 计算机工程, 2020,46(7):1-13.

13] GRISHMAN R. Information extraction: Techniques and challenges [M]. New York: New York University, 1997:156.

4] 李健龙,王盼卿,韩琪羽. 基于双向 LSTM 的军事命名实体识别[J]. 计算机工程与科学,2019,41(4):713-718.

5] 孙伟,陈平华,熊建斌,等. 基于双端知识图的图注意推荐模型[J]. 计算机工程与应用,2022,58(20):141-147.

6] 田玲,张谨川,张晋豪,等. 知识图谱综述:表示、构建、推理与知识超图理论[J/OL]. 计算机应用,2021, 41(8):1-26.

7] HOFFMANN R, ZHANG C, LING X, et al. Knowledge-based weak supervision for information extraction of overlapping relations[C]//Proceedings of the 49th Annua Meeting of the Association for Computational Linguistics: Human Language Technologies, Portland, Oregon, USA, 2011(1): 541-550.

8] 李天然,刘明童,张玉洁,等. 基于深度学习的实体链接研究综述[J]. 北京大学学报(自然科学版),2021,57(1):91-98.

9] THAGARD P. Collaborative Knowledge[J]. Noûs, 1997: 242-261.

0] 刘琼昕,覃明帅. 基于知识表示学习的协同矩阵分解方法[J]. 北京理工大学学报,2021,41(7):752-757.

1] LIN Y, XU B, FENG J, et al. Knowledge-enhanced recommendation using item embedding and path attention[J]. Knowledge-Based Systems, 2021(233):107484.

2] 阮聪,齐林海,王红. 融合知识图谱与神经张量网络的需求响应智能推荐[J]. 电网技术, 2021,45(6):2131-2140.

3] 熊中敏,舒贵文,郭怀宇. 融合用户偏好的图神经网络推荐模型[J]. 计算机科学,2022,49(6):165-171.

4] 徐有为,张宏军,程恺,等. 知识图谱嵌入研究综述[J]. 计算机工程与应用,

2022,58(9):30-50.

[25] 郭晓旺,夏鸿斌,刘渊. 融合知识图谱与图卷积网络的混合推荐模型[J]. 计算机科学与探索,2022,16(6):1343-1353.

[26] JIAO J, WANG S, ZHANG X, et al. Match: Knowledge base question answering via semantic matching[J]. Knowledge-Based Systems, 2021, 228(5):107270.

[27] WANG H, ZHANG F, WANG J, et al. RippleNet: Propagating user preferences on the knowledge graph for recommender systems[C]//27th ACM International Conference on Information and Knowledge Management, CIKM 2018. Torino, Italy, 2018:417-426.

[28] 陶玥,余丽,吴振新. CoTransH:科技文献知识图谱中语义关系预测的翻译模型[J]. 情报理论与实践,2021,44(11):187-196.

[29] WANG T, SHI D, WANG Z, et al. MRP2Rec: Exploring multiple-step relation path semantics for knowledge graph-based recommendations[J]. IEEE Access, 2020(99):1-6.

[30] 高嘉骐,刘千慧,黄文彬. 基于知识图谱的学习路径自动生成研究[J]. 现代教育技术,2021,31(7):88-96.

基于隐马尔可夫链验证的数据中台故障诊断系统

包永迪[1],郝美薇[1],胡博[1],戴维[2],孙健[2],崔晓萌[3]

(1. 国网天津市电力公司信息通信公司,天津市,300140;
2. 北京中电普华信息技术有限公司,北京市,100000;
3. 天津三源电力信息技术股份有限公司,天津市,300000;)

摘要:国网天津市电力公司(以下简称"天津电力")数据中台作为天津电力数据服务的核心平台,数据中台运维工作面临了两大困难,首先,架构复杂导致日常巡检烦琐,工作量大且系统风险不易被发现;其次,区别于传统成熟的软件服务,数据中台故障诊断困难,对运维人员经验依赖严重。基于上述问题,提出了天津电力公司基于隐马尔可夫链验证的数据中台故障诊断系统,系统不仅可以对天津电力公司数据中台进行快速故障诊断,同时可以对系统状态进行主动预警。系统研究重要的三个方面:①提出六层系统运行状态量化评价体系;②基于状态指标建立故障诊断模型,借助隐马尔可夫进行模型优化;③设计并实现在线故障诊断定位系统。经验证,建立的故障诊断系统,在天津电力数据中台运维工作中取得了较好的应用效果。

关键词:数据中台;故障;主动运维;隐马尔可夫

引言

目前天津电力正处在数字化转型期,业务数据整体呈现集中存储趋势,数据资产上升到战略资源层面。传统数据中心系统已无法满足当前天津电力的数据应用需[1],数据中台的建设完善较好地支撑了天津电力的数据应用,是当前最为重要的数中心平台,其运行安全尤为重要。

数据中台无论在系统架构还是物理部署上均和传统 B/S 架构信息系统有较大区,这为数据中台的运维工作带来了诸多难题。运维人员不仅需要对数据中台主机面、中间件和应用系统等传统运维体系内容熟悉,还需要学习和了解数据中台各类型组件的巡检和使用[2],同时,由于对数据中台的运维经验储备尚不充足,对于数中台各类故障的处理效率较低。面对数据中台架构下运维难点,天津电力构建了于隐马尔可夫链验证的数据中台故障诊断系统,保证了数据中台运行的稳定,为提高电网信息化维护水平进行了有益探索。

1　故障诊断系统设计思路

为提升天津电力数据中台运维水平，提出了利用日常巡检积累数据[3]，构建系统指标状态体系，对数据中台状态进行智能分析，制定“以数运数”的思路，依靠数据和在线工具运维数据中台，赋能一线运维工作人员。整体故障诊断系统设计思路如下。

1.1　量化运行状态

结合电网营销、设备、人资和运检等业务需求和数据中台应用组件架构体系两方面，完成数据中台各类故障、组件状态和故障影响范围的梳理和基础数据采集，利用数学模型完成数据分层、分类和关系梳理，构建数据中台运行的量化评价体系，利用量化数据客观地对系统潜在风险进行提示，衡量数据中台健康状态。

1.2　故障诊断模型制定

为快速定位数据中台各类故障，利用评价体系数据和组件关联关系，构建故障诊断概率数学模型，并基于隐马尔可夫链进行概率验证和优化，提升故障诊断准确度在数据中台发生故障后，输入故障数据可快速筛查排查组件顺序，为恢复数据服务提升效率。

1.3　评价体系和诊断模型自学习

利用故障诊断模型定位结果数据，采用长生命周期分析方法，对数据中台评价系和故障诊断模型进行验证回馈，优化数据中台量化状态评价体系，提高故障诊精度。

1.4　预警模式优化

基于数据中台评价体系和故障诊断模型，摒弃单一阈值预警运维模式，通过算动态判断系统异常状态，采用关联动态阈值替代简单阈值设定报警门限，降低数据台运行风险。

1.5　工具研发

设计并实现“天津电力数据中台运维图谱”(在线故障诊断工具)，辅助人工故排查，建立故障数据特征知识库，优化数据中台运维效率的同时，提升运维人员运素质。

2 六层运行状态量化评价体系

结合电网数字应用业务实际和天津电力数据中台技术架构，构建了“业务故障现象”、“组件故障现象”、“关键运行指标”、“关键运行状态”、“运维对象”和“影响范围”六层数据中台运行状态量化评价体系，如图 1 所示。

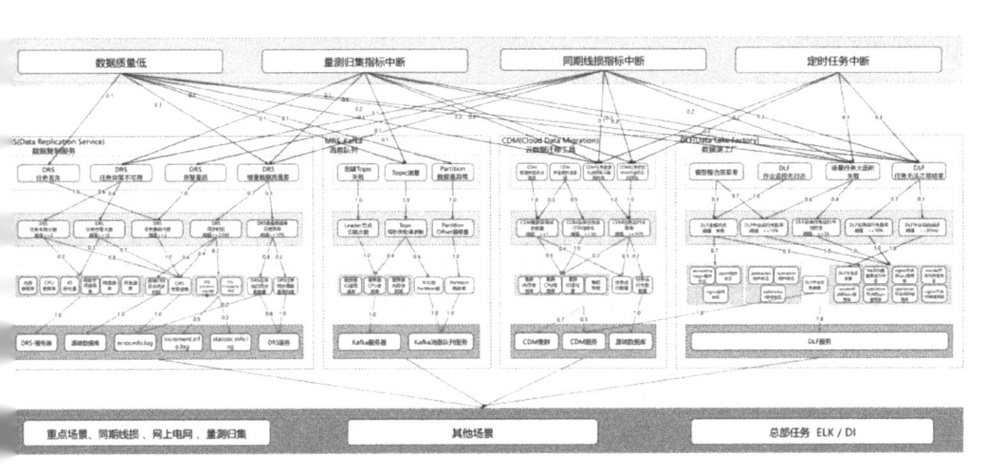

图 1 六层运行状态量化评价体系

2.1 业务故障现象

第一层：业务故障现象，定义电网各类业务需求和各类业务事故，本层状态为数据中台用户最为直观感受状态，为数据中台运营运维起点。

2.2 组件故障现象

第二层：组件故障现象，定义天津电力数据中台各组件常见故障，本层各类故障发生同步会引起第一层的业务故障，本状态层是数据中台运维人员的平台运维的起点。

2.3 关键组件指标

第三层：关键组件指标，定义天津电力数据中台各组件关键运行指标参数，本层指标异常会引起第二层组件故障的发生，本状态层是日常巡检和故障诊断的关键层。

2.4 关键组件状态

第四层:关键组件状态值,定义天津电力数据中台各底层组件的运行参数,本层状态信息影响着第三层组件指标的运行情况,本层的状态异常是上层各类运行故障的根本原因。

2.5 运维对象

第五层:运维对象,定义天津电力数据中台各组件的底层运维主体,本层是数据中台底座的基础。

2.6 影响范围

第六层:影响范围,和第一层业务含义相同,

但是还未发生的业务故障,是第五层运维对象发生异常后可能引发的业务故障该层是主动运维提前干预的业务范围。

3 故障诊断模型

根据六层评价体系各层之间节点间的关系,设计了天津电力数据中台故障诊断模型,并基于隐马尔可夫链进行链模型概率优化,辅助数据中台运维人员快速定位故障,提升运维效率。

3.1 故障诊断模型介绍

根据六层状态评价体系模型中的关联关系,以及天津电力数据中台运维积累据,定义各层关联间的概率。由此,在发生了第一层业务故障后,可以根据各层关走向和概率分布,快速筛查第五层运维对象引发故障的排查顺序,同时可以同步预第六层对应影响范围,模型算法总结如下:

$$P_{x_i y_j} = \sum_{N,K,L=1}^{n,k,l} P_{x_i c_N} P_{c_N t_K} P_{t_K S_L} P_{S_L y_j}$$

式中:$P_{x_i y_j}$ 为运维对象 y_j 发生运行问题导致业务故障 x_i 发生的概率;$P_{x_i c_N}$ 为组件故 c_N 发生导致业务故障 x_i 发生的概率;$P_{c_N t_K}$ 为指标 t_K 异常导致组件故障 c_N 发生的率;$P_{t_K S_L}$ 为状态 S_L 异常导致指标 t_K 异常的概率;$P_{S_L y_j}$ 为运维对象 y_j 发生运行问题致状态 S_L 发生异常的概率。

X 为业务故障,C 为组件故障(Component),T 为指标(Target),S 为状态(Status),Y 为运维对象。业务故障、组件故障、关键运行指标、关键运行状态和运维对

的个数分别为 m、n、k、1、r，i=1…m，N=1…n，K=1…k，L=1…1，j=1…r

模型中，各节点的关联关系概率均为运维数据积累，为提升模型准确度，引入隐马尔可夫模型对随机状态转化概率进行优化。

.2 隐马尔可夫模型的基本概念

隐马尔可夫模型（HMM）是一个双重随机过程[4]。隐马尔可夫模型的双重随机过程可以简单地分为马尔可夫链和观测过程。作为第一个随机过程，马尔可夫链描述不同状态之间的转化过程，该随机过程通常用转移概率矩阵来描述。而作为隐马尔可夫模型的第二个随机过程，观测过程主要是描述状态序列与观测序列之间的关系，该随机过程通常用观察值概率矩阵描述。在隐马尔可夫模型中，状态除了具有不确定性以外，甚至还会有隐藏性。只有通过服从一定规律的随机观测状态，才能将这些不确定的、隐藏的内在状态体现出来。因此，从观测者的角度而言，只能看到观测值[5]，这是因为隐马尔可夫模型中每个时刻的观测值与状态不具备一一对应的映射关系，而是利用一组概率分布来联系观测到的事件与状态。基于马尔可夫链，增加另一随机过程来描述隐藏状态的存在及其特性，该模型称之为隐马尔可夫模型。隐马尔可夫模型的原理示意如图 2 所示。

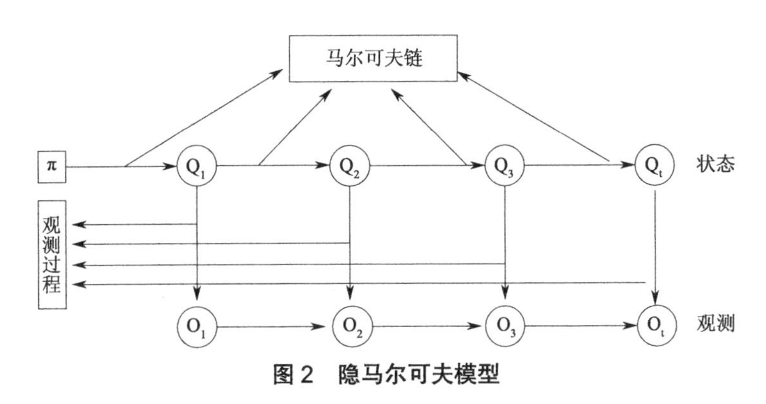

图 2 隐马尔可夫模型

π 为初始概率分布，τ 为状态空间维数，T 为观测空间维数。作为马尔可夫模型扩展，隐马尔可夫模型主要由 5 组参数决定，分别是模型的状态数目 N，模型每个状态对应的观测特征数目 M，状态转移概率分布 A，观测特征在各个状态的观测概率分布 B 以及初始化状态概率分布 π。因此，一个隐马尔可夫模型可以记作 $\lambda=(N, M, \pi, A, B)$，简写为 $\lambda=(\pi, A, B)$[6-7]。

3 故障诊断模型优化

天津电力诊断模型优化过程从两方面出发：一是根据模型预测验证回馈对原模

型中的关联关系间基础概率进行迭代；二是基于隐马尔可夫链对诊断模型进行验证和概率优化。

在利用马尔可夫模型进行天津电力数据中台故障预测的过程中，首先需要选择六层状态评价体系中一条故障路径，该路径中第五层运维对象也就是故障的真实原因主体可定义为故障 i。然后任一选取一条路径 n 作为研究对象，计算线路 n 发生初始故障的概率 P。通过一系列的条件判断后，计算线路 n 的综合状态转移概率。然后，将该计算结果代入马尔可夫链的预测模型中，从而计算线路的故障概率。通过计算比较，选出故障概率值最大的路径作为当前路径的下一级故障路径。重复上述的预测过程，选出最大概率值所对应的路径，利用这种方式，对每条路径的发生故障的概率进行综合评价。

4 主动运维模式

基于隐马尔可夫的数据中台故障诊断模型，提出了天津电力公司数据中台主动运维模式，分别从主动预警、主动学习和主动反馈三方面构建。

4.1 主动预警

故障诊断模型是基于六层状态评价体系自上而下的被动定位，主动运维模式下数据中台基于六层评价体系自下而上的巡检，在发现“运维对象”相关“关键运行状态”和“关键运行指标”异常后，提前进行预警干预，避免出现数据中台组件故障，进而导致业务故障，保证数据中台服务质量。

4.2 主动学习

天津电力数据中台运维人员在基于故障模型定位，完成故障排查后，可将故障相关的数据样本以及影响范围、处理方法等存入故障知识库进行标注。当数据中台运行指标与标注后的历史指标特征相近时，系统可直接匹配历史故障进行告警，并关联相关处理办法，指导故障的解决和恢复。通过这种主动学习的方式，相关运维经验向整个运维团队传递，确保运维标准的统一。

4.3 主动反馈

在主动运维模式下，系统经过主动学习后不仅将故障处理相关数据记录在知识库中，同样将当时状态信息主动反馈至六层状态评价体系，进一步对基于隐马尔可夫的故障定位模型基础数据优化，提升故障诊断准确度。

在线系统实现

鉴于六层评价指标体系中节点关系复杂和故障诊断模型计算量较大，天津电开发和实现了“天津电力数据中台运维图谱”（在线故障诊断工具，如图 3示）。

图 3　在线工具首页

首先，工具集成了故障诊断模型，在天津电力数据中台发生故障后，能够快速定数据中台故障原因运维主体，对排查对象进行排查顺序进行排序，节省故障处理间。

在故障处理后，依托主动运维模式，在线工具可以进行主动反馈，将处理结果反至在线知识库，契合了主动学习和主动反馈的要求。

数据中台故障诊断在线工具已辅助天津电力数据中台运维团队排查故障 30 余，诊断准确率在 92%以上，极大提高了平台运维质量。

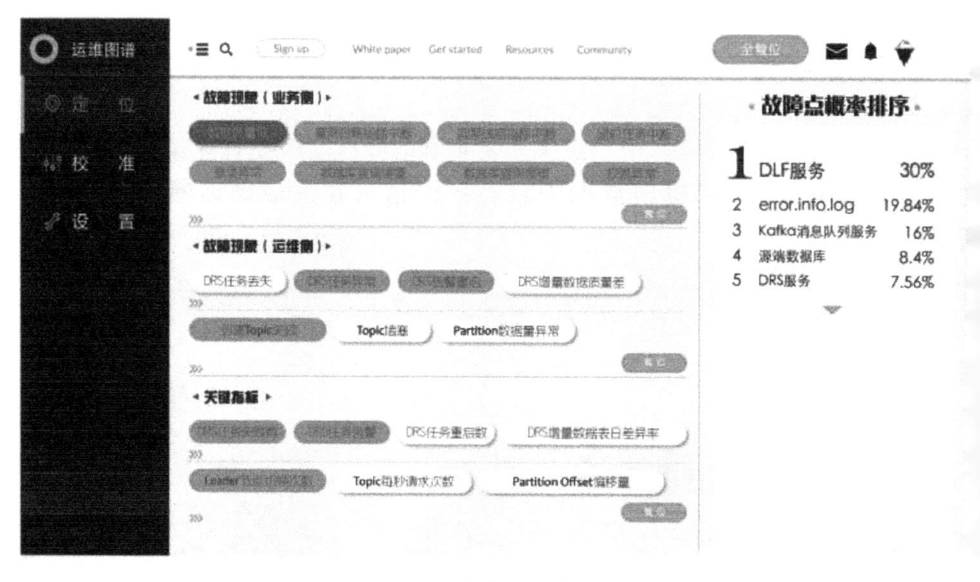

图4 故障定位功能

图5 主动反馈和主动学习

5 结语

基于隐马尔可夫模型的数据中台故障诊断系统，以天津电力数据中台六层运行状态量化评价体系和主动运维模式为基础，在天津电力公数据中台运维过程中发挥了较好的效果：一方面，可以快速定位天津电力数据中台故障排查主体；另一方面，基于故障诊断模型和主动运维模型，可以做到天津电力数据中台运行风险主动预警和故障快速处理。同时，数据中台故障定位模型也存在一定的不足，包括模型还需要大量数据的验证以提升其诊断精度，以及六层运行状态评价体系还需要进一步丰富各层节点。

下一步，天津电力数据中台还将从以下几方面去完善：

(1)考虑六层运行状态量化评价体系每层节点横向触发概率，完善故障诊断模型；

(2)将六层运行状态量化评价体系和故障诊断的主动运维思路推广至同类数据中心平台运维工作中。

参考文献

[1] 刘永辉，张显，孙鸿雁，等. 能源互联网背景下电力市场大数据应用探讨[J]. 电力系统自动化，2021，45(11)：6-10.

[2] 徐敏，洪德华，王鹏，等. 基于数据中台的数据全链路监控研究与应用[J]. 研究与开发，2021，11(10)：13-21.

[3] 李信鹏，刘威，杨智萍，等. 电网企业数据中台方案研究[J]. 电力信息与通信技术，2020，18(2)：1-8.

[4] 马静，高翔，李益楠，等. 基于连续马尔可夫模型的时变电力系统自适应控制策略[J]. 电力系统自动化，2016，40(3)：21-26.

[5] 林志艺. 基于马尔科夫链的风电并网系统运行可靠性评估分析[J]. 新能源发电控制技术，2020，42(6)：17-19.

[6] 丁明，徐宁舟. 基于马尔可夫链的光伏发电系统输出功率短期预测方法[J]. 电网技术，2011，35(7)：153-157.

[7] 李焱. 基于马尔可夫算法的变电站接地网优化设计[J]. 中国新技术新产品，2021，9：28-32.

面向节能高效的车联网边缘计算任务卸载和基站关联协同决策问题研究

于博文[1],蒲凌君[1],谢玉婷[1],徐敬东[1],张建忠[1]
(1. 南开大学计算机与控制工程学院,天津市,300071)

摘要: 为了缩小车联网应用的服务质量要求与车辆有限的计算资源之间的差距,提高车辆能源利用率,本文设计了一个基于超密集网络的车辆移动边缘计算框架VEC,提出了一个结合任务卸载、车辆-基站关联以及基站睡眠调度的在线优化问题,旨在最小化车辆和基站的整体能量消耗,同时满足车联网应用的服务质量要求。针对这一在线优化问题,本文提出了一个基于李雅普诺夫优化理论的任务调度算法 JOSA,该算法只使用当前时间片的系统信息进行调度。作为该算法的核心模块,本文基于松弛-对偶理论(想换个名字),提出了一个针对单一时间片最优的任务卸载、基站睡眠以及车辆-基站关联调度策略。仿真实验证实了 VEC 框架具有良好的性能:(1)与车辆本地处理相比,系统整体节能 25%-50%,与 DualControl 算法相比平均节能 50%;(2)同时算法的执行时间与 IoT 设备数量成近似线性的关系。

关键词: 车联网边缘计算;任务卸载;基站睡眠;车辆-基站关联

物联网(IoT)是将每个物理对象转换为信息源的最大技术趋势之一。IoT 用一般可分为两大类。在大规模的 IoT 应用中,传感器通常需要定期向云端发送告,并且要求使用低能耗和低覆盖的低成本设备。实例包括智能建筑、物流、跟踪车队管理。在关键的 IoT 用例中,对可靠性、可用性和低延迟性的要求很高。关的物联网包括远程医疗保健、交通安全和控制,工业应用和控制,远程制造,培训和术。能够感知和启动的自主设备的价格,规模和功耗的持续下降一直是增加物联系统和服务普及的动力。

随着无线通信技术的发展以及车载传感器种类的丰富,车辆将可以通802.11p, LTE-V, 5G-V2X 等方式接入互联网,并通过诸如摄像头、测距雷达和激雷达等车载传感器感知车辆状态和周围环境。在这一背景下,众多交通安全类车网应用应运而生,如危险预警系统、驾驶员辅助系统以及基于车辆立体影像系统和感器的物体感知系统等。一般来说,这些车联网应用需要车载传感器周期性地采集指定的数据,例如使用立体视觉系统采集高质量路况视频信息,分析得到的多维传感数据,产生相应的知识或模式,进而为车辆驾驶员或交通系统提供便利[1-2]。然而,随着车联网应用类型的不断丰富、功能的日益强大,它们对车载电脑的计算能力和响应延时将有更高的要求,这给计算资源有限的车辆带来了很大的挑战[3-5]。与此同时,处理大量功能复杂的车联网应用势必会增加车辆的能源开销。因此,如何提高车辆的计算能力满足车辆网应用需求的同时尽可能少的增加车辆的能源开销,成为近年来关注的热点问题。

作为一种很有前景的解决方案,任务卸载可以有效地提高车辆计算资源。任务卸载是指资源有限的移动设备可以将待处理任务全部或者部分卸载到资源充足的设备或平台上运行,以此实现加快任务执行速度、降低任务执行能耗的目标[6-7]。在过去十年内,许多研究者开展了移动云计算的研究。例如,文献[8]和[9]对车载云计算架构进行了研究,通过将车辆物理系统和移动云计算相结合,使车辆传感到的数据以及车辆内乘客所持有的移动设备运行的应用可以卸载到云服务器端进行处理。文献[10]-[12]对基于移动云计算的任务卸载的调度策略进行了研究。其中,文献[10]和[11]研究了单设备的任务卸载调度问题。文献[10]在假设设备计算资源可由 CPU 动态电压调节的前提下,提出了基于马尔可夫决策过程的无线传输功率最优设置策略,并根据 CPU 和无线传输的最优设置决定是否将任务卸载执行。文献[11]研究了最小化单设备、多类型任务的执行能耗最小化问题,通过动态条件 CPU 频率和传输功率实现了高效的卸载调度策略。文献[12]研究了多设备任务卸载调度问题,采用博弈论对全网络设备本地和卸载执行任务进行分析,提出了实现纳什均衡的分布式设备无线信道选择策略。然而,上述研究工作大多没有考虑实际情况中车辆和远程云平台(如 Amazon EC2)之间长距离通信导致网络传输延时不稳定的问题,无法满足对延时有明确要求的车联网应用,影响任务卸载服务对车辆用户的吸引力。

为了缓解这一问题,移动边缘计算近年来得到了工业界和学术界的广泛关注。它是指移动网络运营商和云服务提供商以合作的形式在网络边缘提供丰富的通信和计算资源,移动设备可以通过高速的无线接入网络在蜂窝网络边缘近距离地获取所需的计算资源和服务[7,13]。针对这一研究方向,文献[14][15][16]研究了基于移动边缘计算的任务卸载中设备资源调度的问题。文献[14]研究了移动边缘计算中单设备任务卸载问题,提出了基于李雅普诺夫优化的在线 CPU 频率、传输功率以及无线能量获取的最优设置策略。文献[15]研究了移动边缘计算中多设备任务卸载问题,通过使用博弈论的方法,以分布式的方式实现了高效的计算卸载。文献[16]研究了时分复用和正交频分复用场景中多设备的任务卸载能耗最小化的问题。文献[17]和[18]研究了任务卸载中设备资源和服务器资源联合调度问题。其中,文献[17]在假设云

端服务器为每个移动设备分配一台虚拟机的前提下,研究了多设备任务卸载开销最
小化的问题,提出了高效的资源分配策略。文献[18]研究了车载云计算中最大化传
输和计算能源效率的问题,在最小的传输率、最大的延时和时延抖动的情况下,满足
应用的服务质量要求。上述研究工作通常只考虑单一基站(即宏基站)网络场景,主
要讨论如何设计高效的任务卸载决策(即决定本地和卸载执行负载量)降低移动设
备能耗。然而,随着万物互联和大数据时代的到来,移动数据流量得到了飞速提升
根据 Cisco 的报告[19],在未来的5年中,移动数据流量将增长7倍,在2021年将超过
49 艾字节/月。为应对海量的设备连接和数据流量,多基站协作服务场景如超密集网
络(UDN)和云无线接入网络(C-RAN)逐渐成为移动网络运营商的共同选择[20-21]
由于上述移动边缘计算的研究工作大多没有涉及多基站服务场景,因此它们在实际
中仍具有一定的局限性。

具体来说,为了更好地支持移动边缘计算,移动网络运营商需要尽可能多的使
种类型的蜂窝基站处于工作状态,然而这会导致蜂窝网络能耗显著提升,使运营成本
大幅度提高,如何降低运营成本是未来绿色蜂窝网络研究关注的核心问题[22]。相反
如果为了更好地降低运营成本而尽可能多的关闭蜂窝基站,那么移动边缘计算的服
务质量将很难得到保证,这会降低移动用户购买移动边缘计算服务的积极性,导致运
营收益下降。与此类似,如果大量用户关联到同一基站上,会导致用户竞争有限的
宽资源,降低蜂窝网络的服务质量。综上所述不难看出,移动设备端的任务卸载决
与蜂窝网络端的基站开关以及设备-基站关联决策共同决定了移动边缘计算的应
价值,而这是现有研究工作没有讨论的。为此,本文提出了 VEC 框架,一个基于超
集网络的车辆移动边缘计算框架(Vehicular Edge Computing framework),如图1
示。其中,车辆通过与最适合的基站进行关联可以将采集到的视频和传感数据卸
到移动边缘服务器上进行分析,服务器根据定制的服务计划为每辆车分配计算资源
在处理完车辆卸载的任务后将结果回传给车辆。为了实现 VEC 框架在实际中对
联网应用提供高效的任务卸载支持,它需要满足以下要求。

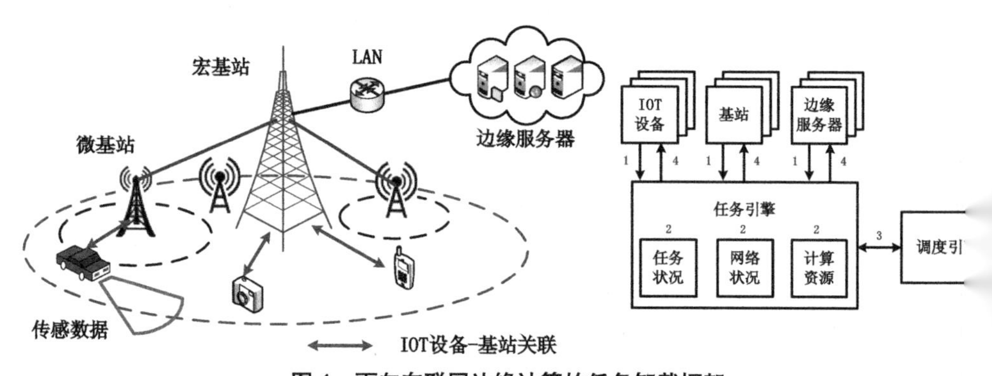

图1 面向车联网边缘计算的任务卸载框架

（1）VEC 框架需要在保证车联网应用的服务质量（如延时）前提下尽可能做到高效节能。这是因为在满足应用需求的前提下减少车辆和蜂窝基站的能源消耗，对保护环境以及提高能源利用率具有十分重要的现实意义。

（2）VEC 框架需要在线运行。由于蜂窝网络状态、车辆移动性以及边缘云可用资源均随时间动态变化，准确预测未来系统信息比较困难，因此这就要求 VEC 框架能够需要仅使用当前系统信息进行任务卸载、基站开关和关联决策。

（3）VEC 框架需要具有可伸缩性。由于在城市环境中，道路上的车辆通常比较密集，因此这就要求 VEC 框架设计的任务卸载、基站开关和关联决策具有较低时间复杂度，从而能为更多的车辆提供服务。

基于上述要求，本文首先对 VEC 框架进行系统建模，包括车辆资源模型、边缘服务器模型、车联网应用和负载排队模型、车辆和基站能耗模型等。在此基础上，本文提出并形式化了一个针对全网络车辆任务负载调度、车辆-基站关联以及基站睡眠调度的联合任务卸载问题，旨在降低 VEC 框架的平均能耗（即车辆和基站的能耗之和），同时兼顾应用任务的延时要求。针对这一时间平均意义下的优化问题，本文根据李雅普诺夫优化理论提出了 JOSA（Joint Task Offloading，BS Sleeping and Vehicle-BS Assoication）在线任务卸载算法。作为该算法的核心模块，本文提出了一个基于松弛-对偶理论的 SlotCtrl 算法，该算法根据每个时间片内的系统信息进行调度。通过数学证明可知，本文提出的在线 JOSA 算法与线下理论最优算法的节能效果十分接近。大量模拟实验结果不但证实了理论分析结果，而且与车辆本地处理相比，系统整体节能 25%~50%。

系统模型与问题形式化

本文提出的 VEC 框架如图 1 所示，其中包括一个基站集合 $M=\{1,\cdots,m\}$ 和一个 IoT 设备集合 $N=\{1,\cdots,n\}$。在基站集合 M 中存在一个宏基站以及 $m-1$ 个微基站。IoT 设备可以通过无线网络接入基站，获得处于边缘云的资源。本文考虑框架内的每个 IoT 设备的用户在边缘云服务提供商处购买计算资源，用来处理 IoT 设备卸载到边缘云的任务。VEC 框架支持类似于车载计算中绿灯最优速度建议应用、蜂窝 IoT 应用以及通过 IoT 设备收集数据的 Crowdsourcing 应用等需要一定计算资源且对延时具有一定容忍能力的 IoT 应用。

类似于 UDN 以宏基站作为小型基站和微基站的控制器，本文将宏基站作为 VEC 框架的中央控制器对系统中的任务卸载、基站睡眠以及设备-基站关联进行调度。宏基站中执行一个任务引擎进程。任务引擎负责收集 IoT 设备本地及边缘服务器端待完成的任务信息、计算资源信息以及 IoT 设备和 IoT 设备和基站的网络状况信息。这些信息可以用于估算当前任务在每个 IoT 设备和边缘服务器上的执行时间和能耗,对于框架的调度至关重要。VEC 需要访问这些配置文件,以便更好地对任务卸载、基站休眠以及设备-基站关联进行调度。

类似现有工作[11, 17-18],本文考虑 VEC 框架以时间片为单位运行。单位时间片 $T \in \{1, 2, 3, \cdots, t\}$的长度由 IoT 应用的服务提供商决定。例如,每个时间片, IoT 设备和边缘服务器需要向宏基站提供当前未完成的任务量, IoT 设备和基站需要提供当前的网络状况(图 1 步骤 1)。宏基站收到当前任务量和网络状况后,由任务引擎构建一个完整的任务信息、网络信息以及计算资源信息(图 1 步骤 2)。这些信息将用于决定任务卸载、基站休眠以及设备-基站关联的调度。接下来,任务引擎将启动一个负责当前时间片任务卸载、基站休眠以及设备-基站关联调度的调度器(图 1 步骤 3)。调度器利用当前时间片的任务信息、网络信息以及计算资源信息,来估计如何更好地对任务卸载、基站睡眠以及设备-基站关联进行调度。要对任务卸载、基站睡眠以及设备-基站关联进行调度,调度引擎需要确定调度策略。目前 VEC 使用在满足任务平均延时的前提下尽可能减少执行任务能耗的策略。在调度器计算得到该时间片的调度结果之后,会通过网络将调度结果传给 IoT 设备、基站和边缘服务器(图 1 步骤 4)。任务引擎会通知 IoT 设备关联到哪个基站;本地执行和卸载到边缘服务器的任务量;通知基站是否开启以及关联哪些 IoT 设备;通知边缘服务器为相应 IoT 设备的虚拟机提供服务。

1.1 IoT 设备资源模型

本文假设 IoT 设备搭载单核 CPU,按照 FIFO 顺序处理 IoT 应用的任务。目前主流处理器有许多不同的工作模式,比如根据工作负载通过动态电压频率调节 CPU 频率(DVFS)的按需模式、以最高 CPU 频率运行的性能模式以及以最低 CPU 频率运行的节能模式等。令 $s_i(t)$ 为单位时间片 IoT 设备 i 的 CPU 周期数,其值可通过设定 CPU 工作频率得到[23]。令 $p_i(s_i(t))$ 为 CPU 单位时间片周期数所对应的功率。

定义 0-1 控制变量 $a_{ij}(t)$为 IoT 设备-基站关联变量。当 $a_{ij}(t)=1$ 时表示 IoT 设备 i 与基站 j 关联;否则 $a_{ij}(t)=0$。对于 IoT 设备 i,本文定义其上传功率为 p_i。IoT 设备 i 与基站 j 关联时,IoT 设备 i 与基站 j 的上行链路 SINR $\Gamma_{ij}(t)$ 可以通过 IoT 设备 i 以及 i 周围的其他 IoT 设备的上行传输链路的准静态衰落信道增益预估得到。本文假设, IoT 设备只有在当前上行链路 SINR $\Gamma_{ij}(t)$ 大于目标 SINR γ_{ij} 时才能与对应的基站建立关联。对于给定的 IoT 设备 i 的上行链路的 SINR $\Gamma_{ij}(t)$,如果不等式 $\Gamma_{ij}(t) \geq \gamma_{ij}$ 成立,本文将 IoT 设备 i 与基站 j 的上传链路的速度定义为[24-25]

$$r_{ij} = B\log(1+\gamma_{ij}) \quad ,$$

其中,B 为链路带宽。

对于 IoT 设备的传输模型,有以下约束条件:

$$\sum_{j\in M}a_{ij}(t)\leqslant 1, \tag{1}$$

$$\sum_{i\in N}a_{ij}(t)\leqslant h_j, \tag{2}$$

$$a_{ij}(t)\leqslant\left\lfloor\frac{\Gamma_{ij}(t)}{\gamma_{ij}}\right\rfloor. \tag{3}$$

式(1)表示每个 IoT 设备在同一时间片至多与一个基站进行关联;式(2)表示对于任意基站 j,同一时刻最多可关联 h_j 个 IoT 设备;式(3)表示 IoT 设备 i 只有在上行链路 SINR $\Gamma_{ij}(t)$ 大于目标 SINR γ_{ij} 时才能与基站 j 建立关联。此外为了方便起见,本文定义 IoT 设备 i 在时间片 t 的上传速度为

$$r_i(t)=\sum_{j\in M}a_{ij}(t)\,r_{ij}\ .$$

出于对 IoT 设备的安全和隐私考虑,本文不考虑宏基站对 IoT 设备的 CPU 频率以及上传功率进行控制。另外,由于本文公式较多,因此本文只对问题的约束条件以及重要的公式加以编号。

2 边缘服务器模型

本文考虑每个 IoT 设备的用户分别在边缘云服务提供商处购买一台特定的虚拟机。虚拟机每个时间片的计算能力为 v_i。令 0-1 控制变量 $c_i(t)$表示在时间片 t 边缘云是否为虚拟机 i 分配相应的计算资源。如果 $c_i(t)$=1,表示边缘云在时间片 t 为虚拟机 i 分配计算资源;否则 $c_i(t)$=0。边缘云每个时间片分配的计算资源不能超过服务器的物理资源 $v_{\max}(t)$,即存在如下约束条件

$$\sum_{i\in N}c_i(t)\,v_i\leqslant v_{\max}(t). \tag{4}$$

3 任务模型

本文考虑的如下类型的 IoT 设备应用:应用按照一定频率周期性使用 IoT 设备传感器采集信息,并进行处理分析。通常,此类应用的任务被要求在一定延时内处理完毕,如车载计算中绿灯最优速度建议应用、蜂窝 IoT 应用以及通过 IoT 设备收集数据的 Crowdsourcing 应用等[26]。与许多现有的工作相同[11, 16-17], VEC 框架关注于对 IoT 应用本地执行与卸载执行的任务工作量调度。

任务模型:在每个时间片 t, IoT 节点 i 会生成 $k_i(t)$比特的任务。本文假设任务平均到来量为 λ,其值可以通过离线统计得到。CPU 处理任务需要消耗一定的 CPU 计算资源。定义任务的处理密度为 ρ,即处理 1 比特任务需要 ρ个 CPU 运行周期。例如识别高清视频一帧中的某一种物体(如车辆、障碍物或行人等)大约需要

9.6×10^4 个 CPU 周期,其任务处理密度大约为 50 CPU 周期/比特[26]。

任务队列模型:本文引入任务队列来描述当前 IoT 设备和边缘服务器中尚未处理的任务量。定义 $Q_i(t)$为 IoT 设备 i 的任务队列,其值为 IoT 设备 i 在时间片 t 时的本地任务残余量。$Q_i(t)$在下一个时间片的更新规则如下:

$$Q_i(t+1)=Q_i(t)+k_i(t)-x_i(t)-y_i(t),$$

其中,控制变量 $x_i(t)$为一个时间片内的本地任务执行量,控制变量 $y_i(t)$为一个时间片内的卸载任务量。这里包含以下约束条件:

$$x_i(t)\leqslant\frac{s_i(t)}{\rho}, \tag{5}$$

$$y_i(t)\leqslant r_i(t), \tag{6}$$

$$x_i(t)+y_i(t)\leqslant Q_i(t)+k_i(t). \tag{7}$$

式(5)表示 IoT 设备每个时间片本地处理的任务量不能超过其计算能力;式(6)表示 IoT 设备每个时间片卸载的任务量不能超过其传输能力;式(7)表示 IoT 设备每个时间片本地处理的任务量和卸载的任务量之和不能超过其任务队列中的任务残余量。

定义 $L_i(t)$为 IoT 设备 i 的在边缘云虚拟机的任务队列,其值为虚拟机 i 在时间片 t 时的任务残余量。$L_i(t)$在下一个时间片的更新规则如下:

$$L_i(t+1)=L_i(t)+y_i(t)-c_i(t)\min\left(\frac{v_i}{\rho},L_i(t)\right),$$

其中,$c_i(t)\min\left(\frac{v_i}{\rho},L_i(t)\right)$为虚拟机 i 在一个时间片内处理的任务量。

1.4 能耗模型

在 VEC 框架中,本文考虑的能耗包括 IoT 设备和基站的能耗。在 IoT 设备的能耗模型中,IoT 设备能耗由本地计算的能耗和卸载任务的能耗组成。本文假设 IoT 设备本地计算与卸载任务产生的能耗分别与其计算和传输的时间成正比。因此 IoT 设备的能耗 $e_i(t)$ 可以表示为

$$e_i(t)=p_i(s_i(t))\frac{\rho x_i(t)}{s_i(t)}+p_i\frac{y_i(t)}{r_i(t)}$$

其中,$p_i(s_i(t))\frac{\rho x_i(t)}{s_i(t)}$ 为 IoT 设备 i 本地处理 $x_i(t)$比特任务的能耗,$p_i\frac{y_i(t)}{r_i(t)}$ 为卸载 $y_i(t)$比特任务的能耗。

基站的功耗可由一个基础功耗加一个动态功耗表示[27]。为了方便起见,本文将基站的功耗 P_j 定义为其基础功耗的 β 倍,β 可通过对基站能耗的统计得到。在 UI

中基站可以通过睡眠调度节省能量。本文定义 0-1 控制变量 $b_j(t)$为基站睡眠调度变量。当 $b_j(t)=1$ 时,表示基站 j 处于工作模式;否则 $b_j(t)=0$。框架内作为调度服务器的宏基站需要一直处于工作状态。基站 j 的能耗可表示为

$$E_j(t)=b_j(t)P_j$$

0-1 控制变量 $b_j(t)$有约束条件:

$$a_{ij}(t)\leqslant b_j(t) \tag{8}$$

即 IoT 设备 i 只有在基站 j 处于工作模式时,才能与 j 进行关联。

.5 延时

IoT 设备在运行应用时,通过传感器采集到的数据应在有限的延时 $d_{\max}$ 内被执行。为了满足应用的延时要求,同时考虑未来 5G 网络环境下大规模的 IoT 设备,根据 Little's Law[28],本文定义在全局角度上的任务平均延时为

$$\bar{d}=\frac{\frac{1}{T}\sum_{t=0}^{T-1}\sum_{i\in N}\left[Q_i(t)+L_i(t)\right]}{N\lambda}\leqslant d_{\max} \tag{9}$$

为了方便起见,本文引入辅助变量 $U(t)$,令 $U(t)=\sum_{i\in N}\left[Q_i(t)+L_i(t)\right]$,$U(t)$用于描述 IoT 设备 i 在时间片 t 时本地及边缘云服务器端待完成任务量的总和。约束条件(9)可以改写为

$$\frac{1}{T}\sum_{t=0}^{T-1}U(t)\leqslant N\lambda d_{\max}$$

根据任务队列模型,通过迭代可以得到

$$U(t)=\sum_{i\in N}\left[k_i(t)-x_i(t)-c_i(t)\min\left(v_i/\rho,L_i(t)\right)\right]$$

6 问题形式化

文通过对 IoT 设备任务、基站资源以及边缘服务器资源的分配,旨在最小化系统体的能量开销,同时从长远角度满足应用的平均延时。本文制定出如下的优化题:

$$P:\min_{\substack{\boldsymbol{a}(t),\boldsymbol{b}(t),\boldsymbol{c}(t),\\ \boldsymbol{x}(t),\boldsymbol{y}(t)}}\frac{1}{T}\sum_{t=0}^{T-1}\left\{\left[\sum_{i\in \boldsymbol{N}}e_i(t)\right]+\left[\sum_{j\in \boldsymbol{M}}E_j(t)\right]\right\}$$

s.t.(1)-(9)

2 算法设计

李雅普诺夫优化[29-31]对于解决具有时间平均意义下的目标函数和约束条件的优化问题是非常有效的。通过调用李雅普诺夫 drift-plus-penalty 方法，本文设计了一个利用每个时间片当前系统信息的任务卸载、基站睡眠调度和 IoT 设备-基站关联的在线算法 JOSA 来求解问题 P。

2.1 问题转化

为了满足应用延时的约束条件，本文引入虚队列 B,

$$B(t+1)=[B(t)-N\lambda d_{\max}]^{+}+U(t),$$

其中 $U(t)$可以视为虚队列 B 每个时间片的到来量，$N\lambda d_{\max}$ 为相应的离开量。虚队列 B 用来描述当前系统整体待完成任务的堆积情况。本文规定虚队列 B 的初始值为 0。

本文采用李雅普诺夫优化框架来同时保障目标函数的优化和虚队列以及实队列的稳定性，定义如下的二次李雅普诺夫方程：

$$Y(\Theta(t))=\frac{1}{2}\left\{\sum\nolimits_{i\in N}[Q_i(t)^2+L_i(t)^2]+B(t)^2\right\},$$

其中向量 $\Theta(t)$ 为框架中所有队列的剩余量，即 $\Theta(t)=[Q_1(t),\cdots,Q_N(t),L_1(t),\cdots,L_N(t),B(t)]^T$。接下来本文定义每个时间片的 drift-plus-penalty 方程 $D(\Theta(t))$ 为

$$D(\Theta(t))=\Delta Y(\Theta(t))+V\mathbb{E}\left\{[\sum_{i\in \boldsymbol{N}}e_i(t)]+[\sum_{j\in \boldsymbol{M}}E_j(t)]\mid\Theta(t)\right\}$$

其中，$\Delta Y(\Theta(t))=\mathbb{E}[Y(\Theta(t+1))-Y(\Theta(t))]$，$V$ 是目标函数最优性和队列稳定性之间权衡参数。根据李雅普诺夫 drift-plus-penalty 方程，本文将问题 P 转化为

$$P:\min_{\Theta(t)}D(\Theta(t))$$

s.t.(1)-(8)

因为新的目标函数包含难以解决的二次项，所以本文将最小化引理 1 中给出目标函数的上限(即下面引理 1 中不等式(10)的右边)。

引理 1：对于任意 $\boldsymbol{\Theta}(t)$，李雅普诺夫 drift-plus-penalty 方程 $D(\boldsymbol{\Theta}(t))$ 满足：

$$\begin{aligned}&D(\Theta(t))\\&\leqslant\mathbb{E}[F^*+f(t)+\sum_{i\in \boldsymbol{N}}\mu_i(t)x_i(t)+\sum_{i\in \boldsymbol{N}}\delta_i(t,\boldsymbol{a}(t))y_i(t)\\&+\sum_{i\in \boldsymbol{N}}\vartheta_i(t)c_i(t)+\sum_{j\in \boldsymbol{M}}\varsigma_j(t)b_j(t)\mid\Theta(t)]\end{aligned}\qquad(1$$

其中

$$\mu_i(t) = -Q_i(t) - B(t) + V_\rho \frac{p_i(s_i(t))}{s_i(t)}$$

$$\delta_i(t, a(t)) = -Q_i(t) + L_i(t) + V \frac{p_i}{\sum_{j\in M} a_{ij}(t) r_{ij}}$$

$$\vartheta_i(t) = -(Q_i(t) + B(t)) \min(\frac{v_i(t)}{\rho}, L_i(t))$$

$$\varsigma_i(t) = V \cdot P_j$$

*是常量，$f(t)$是不包含控制变量的部分。

证明：根据 $Q_i(t)$ 和 $L_i(t)$ 的更新规则，我们可以得到

$$Q_i(t+1)^2 = Q_i(t)^2 + (k_i(t) - x_i(t) - y_i(t))^2 + 2Q_i(t)[k_i(t) - x_i(t) - y_i(t)]$$

$$L_i(t+1)^2 = L_i(t)^2 + [y_i(t) - c_i(t)\min(\frac{v_i(t)}{\rho}, L_i(t))]^2 + 2L_i(t)[y_i(t) - c_i(t)\min(\frac{v_i(t)}{\rho}), L_i(t))]$$

根据 $B(t)$ 的更新规则以及事实 $([a-b]^+ + c)^2 \leqslant a^2 + b^2 + c^2 + 2a(c-b)$，我们可以得到

$$B(t+1)^2 \leqslant B(t)^2 + (N\lambda d_{\max})^2 + U(t)^2 + 2B(t)[U(t) - N\lambda d_{\max}].$$

将上述等式和不等式代入李雅普诺夫 drift-plus-penalty 方程 $D(\boldsymbol{\Theta}(t))$ 可以得到

$$\begin{aligned} D(\Theta(t)) \leqslant \mathbb{E}\Bigg\{ & \frac{1}{2}\sum_{i\in N}\Big[\big(k_i(t) - x_i(t) - y_i(t)\big)^2 \\ & +[y_i(t) - c_i(t)\min(\frac{v_i(t)}{\rho}, L_i(t))]^2 \\ & +(N\lambda d_{\max})^2 + U(t)^2\Big] \\ & +\sum_{i\in N}\Big[Q_i(t)\big(k_i(t) - x_i(t) - y_i(t)\big) \\ & +L_i(t)[y_i(t) - c_i(t)\min(\frac{v_i(t)}{\rho}, L_i(t))] \\ & +B(t)\big(U(t) - N\lambda d_{\max}\big)\Big]\Bigg\} \\ & +V\mathbb{E}\Bigg\{[\sum_{i\in N} e_i(t)] + [\sum_{j\in M} E_j(t)] \mid \Theta(t)\Bigg\} \end{aligned}$$

整理得到

$$D(\Theta(t)) \leqslant \mathbb{E}\Bigg[\sum_{i\in \boldsymbol{N}} \mu_i(t)x_i(t) + \sum_{i\in \boldsymbol{N}} \delta_i(t,\boldsymbol{a}(t))y_i(t) + \sum_{i\in \boldsymbol{N}} \vartheta_i(t)c_i(t) + \sum_{j\in \boldsymbol{M}} \varsigma_j(t)b_j(t)$$

$$+\sum_{i\in \boldsymbol{N}}\left(k_i^2(t)+x_i^2(t)+y_i^2(t)+[c_i(t)\min(\frac{v_i(t)}{\rho},L_i(t))]^2\right)+(N\lambda d_{\max})^2$$

$$+\sum_{i\in \boldsymbol{N}}[B(t)k_i(t)-B(t)N\lambda d_{\max}] \mid \Theta(t)\Bigg]$$

其中

$$\mu_i(t) = -Q_i(t) - B(t) + V_\rho \frac{p_i(s_i(t))}{s_i(t)}$$

$$\delta_i(t,a(t)) = -Q_i(t) + L_i(t) + V\frac{p_i}{\sum_{j\in M} a_{ij}(t)r_{ij}}$$

$$\vartheta_i(t) = -(Q_i(t)+B(t))\min(\frac{v_i(t)}{\rho},L_i(t))$$

$$\varsigma_i(t) = V \cdot P_j$$

接下来，我们假设 $k_i(t)\leqslant k_{\max}$、$x_i(t)\leqslant x_{\max}$、$y_i(t)\leqslant y_{\max}$、$\min\left(\frac{v_i}{\rho},L_i(t)\right)\leqslant z_{\max}$

得到

$$D(\boldsymbol{\Theta}(t))$$

$$\leqslant \mathbb{E}[F^* + f(t) + \sum_{i\in \boldsymbol{N}} \mu_i(t)x_i(t) + \sum_{i\in \boldsymbol{N}} \delta_i(t,\boldsymbol{a}(t))y_i(t) + \sum_{i\in \boldsymbol{N}} \vartheta_i(t)c_i(t) + \sum_{j\in \boldsymbol{M}} \varsigma_j(t)b_j(t) \mid \boldsymbol{\Theta}(t$$

其中

$$F^* = Nk_{\max}^2 + Nx_{\max}^2 + Ny_{\max}^2 + Nz_{\max}^2 + (N\lambda d_{\max})^2$$

$$f(t) = \sum_{i\in \boldsymbol{N}} B(t)k_i(t) - B(t)N\lambda d_{\max}.$$

由于 F^*是常量，$f(t)$中不包含控制变量，因此本文在求解 drift-plus-penalty 方 $D(\boldsymbol{\Theta}(t))$ 上界的过程中不考虑 F^*和 $f(t)$。那么最小化 drift-plus-penalty 方程 $D(\boldsymbol{\Theta}(t$ 上界的问题可以表示为

$$P_1: \min_{\substack{\boldsymbol{a}(t),\boldsymbol{b}(t),\boldsymbol{c}(t),\\ \boldsymbol{x}(t),\boldsymbol{y}(t)}} \sum_{i\in \boldsymbol{N}} \mu_i(t)x_i(t) + \sum_{i\in \boldsymbol{N}} \delta_i(t,\boldsymbol{a}(t))y_i(t) + \sum_{i\in \boldsymbol{N}} \vartheta_i(t)c_i(t) + \sum_{j\in \boldsymbol{M}} \varsigma_j(t)b_j(t),$$

s.t.（1）-（8）

在此情况下，最小化 drift-plus-penalty 方程 $D(\boldsymbol{\Theta}(t))$ 的上限能使原问题 P 有良的表现是可以被证明的（见 2.5 定理 1）。

2.2 JOSA 算法

本文提出一个在线算法 JOSA 以最小化 drift-plus-penalty 方程 $D(\boldsymbol{\Theta}(t))$ 的上

算法说明如下：

（1）找到每个 IoT 设备中的任务队列的最佳工作负载分配、车辆-基站关联以及基站睡眠调度：

$$P_2:\min_{\boldsymbol{a}(t),\boldsymbol{b}(t),\boldsymbol{x}(t),\boldsymbol{y}(t)}\sum_{i\in\boldsymbol{N}}\mu_i(t)x_i(t)+\sum_{i\in\boldsymbol{N}}\delta_i(t,\boldsymbol{a}(t))y_i(t)+\sum_{j\in\boldsymbol{M}}\varsigma_j(t)b_j(t)$$

s.t.（1）（2）（3）（5）-（8）

（2）找到边缘服务器资源的最佳分配：

$$P_3:\min_{\boldsymbol{c}(t)}\sum_{i\in\boldsymbol{N}}\vartheta_i(t)c_i(t)$$

s.t.（4）

（3）根据第一步和第二步的结果，更新框架中的实队列和虚队列。

3 求解 P_2 的 SlotCtrl 算法实现

问题 P_2 是在线优化算法 JOSA 需要求解的核心问题。P_2 的控制变量中包含两个 0-1 整数变量和两个连续变量，因此 P_2 是典型的混合整数规划问题，通常是 NP-hard。为了能够高效地对 P_2 进行求解，本文提出了一个基于松弛-对偶理论的 SlotCtrl 算法作为在线优化算法 JOSA 的核心模块。SlotCtrl 算法的核心思路如图 2 所示。首先，本文将 P_2 中的 0-1 整数控制变量松弛至[0, 1]，使问题转化为 P_4。其次，通过给定控制变量 $\boldsymbol{b}(t)$、$\boldsymbol{x}(t)$和 $\boldsymbol{y}(t)$，将 P_4 转化为 P_5。问题 P_5 是一个较难求解的分数规划问题，因此本文引入与 P_5 具有相同最优解的线性规划（LP）问题 P_6。接下来，本文采用拉格朗日松弛方法（Lagrangian relaxation）将 P_6 转化为 P_7。通过求解 P_7，SlotCtrl 算法可以得到在给定控制变量 $\boldsymbol{b}(t)$、$\boldsymbol{x}(t)$和 $\boldsymbol{y}(t)$时的最优解 $\boldsymbol{a}(t)$。在此基础上，SlotCtrl 算法使用次梯度法对控制变量 $\boldsymbol{b}(t)$、$\boldsymbol{x}(t)$和 $\boldsymbol{y}(t)$进行优化，即 P_8。最后 SlotCtrl 算法不断地进行迭代（P_5 至 P_8），直至控制变量 $\boldsymbol{a}(t)$、$\boldsymbol{b}(t)$、$\boldsymbol{x}(t)$和 $\boldsymbol{y}(t)$收敛，得到问题 P_4 的最优解。通过证明，本文可以得到经由上述步骤得到的问题 P_4 的解是整数解，即 P_2 与 P_4 具有相同的最优解。

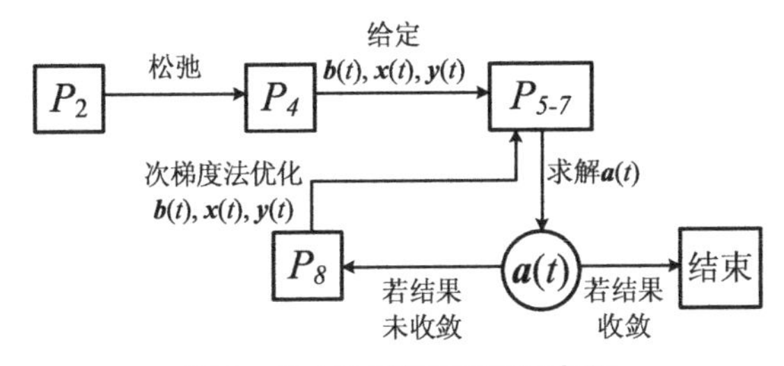

图 2　SlotCtrl 算法流程示意图

1. 松弛 0-1 整数控制变量 $\boldsymbol{a}(t)$ 和 $\boldsymbol{b}(t)$

通过将变量 $a_{ij}(t)$ 和 $b_j(t)$ 松弛至[0,1],P_2 转化为 P_4。

$$P_4:\min_{\boldsymbol{a}(t),\boldsymbol{b}(t),\boldsymbol{x}(t),\boldsymbol{y}(t)}\sum_{i\in\boldsymbol{N}}\mu_i(t)x_i(t)+\sum_{i\in\boldsymbol{N}}\delta_i(t,\boldsymbol{a}(t))\cdot y_i(t)+\sum_{j\in\boldsymbol{M}}\varsigma_j(t)b_j(t)$$

$$\text{s.t.}(1)(2)(3)(5)\text{-}(8)\text{ and } 0\leqslant a_{ij}(t),\ b_j(t)\leqslant 1$$

在 P_4 目标函数的第二项中,包含控制变量 $a_{ij}(t)$ 的分数与控制变量 $y_i(t)$ 相乘的部分。同时在 P_4 的约束条件(6)中,$a_{ij}(t)$ 和 $y_i(t)$ 也耦合在一起。这使问题 P_4 很难直接求解。因此本文将 P_4 分解为两个子问题:首先,本文对于给定的控制变量 (t)、$\boldsymbol{x}(t)$ 和 $\boldsymbol{y}(t)$,对 P_4 进行求解(问题 P_5 至 P_7);然后根据之前的结果,使用次梯度法对 $\boldsymbol{b}(t)$、$\boldsymbol{x}(t)$ 和 $\boldsymbol{y}(t)$ 进行优化(问题 P_8)。

2. 对于给定的 $\boldsymbol{b}(t)$、$\boldsymbol{x}(t)$ 和 $\boldsymbol{y}(t)$,求解 P_4

通过给定 $\boldsymbol{b}(t)$、$\boldsymbol{x}(t)$ 和 $\boldsymbol{y}(t)$,P_4 转化为问题 P_5。

$$P_5:\min_{\boldsymbol{a}(t)}\sum_{i\in\boldsymbol{N}}(-Q_i(t)+L_i(t)+V\frac{p_i}{\sum_{j\in\boldsymbol{M}}a_{ij}(t)r_{ij}})y_i(t)+\sum_{i\in\boldsymbol{N}}\mu_i(t)x_i(t)+\sum_{j\in\boldsymbol{M}}\varsigma_j(t)b_j(t)$$

$$\text{s.t.}(1)(2)(3)(6)(8)\text{ and } 0\leqslant a_{ij}(t)\leqslant 1$$

P_5 是关于控制变量 $\boldsymbol{a}(t)$ 的分数规划。由于其目标函数中除了 $a_{ij}(t)$ 之外的参数都是定值且 $a_{ij}(t)$ 只存在于目标函数第一项的分母部分,因此本文可以通过求解与 P_5 具有相同最优解的 LP 问题 P_6 获得 P_5 的最优解。

$$P_6:\max_{\boldsymbol{a}(t)}\sum_{i\in\boldsymbol{N}}\left\{\frac{1}{Vp_iy_i(t)}\sum_{j\in\boldsymbol{M}}a_{ij}(t)r_{ij}\right\}$$

$$\text{s.t.}(1)(2)(3)(6)(8)\text{ and } 0\leqslant a_{ij}(t)\leqslant 1$$

通过引入拉格朗日乘子 $\boldsymbol{\theta}$,本文将问题 P_6 转化为拉格朗日问题 P_7。拉格朗日问题可以被成熟的算法在多项式或伪多项式时间内解决。

$$P_7:g(\theta)=\max_{\boldsymbol{a}(t)}\sum_{i\in N}\left\{\frac{1}{Vp_iy_i(t)}\sum_{j\in M}a_{ij}(t)r_{ij}\right\}+\{\sum_{i\in N}\theta_i^{(1)}[(\sum_{j\in M}a_{ij}(t)^{[iter]}r_{ij})-y_i(t)]$$

$$+\sum_{i\in N}\sum_{j\in M}\theta_{ij}^{(2)}(b_j(t)-a_{ij}(t))\}$$

$$\text{s.t.}(1)(2)(3)\text{ and } 0\leqslant a_{ij}(t)\leqslant 1$$

其中,$\boldsymbol{\theta}=(\cdot)$ 为拉格朗日乘子向量。

由于问题 P_6 的目标函数和约束条件都是线性的,因此 P_6 是一个凸优化问题。同时,由于 P_6 是具有线性约束条件的 LP 问题,因此 P_6 满足 Slater 条件。根据 Slater 定理,P_6 具有强对偶性,P_6 和其对偶问题 $Dual-P_6$ 的对偶间隙为 0。因此 P_7 中拉格朗日乘子 θ 通过求解 P_6 的对偶问题得到。

$$Dual-P_6:\min_{\boldsymbol{\theta}} g(\theta)$$

P_6 的对偶问题的优化方案可以通过下面的次梯度法获得。

$$\begin{aligned}\theta_i^{(1)[iter+1]} &= [\theta_i^{(1)[iter]} + \tau(y_i(t)^{[iter]} - \sum\nolimits_{j\in M} a_{ij}(t)^{[iter]} r_{ij})]^+ \\ \theta_{ij}^{(2)[iter+1]} &= [\theta_{ij}^{(2)[iter]} + \tau(a_{ij}(t)^{[iter]} - b_j(t)^{[iter]})]^+\end{aligned} \tag{11}$$

其中 τ 为每次迭代的步长，$[z]^+ = \max\{0, z\}$ 。

3. 优化 $b(t)$、$x(t)$和 $y(t)$

令 $f^*(b(t),x(t),y(t))$ 为在给定 $b(t)$、$x(t)$和 $y(t)$的前提下，问题 P_2 取得最优解时，目标函数的值。$b(t)$、$x(t)$和 $y(t)$的优化可以通过求解下面的问题 P_8 得到。

$$P_8:\min_{\boldsymbol{b}(t),\boldsymbol{x}(t),\boldsymbol{y}(t)} f^*(b(t),x(t),y(t)),$$

s.t.(5)(6)。

P_8 可以通过如下的次梯度法求解。

$$\begin{aligned}b_j(t)^{[iter+1]} &= b_j(t)^{[iter]} + \tau\sum\nolimits_{i\in N} \theta_{ij}^{*(2)[iter]} \\ x_i(t)^{[iter+1]} &= x_i(t)^{[iter]} + \tau[x_i(t)^{[iter]} + y_i(t)^{[iter]} - Q_i(t) - k_i(t)] \\ y_i(t)^{[iter+1]} &= y_i(t)^{[iter]} + \tau[x_i(t)^{[iter]} + y_i(t)^{[iter]} - Q_i(t) - k_i(t)]\end{aligned} \tag{12}$$

算法 1:SlotCtrl 算法。

输入:框架中所有队列的剩余量 $\boldsymbol{\Theta}(t)$ 。

输出:$\boldsymbol{a}(t)$、$\boldsymbol{b}(t)$、$\boldsymbol{x}(t)$和 $\boldsymbol{y}(t)$。

①初始化 θ,$\boldsymbol{a}(t)$,$\boldsymbol{b}(t)$,$\boldsymbol{x}(t)$和 $\boldsymbol{y}(t)$;

② do{

③　　do{

④　　　　用 LP solver 求解 P_7;

⑤　　　　根据式(11)更新 θ;}

⑥　　while(P_7 的目标函数最大值未收敛);

⑦　　根据式(12)更新 $\boldsymbol{b}(t)$、$\boldsymbol{x}(t)$和 $\boldsymbol{y}(t)$;}

⑧ while(P_8 的目标函数最小值未收敛);

4. SlotCtrl 算法分析

性质 1:令 $\boldsymbol{A}$ 为完全单模矩阵，$\boldsymbol{b}$ 为整数向量，则多面体 $P=\{x \mid \boldsymbol{A}x \leqslant \boldsymbol{b}\}$ 的顶点为整数[31]。

性质 2:如果一个 LP 问题具有最优解，则至少有一个最优解在由约束条件定义的多面体的顶点处[32]。

引理 2: P_7 的最优解是整数解。

证明:为了分析 P_7 的性质，本文定义一个新向量 $\boldsymbol{a}'(t)$，$\boldsymbol{a}'(t)$ 将 $\boldsymbol{a}(t)$中所有的列

整合在一起。

$$\boldsymbol{a}'(t)=[a_{1,1}(t),\cdots,a_{1,M}(t),a_{1,2}(t),\cdots,a_{2,M}(t),\cdots,a_{N,1}(t),\cdots,a_{N,M}(t)]^{\mathrm{T}}.$$

然后将 P_7 改写为如下标准形式。

$$P_7:\max_{\boldsymbol{a}'(t)}\boldsymbol{ca}'(t)$$

$$\text{s.t. } \boldsymbol{Aa}'(t)\leqslant\boldsymbol{b}$$

其中约束矩阵 $\boldsymbol{A}$ 和向量 $\boldsymbol{b}$ 为

$$\boldsymbol{A}\doteq\begin{pmatrix}1 & 1 & \dots & 1 & 0 & 0 & \dots & 0 & \dots & 0 & 0 & \dots & 0\\ 0 & 0 & \dots & 0 & 1 & 1 & \dots & 1 & \cdots & 0 & 0 & \dots & 0\\ & & \vdots & & & & \vdots & & & & & \vdots & \\ 0 & 0 & \dots & 0 & 0 & 0 & \dots & 0 & \cdots & 1 & 1 & \dots & 1\\ 1 & 0 & \dots & 0 & 1 & 0 & \dots & 0 & \dots & 1 & 0 & \dots & 0\\ 0 & 1 & \dots & 0 & 0 & 1 & \dots & 0 & \cdots & 0 & 1 & \dots & 0\\ & & \ddots & & & & \ddots & & & & & \ddots & \\ 0 & 0 & \dots & 1 & 0 & 0 & \dots & 1 & \cdots & 0 & 0 & \dots & 1\end{pmatrix}$$

$$\boldsymbol{b}\doteq[h_1,\cdots,h_M,1,\cdots,1]^{\mathrm{T}}$$

显然向量 $\boldsymbol{b}$ 是一个整数向量。接下来本文需要证明约束矩阵 $\boldsymbol{A}$ 为完全单模矩阵。将矩阵 $\boldsymbol{A}$ 分块

$$\boldsymbol{A}=\begin{pmatrix}\boldsymbol{W}_1 & \boldsymbol{W}_2 & \cdots & \boldsymbol{W}_M\\ \boldsymbol{I}_1 & \boldsymbol{I}_2 & \cdots & \boldsymbol{I}_M\end{pmatrix}$$

其中 $\boldsymbol{W}_{j\in M}$ 是 $M\times N$ 的矩阵,其第 j 行元素全为 1,其余元素全为 0;$\boldsymbol{I}_{j\in M}$ 是 $N\times N$ 的单位矩阵。令 G_n 为约束矩阵 $\boldsymbol{A}$ 的任意 $n\times n$ 的子方阵,det(G_n)为 G_n 的行列式的值。当 n =1 时,det(G_n)= {0,1}。当 $n\geqslant2$ 时,会有以下两种情况。

Case 1: G_n 是 W_j、I_j 或 0 的子方阵。如果 G_n 是 W_j 的子方阵,由于 G_n 至少有一行元素全为 0,因此 det(G_n)= 0。如果 G_n 是 I_j 的子方阵,由于 I_j 是单位矩阵,因此 det(G_n)= {0,1}。

Case 2: G_n 的行或列是由多于一个 W_j 或 I_j 组成。当 n= 2 时,由于 G_n 的四个元素只能是 0 或 1,且至少有一个元素为 0,因此 det(G_n)= {0, ± 1}。当 n> 2 时,假设 det(G_{n-1})= {0, ± 1},我们需要证明 det(G_n)= {0, 1, -1}。令 $G_n(u, v)$ 为 G_n 第 u 行第 v 列的元素。令 $v^*=\arg\min_v\{\sum_u G_n(u,v)\}$,则第 v^* 列为 G_n 中元素 1 的个数最少的一列。令 Δv^* 为第 v^* 列元素 1 的个数,则 Δv^* = {0, 1, 2}。

如果 $\Delta v^*=0$,则第 v^* 列的元素全为 0,因此 det(G_n)= 0。

如果 $\Delta v^*=1$,则 det(G_n)= ± det(G_{n-1})= {0, ± 1}。

如果 $\Delta v^*=2$,则 G_n 的每列都正好有两个元素为 1,其中一个来自 W_j 另一个来

I_j。由于 W_j 和 I_j 中元素 1 的个数相等,因此可以通过变化使 G_n 的一行全为 0。因此 $\det(G_n)=0$。

所以,约束矩阵 $\boldsymbol{A}$ 的任意子方阵的行列式值为 0 或 ± 1。根据完全单模矩阵的定义,约束矩阵 $\boldsymbol{A}$ 为完全单模矩阵。最后,通过性质 1 和性质 2 可以得到 P_7 的最优解一定是整数解。

引理 3:算法 1 的结果是 P_2 的最优解。

证明:根据引理 2,对于任意可行的 $\boldsymbol{b}(t)$、$\boldsymbol{x}(t)$ 和 $\boldsymbol{y}(t)$ 和 $\boldsymbol{\theta}$, P_4 的最优解中控制变量 $a_{ij}(t)$ 是取值为 0 或 1 的整数。因此通过算法 1 得到的最优解中, $a_{ij}(t)$ 也是取值为 0 或 1 的整数。

对于 $\boldsymbol{b}(t)$,根据约束(8),即 $a_{ij}(t) \leqslant b_j(t)$,如果存在任意 i 使得 $a_{ij}(t)=1$,则 $b_j(t)=1$。而如果 $\forall i \in N$, $a_{ij}(t)=0$,则相应的 $b_j(t)=0$。这是因为 P_4 的目标函数中 $b_j(t)$ 的系数 $a_j(t)$ 是非负的。

综上所述,根据算法 1 求得的最优解中, $a_{ij}(t)$ 和 $b_j(t)$ 都是取值为 0 或 1 的整数,因此可以确定算法 1 的最优解即为 P_2 的最优解。

4 求解 P_3 的算法实现

P_3 是一个 0-1 整数规划问题,可以通过与 P_2 类似的方法进行求解。本文将 P_3 中的 0-1 控制变量 $\boldsymbol{c}(t)$ 松弛至[0,1],则 P_3 转化为 P_9。

$$P_9: \min_{\boldsymbol{c}(t)} \sum_{i \in N} \vartheta_i(t) c_i(t)$$

$$\text{s.t. (4) and } 0 \leqslant c_i(t) \leqslant 1$$

通过引入拉格朗日乘子 η,本文将问题 P_9 转化为拉格朗日问题 P_{10}。

$$P_{10}: \min_{\boldsymbol{c}(t)} [\sum_{i \in N} \vartheta_i(t) c_i(t)] + \eta[v_{max}(t) - \sum_{i \in N} c_i(t) v_i]$$

$$\text{s.t. } 0 \leqslant c_i(t) \leqslant 1$$

其中,拉格朗日乘子 η 可以通过下面的次梯度法获得。

$$\eta^{[iter+1]} = \{\eta^{[iter+1]} + \tau[(\sum_{i \in N} c_i(t)^{[iter]} v_i) - v_{max}(t)]\}^+$$

相关的分析证明与求解 P_2 的过程类似,证明与分析的过程可以参考 2.3。

5 性能分析

下面的定理表明框架在时间平均意义上的最小能耗的期望值的范围,以及框架中实队列和虚队列剩余量在时间平均意义上的积压范围。

定理 1:对于任意 IoT 设备 i,假设平均工作负载到来量 λ_i 严格在系统处理处理

能力范围内(例如$\lambda_i+\varepsilon\leqslant\Omega$)。那么可以通过推导得到

$$\lim_{T\to\infty}\frac{1}{T}\sum_{t=0}^{T-1}\mathbb{E}\{[\sum_{i\in N}(Q_i(t)+L_i(t))]+B(t)\}\leqslant\frac{1}{\varepsilon}(F^*+V\sum_{i\in N}J^*(\lambda_i+\varepsilon))$$

$$\lim_{T\to\infty}\frac{1}{T}\sum_{t=0}^{T-1}\mathbb{E}[J(t)]\leqslant[\sum_{i\in N}J^*(\lambda_i+\varepsilon)]+\frac{F^*}{V}$$

其中, $J(t)$为 JOSA 算法调度的全网络能耗, $\sum_{i\in N}J^*(\lambda_i+\varepsilon)$ 为使用离线算法计算得到的全网络最小能耗。

证明:设通过离线优化得到的最佳调度策略为 $\Phi^*(t)=\{x^*(t),y^*(t),a^*(t),b^*(t),c^*(t)\}$,它满足

$$\mathbb{E}[\lambda_i]=\mathbb{E}[x_i(t)+c_i(t)\min(\frac{v_i(t)}{\rho},L_i(t))]-\varepsilon_i^1$$

$$\mathbb{E}[y_i(t)]=\mathbb{E}[c_i(t)\min(\frac{v_i(t)}{\rho},L_i(t))]-\varepsilon_i^2$$

$$\mathbb{E}[J(\mathbf{\Phi}^*(t))]=\sum_{i\in N}J^*(\lambda_i+\varepsilon)$$

我们首先证明平均队列的上限。由于 JOSA 算法可以得到每个时间片的最优解,因此对于李雅普诺夫 drift-plus-penalty 方程有

$$\begin{aligned}&\Delta Y(\Theta(t))+V\mathbb{E}[J(t)]\\&\leqslant F^*-\left\{\varepsilon\sum_{i\in N}\left[Q_i(t)+L_i(t)\right]\right\}-\varepsilon B(t)+V\mathbb{E}[J(\mathbf{\Phi}^*(t))]\end{aligned}$$

通过对不等式两边取期望并对$t=0,1,2,\ldots,T-1$进行累加,可以得到

$$\begin{aligned}&\mathbb{E}\left[Y(T)-Y(0)\right]+V\sum_{t=0}^{T-1}\sum_{i\in N}\mathbb{E}(J(t))+\varepsilon\sum_{t=0}^{T-1}\left\{\mathbb{E}\left[\sum_{i\in N}Q_i(t)+L_i(t)\right]+B(t)\right\}\\&\leqslant TF^*+V\sum_{t=0}^{T-1}\sum_{i\in N}\mathbb{E}[J(\mathbf{\Phi}^*(t))]\\&=TF^*+TV\sum_{i\in N}\mathbb{E}[J(\lambda+\varepsilon)]\end{aligned} \quad (13)$$

又因为$Y(0)=0$、$Y(T)\geqslant 0$、$J(T)\geqslant 0$,将不等式两边分别除以εT可以得到

$$\begin{aligned}&\lim_{T\to\infty}\frac{1}{T}\sum_{t=0}^{T-1}\mathbb{E}\left\{[\sum_{i\in N}(Q_i(t)+L_i(t))]+B(t)\right\}\\&\leqslant\frac{1}{\varepsilon}(F^*+V\sum_{i\in N}J^*(\lambda+\varepsilon))\end{aligned}$$

接下来我们证明平均能量的上限。对于式(13),由于

$$\varepsilon\sum_{t=0}^{T-1}\left\{\mathbb{E}\left[\sum_{i\in N}Q_i(t)+L_i(t)\right]+B(t)\right\}\geqslant 0 \text{ 以及 } Y(T)\geqslant 0$$

因此有

$$V\sum_{t=0}^{T-1}\sum_{i\in N}\mathbb{E}(J(t))\leq TF^{*}+TV\sum_{i\in N}\mathbb{E}[J^{*}(\lambda+\varepsilon)]$$

不等式两边同时除以 TV,并令 $T\to\infty$ 得到

$$\lim_{T\to\infty}\frac{1}{T}\sum_{t=0}^{T-1}\mathbb{E}[J(t)]\leq\left[\sum_{i\in N}J^{*}(\lambda+\varepsilon)\right]+\frac{F^{*}}{V}$$

综上所述,系统的任务队列的堆积量和能量的上限得证。

定理 1 表明, JOSA 算法可以在 V 增加时近似实现离线最优化。同时,框架中的所有实队列和虚队列在时间平均意义上都是稳定的。

系统设计

VEC 的架构如图 3 所示。

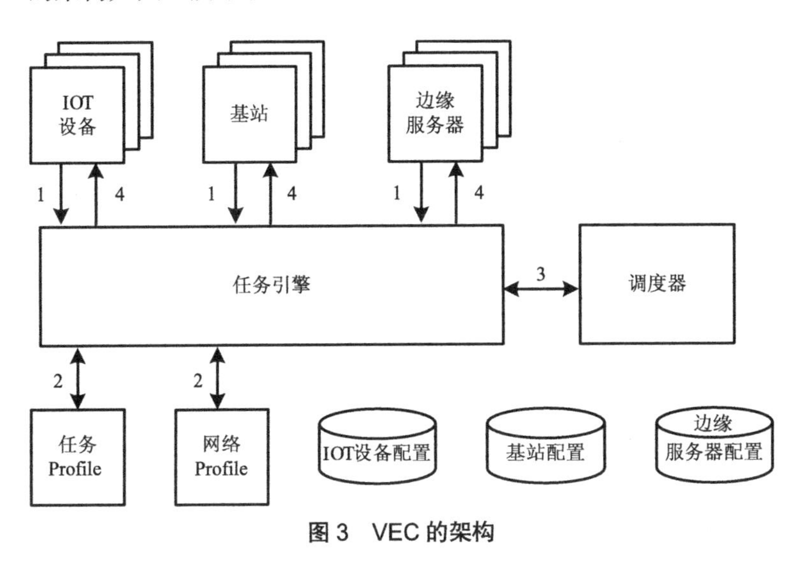

图 3 VEC 的架构

仿真评估

本文采用阿尔托大学和慕尼黑工业大学开发的机会网络模拟器 ONE[33]对提出JOSA 算法进行了仿真评估。本文采用了模拟器中自带的虚拟城市区域场景。T 设备在场景内沿着道路按照 Working Day 移动模型移动。对于车辆每个时间片计算资源,本文考虑车辆 CPU 的工作频率为 2.0 GHz,车辆的 CPU 和传输功率分设置为 60 W 和 3 W。本文假设传输带宽为 10 MHz,并采用了文献[34]中的 pass-s 和 SINR 模型。本文将宏基站设置在场景的中心,其他微基站随机分布在场景。宏基站是可以获得 VEC 框架内其他节点的所有信息,对系统进行调度。宏基站

需要一直开启,因此本文在仿真评估中忽略对宏基站能耗的计算。本文将微基站的功耗设置为 190 W。宏基站和微基站分别可同时关联 50 和 20 个 IoT 设备。对于每个 IoT 设备在边缘服务器中的虚拟机资源,本文将每个用户的虚拟机 CPU 设置为单核 3.0 GHz,所有用户共享一台 16 核物理 CPU 的服务器。本文将车联网应用的平均到来量设置为 4×10^6 bits/s,任务处理密度为 500 CPU cycles/bit(例如识别高清视频中的 10 种不同物体),延时为 1 个单位时间片长度。要说明的是,在此设置下每个 IoT 设备单位时间片的到来的平均任务量所需的 CPU 计算周期为 4×10^6 bits × 500 cycles/bit = 2.0×10^9 cycles,这个值与 IoT 设备每个时间片的最大计算能力相等。

由于目前很少有研究涉及任务卸载、基站睡眠与车辆-基站关联协同调度的研究,因此文本考虑使用目前已有的任务卸载策略与不同的基站调度策略相结合的方式与 JOSA 算法进行比较。本文将 JOSA 与下面 3 种方法进行了比较。(1)本地执行。在本地执行策略中,所有任务都由 IoT 设备本地执行,所有的基站都被关闭。(2)DualControl +微基站以 50%概率开启。DualControl[17]是一种用户-运营商协作任务调度策略,在假设云端服务器为每个移动设备分配一台虚拟机的前提下,通过用户调整 CPU 速度以及运营商将云资源分配给用户虚拟机最大化两者的整体效用。(3)DualControl+微基站一直开启。对于后两种作为比较的策略,本文考虑其在调度过程中根据需求使用网络资源,但不考虑基站能耗对于调度策略的影响。

4.1 仿真结果

1. 平均能耗比较

不同策略下的系统的整体能耗比较结果如图 2 和图 3 所示。图 2 展示了在微基站数量不变(20 SBSs)的情况下,IoT 设备数量对于系统整体能耗的影响。图 3 展示了在 IoT 设备数量不变(100IoT 设备)的情况下,微基站数量对于系统整体能耗的影响。我们可以发现,如果任务卸载调度的过程中不考虑基站的能耗,那么车辆较少情况下,系统整体的能耗会比本地执行要高。这是因为任务卸载所节省的能耗并没有基站工作所产生的能耗高。与预想中的结果一样, JOSA 算法在所有方法中的系统总体能耗最低,这是由于 JOSA 算法综合考虑了任务卸载过程中 IoT 设备以及基站的能耗。结合图 2 和图 3 我们可以发现, VEC 框架性能与 IoT 设备数量和微基站数量关系密切。这个现象表明,任务卸载和基站睡眠调度对框架的整体能耗起着至关重要的作用。在换句话说,VEC 框架将两者结合起来,对于车联网是有意义的。

2. 平均延时比较

不同策略下的任务的平均延时比较结果如图 4 和图 5 所示。图 4 展示了在微基站数量不变(20 SBSs)的情况下,用户数量对于任务平均延时的影响。图 5 展示在 IoT 设备数量不变（100IoT 设备）的情况下，微基站数量对于任务平均延时的影响。可以发现，在任何情况下通过 DualControl 调度的任务平均延时都是最低的。这是由于 DualControl 在调度时不考虑基站的能耗，会最大化利用网络和边缘服务器的能力。JOSA 算法在参数 V 设置为 1 时，可以获得与 DualControl 算法近似的任务平均延时。

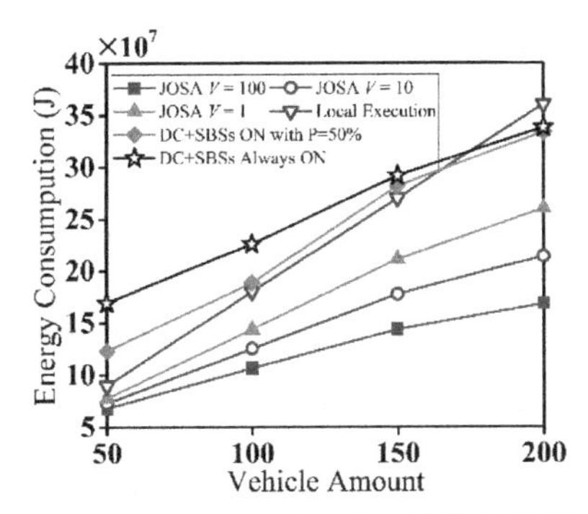

图 4　IoT 设备数量对系统总体能耗的影响

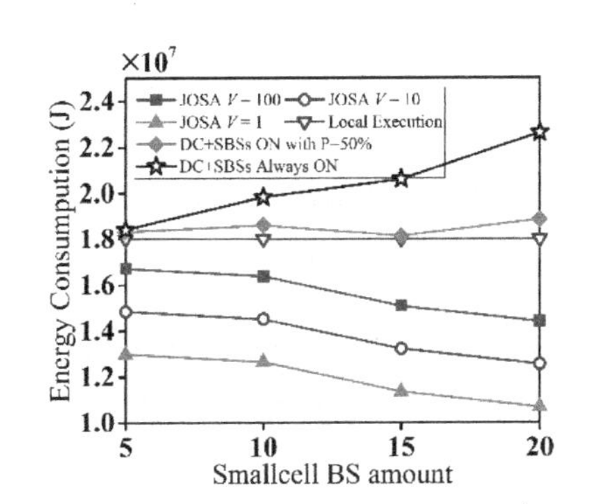

图 5　微基站数量对系统整体能耗的影响

3. V 对于框架的影响

本文接下来讨论不同的李雅普诺夫权衡参数 V 对 VEC 框架的影响。总的来,权衡参数 V 是对 VEC 框架内的能耗与队列中任务残余量的权衡。根据定理 1,果 VEC 框架采用了更大的权衡参数 V,那么系统的整体能耗会更低;但相对的,系内实队列和虚队列中的任务残余量会相应增加,也就会导致任务的平均延时增加。2 和图 3 表明随着 V 的增加，VEC 框架的整体能耗会降低（JOSA $V=1, 2, 3$），这定理 1 中能耗的部分是吻合的。图 4 和图 5 表明了，随着 V 的增加，VEC 框架中务的平均延时也会相应增加（JOSA $V=1, 10, 100$），也就是说系统内队列的任务残余会相应增加，这与定理 1 中队列任务量堆积的部分是吻合的。

IoT 设备数量对任务平均延时的影响如图 6 所示。微基站数量对任务平均延时的影响如图 7 所示。

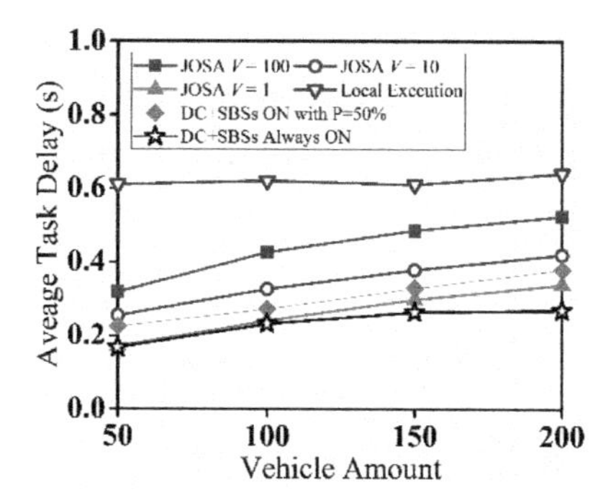

图 6　IoT 设备数量对任务平均延时的影响

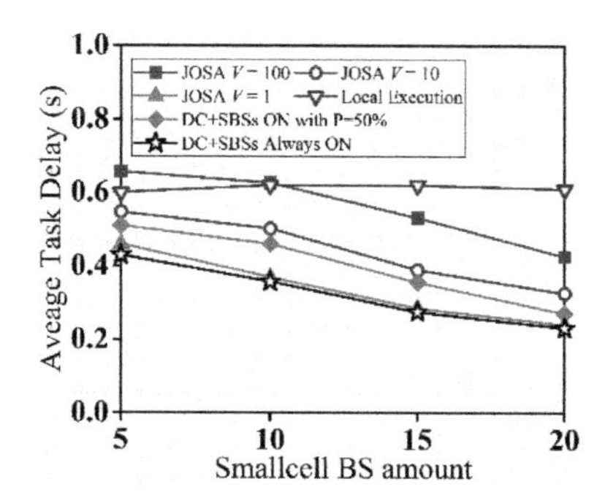

图 7　微基站数量对任务平均延时的影响

4. 算法执行时间

本文在微基站数量固定的情况下(20 SBSs),评估了 IoT 设备的数量对 JOSA 算法执行时间的影响。本文使用了一台处理器为 Intel Core i5-2400 Processor@3.1GHz 的台式机对算法的执行时间进行了评估,结果如图 8 所示。可以看到随着设备的数量的增加,算法的执行时间的增长近似于线性。

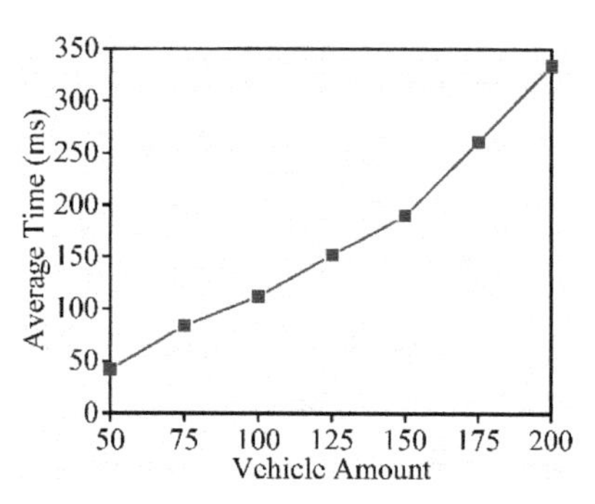

图 8　JOSA 算法执行时间

结语

本文提出了一个基于超密集网络的车辆移动边缘计算框架 VEC。车辆通过与最适合的基站进行关联可以将车联网应用的任务卸载到移动边缘服务器上执行，服务器根据定制的服务计划为每辆车分配计算资源，在处理完车辆卸载的任务后将结果回传车辆。为了实现 VEC 框架，本文制定了一个任务卸载问题，通过对车辆任务卸载调度、车辆-基站关联以及基站睡眠调度，旨在最小化车辆和基站的能耗，同时考虑车联网应用的延时限制。针对这一优化问题，本文提出了 JOSA 在线任务卸载算法。通过理论分析和仿真实验证实了 VEC 框架的性能适用于车联网应用。

参考文献

WHAIDUZZAMAN M, SOOKHAK M, GANI A, et al. A survey on vehicular cloud computing[J]. Journal of Network and Computer Applications, 2014, 40: 325-344.

LU N, CHENG N, ZHANG N, et al. Connected vehicles: Solutions and challenges[J]. IEEE internet of things journal, 2014, 1(4): 289-299.

WAN J, ZHANG D, ZHAO S, et al. Context-aware vehicular cyber-physical systems with cloud support: architecture, challenges, and solutions[J]. IEEE Communications Magazine, 2014, 52(8): 106-113.

CORDESCHI N, AMENDOLA D, SHOJAFAR M, et al. Distributed and adaptive resource management in cloud-assisted cognitive radio vehicular networks with hard reliability guarantees[J]. Vehicular Communications, 2015, 2(1): 1-12.

SHOJAFAR M, CORDESCHI N, BACCARELLI E. Energy-efficient adaptive resource management for real-time vehicular cloud services[J]. IEEE Transactions on Cloud computing, 2016.

DINH H T, LEE C, NIYATO D, et al. A survey of mobile cloud computing: architecture, applications, and approaches[J]. Wireless communications and mobile computing, 2013, 13(18): 1587-1611.

MACH P, BECVAR Z. Mobile edge computing: A survey on architecture and computation offloading[J]. IEEE Communications Surveys & Tutorials, 2017.

HUSSAIN R, SON J, EUN H, et al. Rethinking vehicular communications: Merging VANET with cloud computing[C]//Cloud Computing Technology and Science (CloudCom), 2012 IEEE 4th International Conference on. IEEE, 2012: 606-609.

[9] WAN J, ZHANG D, SUN Y, et al. VCMIA: a novel architecture for integratin vehicular cyber-physical systems and mobile cloud computing[J]. Mobile Network and Applications, 2014, 19(2): 153-160.

[10] ZHANG W, WEN Y, GUAN K, et al. Energy-optimal mobile cloud computin under stochastic wireless channel[J]. IEEE Transactions on Wireless Communica tions, 2013, 12(9): 4569-4581.

[11] KWAK J, KIM Y, LEE J, et al. DREAM: Dynamic resource and task allocatio for energy minimization in mobile cloud systems[J]. IEEE Journal on Selected A eas in Communications, 2015, 33(12): 2510-2523.

[12] CHEN X. Decentralized computation offloading game for mobile cloud compu ing[J]. IEEE Transactions on Parallel and Distributed Systems, 2015, 26(4): 97 983.

[13] ZHANG K, MAO Y, LENG S, et al. Energy-Efficient Offloading for Mobi Edge Computing in 5G Heterogeneous Networks[J]. IEEE Access, 2016, 4: 589 5907.

[14] MAO Y, ZHANG J, LETAIEF K B. Dynamic computation offloading for m bile-edge computing with energy harvesting devices[J]. IEEE Journal on Select Areas in Communications, 2016, 34(12): 3590-3605.

[15] CHEN X, JIAO L, LI W, et al. Efficient multi-user computation offloading f mobile-edge cloud computing[J]. IEEE/ACM Transactions on Networking, 201 24(5): 2795-2808.

[16] YOU C, HUANG K, CHAE H, et al. Energy-efficient resource allocation for m bile-edge computation offloading[J]. IEEE Transactions on Wireless Communic tions, 2017, 16(3): 1397-1411.

[17] KIM Y, KWAK J, CHONG S. Dual-side dynamic controls for cost minimizati in mobile cloud computing systems[C]//Modeling and Optimization in Mobile, Hoc, and Wireless Networks (WiOpt), 2015 13th International Symposium IEEE, 2015: 443-450.

[18] SHOJAFAR M, CORDESCHI N, BACCARELLI E. Energy-efficient adaptive source management for real-time vehicular cloud services[J]. IEEE Transactions Cloud computing, 2016.

[19] INDEX V N. Cisco visual networking index, global mobile data traffic forecast date, 2016-2021 white paper[R/OL]. (2017-05-24)[2022-12-02]. http: //www. co.com/c/en/us/solutions/collateral/service-provider/visual-networking-index-vni

mobile-white-paper-c11-520862.html.

20] WU J, ZHANG Z, HONG Y, et al. Cloud radio access network (C-RAN): a primer[J]. IEEE Network, 2015, 29(1): 35-41.

21] GE X, TU S, MAO G, et al. 5G ultra-dense cellular networks[J]. IEEE Wireless Communications, 2016, 23(1): 72-79.

22] WU J, ZHANG Y, ZUKERMAN M, et al. Energy-efficient base-stations sleep-mode techniques in green cellular networks: A survey[J]. IEEE communications surveys & tutorials, 2015, 17(2): 803-826.

23] KIM J M, KIM Y G, CHUNG S W. Stabilizing CPU frequency and voltage for temperature-aware DVFS in mobile devices[J]. IEEE Transactions on Computers, 2015, 64(1): 286-292.

24] LIN Y, BAO W, YU W, et al. Optimizing user association and spectrum allocation in HetNets: A utility perspective[J]. IEEE Journal on Selected Areas in Communications, 2015, 33(6): 1025-1039.

5] CHENG J, SHI Y, BAI B, et al. Computation offloading in cloud-RAN based mobile cloud computing system[C]//Communications (ICC), 2016 IEEE International Conference on. IEEE, 2016: 1-6.

6] HAN S, WANG X, XU L, et al. Frontal object perception for Intelligent Vehicles based on radar and camera fusion[C]//Control Conference (CCC), 2016 35th Chinese. IEEE, 2016: 4003-4008.

7] YAN M, CHAN C A, LI W, et al. Network energy consumption assessment of conventional mobile services and over-the-top instant messaging applications[J]. IEEE Journal on Selected Areas in Communications, 2016, 34(12): 3168-3180.

8] LITTLE J D C, GRAVES S C. Little's law[M]. Building intuition. Springer US, 2008: 81-100.

9] NEELY M J. Stochastic network optimization with application to communication and queueing systems[J]. Synthesis Lectures on Communication Networks, 2010, 3(1): 1-211.

0] YU B, PU L, XIE Y, et al. Online technical report[EB/OL]. (2017-05-31)[2022-12-05]. https://www.dropbox.com/s/x3fdpmozf5vgh9 d/%E7%A0%94%E7%A9%B6%E4%B8%8E%E5%8 F%91%E5%B1%95.pdf? dl=0.

] SCHRIJVER A. Theory of linear and integer programming[M]. John Wiley & Sons, 1998.

] BERENSTEIN C A, GAY R. Complex variables: an introduction[M]. Springer

Science & Business Media, 2012.

[33] Aalto University, Technische Universität München. The Opportunistic Networ
Environment simulator[EB/OL]. (2017-05-24)[2022-12-05]. https://akeraner
github.io/the-one/

[34] BETHANABHOTLA D, BURSALIOGLU O Y, PAPADOPOULOS H C, et a
User association and load balancing for cellular massive MIMO[C]//Informatio
Theory and Applications Workshop (ITA), 2014. IEEE, 2014: 1-10.

能源大数据与大数据分析的应用与发展

张倩宜[1],郑阳[1],王洋[2],杨丹丹[1]
(1. 国网天津市电力公司信通公司,天津市,300140;2. 国网天津市电力公司,天津市,300010)

摘要:随着我国经济的高速发展,社会现代化的步伐也在不断加快。大数据技术是时代发展的产物,能源大数据融合了海量能源数据与大数据技术,是构建"互联网+"智慧能源的重要手段。它集成多种能源(电、煤、石油、天然气、供冷、供热等)的生产、传输、存储、消费、交易等数据于一体,是政府实现能源监管、社会共享能源信息资源、促进能源体制市场化改革的基本载体。本文首先对能源大数据的现状及其发展趋势进行分析,在此基础上,从可视化、数据分析、数据应用技术等几个方面,对电力大数据分析技术及应用进行论述。

关键词:能源大数据;电力大数据;大数据分析;现状发展;技术应用

引言

能源的巨大发展与每次的工业革命相生相随。18世纪前,人类只限于对风力、力、畜力、木材等天然能源的直接利用。如今人们正式进入到了"大数据时代",将数据技术应用于能源领域,是推动产业发展创新的趋势。在信息技术、网络技术发下,结构化、非结构化信息爆炸式生产,能源互联网最为显著的特点就是引进了现新型的软硬件,通过将各类能源终端进行衔接,就能形成基于能源的网络,大数据术作为核心技术,不仅能够为能源互联网的高效运行提供基础保障,更能进一步提互联网本身的运行质量,促使其能效作用最大化发挥,进而实现对能源消耗量的合缩减。

能源大数据理念是将电力、石油、燃气等能源领域数据及人口、地理、气象等其他域数据进行综合采集、处理、分析与应用的相关技术与思想。能源大数据不仅是大据技术在能源领域的深入应用,也是一种互联网与能源生产、传输、存储、消费以及源市场深度融合的能源产业发展新形态。能源大数据是推动我国能源革命的重要掌,对适应可再生能源规模化发展,提升能源开发利用效率,推动能源市场开放和业升级,形成新的经济增长点,提升能源国际合作水平具有重要意义。

在各个行业的长期发展中,数据分析都是较为重要的一部分,大数据技术之所以能够更广泛地应用到不同的需求领域中,不仅是迎合时代发展趋势的重要变革,更是提升数据价值的有效路径。

1　能源大数据的现状与发展

世界各国非常重视大数据及与能源相关的技术,力图抢占新能源战略制高点与发言权。发达国家已在推进大数据上形成了从发展战略、法律框架到行动计划的完整格局,能源大数据技术在大数据生态链的四个层次(图 1)中均有十分有效的实践通过政策在大数据发展上的投资巨大,为能源规划和布局提供更精准的数据技术,同时,不断完善大数据相关的法律法规和基础框架,以克服大数据在制度、技术和法律方面的障碍。发展中国家也在积极推进能源大数据建设,推进智能电网标准体系建设,完善智慧能源系统,加强信息安全保护,开展国际合作,虽然还存在一定的问题但随着信息化的深入和两化的深度融合,能源大数据的发展前景将越来越广阔。

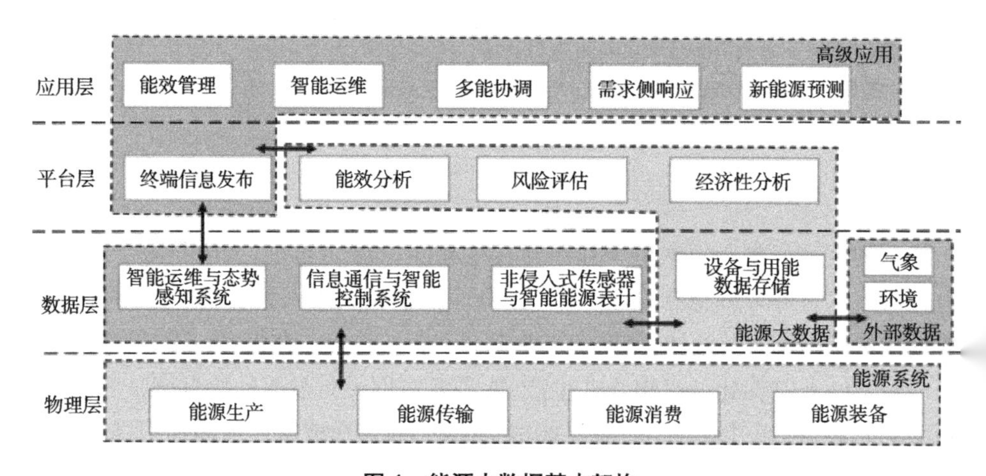

图 1　能源大数据基本架构

1.1　国内外能源大数据背景

1.1.1　国外能源大数据发展背景

国外对大数据技术的研究起步较早,前期大数据技术主要应用在商业金融领域之后逐渐扩展到能源领域。能源领域尤其是电力系统的数字化转型至少已经开展30 年。大数据的概念起源于美国,最早可追溯到 Apache 软件基金会的开源项Nutch。当时,大数据用来描述更新网络搜索索引需要同时进行批量处理或分析的量数据集。随着网络信息技术的发展,各国在信息获取技术、互联网以及社交网络等方面取得了较大的进展,直接导致数据规模大幅度提升,大数据开始进入电信、金融等行业,而电力工业化与信息化的不断融合,增强了电力企业对电力信息的依存度,大数据的作用和价值得到了企业和社会的认可,各国政府陆续启动国家层面的大数据研究。

世界各国在能源大数据方面加大投入,着力打造智慧能源系统。2012 年,美国政府宣布启动“大数据研究开发计划”。2013 年,美国电力科学研究院启动输电网现代化示范项目(TMD)和配电网现代化示范项目(DMD)两个能源电力大数据研究项目。2014 欧盟正式实施 Horizon2020 研究创新计划,包含能源效率、低碳能源、智慧城市和社区,目标是保障能源安全、提高欧盟产业竞争力,构建一体化智能化欧洲电网。2016 年欧盟发布《数字能源系统 4.0》。2020 年 7 月,欧盟整合能源体系,推出能战略,发布《欧盟能源系统整合策略》,将为欧盟向绿色能源过渡搭建框架。

1.2 国内能源大数据发展背景

我国能源大数据在第三次工业革命浪潮下,互联网、物联网与电网深度融合,信息技术在电力系统广泛应用,企业由资产的竞争、劳动力和成本竞争延伸到数据和知识的竞争,数据既是信息的载体又是知识的源泉。国家电网公司在 2014 年工作报告中指出,“把数据资源作为公司战略资产,加强集中管理,实现全公司信息共享。强化数据分析,提升数据应用水平和商业价值。”标志着电力企业从此开启了大数据进程。数据掌控和数据分析将成为企业竞争的常态,数据必将成为企业最重要的财富,数据分析的能力将成为企业核心竞争力。

中国在国家层面“大数据”被确定为科技创新主攻方向之一后,能源大数据技术在政府主导、各个能源公司推动下得到十分迅速地发展,并被广泛应用到推进政府科学管理、促进企业健康发展和服务民生等各个方面。在政府层面,较为典型案例是河南省政府与国家电网河南省电力公司共建的能源大数据应用中心,目前该数据中心已初步实现电、煤、油、气等能源行业数据和经济、政务、环保、气象等相关数据的汇集、储存以及分析处理。依托相关的大数据技术,并在政府的精准施策下,该中心在大气污染防治、促进节能减排、优化营商环境、促进新能源消纳等方面均有较为优异地表现。

2 能源大数据市场现状分析

近年来,我国市场新格局已形成,大数据已在石油、天然气、电力等传统能源领域,以及风电行业这种新能源领域得到应用。其中,石油、天然气作为国家战略性能源,5 年投资规模都有较大增长。国家电网于 2014 年重新开始大数据的尝试,并开始大力推动智能电网。智能电网的推广,将带动对大数据调节用电高峰的需求,家庭用电及工业用户节能省电的需求,这些需求必将引发一系列智能设备、数据分析的崛起。

中国能源消耗一直以煤炭为主,近年来天然气、风电、水电等清洁能源占比缓慢提高。煤炭从2008年的占比70.3%降至2013年的66.0%,石油的消耗量始终保持在18%上下,天然气由2008年的占比3.7%升至2013年的5.8%,水电、风电、核电从2008年的7.7%升至9.8%。煤炭的主导地位短期内不会产生太大变化。受国家环保政策支持,预计未来天然气等清洁能源的消耗量将逐渐增大。据调查机构BP最新发布的2035世界能源展望,煤炭从2000年以来增长最快的化石燃料(年均3.8%)至为增速最慢的燃料(年均0.8%)。这也反映了亚洲煤基工业化趋缓以及关键市场的气价走低的趋势。天然气是增速最快的化石燃料(年均1.9%),而石油增速略高于煤炭(年均0.8%)。可再生能源是增速最快的燃料(年均6.3%)。核电(年均1.8%)和水电(年均1.7%)的增长快于总体能源增速。

1.3 能源大数据的基本特性

1.3.1 数据量庞大

互联网+能源大数据中,电动汽车、分布式能源、分布式储能等分散能量单元的差别接入,使得系统参与者增多,表征和影响能源生产、交易、消费的数据都将激增。

1.3.2 数据结构复杂程度高

除传统的结构化数据外,还包含大量的半结构化、非结构化数据,如设备在线测系统中的视频数据与图像数据等。

1.3.3 数据的分散性和系统隔离性

互联网+能源大数据中的数据来自独立、分散的系统,地理上的分散性以及隔性,数据系统开发和管理上的独立性,给数据的融合带来了困难。

1.3.4 数据具有高度的实时性。

数据中包含着很多实时性数据,对数据分析结果具有较高的实时性要求。

1.4 能源大数据发展及存在问题

1.4.1 能源数据普遍存在信息孤岛

在电力、煤炭、石油、天然气、供冷/热等能源企业信息化的进程中,由于缺乏有的统一管理机制，造成能源企业存在多套独立的能源管理系统，通过各自的传感器可以采集单独系统的数据。但由于各系统架构、协议等不一致，各自采集的数据无法共享，制约了能源大数据进一步地分析与挖掘。传统电力及其他能源系统长期保持着各自规划、独立运行、条块分割的局面，跨行业的系统间壁垒严重，封闭了不同能源系统之间的信息互通，使得信息孤岛问题进一步突出，制约了能源大数据的发展。

4.2 支持能源大数据的基础设施存在短板

大数据需要从底层芯片到基础软件再到应用分析软件等信息产业全产业链的支撑，在这一系列基础设施建设上，我国能源信息基础设施仍存在短板。论是在传感技术、新型计算平台、分布式计算架构方面，还是大数据处理、分析和呈现方面，我国能源信息技术都难以适应电力行业乃至能源行业的多源、多态及异构数据的广域采集、高效存储和快速处理。

4.3 能源信息安全问题突出

能源系统的开放、兼容和互联必然伴随着风险，目前整个能源系统的安全形势仍严峻，特别是随着互联网技术在能源系统的应用，开放互联的网络和信息与物理组件的交互使得能源系统面临着巨大的安全挑战。能源大数据是建立在能源数据公开、共享的基础之上，因此，能源大数据的建设与应用需加强能源信息安全防御能力。

大数据分析技术及应用

近年来，随着国家智能发电建设力度的逐步加大，使得电力行业中非结构化数据比重持续增长，在量级上已经超过结构化数据。电力大数据具备大数据技术的"5V"即数据量大、数据类型多、处理速度快、精确性高和价值大的特征。

随着大数据时代的来临，大数据分析也应运而生，大数据分析可以分为大数据和分析两个方面。大数据与大数据分析并不是同一概念，假如没有数据分析，再多的数据都只能是一堆储存维护成本高而毫无用处的 IT 库存。发达国家的大数据分析更注重分析，从分析出发去找数据，然后再有效地将从数据中得到的信息有效利用。数据分析可以让人们对数据产生更加优质的诠释，而具有预知意义的分析可以让分析员根据可视化分析和数据分析后的结果做出一些预测性的推断。传统数据与大数据的区别见表 1。

表 1　传统数据与大数据的区别

数据类型	数据量	速度	多样性	价值
传统数据	GB → TB	数据稳定，增长速度慢	结构化数据	统计与报表
大数据	TB → PB（以上）	持续实时产生数据	结构化、半结构化数据	数据挖掘、预测分析

2.1 大数据分析的要素

2.1.1 大数据预测性分析

大数据技术的主要应用是预测性分析,如保险公司通过数据预测被保险人是否会违规,地震监测部门通过对大数据的分析,预测某地点发生地震的大致时间,气象部门利用数据预测天气变化等。许许多多的行业应用都会涉及大数据,大数据的丰富特征表述了快速增长的存储数据的复杂性。伴随着大数据的出现,大数据预测分析将起到越来越重要的作用。

2.1.2 数据管理和数据质量

大数据分析跟数据质量和数据管理紧密相关,而质量高的数据和有效的数据管理可以使分析结果有价值、真实并得到有力的保证。

2.1.3 语义引擎

语义引擎是把现有的数据标注语义,它是数据分析及语义技术最直接的应用数据分析中非结构化数据与异构数据的多样性,必须配合大量的工具去分析、解析提取数据。语义引擎的设计可以达到能够从文档中自动提取有用信息,使语义引擎能挖掘出大数据的特征,在此基础上科学建模和输入新的数据,来预测未来的可能数据。

2.1.4 数据挖掘算法

大数据分析的理论核心就是数据挖掘(图 2)。各种数据的算法基于不同的数类型和格式,能更加科学地呈现出数据本身的特点,能更快速地处理大数据。

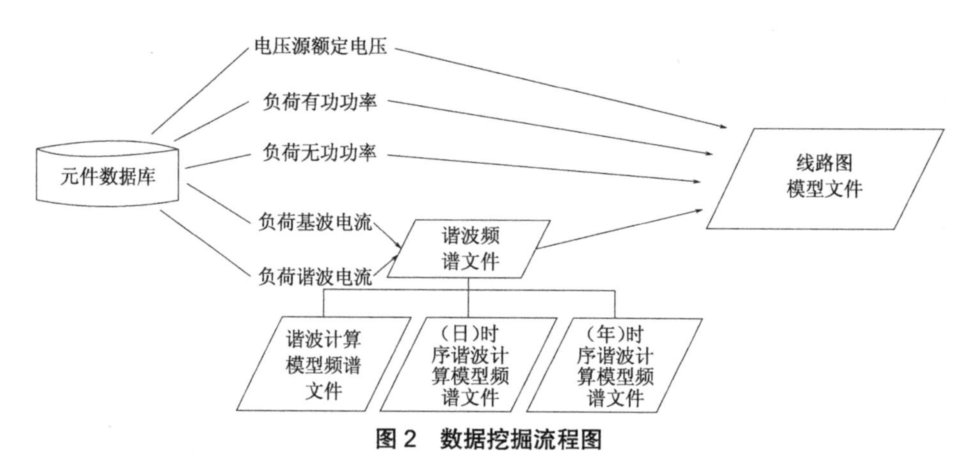

图 2 数据挖掘流程图

.2 大数据的可视化应用

.2.1 图表可视化

图表可视化具体是指以最为基础的图形和表格,对相关数据进行直观展示的方法。在图表可视化的前提下,对数据进行获取的过程中,可在相对较短的时间内,找到其中存在的问题,并借助数据的规律,对问题进行解决处理。对图表可视化系统进行构建时,需要使用以下三种可视化展示方法:折线图、柱状图、表格。其中折线图能够对某个时间段内,数据随时间变化的趋势进行描述;柱状图则可通过柱状体的长度对数据的差异情况进行展示;表格的作用是对数据进行详细记录,相关的数据资源可通过搜索的方式进行获取。

2.2 SVG 可视化

SVG 是现阶段较为流行的一种图像文件格式,具体是指能够进行缩放的矢量化图形。对于不同的电力数据, SVG 可以用不同的颜色进行显示,由此可使数据变得直观化。在这种可视化方法下,需要对某个特定区域内的电力数据进行掌握,按照相关的参数和指标,赋予电力数据不同的颜色,并用颜色的深浅程度对电力数据的实际情况进行表示。当需要对某个时间段内,各生产单位的情况进行了解时,便可使用不同的色块进行直观呈现,如果要对其中某个数据进行调用,则可借助 SVG 来完成控制,由此可使数据资源的查询和使用变得更加方便。

3 数据分析技术的应用

大数据技术是时代和科技发展的产物。从总体上来说,大数据技术是通过技术应用,来对海量数据进行处理,在立足这些海量数据基础之上,对这些数据进行专业处理和深度挖掘、分析,对各种资源进行更加合理的应用。随着大数据技术的不断发展,在社会和生产领域中的应用越来越多,成为一种影响世界发展的关键技术,是传统技术所无法比拟的,分析中,可以发挥非常大的作用。

在电力体制改革进程不断加快的推动下,我国的发电方式越来越多,除常规的火力发电之外,水力发电、风力发电、太阳能发电、核电等,都得到了快速发展,由此使得发电领域呈现出多样化的态势。因此,通过运用电力大数据中的分析技术,可将常规电能与清洁型电能之间存在的关联性进行全面、具体地分析,借此来发现二者的契合点,为电力资源合并工作的开展提供依据。通过电力大数据的运用,能够对各种影响因素进行分析,据此制定出合理可行的应对策略,确保风电并网安全有序进行。

2.4 大数据分析存在的问题

2.4.1 数据存储问题

随着技术不断发展,数据量从TB上升至PB、EB量级,如果还用传统的数据存储方式,必将给大数据分析造成诸多不便,这就需要借助数据的动态处理技术,即随着数据的规律性变更和显示需求,对数据进行非定期的处理。同时,数量极大的数据不能直接使用传统的结构化数据库进行存储,人们需要探索一种适合大数据的数据储存模式,也是当下应该着力解决的一大难题。

2.4.2 分析资源调度问题

大数据产生的时间点,数据量都是计算难题,这就是大数据的一大特点,不确定性。所以我们需要确立一种动态响应机制,对有限的计算、存储资源进行合理的配置及调度。另外,如何以最小的成本获得最理想的分析结果也是一个需要考虑的问题

2.4.3 专业的分析工具

在发展数据分析技术的同时,传统的软件工具不再适用。目前人类科技尚不成熟,距离开发出能够满足大数据分析需求的通用软件还有一定距离。如若不能对这些问题做出处理,在不久的将来大数据的发展就会进入瓶颈,甚至有可能出现一段时间的滞留期,难以持续起到促进经济发展的作用。

3 结语

在信息化时代到来的今天,能源与数据融合成为新型能源运营与服务的未来,种数据信息呈几何数倍增,通过对这些数据的合理利用,能够为相关工作的开展提依据。电力在社会经济建设中占据着不可替代的地位,是非常重要的物质基础之一为推动电力行业的持续、稳定发展,应当对电力大数据技术进行应用,通过数据挖掘分析、提取、存储,为电力生产的安全、稳定、可靠运行提供保障。在未来一段时期,加大对电力大数据技术的研究力度,除对现有的技术进行改进和完善之外,还应开一些新的技术,从而使其更好地为电力行业服务。

“十四五”期间,对大数据分析应用的水平不仅体现能源电力企业的创新能力也影响着能源产业及上下游企业的降本增效能力。在能源流与数据流融合的必然势下,大数据的分析应用也将成为能源运营服务的重要基础,推动能源电力服务向绿色、安全、高效和人性化的方向发展。

参考文献

[1] 赵少东,王程斯. 基于异构计算与实时可视化技术的综合能源大数据平台研究与应用[J]. 微型电脑应用,2019,35(11):96-99.

[2] 曹源,陈淑婷,胡新苗,等. 电力大数据在能源互联网建设下的价值变现[J]. 中国科技信息,2022(6):142-143.

[3] 王圆圆,白宏坤,李文峰,等. 能源大数据应用中心功能体系及应用场景设计[J]. 智慧电力,2020,48(3):15-21,29.

[4] 刘敦楠,唐天琦,赵佳伟,等. 能源大数据信息服务定价及其在电力市场中的应用[J]. 电力建设,2017,38(2):52-59.

[5] 王磊. 能源大数据中心建设运营思路研究[J]. 中国新技术新产品,2021(3): 126-128.

[6] 赖征田. 能源大数据中心建设与应用研究[J]. 供用电,2021(4):1.

[7] 张伟昌,孟祥君,王刚. 电力行业基于规则引擎的数据质量治理[J]. 中国新通信,2015,17(21):53-54.

[8] 王博颖. 大数据技术在电力企业中的应用研究[J]. 电子世界,2019(13).

[9] 兰栋. 面向智能电网应用的电力大数据关键技术分析[J]. 数字通信世界,2018,No.160(4):89.

[10] 王庆斌. 面向智能电网应用的电力大数据关键技术[J]. 电子技术与软件工程,2017(19).

[11] 梁志坚. 大数据技术在重要电力用户供电安全分析中的应用[J]. 网络安全技术与应用.2022(6):97-99.

[12] 夏怀民,刘年祖,王晓博,等. 大数据技术在重要电力用户供电安全分析中的应用[J]. 自动化与仪器仪表,2017(8):163-164.

[13] 李栋华,耿世奇,郑建. 能源互联网形势下的电力大数据发展趋势[J]. 现代电力,2015,32(5):10-14.

[14] 曹军威,袁仲达,明阳阳,等. 能源互联网大数据分析技术综述[J]. 南方电网技术,2015,9(11):1-12.

[15] 季知祥,邓春宇. 面向电力大数据应用的专业化分析技术研究[J]. 供用电,2017(6)32-37.

面向配电网削峰填谷的 5G 基站储能调控方法

潘超[1],陈亚鹏[1],周振宇[1],麻秀范[1]
(1. 华北电力大学新能源电力系统国家重点实验室,北京市,102206)

摘要:大量分布式 5G 基站储能可作为配置主体参与配电网削峰填谷。针对现有 5G 基站储能参与配电网调控面临的集中调控方法计算复杂度高、难以适配配电网负荷波动、无法感知基站储能电池能量与电池损耗等挑战,提出 5G 基站储能分布式自主调控架构,支撑 5G 分布式储能资源灵活接入配电网。在此基础上,提出一种基于电池状态感知上置信区间的 5G 基站储能调控算法,将基站储能调度问题建模为多臂赌博机问题,基站作为决策者分布式动态调整基站储能的充放电决策,综合考虑基站储能电池容量约束与电池损耗成本,最大化储能调控效益和配电网负荷曲线方差的加权差,实现电池能量与电池损耗感知,辅助配电网削峰填谷。仿真结果表明,相较于现有两种对比算法,所提方法可以使基站储能调控效益与配电网负荷曲线方差加权差提高 12.73%和 22.33%。研究成果能够很好地满足 5G 基站储能参与配电网削峰填谷需求,实现配电网与 5G 基站储能双向互动。

关键词:储能调控;5G 基站;削峰填谷;强化学习

0 引言

近年来,分布式新能源并网大规模增长,新能源的随机性、波动性和间歇性
点造成“弃风弃光”问题呈加剧态势,电力系统负荷峰谷差增大,带来大量资源
费。然而,通过增加发电侧装机容量和扩大输电侧传输容量的调峰手段已无法
足电网发展需求,需要高效、可靠的储能调控技术来缓解电力系统供电需求和经
性矛盾[1-2]。储能技术作为智能电网的重要组成部分,在削峰填谷、负荷备用具有
大的优势。储能电池具有容量配置灵活、响应速度快、循环寿命高等优势,可实现
峰填谷,为电网安全经济提供保障[3-4]。当前电池储能系统主要从负荷分时电价和
能经济调度策略两方面考虑实现削峰填谷效果[5]。例如,构建以削峰填谷为目标
储能系统投资经济模型,确定最经济型的充放电策略;建立含储能电池的多单元微
系统优化模型,以主网和微网运行时段和电量为约束,通过削峰填谷的电池储能经
性评价,选择系统变功率下的充放电控制最优策略。

随着电网规模和电网容量的不断增大,电网调度控制的难度也随之增加[6],传统的分析与控制技术已难以满足电网的安全稳定运行要求。如今,电网技术与5G通信技术相结合,已经成为未来电网发展的主要趋势[7]。5G基站储能具有数量多、分散广、个体容量小的特点。若由电网直接控制各个基站储能的充放电行为,会给电网带来过重的计算负担及工作量,也削弱了电网利用基站分布式小容量储能的意愿[8]。同时,5G通信的频段较高,单个5G基站覆盖范围较4G基站小,且由于使用了更大规模的阵列天线、更高的带宽,其耗能预计将是4G基站的3~5倍[9]。随着我国配电网更加坚强可靠,在市电正常供电时,通信基站储能电池一直处于闲置状态,造成了资源的浪费[10-11]。因此,如何有效利用碎片化闲置5G基站储能资源,使5G基站作为新的储能配置主体参与到与配电网的协同互动中来,从而实现电网与通信运营商的互利共赢将成为研究的重点。然而,当前5G基站储能参与配电网削峰填谷仍面临着以下挑战。

首先,5G基站数量规模庞大、个体容量小,分散的基站储能资源不利于集中调控。此外,5G储能需要根据实际储能容量,权衡基站充电成本、放电收益等因素进行调控,计算复杂度高,响应时间长,难以满足储能资源实时精准调控需求。因此如何设计低复杂度的基站储能分布式自主调控方法是当前面临的一个挑战。

其次,大量分布式源荷储资源接入使电网负荷波动性明显,导致电网日常运行稳定性难以保障,如何通过基站参与充放电减小电网负荷曲线峰谷差,降低负荷波动,保障配电网安全稳定运行,是当前面临的一个挑战。

最后,5G基站储能充放电受到备用容量与可调度容量的约束,同时导致一定的电池损耗,导致基站储能电池寿命缩短,减少调控效益。如何实现对基站储能电池电量和充放电损耗的感知,提升基站储能调控性能,是当前面临的一个挑战。

国内外研究学者在5G基站储能调控领域开展大量研究[12-15]。文献[16]提出基于协同可再生能源参与电网调度的能源合作模型,在全局信息已知的情况下通过贪心算法使可再生能源和储能调控收益最大化。文献[17]利用调控平台将分散的5G基站储能聚合,通过聚合的基站储能可调度容量,以最大化储能调控收益为优化目标,协助5G基站参与电网协同调度。上述方法通过集中调控的方式聚合储能与负荷信息并建立优化模型进行求解,同时将调控指令下发至基站,算法复杂度高并且扩展性差,在配电网全局信息未知的情况下,算法收敛能力差,调控响应延迟大,不适用于本文大规模分布式5G基站储能参与配电网削峰填谷的信息不确定场景。基于上置信区间(Upper Confidence Bound,UCB)的强化学习方法利用历史数据进行在线学习和有效探索,被广泛应用于分布式自主优化与能量调控领域。文献[18]提出面向综合能源系统的UCB能源调度算法,将采集到的系统能源、负荷信息纳入构建的UCB神经网络模型,以系统能源供需平衡为目标做出能源调度决策,实现分布式能源系统最优能源调度。然而上述文献仅考虑电网长期稳定运行下的能源调控能调度的效益,提出一种基于电池状态感知 UCB 的 5G 基站储能调控算法。首先,将基站储能调度问题建模为多臂赌博机(Multi-Armed Bandit, MAB)问题。然后,依据历史信息学习获得非全局信息下的业务队列调度策略,最小化配电网负荷曲线方差,并最大化基站储能调控效益。最后,通过仿真将本文所提算法与已有算法进行对比,验证所提算法的有效性。本文的主要贡献如下。

1. 低复杂度可扩展的基站储能分布式自主调控优化算法

在全局信息不确定的情况下,仅基于本地经验性能评估,通过平衡探索与利用分布式优化 5G 基站储能充放电决策,解决配电网与 5G 基站间的储能调控问题,适配配电网储能调控场景低时延需求。

2. 配电网削峰填谷水平与基站储能调控效益的联合优化

本文通过动态调整基站储能充放电策略,综合考虑基站充电成本、放电收益以及配电网负荷等因素,最大化基站储能调控效益和配电网负荷曲线方差的加权差。

3. 储能电池状态感知

本文所提算法将基站充放电产生的电池损耗成本纳入基站储能调控效益模型,同时考虑基站储能容量约束,实现电池电量与充放电损耗的感知。基站可根据感知结果动态调整充放电策略,进一步通过观察充放电后电网负荷曲线方差以及基站储能调控效益,改进学习性能与收敛性。

1 配电网与 5G 基站储能分布式自主调控架构

5G 基站储能具有数量多、分散广、个体容量小的特点,由电网直接控制各个基站储能的充放电行为,会给电网带来过重的计算负担及工作量,也削弱了电网利用基站分布式小容量储能的意愿。因此,构建 5G 基站储能分布式自主调控架构,利用先进的通信技术打破物理连接局限,实现 5G 基站储能资源的充分灵活利用。

5G 基站储能分布式自主调控架构如图 1 所示,由大量分散的 5G 基站储能系统以及配电网组成。5G 基站储能系统由通信负载、5G 基站、基站储能电池组成,通过在基站内部部署终端量测和控制设备,对基站的运行状态、储能设备参数和基站负载状态等信息进行实时监测,可满足本地基站储能管理的基本需求,实现基站储能均衡管理、充放电控制、有功无功调节等功能[19-20]。系统通过接收配电网负荷峰谷信息,结合本地通信负载状态与基站储能电池的储能情况制订基站充放电策略,通过储能的充电与放电完成与配电网之间能量流的传递,实现储能调控。配电网通过整合部负荷信息与基站系统上传的储能调度信息分析储能调度参与配电网削峰填谷情况,进一步将调度情况下发至 5G 基站储能系统进行充放电策略优化,完成 5G 储分布式自主优化调度。

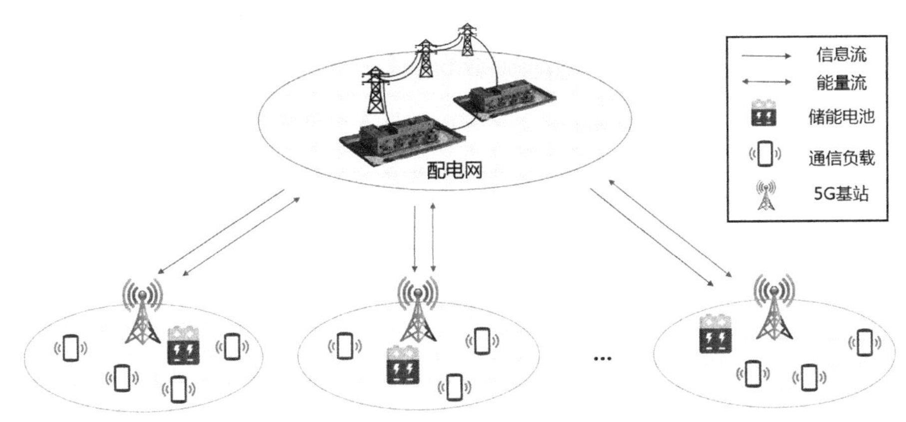

图1 5G基站储能分布式自主调控架构

系统模型

考虑配电网与5G基站共享储能调控系统,实现5G基站储能系统与智能配电网协同互动。假设存在M个5G基站,集合定义为$\mathcal{G}=\{G_1,\cdots,G_m,\cdots,G_M\}$,每个基站有储能电池,电池容量记为$E_m^o$。基站在调控中心的参与下,根据配电网的波动和时电价,通过对储能电池进行充放电参与电力调峰。将调控优化时间划分为T个隙,集合定义为$\mathcal{T}=\{1,\cdots,t,\cdots,T\}$,其中每个时隙长度为$\tau$,并考虑每个时隙内,配网负荷、供能和基站的通信负载保持不变。

基站负荷模型

基站的用电负荷与通信负载之间是线性关系,即

$$P_m(t)=P_m^{fix}+a_mL_m(t) \tag{1}$$

中:P_m^{fix}为基站的固定功耗,与基站的规模、承载设备等有关;a_m为基站的能耗系;$L_m(t)$为基站的通信负载,与基站通信流量的时空特性有关。

基站储能调控容量模型

5G基站一般参考最大负载对应的功耗进行储能容量配置,基站的储能分为两部:第一部分为不可调度的备用容量,用于保障基站供电可靠性;第二部分为可调度量。

如图2所示,其中E_m为基站储能容量上限;$E_{m,\min}$和$E_{m,\max}$为基站储能电池充放

电的容量下限和上限；$E_{m,ups}$ 为基站储能备用容量。当储能电池电量小于 $E_{m,ups}$ 时，定义储能电池充电至 $E_{m,ups}$ 所需的能量为基站用电需求；基站 $E_{m,ups}$ 至 $E_{m,\max}$ 之间的冗余储能容量作为可调度容量，参与电网削峰填谷。

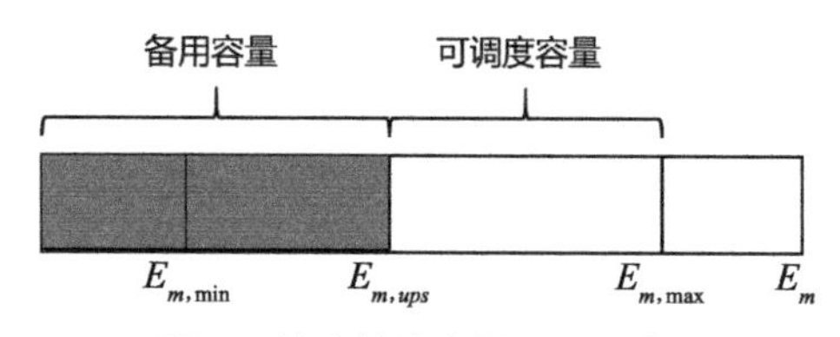

图 2 基站储能容量划分示意图

基站在不同通信负载状态下的储能备用容量和可调度容量不同。引入基站 G 的负载率指标 $\lambda_{m,load}$，即

$$\lambda_{m,load}=\frac{L_m}{L_{m,all}} \quad (2$$

式中：L_m 为 G_m 当前接入用户数；$L_{m,all}$ 为 G_m 可承担最大用户接入量。为支撑基站负载，最低储能备用容量需求为

$$E_{m,load}(t)=\lambda_{m,load}\delta E_m^R \quad (3$$

式中：$\delta\in[0,1]$ 为基站的负载状态系数；E_m^R 为基站储能电池的额定容量。基站运行时，随着基站负载率的变化，基站的储能备用容量也发生相应的变化，则基站储能备用容量为

$$E_{m,ups}(t)=\max\left\{E_{m,\min},E_{m,load}(t)\right\} \quad ($$

因此，基站的可调度容量为

$$\begin{aligned}E_{m,c}(t)&=E_{m,\max}-E_{m,ups}(t)\\E_{m,d}(t)&=E_m(t)-E_{m,ups}(t)\end{aligned} \quad ($$

式中：$E_{m,c}(t)$ 为基站最大可充电容量；$E_{m,d}(t)$ 为基站最大可放电容量；$E_m(t)$ 为实基站储能容量。

2.3 基站储能调控效益模型

基站的储能调控效益主要包含两部分：一部分为基站参与削峰填谷的充放电益，其中，包括基站充电成本和放电收益；另一部分为基站由于充放电而产生的电损耗成本。因此，基站储能调控效益可以表示为

$$F_m(t)=[P_{m,d}(t)\alpha_d(t)-P_{m,c}(t)\alpha_c(t)]\tau-C_b(P_{m,d}(t)+P_{m,c}(t))\tau \quad ($$

式中：$P_{m,d}(t)$ 和 $P_{m,c}(t)$ 分别为基站参与削峰填谷的放电功率与充电功率；$\alpha_d(t)$ $\alpha_c(t)$ 分别为放电电价与充电电价；C_b 为电池充放电损耗系数。

.4 配电网负荷曲线方差模型

为了衡量基站储能参与配电网调控后配电网的削峰填谷水平，引入配电网负荷曲线方差。定义第 t 个时隙配电网负荷曲线方差为

$$B(t)=\left\{D(t)+\sum_{m=1}^{M}\left[P_{m,c}(t)-P_{m,d}(t)\right]-\frac{1}{t}\left[\sum_{j=1}^{t}\left[D(j)+\sum_{m=1}^{M}(P_{m,c}(j)-P_{m,d}(j))\right]\right]\right\}^{2} \tag{7}$$

中，$D(t)$ 为配电网的原始负荷。$\sum_{m=1}^{M}\left[P_{m,c}(t)-P_{m,d}(t)\right]$ 为 M 个基站参与削峰填谷的充放电功率，$\frac{1}{t}\left[\sum_{j=1}^{t}\left[D(j)+\sum_{m=1}^{M}(P_{m,c}(j)-P_{m,d}(j))\right]\right]$ 为截止到第 t 个时隙基站参与削填谷后的配电网负荷平均值。配电网负荷曲线方差 $B(t)$ 越小，则表示配电网削峰谷水平越高。

基于电池状态感知 UCB 的 5G 基站储能调控算法

1 问题建模

本文旨在实现基站储能调控效益与配电网削峰填谷水平的联合优化，通过优化站参与配电网削峰填谷的充放电功率，最大化基站储能调控效益和配电网负荷曲方差的加权差。联合优化问题构建为

$$\begin{aligned}
&\max_{\{P_{m,c}(t),P_{m,d}(t)\}} \sum_{m=1}^{M}\sum_{t=1}^{T}F_{m}(t)-\beta\sum_{t=1}^{T}B(t),\\
&s.t.\ C_{1}:P_{m,d}(t)P_{m,c}(t)=0,\forall G_{m}\in\mathcal{G},\forall t\in\mathcal{T},\\
&\quad\ \ C_{2}:0\leqslant\tau P_{m,c}(t)\leqslant E_{m,c}(t),\forall G_{m}\in\mathcal{G},\forall t\in\mathcal{T},\\
&\quad\ \ C_{3}:0\leqslant\tau P_{m,d}(t)\leqslant E_{m,d}(t),\forall G_{m}\in\mathcal{G},\forall t\in\mathcal{T},\\
&\quad\ \ C_{4}:E_{m,\min}\leqslant E_{m}(t)\leqslant E_{m,\max},\forall G_{m}\in\mathcal{G},\forall t\in\mathcal{T}
\end{aligned} \tag{8}$$

中：β 为非负权重系数；C_1 为基站充放电状态约束，表示基站在同一时刻不能同时于充电状态和放电状态；C_2 和 C_3 为基站充放电容量约束，即基站储能电池充放电量不能超出相应的上限；C_4 为基站储能容量上下限约束。

问题求解

本文将基站储能调控效益与配电网削峰填谷水平联合优化问题建模为 MAB 问

题,包括决策者、摇臂和奖励三部分[21],如图3所示,具体介绍如下。

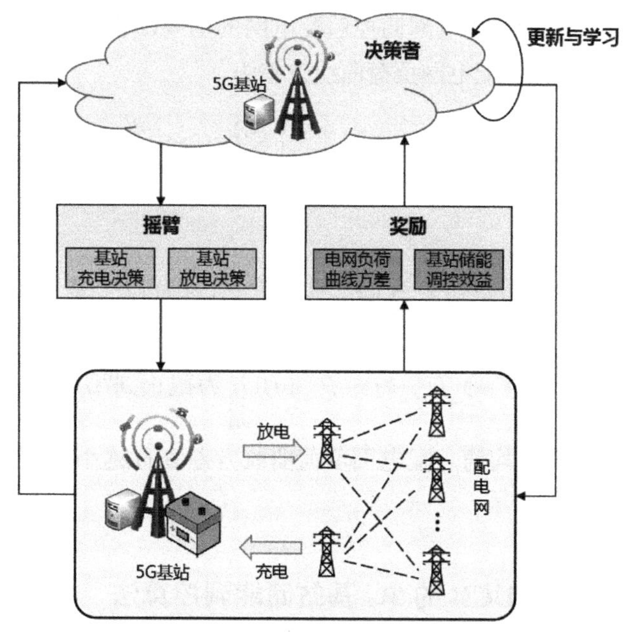

图3 5G基站储能调控MAB模型

决策者:定义决策者为5G基站,根据反馈的奖励进行决策更新与学习,并选择摇臂。

摇臂:定义摇臂为基站充放电决策。为了简化问题,将基站充电决策和放电决策分别离散化为5个等级。其中,基站充电决策的五个等级为 $\{a_1,a_2,a_3,a_4,a_5\}$,基站放电的五个等级为 $\{a_6,a_7,a_8,a_9,a_{10}\}$,因此,摇臂集合定义为 $O=\{a_1,\cdots,a_i,\cdots,a_{10}\}$ $a_i\in[0,1]$,基站 G_m 根据选择的摇臂可以确定其充放电功率为

$$
\begin{aligned}
&P_{m,c}(t)=a_i\frac{E_{m,c}(t)}{\tau},i\in\{1,\cdots,5\}\\
&P_{m,d}(t)=a_i\frac{E_{m,d}(t)}{\tau},i\in\{6,\cdots,10\}
\end{aligned}
\quad (
$$

奖励:定义奖励函数 $\varphi_m(i)$ 为基站 G_m 在第 t 个时隙选择摇臂 a_i 得到的奖励,包括两部分,一部分为 G_m 充放电效益,一部分为 G_m 参与充放电后配电网负荷曲线方差,表示为

$$
\varphi_{m,i}(t)=F_m(t)-\left\{\frac{D(t)}{M}+P_{m,c}(t)-P_{m,d}(t)-\frac{1}{t}\left[\sum_{n=1}^{t}\left(\frac{D(n)}{M}+P_{m,c}(n)-P_{m,d}(n)\right)\right]\right\}
$$

(

本文提出一种基于电池状态感知UCB的5G基站储能调控算法,具体流程如

所示。UCB算法是一种用于平衡摇臂选择探索与利用的低复杂度强化学习算法[22-]。所提算法使5G基站能够根据电网负荷曲线以及基站储能电池状态等信息做出决策,实现储能电池电量与充放电损耗的感知。在此基础上，5G基站根据获得的奖励和更新的状态信息,进行下一次决策。所提算法主要包含以下步骤。

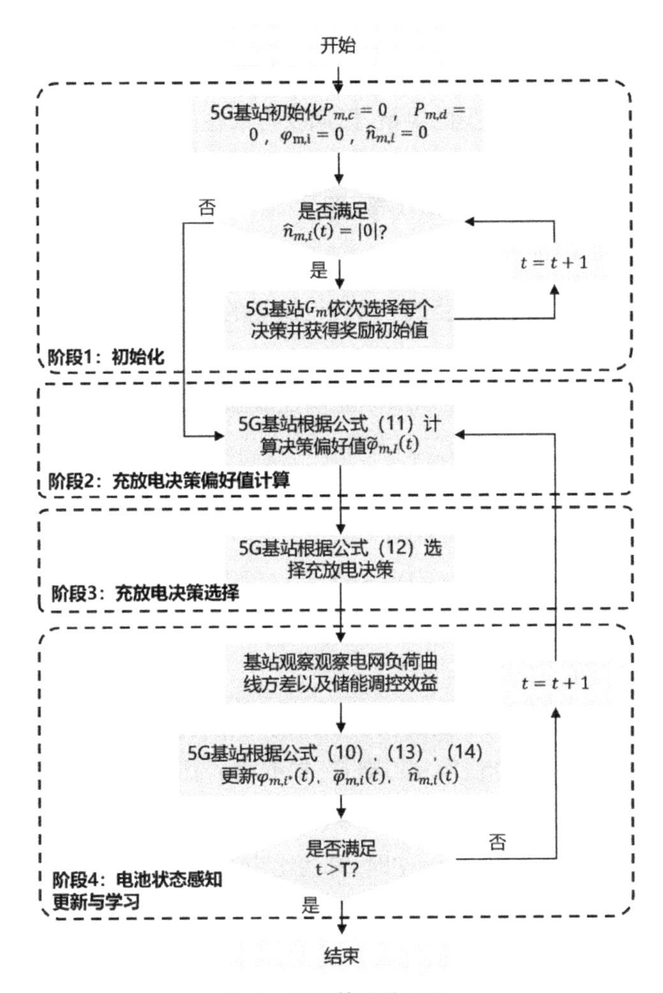

图4　所提算法流程图

1. 初始化

定义$\hat{n}_{m,i}(t)$为截止到第t个时隙,基站G_m选择充放电决策a_i的次数。初始化$P_{m,c}(0)=0$，$P_{m,d}(0)=0$，$\varphi_{m,i}(0)=0$和$\hat{n}_{m,i}(0)=0$。当存在$\hat{n}_{m,i}(t)=0$时,基站依次选择每个决策以获得奖励初始值。

2. 充放电决策偏好值计算

基站G_m计算对充放电决策a_i的偏好值：

$$\tilde{\varphi}_{m,i}(t)=\bar{\varphi}_{m,i}(t-1)+\kappa\sqrt{\frac{\log t}{\hat{n}_{m,i}(t-1)}} \quad (11$$

式中:$\bar{\varphi}_{m,i}(t-1)$为截止到第$t-1$时隙基站G_m选择a_i的平均奖励;κ为探索的权重

$\kappa\sqrt{\frac{\log t}{\hat{n}_{m,i}(t-1)}}$为基站对充放电决策性能评估的置信界,当选择次数越多时,基站对决

策的性能估计足够准确,基站趋向于利用,即选择经验性能较好地决策,反之,基站趋向于探索,即探索选择次数较少的决策,以期获得潜在的更好的奖励。

3. 充放电决策选择

基站选择偏好值最高的充放电决策,即

$$a_{i*}^{m}=\arg\max_{O}\left\{\tilde{\varphi}_{m,i}(t)\right\} \quad (12$$

基于充放电决策,基站根据公式(9)进行储能的充放电。

4. 电池状态感知更新与学习

基站观察电网负荷曲线方差以及储能调控效益,根据公式(10)计算充放电决策a_{i*}^{m}的奖励$\varphi_{m,i*}(t)$,并分别更新$\bar{\varphi}_{m,i}(t)$和$\hat{n}_{m,i}(t)$为

$$\bar{\varphi}_{m,i}(t)=\begin{cases}\dfrac{\bar{\varphi}_{m,i}(t-1)\hat{n}_{m,i}(t-1)+\varphi_{m,i}(t)}{\hat{n}_{m,i}(i-1)+1}, i=i*\\ \bar{\varphi}_{m,i}(t-1), i\neq i*\end{cases} \quad (13$$

$$\hat{n}_{m,i}(t)=\begin{cases}\hat{n}_{m,i}(t-1)+1, i=i*\\ \hat{n}_{m,i}(t-1), i\neq i*\end{cases} \quad (14$$

公式(13)和(14)分别用于更新截止至当前时隙各决策的平均奖励和选择次数。如果第t个时隙基站G_m选择决策a_{i*}^{m},则G_m根据第t个时隙的奖励更新a_{i*}^{m}平均奖励和选择次数。对于其他没有被选择的决策,G_m将第t时隙的平均奖励和摇臂选择次数与第t-1时隙的保持相同。当$t>T$时,算法结束。

基站能够根据自身储能电池状态以及配电网实时负荷状态动态调整自身充放电策略,例如当放电过多导致电池损耗成本过大,使得奖励下降时,基站对该放电决策的偏好值减小,倾向于选择放电功率较小的决策,从而实现对储能电池电量与充放电损耗的感知,提升储能调控学习性能。

4 仿真

为验证所提算法有效性,本文将24个小时作为优化周期,并将其划分为240个时隙,时隙长度为6分钟,基站储能电池相关参数如表1所示。原始负荷数据集选自某地区典型日负荷曲线[24],如图5所示。假设该区域共有200个5G基站参与电

协同调度。由于目前5G基站建设处于高峰期，覆盖范围和使用用户正在快速增长，未达到稳定水平，因此选取4G基站通信负载变化趋势作为参考[25]模拟5G基站通信负载变化，即图5中区域5G基站负载功率变化曲线。本文采用两种对比算法。

表1　储能电池相关参数

参数	数值
储能额定容量（kW•h）	18.4
储能充（放）电效率	0.92
储能充放电的容量上限（kW•h）	17.5
储能充放电的容量下限（kW•h）	1.00
电池充放电损耗系数 C_b	0.18

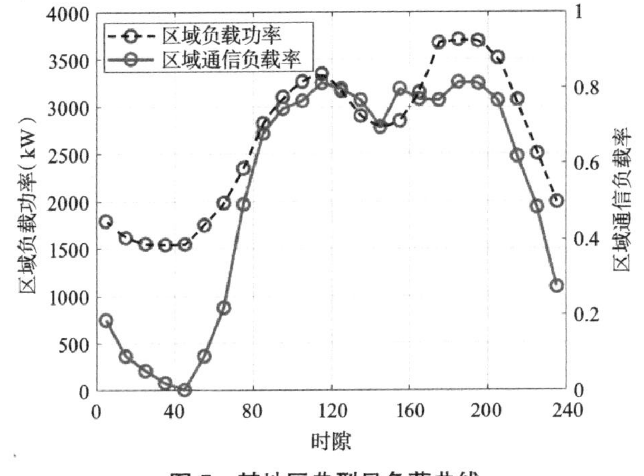

图5　某地区典型日负荷曲线

对比算法1：基于T-cplex的5G基站储能调控算法，该算法优化目标为基站储能控效益和配电网负荷曲线方差的加权差，但无法实现能量感知。

对比算法2：基于Benders的5G基站储能调控算法，该算法优化目标为储能调效益和配电网负荷曲线方差的加权差，其中储能调控效益没有考虑由于充放电而生电池损耗成本。

图6为基站储能调控效益和配电网负荷曲线方差的加权差。仿真结果表明，相于其他两种算法，所提算法的基站储能调控效益和配电网负荷曲线方差的加权差终最高。当加权差趋于稳定后，所提算法的加权差相较于对比算法1和对比算法分别提高12.73%和22.33%。因为所提算法在基站充放电约束下，能够根据当前基通信负载、实际基站储能容量等状态信息动态调整基站充放电功率，实现配电网负

荷曲线方差和基站储能调控效益的联合优化。

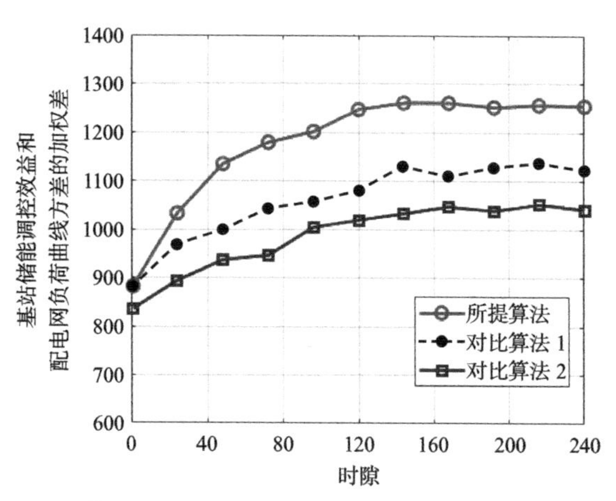

图 6　基站储能调控效益和配电网负荷曲线方差的加权差

图 7 为基站储能充放电策略优化结果,初始负荷表示基站参与削峰填谷前配电网负荷状态,分别利用三种算法进行基站充放电控制,获得三种算法下基站参与削峰填谷后配电网负荷状态曲线。仿真结果表明,在负荷低谷期和负荷高峰期,基站分别通过充电和放电参与电网协同调控平抑峰谷差,达到削峰填谷效果。相较于对比算法 1 和对比算法 2,所提算法可以有效降低配电网负荷曲线方差 14.32%和 18.91%,原因在于所提算法由于在调度初期处于学习阶段,削峰填谷效果较差,但随着对充放电策略的不断学习和动态调整,可以达到最优的削峰填谷效果。

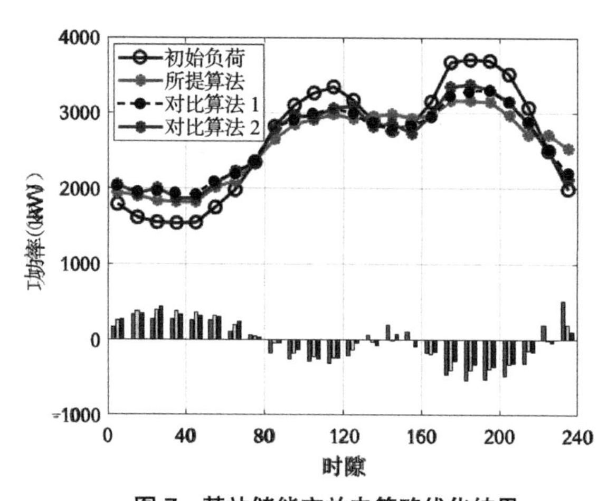

图 7　基站储能充放电策略优化结果

图 8 为区域通信负载率和基站储能电池荷电状态随时隙变化情况,由图可知,0—8 时(即 0~80 时隙),区域通信负载率较低,基站储能通过不断充电达到填谷

果。此外,虽然6—8时(即60~80时隙)区域通信负载率在不断增加,但基站储能未达到电池容量上限,为了后续达到更好的削峰填谷效果,基站仍处于充电状态,保证储能留有充足的备用容量,荷电状态最大值为0.9。8—24时(即80~240时隙),处于负载高峰期,基站通过放电参与电网协同调度平抑峰谷差,荷电状态最小值降至0.322,达到削峰效果。

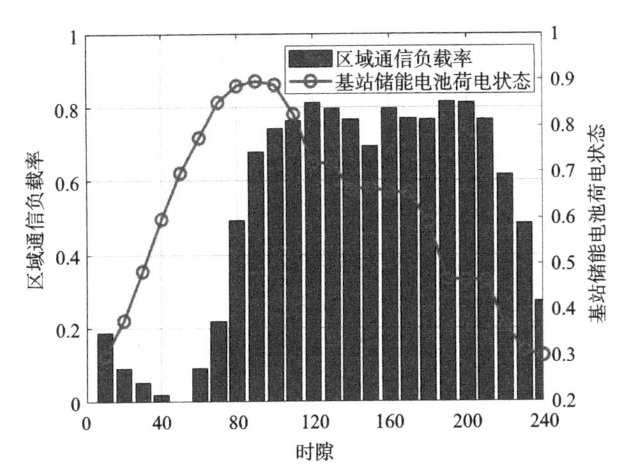

图8　区域通信负载率和基站储能电池荷电状态随时隙变化

结论

本文针对现有5G基站储能参与配电网削峰填谷的挑战,提出一种5G基站储能布式自主调控架构,实现5G基站与配电网之间的协同互动。在此基础上,提出一基于电池状态感知UCB的5G基站储能调控算法,通过动态调整基站储能充放电略实现配电网削峰填谷水平与基站储能调控效益的联合优化,仿真结果表明,相较两个对比算法,所提算法可以使配电网负荷曲线方差降低14.32%和18.91%。本研究成果能够实现5G基站储能与电网之间能量流与信息流融合,通过基站储能与电网需求响应降低5G基站部署与应用成本,推动5G通信与电力产业跨行业共共享。然而当前5G基站与电网的互动仍处于起步阶段,如何进一步实现5G基站能调控系统的落地应用,建立有效的运营模式和盈利机制,是值得进一步研究的向。

考文献

杨锡运,董德华,李相俊,等.商业园区储能系统削峰填谷的有功功率协调控制策略[J]. 电网技术，2018，42(8)：2551-2561.

[2] Li X. Cooperative dispatch of distributed energy storage in distribution network wit PV generation systems[J]. IEEE Transactions on Applied Superconductivity，2021 31(8)：1-4.

[3] 李洁，孙宏宇，许椿凯，等. 参与新型电力系统需求响应的分布式储能资源管理与策略研究[J]. 供用电，2022，39(2)：29-35.

[4] DOENGES K. Improving AGC performance in power systems with regulation response accuracy margins using battery energy storage system (BESS)[J]. IEE Transactions on Power Systems，2020，35(4)：2816-2825.

[5] 胡鹏，艾欣，张朔，等. 基于需求响应的分时电价主从博弈建模与仿真研究[J 电网技术，2020，44(2)：585-592.

[6] 周振宇，王曌，廖海君，等. 电力物联网 5G 云-边-端协同框架与资源调度方法[J]. 电网技术，2022，46(5)：1641-1651.

[7] 王毅，陈启鑫，张宁，等. 5G 通信与泛在电力物联网的融合：应用分析与研究展望[J]. 电网技术，2019，43(5)：1575-1585.

[8] YONG P. Evaluating the dispatchable capacity of base station backup batteries distribution networks[J]. IEEE Transactions on Smart Grid，2021，12(5)：396 3979.

[9] 王宏伟，盛化才，雷威. 通信基站综合能源技术及应用[J]. 上海节能，2022(4 498-503.

[10] XU Z. Energy-aware collaborative service caching in a 5G-enabled MEC with u certain payoffs[J]. IEEE Transactions on Communications，2022，70(2)：105 1071.

[11] OIKONOMAKOU M. Energy sharing and trading in multi-operator heterogene network deployments[J]. IEEE Transactions on Vehicular Technology，2019， (5)：4975-4988.

[12] TOLEDO O M，FILHO D O，DINIZ A S A C，et al. Methodology for evaluat of grid-tie connection of distributed energy resources - Case study with photovolt and energy storage[J]. IEEE Transactions on Power Systems，2013，28(2)：11 1139.

[13] HUANG W，ZHANG N，YANG J，et al. Optimal configuration planning multi-energy systems considering distributed renewable energy[J]. IEEE Transactions on Smart Grid，2019，10(2)：1452-1464.

[14] DÍAZ N L，LUNA A C，VASQUEZ J C，et al. Centralized control architecture

coordination of distributed renewable generation and energy storage in islanded AC microgrids[J]. IEEE Transactions on Power Electronics, 2017, 32(7): 5202-5213.

15] 韩平，廖健. 关于印发《能源技术革命创新行动计划（2016—2030 年）》的通知[J]. 石油石化绿色低碳，2016，1(4)：54.

16] CHIA Y, SUN S, ZHANG R. Energy cooperation in cellular networks with renewable powered base Stations[J]. IEEE Transactions on Wireless Communications, 2014, 13(12):6996-7010.

7] 麻秀范，孟祥玉，朱秋萍，等. 计及通信负载的 5G 基站储能调控策略[J/OL]. 电工技术学报，2022.

8] 席磊，王昱昊，陈宋宋，陈珂，孙梦梦，周礼鹏. 面向综合能源系统的多智能体协同 AGC 策略[J]. 电机与控制学报，2022，26(04)：77-88.

9] 麻秀范，孟祥玉，朱秋萍，等. 计及通信负载的 5G 基站储能调控策略[J/OL]. 电工技术学报,2022 .

0] 麻秀范，冯晓瑜. 考虑 5G 网络用电需求及可靠性的变电站双 Q 规划法[J/OL]. 电工技术学报，2022：1-14.

1] SUTTON R, BARTO A. Reinforcement learning: An introduction[M]. USA: The MIT Press: 1998.

2] LIAO H. Learning-based intent-aware task offloading for air-ground integrated vehicular edge computing[J]. IEEE Transactions on Intelligent Transportation Systems, 2021, 22(8): 5127-5139.

3] LIAO H, MU Y, ZHOU Z, et al. Blockchain and learning-based secure and intelligent task offloading for vehicular fog computing[J]. IEEE Transactions on Intelligent Transportation Systems, 2021, 22(7):4051-4063.

] 王育飞，郑云平，薛花，等. 基于增强烟花算法的移动式储能削峰填谷优化调度[J]. 电力系统自动化，2021，45(5)：48-56.

] 从子奇. 基于数据挖掘的 TD-LTE 基站负载研究[D]. 北京：北京邮电大学，2018.

基于同态加密的能源数据可信共享机制

郝美薇[1]，胡博[1]，包永迪[1]，杨丹丹[1]，颜阳[1]，付嘉鑫[1]

（1. 国网天津市电力公司信息通信公司，天津市，300140）

摘要：针对能源大数据体量大、挖掘价值高的特点，提出了具体的能源数据可信上传机制，旨在解决能源数据上传过程中区块链储存能力和数据可信的问题。具体让智能终端设备对能源数据进行采集，通过同态签名技术实现对用户单元的能源数据以及经过用电终端标识和发送次数哈希处理后的数据可信上链，再经过区块链侧链对所有节点数据的签名计算后上传至主链，同时在主链上利用智能合约验证是否合法，待验证通过后主链将收到的描述/统计信息记录存档并展示。该机制可解决多方参与下的能源数据共享安全可信问题，让充分挖掘能源数据的价值成为可能，同时跨链交互时原始数据不上主链，主链存储侧链传来的能源终端同态签名后的计算结果，有效解决了国网链的存储能力、计算能力不足问题。

关键词：隐私计算；同态签名；区块链；能源数据；隐私保护

0 引言

新一轮科技革命和产业变革正重塑全球经济结构，能源电力和经济社会发展
着新一代信息技术应用的突破发生深刻变革，我国对能源互联网的布局以带动能
大数据市场规模持续扩大。在国家电网服务生态系统中的数据不仅包括交易数
还包括了供能数据、用能数据、设备数据等，这些数据所蕴藏的价值能够被其他部
公司甚至其他行业所利用的，从而推动能源合理分布和能源科学有效地生产与转
能源数据的聚集和共享是能源结构优化决策的前提，为能源互联网的发展提供重
的依据。

能源数据通常是来自多方，由于隐私泄露、数据安全和利益相关问题的顾虑，
致能源数据拥有者不愿意提供数据进行聚合和共享，所以解决数据保密问题十分
迫。在中国安徽省合肥市，中国国家电网公司在能源数据聚合方面做了很多尝试
立能源数据中心，但该举措不能解决更大范围数据聚合。当前，在数据聚合和共享
程中最主要的保密技术是隐私计算。

能源互联网的隐私计算本质上是在保护能源数据隐私的前提下，解决能源数据流通、能源数据应用等能源服务问题[1]，打通数据壁垒，实现数据的共享和增值，使能源大数据的价值得到充分发挥。

一系列文献尝试保护数据隐私——从加密方法[2]或数字水印[3]到访问控制[4]。但是，由于原始数据已发送出去，所有解决方案都无法消除转售行为。Lu 等[5]提出了EPPA——一种有效且保护隐私的智能电网通信聚合方案。EPPA 采用超递增序列构造多维数据，并采用同态 Paillier 密码体制技术对结构化数据进行加密。分析表明，EPPA 能够有效地保护用户隐私。然而，此类方案在一定程度上保护了数据隐私，但不保护数据所有者的权利。受文献[6]启发，数据使用者通常只需要数据的分析结果，而不需要整个数据集，这样保证了原数据的安全。

为了打破数据壁垒，实现国家电网的资产化转换和数据要素的市场化配置，在本文中，针对国网链“一主两侧多从”的总体结构，和能源互联网的数据量十分庞大，区块链本身性能的限制，导致多方参与下的能源数据共享不安全、存在区块链储存能力、计算能力不足的问题，通过搭载可信执行环境（TEE）的智能终端设备对能源数据进行采集并上传到区块链实现数据可信上链，并通过基于同态加密的密码学相关技术对上链数据进行密态计算，在保护能源数据隐私的前提下挖掘能源数据的统计价值，实现能源数据共享的全过程安全可信。

相关技术介绍

隐私计算

目前，隐私计算基于密码学层面的技术包括全同态加密（FHE）、多方安全计算（MPC）、零知识证明、联邦学习（FL）等，基于硬件设计的方案主要有可信执行环境（TEE）等，下面分别介绍这些技术。

.1 全同态加密

最早的同态加密于 20 世纪 70 年代由 Rivest 提出，经过不断的研究和发展，已经出现了部分同态加密、有点同态加密、全同态加密的方案。全同态加密指同时满足加同态和乘同态性质，可以进行任意多次加和乘运算的加密函数。当不可信方需要对敏感数据进行搜索、分析、处理等操作时，协议的其他参与者不希望不可信方掌握明文数据，因此可以采用全同态加密方案。理论上，凡是存在不可信方的协议都具备全同态加密应用的可能。因此，全同态加密的大部分应用都可视作安全多方计算的范畴[7]。

1.1.2 多方安全计算

为了解决能源互联网供应商的交易隐私保护问题,我们参考了多方安全计算
多方安全计算的研究主要是针对无可信第三方的情况下,如何安全地计算一个约定
函数的问题。在多方安全计算场景中,持有秘密输入的两方或者多方,希望共同计算
一个函数并得到各自的输出,在这个过程中,除了得到应得的输出(及可以由输出推
导而来的信息)之外,参与方得不到任何额外信息。因此能源互联网中多方安全计
算需要确保输入数据的独立性、传递数据的准确性、计算过程的正确性,同时不能将
隐私数据泄露给其他参与者[8]。

1.1.3 零知识证明

零知识证明(Zero-Knowledge Proof),是由 S.Goldwasser、S.Micali 及 C.Racko
在 20 世纪 80 年代初提出的。它指的是证明者能够在不向验证者提供任何有用的信
息的情况下,使验证者相信某个论断是正确的。零知识证明实质上是一种涉及两方
或更多方的协议,即两方或更多方完成一项任务所需采取的一系列步骤。证明者向
验证者证明并使其相信自己知道或拥有某一消息,但证明过程不能向验证者泄漏任
何关于被证明消息的信息,并且如果示证者宣称一个错误的命题,那么验证者完全可
能发现这个错误。本报告将零知识证明用于验证能源互联网链下批量交易数据生成
证明,以解决许多身份认证过程中产生的隐私保护问题以及能源数据上链效率低
问题[9]。

1.1.4 联邦学习

能源互联网把一个集中式的、单向的电网,转变成和更多消费者互动的电网,
中应用联邦学习更能在保证数据隐私的情况下,使消费者与能源企业、研究机构等
动,帮助了解能源消费情况、能源需量分析和预测。联邦学习是一种多方协作机器
习的模式,可以让参与者在本地训练模型中上传参数更新来组建联合模型,过程中
不需要参与者直接共享数据,从而很大程度上规避了隐私问题。联邦学习支持的
法有 SecureBoost、线性回归、神经网络算法等。联邦学习可以分为两类:①横向联
学习,适用于特征信息重叠较多的场景,通过提升样本数量实现训练模型效果的
升;②纵向联邦学习,适用于参与双方样本重叠较多时的场景,通过丰富样本特征
度,实现机器学习模型的优化。联邦学习的研究方向有提高训练效率、保护数据隐
等,往往通过算法、同态加密技术等提供解决方案[10]。

1.1.5 可信执行环境

由于能源互联网的物理实体由电力系统、交通系统和天然气网络共同构成,我

可以应用硬件可执信环境技术（TEE）在物理实体上处理更加私密的数据。全球平台组织（GP）在2010年提出TEE的第一个标准，表明其能确保一个任务按照预期执行而保证初始状态、运行时状态的机密性和完整性。即使在OS、BIOS、VMM或者VMM这些系统层存在特权恶意软件的情况下TEE也能保证数据安全，其应用场景可包括云端（服务器）、移动端、边缘设备等。能源互联网中能效分析需求方在完成静态隐私检查后，生成一个运行在TEE环境下的二进制数据分析程序以保证数据分析不会泄露设备持有方在意的隐私[11]。

2 区块链技术

区块链技术简称BT（Blockchain technology），也被称之为分布式账本技术。区块作为区块链的基础单元按照时间顺序相互连接。在区块链中，有许多分布式节点，每个节点都可以存储交易信息，而数字账本布置在每个节点上。节点储存的信息通过点对点（P2P）网络分享给其他节点，然后通过共识机制验证准确性后，再将其保存在节点的账本上。加密处理后，每个节点上账本保存的信息不可修改。所以区块链技术具有去中心化、公开透明等特点。

共识机制是区块链事务达成分布式共识的算法，解决了区块链如何在分布式场景下达成一致性（节点间相互信任）的问题。区块链作为一种按时间顺序存储数据的数据结构，可支持不同的共识机制。基于区块链的共识机制目标是让所有诚实节点保存一致的区块链视图。

联盟链是由一群特定的群体成员组建的区块链，它具有部分去中心化、可控性较强、数据不会默认公开、交易速度快等特点，应用于能源场景可以打破数据壁垒，解决用户之间数据安全共享问题，降低数据使用成本。但由于国网场景下终端用户成员众多，形成的能源数据规模巨大，建立联盟链网络规模庞大并且复杂，国网主链的系统吞吐量难以满足系统要求。

目前能源互联网中跨链数据通常采用“侧链存全量，主链存摘要”的方式，通过主侧链协同实现数据快速上链，有效提高系统吞吐量。这样的方案依赖侧链节点的可信，无法保证主链中存储的数据集摘要内容的正确性，且此类方案缺少对数据集统计信息的记录。

同态签名

同态签名（homomorphic signature）是2002年由Robert Johnson，David Molnar，Dawn Song和David Wagner提出的，可以允许任意人在没有签名私钥的情况下计算两组签名消息进行联合操作后的结果数据的签名值，或者一个签名消息集合的任意消息子集的签名值等。

同态签名的定义为:设 $Signsk(\cdot)$为签名函数,$Vrfypk(\cdot,\cdot)$(两个参数分别为签名和签名的信息明文)为签名验证函数。m_1 和 m_2 为任意两个信息明文。如果符合

$$Vrfypk(Signsk(m_1)\times Signsk(m_2),m_1+m_2)=true$$

那么该签名方案是同态的,即一个映射对于一个运算保持同态关系。

该签名方案与常见的签名方案的区别在于不需要对签名的原始信息进行哈希处理,以保持同态。

能源互联网中隐私计算主要解决国网能源互联网数据加密问题,研究构建能源互联网业务数据安全加密关键技术,支撑能源互联网业务数据共享的可信计量与质量审计。

本文通过可信硬件完成能源互联网数据上链的机制的同时,使用基于同态加密的能源互联网数据加密技术,实现国产自主化地能源互联网数据加密下的隐私计算,保证能源原始数据的元数据上链的安全。隐私计算的主要负责完成能源数据使用的交互过程,包括能源数据分析任务的生成、发布、执行,以及计算结果的验证以及交付。TEE 可信执行环境提供了数据的通用计算分析支持。特别的,隐私计算模块确保了原始能源数据的一致性、计算逻辑的可控性、计算结果的正确性及隐私性。

2 系统说明

假设有多个数据提供方(能源企业)和一个数据分析方(国家电网公司数据中心)。数据分析方希望对数据提供方的数据进行一些分析任务,即只需要数据分析的结果而不需要使用数据提供方的原始数据,而数据提供方也希望不传送原始数据以防止其数据泄露。

本文采用可信执行环境与密码学中同态加密相结合,使数据在整个任务执行过程中不离开安全域,同时保证分析任务正确执行。

2.1 架构设计

能源互联网链上可信数据共享架构如图 1 所示。

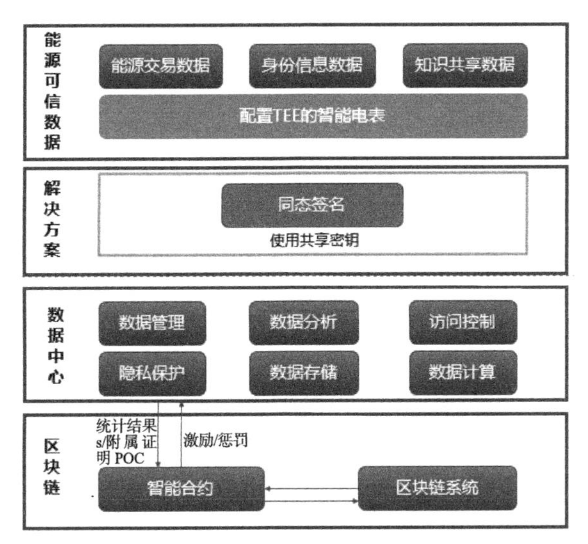

图 1　能源互联网链上可信数据共享架构

解决方案

1　安装过程

构建能源数据可信上传系统,其参与方包括用户单元、区块链侧链、区块链主链,各自职责如下。

(1)用户单元由智能电表等设备组成,各自注册为区块链节点,能实现能源数据集、上传功能。每个用户单元 i 包含一对私钥 sk 和公钥 pk,私钥 sk 用于对能源数、终端设备标识 id 的哈希函数、发送次数的哈希函数进行签名,公钥 pk 在区块链公开记录,用于验证对应的签名。

(2)区块链侧链用于接收并存储各用户单元的签名,把聚合后进行计算的同态名发送至区块链主链。

(3)区块链主链用于验证侧链传送的同态签名信息并做最终记录。

数据采集过程

智能电表将用户 i 一段时间内的能源数据进行采集,记采集的能源数据为 x_i。

数据上传过程

如图 2 所示,用户单元 i 利用私钥 sk 对采集的能源数据 x_i, $h(id_i)$,以及 h nce)进行密钥共享的同态签名($h(nonce)$、$h(id_i)$、x_i),其中 id 是终端的标识,

nonce 代表发送次数(每当终端发送一条消息,*nonce* 加 1)。对于一个统计任务,所有终端共享相同的 *nonce*。$h(\cdot)$是一个抗碰撞的哈希函数。

数据上传流程如图 2 所示。

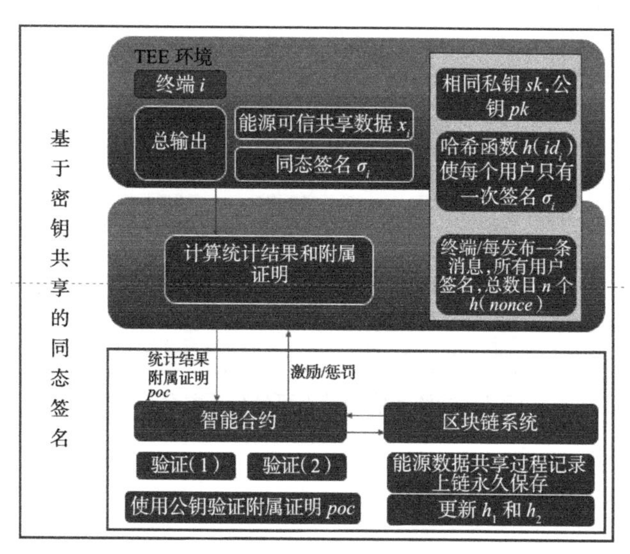

图 2　基于密钥共享的同态签名数据上传流程

(1)TEE 中生成能源设备终端的密钥 $sk=(s_1,s_2,s_3)$,其中 $s_i \in F_q$(随机)。

(2)公钥 $pk=(P_1、P_2、P_3、s_1Q、s_2Q、s_3Q)$,其中 $P_i、Q \in G$(随机选择并公开)。

(3)能源设备终端 i 的输出信息为 $out_i=(x_i,\sigma_i)$,签名 $\sigma_i=(s_1 \cdot h(nonce))P_1 \cdot (s_2 \cdot h(id_i))P_2 \cdot (s_3 \cdot x_i)P_3$ 每个终端将 out_i 上传至区块链侧链。

(4)能源系统数据中心计算 $s=\sum_{i=1}^{n} x_i$ 和附属证明 $PoC=\prod_{i=1}^{n}\sigma_i$,并通过智能合约把 s 和 PoC 发送到区块链主链。

(5)能源交易区块链中智能合约验证 $e(PoC,\ Q)=e(h_1P_1,\ s_1Q)\cdot e(h_2P_2,\ s_2Q)\cdot e(sP_3,\ s_3Q)$,其中 $h_1=n \cdot h(nonce)$、$h_2=\sum_{i=1}^{n} h(id_i)$。

以上为所有能源设备终端共享密钥的同态签名方法具体实现流程。如果某些能源设备终端出问题,也可以通过授权的用户更新 h_1 和 h_2 的值来修复。

3.4　数据处理过程

区块链主链接受到区块链侧链传来的 s 和 PoC 后,通过智能合约根据 PoC 验证统计结果 s。智能合约验证:

$$e(PoC,Q)=e(h_1P_1,s_1Q)\cdot e(h_2P_2,s_2Q)\cdot e(sP_3,s_3Q)$$

其中，$h_1 = n \cdot h(nonce)$ ，$h_2 = \sum_{i=1}^{n} h(id_i)$，$e(\cdot)$为一个双线性映射函数。

若验证通过则认为该条数据合法，并于区块链主链对统计结果和签名进行存档记录。

结论

本文旨在解决，对于所有能源终端设备共享相同密钥的情况下，能源数据在上传区块链时国网链储存能力不足和数据可信的问题。通过跨链、同态签名、智能合约等技术，实现能源数据的分布式存储以及保证区块链共享交易记录可以溯源、不可篡改，建立能源数据的可信上传机制。能源终端设备共享相同的密钥，采集能源数据后用私钥对能源数据、能源终端设备标识的哈希函数以及发送次数的哈希函数进行同态签名后，发给区块链侧链。区块链侧链收集所有能源终端设备的同态签名，并将能源数据统计结果和根据同态签名生成的附属证明传给区块链主链。经区块链主链的智能合约验证侧链上传的统计结果及对应同态签名合法后，即可在主链上存档记录，无需将原始数据储存至国网链主链，有效保证数据共享安全、提高系统吞吐量。

参考文献

[1] 李凤华，李晖，贾焰，等. 隐私计算研究范畴及发展趋势[J]. 通信学报，2016，37(4):1-11.

[2] KUCHEROV N N，DERYABIN M A，BABENKO M G. Homomorphic Encryption Methods Review[C]//2020 IEEE Conference of Russian Young Researchers in Electrical and Electronic Engineering(EIConRus). IEEE.2020:370-373.

[3] PAN J S，SUN X X，CHU S C，et al. Digital watermarking with improved SMS applied for QR code[J]. Engineering Applications of Artificial Intelligence，2021，97:104049.

[4] NAMASUDRA S. Data access control in the cloud computing environment for bioinformatics[J]. International Journal of Applied Research in Bioinformatics (IJARB)，2021，11(1): 40-50.

[5] LU R，LIANG X，LI X，et al. EPPA: An efficient and privacy-preserving aggregation scheme for secure smart grid communications[J]. IEEE Transactions on Parallel and Distributed Systems，2012:23(9):1621-1631.

[6] DAI W，DAI C，CHOO K K R，et al. SDTE: A secure blockchain-based data trading ecosystem[J]. IEEE Transactions on Information Forensics and Security，2019，

15：725-737.

[7] 刘明洁,王安. 全同态加密研究动态及其应用概述[J]. 计算机研究与发展，2014
51(12):2593-2603.

[8] 蒋瀚,徐秋亮. 基于云计算服务的安全多方计算[J]. 计算机研究与发展，2016，5
(10):2152.

[9] GOLDWASSER S，MICALI S，RACKOFF C. The knowledge complexity of inte
active proof systems[J]. SIAM Journal on computing，1989，18(1):186-208.

[10] 王健宗,孔令炜,黄章成,等. 联邦学习隐私保护研究进展[J]. 大数据，7(3
2021030.

[11] 杨霞,刘志伟,雷航. 基于TrustZone的指纹识别安全技术研究与实现[J]. 计
机科学,2016,43(7):147-152,176.

基于改进 FAHP-EWM 的组合赋权与云模型的 5G+智能配电网综合评价

麻秀范[1],王颖[1],刘子豪[1],冯晓喻[1]
(1. 华北电力大学电气与电子工程学院,北京市,102 206)

摘要:针对 5G 技术在智能配电网规模化应用后智能配电网 5G+新智能技术应用成效与运行效果不明确问题,提出一种基于改进 FAHP-EWM 的组合赋权与云模型的 5G+智能配电网综合评价模型。首先,本文从运行可靠、运行经济、高效交互、技术智能、绿色减排五个维度,建立 5G+智能配电网综合评价指标。其次,引入方差最小化原理,提出一种基于改进 FAHP-EWM 的组合赋权法计算综合权重,淡化主观随意性缺陷,提高客观性。最后,综合考虑配电网节点、设备状态等信息的不确定性对评价结果的影响,提出基于云模型的 5G+智能配电网综合评价模型,通过算例验证所提组合赋权-云模型的合理性和有效性。

关键词:5G+智能配电网;综合评价;改进 FAHP;方差最小化;正态云模型

引言

在"碳达峰、碳中和"背景下,大规模的"配网侧-负荷侧"双向能量互动改变了智配电网的形态,复杂的潮流环境使配电自动化系统更加依赖高可靠、低延时的 5G 络,且 5G 网络适配于智能配电网发展的业务需求,可有效推动当前通信条件下无实现或者难以推广应用的 5G+新智能技术[1-2],加快智能配电网的 5G 升级改造。而,当下 5G 技术在智能配电网中的规模化应用后存在 5G+新智能技术应用成效、网运行效果不明确问题,无法全方位、客观且定量地了解 5G 通信网络带给智能配网整体运行效果的提升,限制了智能配电网的发展,故对 5G 在智能配电网规模化用展开综合评价尤为重要。

目前关于智能配电网评价研究多集中于智能配电网经济性评价[3]、可靠性评价[4]、险评价[5-6]、效果评价[7]等,少有关于 5G 通信技术的智能配电网评价研究。文献[8]究了混合通信网络信息传递高效性对配电网信息物理系统可靠性的提升,并对主配电网进行了可靠性评价。文献[7]研究了基于"云管边端"的 5G 通信、人工智能、大数据技术共同作用的物联智能配电网实施效果评价。文献[9-11]主要是从多个维度展开智能配电网综合评价。基于上述分析,目前缺乏专门关于 5G 通信技术在智能配电网规模化应用后的综合评价分析,且评价指标受限于传统智能配电网评价思路,忽略了 5G+智能配电网技术智能化程度和信息高效交互情况,已不太符合 5G+智能配电网的综合评价。

关于智能配电网综合评价方法的研究已有一定成果。文献[9]采用改进层次分析法(Analytic Hierarchy Process,AHP)、CRITIC 相结合的组合赋权法来确定评价指标权重,虽规避了单一赋权法的片面性,提高了评价结果的准确率,但判断矩阵大多依靠定性的分析,存在不确定性和模糊性。文献[12]首次将一种新流行的球面模糊集(SFS)与 AHP 相结合,基于 SFS 的语言判断量表,允许专家在评价过程中自由地表现出犹豫,虽避免了决策出现的模糊性和主观性问题,但主观权重计算复杂。文献[10]构建区间直觉模糊理论为基础的配电网综合评价模型,验证了评价结果的有效性,考虑状态信息不确定性,但缺乏挖掘 5G+智能配电网节点不确定性信息。综上分析,适用于 5G 在智能配电网规模化应用的综合评价方法还没有相关研究。

纵观以往文献,存在以下问题:①部分评价指标陈旧;②专家判断具有模糊性和主观性;③权重难以确定;④无法准确描述不确定信息。因此本文提出一种符合 5G+智能配电网的综合评价指标体系和综合评价方法。首先,本文评价方向为运行可靠、运行经济、高效交互、技术智能、绿色低碳,评价指标为定量指标。其次,为了避免专家打分模糊性、不确定性及指标权重难以确定问题,提出一种改进模糊层次分析法(Fuzzy Analytic Hierarchy Process,FAHP)计算主观权重,客观权重计算采用熵权法(The entropy weight method,EWM),并引入方差最小化原理计算最优组合权重。同时考虑到评价指标中包含配电网节点、设备状态等不确定性信息,提出基于云模型的5G+智能配电网综合评价模型。最后以我国某地区 5G+智能配电网改造项目为例进行分析,验证评价模型的合理性和有效性。

1 5G+智能配电网综合评价指标的建立

规模化应用 5G 通信技术的智能配电网(简称 5G+智能配电网,5G + smart distribution network),是在大量分布式电源、多元互动负荷、新能源接入智能配电网背景下,以智能配电网架构为基础,以“灵活接入、低延时、高可靠”的 5G 通信技术为网络支撑,引入适配 5G 网络的新智能技术,优化提升陈旧落后的配电自动化系统,升级改造采集、监测和巡检设备,实现智能配电网可靠、经济、高效、智能、低碳发展,加快智能配电网数字化转型,深度践行“双碳响应”目标,形成“能量流、数据流、业务流”高度一体化融合的新型智能配电网[1,2]。

基于上述 5G+智能配电网可靠、经济、高效、智能、低碳的特点，本文选取运行可靠、运行经济、高效交互、技术智能、绿色低碳为评价方向，并建立指标体系，如图 1 所示。

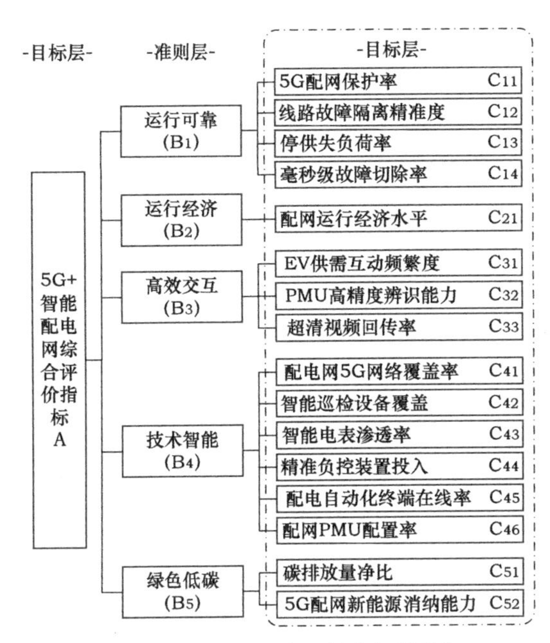

图 1　5G+智能配电网综合评价指标

1　运行可靠指标

运行可靠指标反映 5G+智能配电网系统在实际使用环境中快速诊断、隔离、保护控制的能力。

1. 5G 配网保护率

5G 配网保护率反映配网系统持续稳定运行的能力，由安装 5G 网络通道的配网保护装置的动作时间决定。配网保护的 5G 网络通道能快速传输异常数据，尽可能避免配网保护开关拒动、动作失败或控制反馈信息上传失败情况，从而提升配网保护动作性能，缩短故障时间[13-14]，计算公式如下：

$$C_{11}=\frac{T_{\mathrm{RS}}}{T}\times 100\%$$

式中：T_{RS} 为某一监测时段内的实际正常配网保护动作时间；T 为监测周期的总时间。

2. 线路故障隔离精准度

线路故障隔离精准度反映 5G+智能配电网发生故障时精准定位故障点并快速隔

离故障的能力。5G+精准定位设备能及时捕捉线路的异常电流变化并及时断开断路器,尽可能避免故障决策失败无法精准故障隔离导致的配电网停运情况,提高线路故障隔离的准确率,计算公式如下:

$$C_{12}=\frac{\sum_{i=1}^{n}\lambda_i}{\lambda}\times100\%$$

式中:λ_i为及时隔离的第i个故障类型的故障率,λ为被检测出的所有故障类型的故障率总和。

3. 停供失负荷率

停供失负荷率反映5G+智能配电网发生故障停止供电的失负荷比率,计算公式如下:

$$C_{13}=\frac{\sum_{i=1}^{N_l}\Delta P_{\mathrm{unserver,i}}}{\sum_{i=1}^{N_l}P_{\mathrm{load,i}}}\times100\%$$

式中:$\Delta P_{\mathrm{unserver,i}}$为精准负荷控制第$i$个负荷节点停止供电的有功功率,$i\in \mathrm{N}_l$;$P_{\mathrm{load,i}}$为精准负荷控制第$i$个负荷节点有功功率;$N_l$为负荷节点集。

4. 毫秒级故障切除率

毫秒级故障切除时间反映5G+智能配电网快速故障定位,毫秒级切除故障的能力,计算公式如下:

$$C_{14}=T_{\mathrm{remove}}$$

式中:T_{remove}为在5G网络专线通道内,从发生故障到成功切除故障的时间。

1.2 运行经济指标

运行经济指标指5G+智能配电网升级改造后降低运营成本、系统损耗,带来经济收益的能力。

1. 配网运行经济水平

配网经济运行水平反映5G+智能配电网改造后在降低运行成本的同时获得相应经济效益的能力。其中,成本投入主要包括部署5G运营商频段和核心网投资费用,安装新智能技术、设备费用,旧设备改造费用,设备或系统故障维修费用,网络损耗费用,废弃设备处理费用,弃风光发电的成本等,计算公式如下:

$$C_{21}=\frac{M-\sum_{i}C_iX_{i,n}}{\sum_{i}C_iX_{i,n}}\times100\%$$

$$X_{i,n}=\frac{j(1+j)^{n_i}}{(1+j)n_i-1}$$

式中：M 为一年内 5G+智能配电网总经济收益；$X_{i,n}$ 为折现系数；j 为定期回收年利率；n_i 为第 i 项投资的还款次数；$\sum_i C_i X_{i,n}$ 为折算以年为标度的 5G+智能配电网改造项目年投入总成本，包括年 5G 投入成本、年设备投资改造成本、年故障维护成本、年网损成本、年废弃成本、年弃电成本等。

3 高效交互指标

高效交互指标是反映 5G+智能配电网高效的信息交互提升配电网供需互动效率、数据辨识效率、视频回传效率的能力。

1. EV 供需互动频繁度

EV 供需互动频繁度反映 5G+智能配电网与电动汽车充电站频繁互动的能力，计算公式如下：

$$C_{31}=\frac{\sum_{i=1}^{N}\sum_{j=1}^{n}\int_{t_1}^{t_2}t_{EV_j}p_j dt}{N}\times 100\%$$

式中：N 为在统计时长内电动汽车充电站参与智能配电网供需互动的次数；t_{EV_j} 为第 j 台充电桩参与供需互动的时间；p_j 为 EV 充放电功率。

2. PMU 节点高精度辨识能力

PMU 数据高精度辨识能力反映 5G+配网 PMU 装置为系统提供高精度、高分辨率的实时量测，减少故障辨识精度误差的能力[15]，计算公式如下：

$$C_{33}=\frac{\Delta U_{\text{high-precision}}}{\Delta U}\times 100\%$$

式中：$\Delta U_{\text{high-precision}}$ 为 5G+配网 PMU 技术量测到故障线路两端电压相量参数的最小偏差；ΔU 为实际故障线路量测的电压相量参数最小偏差。

3. 超清视频回传率

超清视频回传率反映 5G+智能配电网回传状态监测、移动终端巡检视频数据的能力，计算公式如下：

$$C_{34}=\frac{\left|V_{\text{up}}-V_{\text{down}}\right|}{V_{\text{down}}}\times 100\%$$

式中：V_{up}、V_{down} 为配网回传视频上、下行带宽。

1.4 技术智能指标

技术智能指标反映 5G+智能配电网智能化程度,且 5G 网络、设备、新智能技术覆盖数量占比与智能化程度成正比。

1. 配电网 5G 网络覆盖率

5G 网络的覆盖是智能配电网系统、设备、应用、技术全面升级的必要条件,计算公式为

$$C_{41} = \frac{S_{\text{cover}}}{S} \times 100\%$$

式中:S_{cover} 为 5G 在智能配电网的覆盖面积;S 为智能配电网的所有通信技术覆盖的面积。

2. 5G+智能巡检设备覆盖率

5G+智能巡检设备覆盖率表示 5G+智能巡检机器人、无人机等设备的覆盖率,计算公式为

$$C_{42} = \frac{S_{\text{inspection}}}{S} \times 100\%$$

式中:$S_{\text{inspection}}$ 为能够监测到的配电线路区域;S 为配电线路总覆盖区域。

3. 5G+智能电表渗透率

5G+智能电表渗透率表示 5G+智能电表覆盖能量范围的占比,计算公式为:

$$C_{43} = \frac{\sum_{i=1}^{N} P_i}{P_{all-load}} \times 100\%$$

式中:P_i 为在统计时间内第 i 个 5G+智能电表记录的能量;$P_{\text{all-load}}$ 为用户侧总负能量。

4. 精准负荷控制装置投运率

精准负荷控制装置投运率指装置投入运行水平,且 5G+精准负荷控制可以减配电网故障率,提升配电网供电能力[16],计算公式为

$$C_{44} = \frac{\sum_{i=1}^{L} t_i}{\sum_{i=1}^{N} t_i^*} \times 100\%$$

式中:t_i 为第 i 个节点精准负荷控制装置投运时间;t_i^* 为第 i 个节点总运行时间;L 精准负控装置接入运行节点数量;N 为网络总节点数。

5. 配电自动化终端在线率

配电自动化终端在线率为安装 5G 通道的配电自动化终端实际在线工作率，计算公式为

$$C_{45}=\frac{N_{\text{wide}}}{N}\times 100\%$$

式中：N_{wide} 表示配电自动化开关二遥在线个数；N 为配电自动化开关二遥总个数。

6. 5G+配网 PMU 配置率

5G+配网 PMU 配置率由配电网系统中 PMU 配置节点数决定，且 PMU 配置节点的增加，可提升系统量测的冗余度，提高系统安全运行水平[17]，计算公式为

$$C_{46}=\frac{k}{N}\times 100\%$$

式中：k 为 5G+配网 PMU 配置节点数；N 为网络总节点数。

5 绿色低碳指标

绿色低碳指标反映 5G+智能配电网节能减排、新能源消纳的程度。

1. 碳排放量净比

考虑充电站、储能系统、5G 基站[18]等可调节负荷类型的不同，而导致碳不平衡量微小差异，无法准确评价可调节负荷参与需求响应后对碳排放的影响，故本文提出排放量净比指标，反映单位负荷电能消耗所产生的碳排放量，计算公式为

$$C_{51}=\frac{\alpha(1-\tau)E_{\text{s}}+\beta(1-\mu)E_{1}}{E_{c}}$$

式中：E_{s}、E_{l}、E_{c} 分别为上级变电站输送到配电网电能、配电网本地产生的电能和负荷消耗电能；τ、μ 分别为上级输送和本地产生电能中新能源占比；α、β 分别为上级输送和本地产生的碳基电能和碳排放相互转化系数。

2. 新能源消纳能力

新能源消纳能力反映 5G+智能配电网灵活调节 5G 储能、EV 充电站、储能系统充放电策略，提高新能源消纳的能力，计算公式为

$$C_{52}=\frac{\sum_{t=1}^{24}\sum_{i}^{n_{NE}}P_{i,t(NE)}\Delta t}{\sum_{t=1}^{24}\sum_{i}^{n_{NE}}P_{i,t}\Delta t}\times 100\%$$

式中：$P_{i,t(NE)}$ 为第 i 个节点在 t 时刻新能源实际消纳的有功功率；P_{i} 为第 i 个节点总有功功率；n_{NE} 为接入新能源的总结点数；$t=1,2,\cdots,24$，$\Delta t=1h$。

1.6 指标数据来源

对于定量指标,可通过配电自动化、配电管理、需求侧管理这三大系统分别管控的不同专门系统获得统计数据并计算定量指标,如图 2 所示。

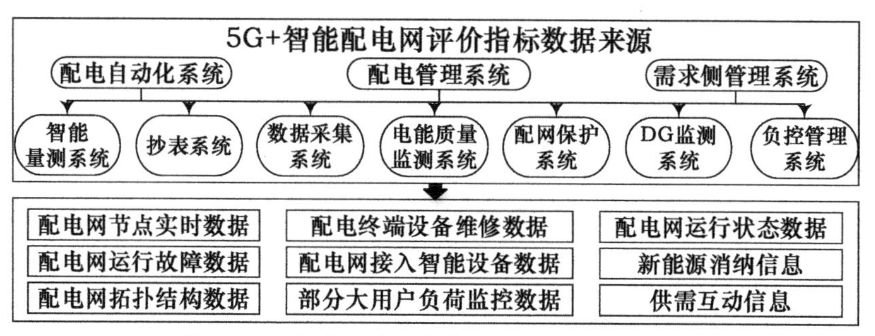

图 2 5G+智能配电网综合评价指标的数据来源

2 基于改进 FAHP-EWM 的组合赋权法

在主观方面,针对传统主观赋权法指标权重难以确定以及专家打分的模糊性不确定性问题,本文提出一种改进 FAHP 法计算评价指标的主观权重。在客观方面本文采用 EWM 法通过历史数据来判断各个指标提供的信息量,两者的结合可以顾专家经验和数据客观性,基于方差最小化的思想,得出最优组合权重。

1. 主观权重计算

(1)邀请 h 位专家按照 1~9 标度打分得到模糊判断矩阵,以三角模糊数 $[l,m,$ 为判断矩阵中的元素来体现专家们评价判断的不确定性,如下位模糊判断矩阵:

$$A=(\tilde{a}_{ij})_{n\times n}=[l_{ij},m_{ij},u_{ij}]_{n\times n}$$

式中:m_{ij} 为专家给出的两个指标相对重要程度;l_{ij}、u_{ij} 为区间的上下界,且 $|u_{ij}-l_{ij}|$ 值越大表示专家的判断越模糊,差值越小表示专家的判断越清晰。

(2)为了验证模糊判断矩阵是否符合客观事实,采用一致性指标 CR 进行一致检验[19],且当 $CR<0.1$ 时,成对比较矩阵通过一致性检验,否则需要重新修正。在过一致性检验后,为了减少后续计算复杂度,本文引入 *max-min* 法,将 h 位专家的分综合成统一的结果,聚合值计算如下:

$$\tilde{A}=(\tilde{a}_{ij})_{n\times n}=[\min(l_{ijx}),\sqrt[h]{\prod_{x=1}^{h}m_{ijx}},\max(u_{ijx})]$$

式中:$\tilde{a}_{ijx}$ 为第 x 位专家对 a_i 相对于 a_j 重要性的打分矩阵,$x=1,2,\cdots,h$。

(3)本文采用一种允许综合专家各种观点的近似矩阵特征值法,将综合三角糊数归一化处理，得到标准的模糊权重，计算公式如下：

$$\tilde{a}_i = \sqrt[n]{\prod_{j=1}^{n} \tilde{a}_{ij}} = \sqrt[n]{\tilde{a}_{i1} \otimes \tilde{a}_{i2} \otimes \cdots \otimes \tilde{a}_{in}}$$

$$\tilde{\omega}_i = \frac{\tilde{a}_i}{\sum_{i=1}^{n} \tilde{a}_i} = \tilde{a}_i (\tilde{a}_1 \oplus \tilde{a}_2 \oplus \cdots \oplus \tilde{a}_n)^{-1}$$

式中：$\tilde{\omega}_i$ 为第 i 个指标的权重向量，且模糊权重 $\tilde{\omega}_i = (\omega_i^{\,l}, \omega_i^{\,m}, \omega_i^{\,u})^T$，三角模糊数基本运算参考[20]。

（4）为了更直观地应用主观权重值，本文采用乐观指数进行去模糊化处理，计算公式如下：

$$\omega_i = \alpha(\omega_i^{\,l})^{\beta} + (1-\alpha)(\omega_i^{\,u})^{\beta}$$

$$(\omega_i^{\,l})^{\beta} = \omega_i^{\,l} + \beta(\omega_i^{\,m} - \omega_i^{\,l})$$

$$(\omega_i^{\,u})^{\beta} = \omega_i^{\,u} - \beta(\omega_i^{\,u} - \omega_i^{\,m})$$

式中，$0 \leqslant \alpha, \beta \leqslant 1$，$i < j$。$\alpha$ 表示专家的偏好系数，且判断具有不确定性，当满足 $\alpha = 0$ 时，不确定性最大。β 表示估计量的风险承载系数，β 值越小，估计量越乐观，本文取值 $\alpha, \beta = 0.5$。

2. 客观权重计算

（1）为了消除效益型、成本型及区间型指标的不一致问题，需对指标归一化处理得到评价矩阵 $R = (r_{ij})_{n \times n}$，且 $i = 1, 2, \cdots, n$，$j = 1, 2, \cdots, n$。

（2）求出特征比重 z_{ij} 和熵值 d_i：

$$z_{ij} = \frac{r_{ij}}{\sum_{j=1}^{n} r_{ij}}$$

$$d_i = -\ln n^{-1} \sum_{i=1}^{n} z_{ij} \ln z_{ij}$$

（3）第 j 个指标的客观权重值为

$$\omega_j = \frac{(1-d_j)}{\sum_{i-1}^{n} (1-d_j)}$$

3. 组合权重计算

（1）将主观权重向量 $\boldsymbol{W}_1^{\,C}$ 和客观权重向量 $\boldsymbol{W}_2^{\,C}$ 加权组合得到线组合性权重 $\boldsymbol{W}$，令集合 $\boldsymbol{W}_h = (\boldsymbol{W}_1^{\,C}, \boldsymbol{W}_2^{\,C})$，则可得到如下公式：

$$W = \xi_1 W_1^C + \xi_2 W_2^C = \sum_{t=1}^{2} \xi_t W_h$$

式中：ξ_t 为第 t 种赋权法的组合权重系数，且当 t=2 时，$0 < \xi_1, \xi_2 < 1$，$\xi_1 + \xi_2 = 1$。

（2）为了得到最优组合权重系数 ξ_1, ξ_2，引入方差最小化思想，使线性组合权重 W 与权重集 W_h 偏差最小，如下为最优模型：

$$\Delta = \min(W - W_h) = \min\left|\sum_{t=1}^{2} \xi_t W_h - W_h\right|^2$$

（3）由微分性质得到最优一阶导数条件 $\sum_{t=1}^{2} \xi_t W_h W_t^{\mathrm{T}} = W_h W_h^{\mathrm{T}}$，并将其线性转化得到如下公式：

$$\begin{pmatrix} W_1 W_1^{\mathrm{T}} & W_1 W_2^{\mathrm{T}} \\ W_2 W_1^{\mathrm{T}} & W_2 W_2^{\mathrm{T}} \end{pmatrix} \begin{pmatrix} \xi_1 \\ \xi_2 \end{pmatrix} = \begin{pmatrix} W_1 W_1^{\mathrm{T}} \\ W_2 W_2^{\mathrm{T}} \end{pmatrix}$$

根据公式求出 ξ_1，ξ_2 及组合权重值 W。

3 基于云模型的 5G+智能配电网不确定性指标综合评价算法

5G+智能配电网是一种拓扑结构复杂、多元化负荷及新能源接入的系统，其点、配网设备状态、用户侧等信息存在不确定性，而云模型在描述上述评价体系中模糊性、随机性指标具有一定优势[5, 6, 21, 22]，它是以期望值 E_x、熵 E_x 和超熵 H_e 将待价的各项指标值 n 转化为 $(x_1, x_2, \cdots, x_n)$ 个云滴，实现定量转化为定性分析。

假设 G 是用精确数表示的定量域，C 是 G 上的一个定性概念，如果定量值 $x \in C$ 且 x 是定性概念 C_x 的随机实现，则正态随机函数满足 $C_x \sim N(E_x, (E_n')^2)$ $E_n' \sim N(E_n, H_e^2)$，计算公式如下：

$$y(x) = e^{-\frac{(x-E_x)^2}{2(E_n')^2}}, y(x) \in [0,1]$$

式中：E_x 为定性概念的值；E_n 为对属性概念不确定性的度量；H_e 为熵的离散程度。

3.1 云评价标准的确定

本文将整个分数范围 0~100 按照评分等级优、良、中、较差、差划分成 5 个评分区间，再根据评分区间的上下界 $[x_k^{\min}, x_k^{\max}]$ 计算出该准则下的云评价特征参数 (E_x, E_n, H_e)，计算公式如下：

$$\begin{cases} E_{xk}=(x_k^{\min}+x_k^{\max})/2 \\ E_{xk}=(x_k^{\max}-x_k^{\min})/6 \\ H_{ek}=e \end{cases}$$

式中：e 为常数，可根据相应标准和实际情况调整。本文选取 $e=0.5$，并给出了不同等级下的云评价标准及云评价等级，如表 1 和图 3 所示。

表 1　不同等级下的云评价特征参数

评分区间	评分等级	特征参数(E_x,E_n,H_e)
[90.100]	优秀	(95,1.67,0.5)
[75.90]	良好	(82.5,2.5,0.5)
[50.75]	中等	(62.5,4.17,0.5)
[30.50]	较差	(40,3.33,0.5)
[0,30)	极差	(15,5,0.5)

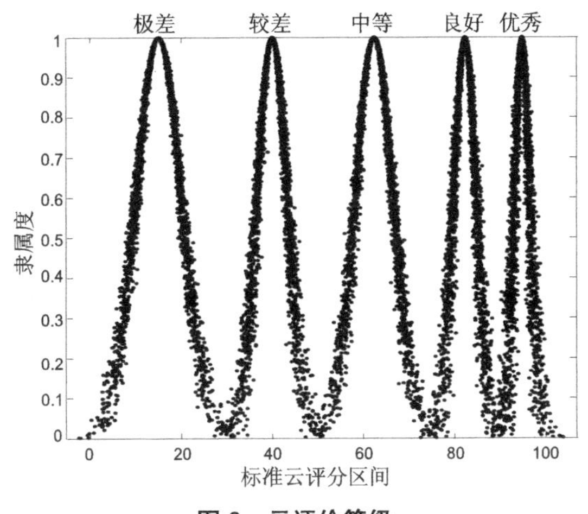

图 3　云评价等级

准则层、方案层评价云的计算

本文邀请 m 个专家对方案层的 n 个指标进行评分，以三角模糊数的形式构建标评价矩阵 $\tilde{\boldsymbol{D}}_{m\times n}^{C}$，采用乐观指数去模糊化处理得到 $\boldsymbol{D}_{m\times n}^{C}$，计算公式如下：

$$\tilde{\boldsymbol{D}}=\begin{pmatrix} \tilde{d}_{11} & \tilde{d}_{12} & \cdots & \tilde{d}_{1n} \\ \tilde{d}_{21} & \tilde{d}_{22} & \cdots & \tilde{d}_{2n} \\ \vdots & \vdots & & \vdots \\ \tilde{d}_{m1} & \tilde{d}_{m2} & \cdots & \tilde{d}_{mn} \end{pmatrix} \xrightarrow{\text{去模糊}} \boldsymbol{D}=\begin{pmatrix} d_{11} & d_{12} & \cdots & d_{1n} \\ d_{21} & d_{22} & \cdots & d_{2n} \\ \vdots & \vdots & & \vdots \\ d_{m1} & d_{m2} & \cdots & d_{mn} \end{pmatrix}$$

式中：$\tilde{d}_{mn}$ 为第 m 位专家对第 n 个指标打分结果，且 $\tilde{d}_{mn}=(l_{mn},m_{mn},u_{mn})$。

根据打分结果，可得到方案层第 i 个指标的评价云数字特征 $R_i^C(E_{xi}{}^C,E_{ni}{}^C,H_{ei}{}^C)$，计算公式如下：

$$
\begin{cases}
E_{xi}{}^C=\dfrac{1}{m}\displaystyle\sum_{p=1}^{m}d_{pi}\\
E_{ni}{}^C=\sqrt{\dfrac{\pi}{2}\times\dfrac{1}{m}\displaystyle\sum_{p=1}^{n}\left|d_{pi}-E_{xi}{}^C\right|}\\
H_{ei}{}^C=\sqrt{\left|S_i^2-(E_{ni}{}^C)^2\right|}
\end{cases}
$$

式中，d_{pi} 为第 p 位专家给第 i 个指标的评分，且 $p=1,2,\cdots,m,i=1,2,\cdots,n$。

准则层第 f 个指标的评价云数字特征 $R_f{}^B(E_{xf}{}^B,E_{nf}{}^B,H_{ef}{}^B)$ 的计算公式如下：

$$
\begin{cases}
E_{xf}{}^B=\dfrac{\displaystyle\sum_{i=1}^{n}E_{xi}{}^C\omega_{fi}{}^C}{\displaystyle\sum_{i=1}^{n}\omega_{fi}{}^C}\\
E_{nf}{}^B=\dfrac{\displaystyle\sum_{i=1}^{n}E_{ni}{}^C(\omega_{fi}{}^C)^2}{\displaystyle\sum_{i=1}^{n}(\omega_{fi}{}^C)^2}\\
H_{ef}{}^B=\dfrac{\displaystyle\sum_{i=1}^{n}H_{ei}{}^C(\omega_{fi}{}^C)^2}{\displaystyle\sum_{i=1}^{n}(\omega_{fi}{}^C)^2}
\end{cases}
$$

式中，ω_{fi} 为准则层第 f 个指标直接对应的第 i 个方案层指标的权重值，且 $i=1,2,\cdots,n,f=1,2,\cdots,n$。

3.3 综合评价云的计算

为了反映5G+智能配电网综合评价的整体评价效果，根据公式下式可计算得综合评价云数字特征 $R(E_x,E_n,H_e)$：

$$\begin{cases} E_x = \sum_{i=1}^{n} E_{xi}\omega_i^C \\ E_n = \sqrt{\sum_{i=1}^{n} (E_{ni}{}^C)^2 \omega_i^C} \\ H_e = \sum_{i=1}^{n} H_{ei}\omega_i^C \end{cases}$$

4 5G+智能配电网综合评价流程

5G+智能配电网综合评价流程如图 4 所示。

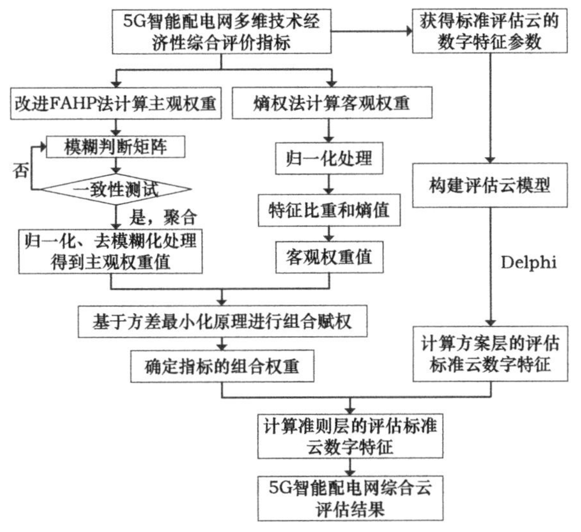

图 4　5G+智能配电网综合云评价流程

算例分析

基于上述 5G+智能配电网综合指标体系，本文选取我国某地区 5G+智能配电网造项目作为分析对象，参考其 5G+智能配电网升级改造前、后的相关运行数据及负侧数据，分别记为 T_1、T_2。其中 T_1 为智能配电网未广泛应用 5G 技术情况；T_2 为智配电网规模化应用 5G 技术情况，后续仅展示 T_2 情况下的权重计算过程，如表 2 示。

表2　T_1、T_2原始数据表

准则层	T_1	T_2	准则层	T_1	T_2
C_{11}	89.83%	92.984%	C_{41}	46.59%	70.99%
C_{12}	93.99%	95.52%	C_{42}	88.85%	90. 95%
C_{13}	8.85%	3.84%	C_{43}	73.77%	89.97%
C_{14}	0.17	0.058	C_{44}	33.33%	38.99%
C_{21}	66.11%	77.55%	C_{45}	90.51%	94.42%
C_{31}	36.59%	67.77%	C_{46}	23.43%	38.96%
C_{32}	79.39%	80.38%	C_{51}	3.29%	3.97%
C_{33}	87.64%	93.33%	C_{52}	78.62%	82.57%

4.1　指标权重计算

1. 采用改进FAHP法确定主观权重

邀请9位不同领域的专家对准则层和方案层指标比较打分，并根据公式对专的评分结果进行聚合处理，由于篇幅有限，本文仅展示准则层和部分方案层的模糊断矩阵聚合值，计算公式如下：

$$\tilde{\boldsymbol{Q}}_{A-B}=\begin{pmatrix} (1,1,1) & (4,5.79,6) & (0.2,0.83,1) & (2,3.22,5) & (0.33,0.37,1) \\ (0.2,0.56,1) & (1,1,1) & (0.2,0.24,0.33) & (0.33,0.42,1) & (0.2,0.31,0.3 \\ (1,1.59,3) & (4,6.16,8) & (1,1,1) & (2,3.43,4) & (0.33,0.59,1) \\ (0.2,0.41,1) & (1,1.69,3) & (0.2,0.33,1) & (1,1,1) & (0.14,0.36,1) \\ (2,3.71,5) & (3,5.61,7) & (1,1.62,3) & (1,2.34,3) & (1,1,1) \end{pmatrix}$$

$$\tilde{\boldsymbol{Q}}_{B_1-C}=\begin{pmatrix} (1,1,1) & (0.22,0.38,1) & (1,1.21,3) & (0.20,0.26,1) \\ (2,3.83,5) & (1,1,1) & (3,4.21,7) & (0.3,0.58,1) \\ (0.33,0.83,1) & (0.14,0.24,0.33) & (1,1,1) & (0.12,0.19,0.33) \\ (1,3.85,5) & (1,1.61,3) & (4,5.61,8) & (1,1,1) \end{pmatrix}$$

同理可得到$\tilde{\boldsymbol{Q}}_{B_2-C}$、$\tilde{\boldsymbol{Q}}_{B_3-C}$、$\tilde{\boldsymbol{Q}}_{B_4-C}$、$\tilde{\boldsymbol{Q}}_{B_5-C}$。

根据公式，将所有经过一致性检验的矩阵进行模糊归一化处理，得到标准模糊一权重：

$$\tilde{\boldsymbol{\omega}}_{A-B,i}=(\omega_{A-B,i}{}^{l},\omega_{A-B,i}{}^{m},\omega_{A-B,i}{}^{u})=\begin{pmatrix} (0.071,0.263,0.559) \\ (0.054,0.116,0.323) \\ (0.090,0.184,0.608) \\ (0.118,0.308,0.647) \\ (0.082,0.144,0.511) \end{pmatrix}$$

$$\tilde{\omega}_{B_1-C,i}=(\omega_{B_1-C,i}{}^{l},\omega_{B_1-C,i}{}^{m},\omega_{B_1-C,i}{}^{u})=\begin{pmatrix}(0.185,0.326,0.568)\\(0.084,0.227,0.435)\\(0.115,0.262,0.359)\\(0.181,0.259,0.602)\end{pmatrix}$$

同理可得到 $\tilde{\omega}_{B_2-C,i}$、$\tilde{\omega}_{B_3-C,i}$、$\tilde{\omega}_{B_4-C,i}$、$\tilde{\omega}_{B_5-C,i}$。

根据公式对模糊权重进行去模糊化处理，得到准则层、方案层指标权重向量：

$$W_1^{B}=(0.267,0.108,0.178,0.313,0.134)^{\mathrm{T}}$$

$$W_1^{C}=(0.083,0.060,0.067,0.057,0.108,0.078,0.056,0.044,0.105,0.037,\\0.043,0.037,0.052,0.039,0.059,0.075)^{\mathrm{T}}$$

2. EWM 计算客观权重

根据公式将指标数据进行归一化处理后计算得到准则层、方案层的指标权重量：

$$W_2^{B}=(0.199,0.146,0.151,0.410,0.094)^{\mathrm{T}}$$

$$W_2^{C}=(0.066,0.045,0.057,0.031,0.146,0.069,0.048,0.034,0.121,0.068,\\0.057,0.052,0.078,0.034,0.033,0.061)^{\mathrm{T}}$$

3. 基于方差最小化原理计算组合权重

将主观权重向量 W_1^C 和客观权重向量 W_2^C 代入公式求得最优组合系数 $=0.879,\xi_2=0.133$，以及准则层、方案层的组合权重值，如表 3、表 4 所示

表 3　方案层组合权重值

方案层	C_{11}	C_{12}	C_{13}	C_{14}
组合权重	0.081	0.058	0.066	0.053
方案层	C_{21}	C_{31}	C_{32}	C_{33}
组合权重	0.113	0.077	0.055	0.042
方案层	C_{41}	C_{42}	C_{43}	C_{44}
组合权重	0.108	0.041	0.045	0.039
方案层	C_{45}	C_{46}	C_{51}	C_{52}
组合权重	0.056	0.038	0.055	0.073

表 4 准则层组合权重值

准则层	B_1	B_2	B_3	B_4	B_5
组合权重	0.258	0.113	0.174	0.327	0.128

从表 3 可以看出,指标 C_{21} 是方案层最高权重,其值为 0.113,表明了 5G+智能配电网改造项目对运行经济具有较高要求。指标 C_{41} 的权重值为 0.108,位居方案层第二,表明了 5G 在智能配电网规模化应用需要加强 5G 网络的覆盖率,符合 5G+智能配电网的发展方向,且权重的计算为后续评价做铺垫。

4.2 5G+智能配电网综合云评价结果

为了使云评价结果相对科学、可靠,本文另外邀请从 9 位从业经验丰富的专家根据项目实际升级改造情况对方案层指标进行打分,将打分结果去模糊化处理得到直观的数值,如表 5 所示。

表 5 5G+智能配电网综合云评分表

准则层	E_1	E_2	E_3	E_4	E_5	E_6	E_7	E_8	E_9
C_{11}	79	75	80	82	78	84	77	81	86
C_{12}	80	83	85	83	87	86	82	89	87
C_{13}	77	81	84	80	81	74	82	75	81
C_{14}	82	80	81	83	85	84	87	79	82
C_{21}	88	91	90	87	89	84	89	88	90
C_{31}	81	85	86	83	84	80	81	85	86
C_{32}	74	80	79	82	78	78	85	80	77
C_{33}	80	74	82	75	77	78	78	84	81
C_{41}	81	77	78	80	82	81	85	76	79
C_{42}	91	93	92	90	89	90	91	89	90
C_{43}	76	77	73	76	83	74	78	81	80
C_{44}	83	79	78	77	75	77	81	79	77
C_{45}	89	88	84	87	86	84	88	87	86
C_{46}	85	82	80	81	80	89	80	82	87
C_{51}	79	75	80	76	75	77	78	75	80
C_{52}	77	86	81	76	82	82	81	83	76

根据公式计算获得 T_1 、T_2 两种情况下准则层指标云数字特征和综合评价云数字特征,如表 6 所示。同时给出了 T_1 、T_2 两种情况下准则层云评价结果、综合云评价结果,如图 5 至图 8 所示。

表 6　T_1、T_2 情况下 5G+智能配电网云评价结果对比

准则层	T_1 云数字特征	T_2 云数字特征
运行可靠	(74.84,3.54,0.45)	(81.53,3.18,0.71)
运行经济	(80.43,2.36,0.33)	(88.44,1.89,0.19)
高效交互	(72.28,3.64,0.63)	(80.98,2.70,0.92)
技术智能	(70.39,4.05,0.92)	(82.23,2.51,0.85)
绿色低碳	(68.98,3.93,0.58)	(79.06,3.01,0.39)
综合评价云	(73.38,3.11,0.64)	(82.45,2.76,0.65)

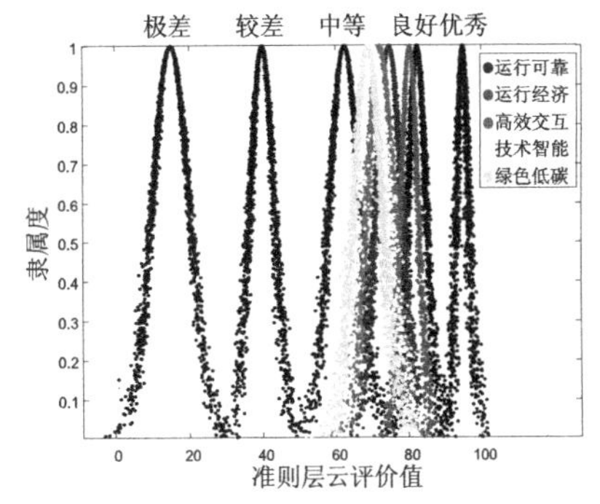

图 5　T_1 情况下准则层云评价结果

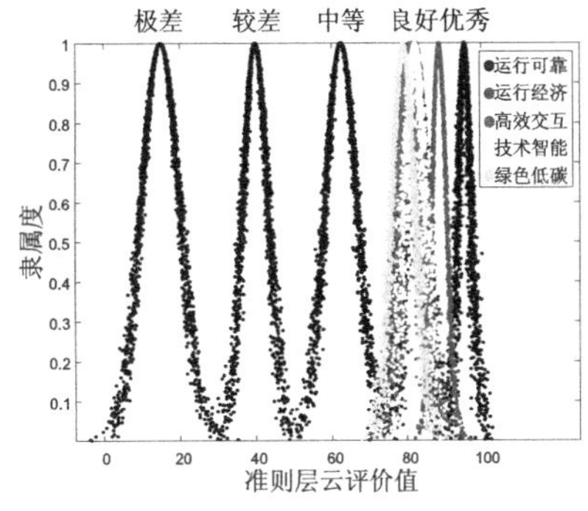

图 6　T_2 情况下准则层云评价结果

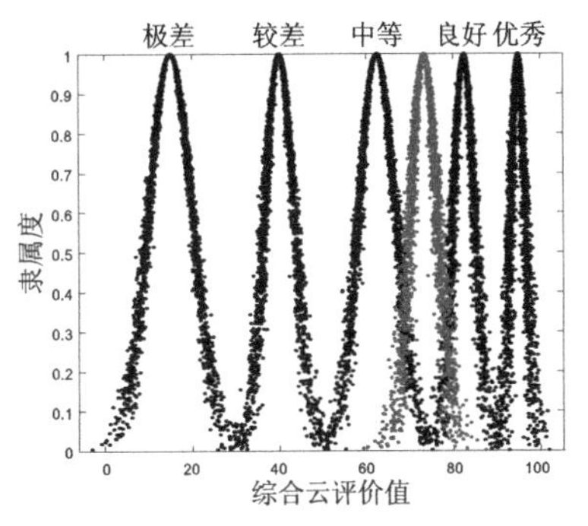

图 7　T_1 情况下综合云评价结果

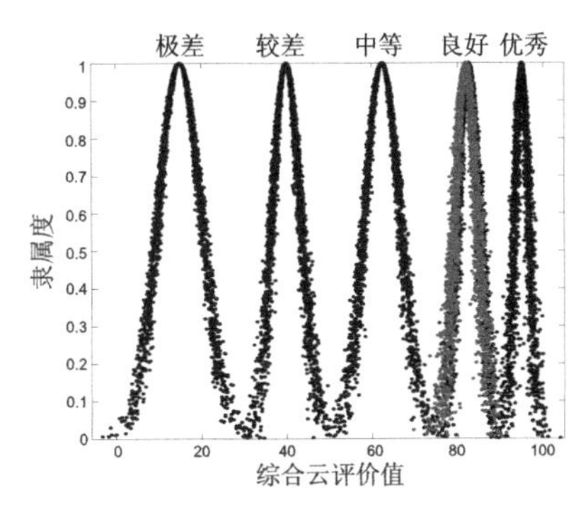

图 8　T_2 情况下综合云评价结果

从表 6 和图 5、图 6 可以看出，5G+智能配电网升级改造前准则层的各项指标云价值较低，均具有较大的提升空间。通过对 5G+智能配电网项目进行升级改造，+智能配电网在可靠运行、经济运行、高效信息交互、技术智能、减排方面均有显著升。从图 7、图 8 可以看出，5G+智能配电网升级改造前综合云评价结果隶属于等”和“良好”间，升级改造后综合云评价结果为“良好”，表明了该 5G+智能配电

网项目的升级改造效果良好,且其整体运行效果得到了提升。

4.3 评价算法对比

为验证所提基于改进 FAHP-EWM 的组合赋权法的合理性和有效性。本文采 T_2 情况下的数据,将 EWM， AHP,改进 FAHP,改进 FAHP-EWM（组合赋权法）四 赋权法模型进行权重对比和评价结果对比,给出了不同赋权法的权重结果对比如 9 所示,不同赋权法模型的综合评价结果见表 7。

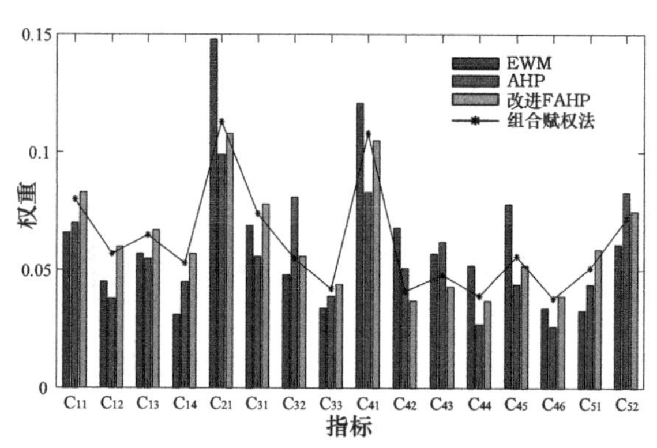

图 9　不同赋权法的权重结果对比图

表 7　不同赋权法的综合评估结果

评估方法	综合云评价结果	云评价等级
EWM -云模型	（87.72，2.90，0.61）	介于良好~优秀间
AHP -云模型	（70.18，4.01，0.48）	介于中等~良好间
改进 FAHP-云模型	（77.18，2.90，0.61）	接近良好
组合赋权法-云模型	（82.45，2.76，0.65）	良好

由图 9 可知,所提组合赋权法求得的权重在整体趋势上与另外三种赋权法模 所求得的权重相近,且指标权重值均处于最低权重值与最高值权重值之间,表明了 提的赋权方法更加稳定、合理。从表 7 可以看出,根据前两组对比试验结果,单一 标赋权法具有片面性,容易出现评价结果与实际不一致的情况。其中第一组评价 级隶属于“良好”和“优秀”间,第二组评价等级隶属于“中等”和“良好”间,评价结 均较为模糊,易出现判断错误。第三组是在第二组模型的基础上进行改进,虽比第 组更加清晰,但无法避免单一赋权法片面性问题。第四组是组合赋权法-云评价 型,该模型可以弥补三种不同赋权方法的不足,避免评价过差或过好情况,能够 能得出与实际情况最接近的评价结果,可有效提高评价精度。

结论

针对 5G+智能配电网改造后新智能技术应用成效及配网运行效果不明确问题，提出一种基于组合赋权-云模型的 5G+智能配电网综合评价方法，旨在全面合理的了解 5G 通信网络带给智能配电网整体运行效果的提升，并得出以下结论。

（1）建立一种符合 5G+智能配电网综合评价的指标体系，为后续真实、准确的综合评价做铺垫。

（2）采用三角模糊数描述专家打分不确定性，同时为了简化指标权重计算过程，采用近似矩阵特征值法和乐观指数进行主观权重计算。同时考虑到主观赋权法随意性缺陷，采用改进 FAHP-EWM 的组合赋权法，淡化单一赋权法的缺陷，提高评价精度。

（3）考虑到综合云评价过程中打分不确定性和指标信息不确定性和相关性，提出一种基于云模型的 5G+智能配电网综合评价模型，通过算例验证了所提组合赋权-云模型的合理性和有效性，且 5G+智能配电网项目改造效果良好，对未来 5G 通信技术在智能配电网规模化应用有一定的指导作用。

参考文献

张宁，杨经纬，王毅，等. 面向泛在电力物联网的 5G 通信：技术原理与典型应用[J]. 中国电机工程学报，2019，39(14)：4015-4025.

刘林，祁兵，李彬，等. 面向电力物联网新业务的电力通信网需求及发展趋势[J]. 电网技术，2020，44(8)：3114-3130.

徐斌，马骏，陈青，等. 基于改进 AHP-TOPSIS 法的经济开发区配电网综合评价指标体系和投资策略研究[J]. 电力系统保护与控制，2019，47(22)：35-44.

葛少云，季时宇，刘洪，等. 基于多层次协同分析的高中压智能配电网可靠性评价[J]. 电工技术学报，2016，31(19)：172-181.

南东亮，王维庆，张陵，等. 基于关联规则挖掘与组合赋权-云模型的电网二次设备运行状态风险评价[J]. 电力系统保护与控制，2021，49(10)：67-76.

何永贵，刘江. 基于组合赋权 – 云模型的电力物联网安全风险评价[J]. 电网技术，2020，44(11)：4302-4309.

葛磊蛟，李元良，陈艳波，等. 智能配电网态势感知关键技术及实施效果评价[J]. 高电压技术，2021，47(7)：2269-2280.

刘文霞，宫琦，郭经，等. 基于混合通信网的主动配电信息物理系统可靠性评价[J]. 中国电机工程学报，2018，38(06)：1706-1718，1907.

[9] 罗宁,贺墨琳,高华,等. 基于改进的 AHP-CRITIC 组合赋权与可拓评价模型的智能配电网综合评价方法[J]. 电力系统保护与控制,2021,49(16):86-96.

[10] 罗志刚,韦钢,袁洪涛,等. 基于区间直觉模糊理论的直流配网规划方案综合决策[J]. 电工技术学报,2019,34(10):2011-2021.

[11] 宋人杰,丁江林,白丽,等. 基于合作博弈法和梯形云模型的配电网模糊综合评价[J]. 电力系统保护与控制,2017,45(14):1-8.

[12] DOGAN O. Process Mining Technology Selection with Spherical Fuzzy AHP and Sensitivity Analysis[J]. Expert Systems with Applications,2021.

[13] 于洋,王同文,谢民,等. 基于 5G 组网的智能分布式配电网保护研究与应用[J]. 电力系统保护与控制,2021,49(8):16-23.

[14] 高维良,高厚磊,徐彬,等. 5G 用作配电网差动保护通道的可行性分析[J]. 电力系统保护与控制,2021,49(8):1-7.

[15] 徐全,袁智勇,雷金勇,等. 基于 5G 的高精度同步相量测量及测试方法[J]. 南方电网技术,2021,15(7):76-80.

[16] 霍崇辉,王淳,陶多才,等. 考虑精准负荷控制的智能配电网供电恢复策略[J]. 电网技术,2020,44(10):4020-4028.

[17] 田书欣,李昆鹏,魏书荣,等. 基于同步相量测量装置的配电网安全态势感知方法[J]. 中国电机工程学报,2021,41(2):617-632.

[18] 雍培,张宁,慈松,等. 5G 通信基站参与需求响应:关键技术与前景展望[J]. 中国电机工程学报,2021,41(16):5540-5552.

[19] WU Y N,XU C B,ZHANG B Y,et al. Sustainability performance assessment of wind power coupling hydrogen storage projects using a hybrid evaluation technique based on interval type-2 fuzzy set[J]. Energy,2019,179:1176-1190.

[20] LIU Y,ECKERT C M,EARL C. A review of fuzzy AHP methods for decision-making with subjective judgements[J]. Expert Systems with Applications,2020,161:113738.

[21] 马丽叶,张涛,卢志刚,等. 基于变权可拓云模型的区域综合能源系统综合评价[J]. 电工技术学报,2022,37(11):2789-2799.

[22] ZHANG W X,WANG L,SONG R J,et al. Comprehensive evaluation method of distribution network based on cloud model[J]. Computer Engineering and Design.2018,39(7):2096e101.

以客户服务为导向的智慧客服平台关键技术研究思路

韩国龙[1],董雅茹[1],许剑[2]

(1. 国网天津市电力公司信息通信公司,天津市,300140;

2. 北京中电飞华通信有限公司,天津市,300000)

摘要:为应对电力客户需求更为多元、市场竞争更趋激烈的市场化发展趋势,解决电网企业业务末端专业分工过细、协调难度大、反应时间慢等问题,提高市场响应速度,提升供电服务质量,本文结合国网天津电力公司现状,提出了建设数据贯通、信息共享的智慧客户服务系统的技术体系和技术思路,通过整合营配调资源和数据,有效推进营配融合,提升公司服务资源统筹、服务事件预警、服务快速响应、服务质量管控等方面能力。

关键词:电网企业;专业协同;业务融合;客户导向

引言

随着电力体制改革的不断深入,市场竞争态势日趋激烈,客户需求日趋多样化、性化。面对新形势,电网企业现有服务模式服务融合不深、创新机制滞后等问题也渐暴露出来[1],对“互联网+营销服务”、用电信息采集、主动抢修服务等新型服务模的推广,特别是在直接面向客户的服务前端暴露出的客户诉求多头受理、响应慢、调难等现象,一定程度上影响了企业形象和客户服务水平的进一步提升[2-4]。为有解决客户服务面临的瓶颈问题,电网企业决定试点建设智慧客户服务平台,变分散管理为一站式管理,对客户诉求集中响应,加强纵向服务管控与横向服务协同,加专业间协同,压缩服务过程链条[5-7],实现“一口对外、分工协作、内转外不转”,全面升服务响应效率和管控能力。

智慧客户服务平台运作的关键是要实时掌握客户需求,精准调配服务资源,必须依托功能强大的信息支撑系统。以客户服务为导向的智慧客户服务平台,可有效整合服务资源和数据,实现跨专业数据贯通和信息共享,支撑智慧客户服务平台在专业协同、业务融合方面高效运转,从而提升服务可靠性和优质水平。

1　平台建设关键技术

智慧客户服务平台基于统一信息模型,深度融合营销、运检、调控等系统数据,构建涵盖配电网客户服务指挥、业务协调指挥、配电运营管控和服务质量监督等各项业务的智能化指挥应用开放式平台,实现客户服务运行工况、业务管理、指标数据的全景化展示,辅助配电网发展趋势研判、隐患环节定位、运行方式优化调整、供电服务高效指挥、建设改造投资评价、人员绩效优化评估,全方位提升设备管控力和管理穿透力,为国网天津电力公司高效运维、精准投资、精益管理提供决策支撑,提升供电可靠性和优质服务水平。

1.1　系统总体架构

智慧客户服务平台总体架构如图1所示。

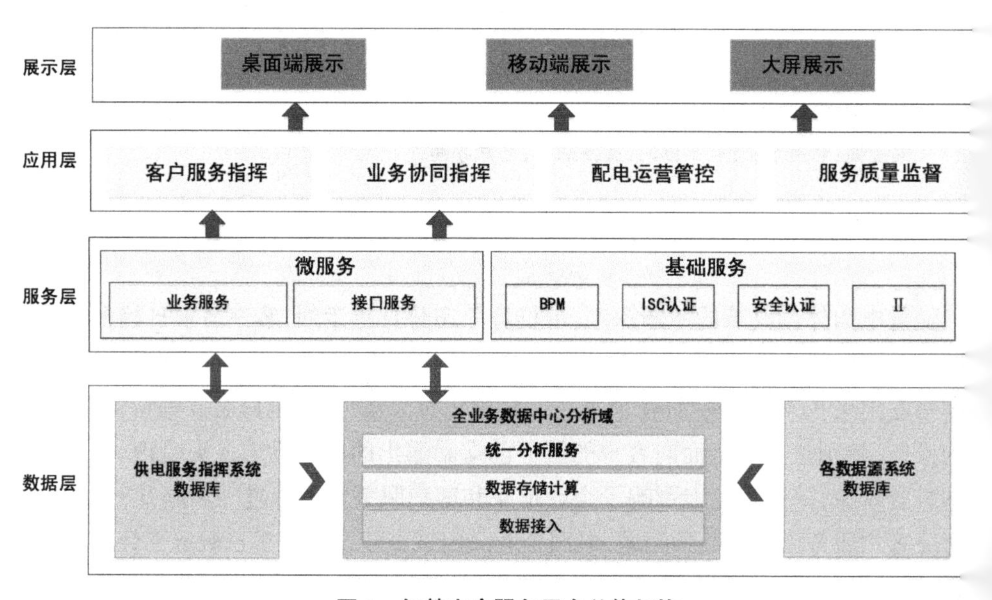

图1　智慧客户服务平台总体架构

智慧客户服务平台分为数据层、服务层、应用层和展示层四层。

(1)数据层包括智慧客户服务平台数据库和全业务统一数据中心分析域。其中,智慧客户服务平台数据库存放客户服务的业务数据;全业务统一数据中心分析域存放实时采集类数据和历史数据用于事件研判和高级分析。

(2)服务层包括以微服务的模式来构建一系列的业务微服务、接口微服务和基础微服务。其中,业务微服务包括工单订阅、工单派发、工单研判等;接口微服务包工单接口代理、BPM 接口代理、GIS 接口代理等;基础微服务包括 BPM、ISC 认证、安全认证等。

(3)应用层通过融合相关业务系统的页面组件,形成客户服务指挥、业务协同指挥、配电运营管控和服务质量监督四大业务功能。

(4)展示层包括桌面端展示、移动端展示和大屏展示三种展示场景。

2 微服务架构设计

系统采用“微应用+大平台”的开发模式,将系统按业务进行划分,每个业务可独立开发为小系统,提供特定的服务。将核心、复杂的业务模块以组件形式封装到平台上,在该平台的基础上自定义、组装业务流程,开发出更多碎片化、个性化的微应用[8]。这样的开发模式有助于系统响应速度的提升,既实用,又能实现较为复杂的业务逻辑。

以往,电网企业软件多是以业务系统划分的“大软件”,为满足部门级协作的需求,软件由复杂的功能模块组成,工作流程长;因为独立开发部署,花费大、周期长,软件之间也很难连同协作。随着 IT 基础计算能力的提高、云计算的广泛应用,企业能够将分散的业务软件集成到统一的大平台上;而移动互联网的深度渗透,更迎合了用户对企业软件功能简单化、使用移动化、协作点状化的需求。“大平台+微应用”的架构模式可以帮助企业构建小核心、大外围的软件系统。其中“大平台”重点解决应用的标准统一、差异屏蔽、组件复用,核心、复杂的业务模块以组件形式封装到平台上,将以往复杂的前端流程更多转移到了后端[13-14]。而将大型软件系统拆解为“微应用”,为针对同业务开发小型系统,提供更灵活、更个性化、更快速响应、更具可扩展的服务,也更方便第三方开发商的接入[9]。

以客户服务为导向的智慧客服平台是具有分析展示功能的高级应用系统,在各部门有差异化需求,为了适应这种不同部门间的个性化需求,具体实现策略为基于微服务/微应用架构来实现业务处理类功能和专业内的分析监测功能,在数模一致的前提下,使用多版本的微服务/微应用来支撑不同部门的差异化需求。

移动安全防护设计

智慧客服平台通过安全接入平台集成移动终端相关信息。随着企业级移动应用建设高峰期的到来,很多企业已将移动化作为未来 IT 建设的战略重点,移动化业务成为现有企业安全防护体系的短板,突显出在网络接入、终端管控、应用管理、数据传输与存储等方面潜藏的风险,易引起未授权接入、终端丢失、恶意代码植入、数据泄露风险、终端操作系统漏洞利用等安全问题,这些问题将给企业信息安全带来严峻的挑战[10-12]。

电网企业通过安全接入平台建设,构建起一套符合企业自身需求的特有移动作安全防护体系,从终端、网络、边界三个维度构建企业级的移动安全防护网。安全接入平台服务于电力自身生产、业务应用及其延伸的安全接入,网络通道主要为各种电力专线通道,部署于信息内网与专线通道之间,接入对象均为电力内网终端,包括智能监测采集终端、固定 PC、移动作业终端等。

智慧客服平台通过安全加固终端、无线 APN 专网和安全接入平台实现终端入网绑定和终端安全,移动终端安装专用的 SIM 卡和 TF 卡,采用公司自建无线专网或统一租用“APN+VPN”的无线公网,通过安全接入平台进行安全认证,从而与内网部署系统建立通信链接,完成数据交互。

2 数据融合思路及关键技术

2.1 数据融合总体设计

智慧客服平台为客户服务管理智能分析决策系统,它本身不产生数据,通过全业务统一数据中心集成 PMS2.0、I6000、CMDB、三全库、I 国网,通过安全接入平台接入移动终端等外部信息。

从相关业务系统集成的数据包括基础数据和业务数据两类。其中,基础数据为系统主数据,更新频率较低,实时性要求不高,又称静态数据,如 PMS2.0 设备台账信息、营销系统用户信息等;业务数据为系统量测类和事件类数据,实时性要求较高,又称动态数据,如 I6000、I 国网等系统的量测类数据,营销系统的故障报修信息等事件类数据。

从相关业务系统抽取的数据进入到全业务统一数据中心后,根据配电网统一信息模型,进行数据的清洗整理,以实现电网拓扑模型、电网基础信息、电网运行方式、设备状态信息、业务流转信息、人财物信息的无缝融合,形成涵盖资产模型、量测模型、拓扑模型、设备模型、业务模型的全量配电网标准模型数据中心。同时利用全业务统一数据中心处理域中的 ESB 组件实现智慧客服平台与 PMS、营销业务应用等相关业务系统的流程协同(图 2)。

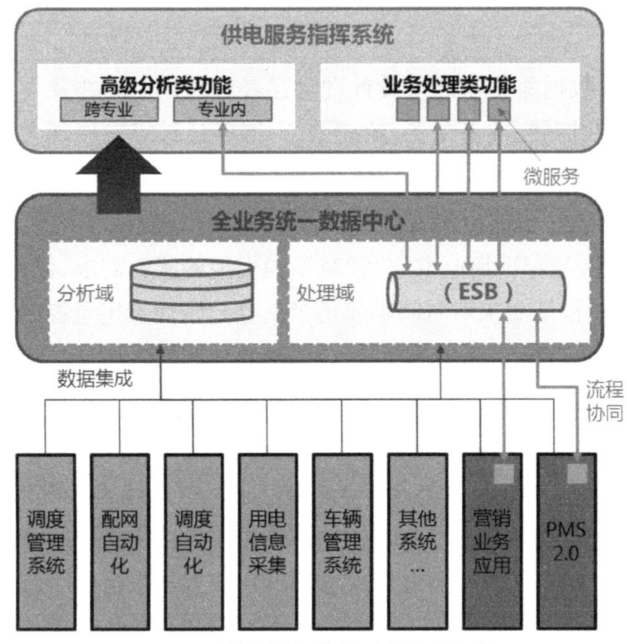

图 2　供电服务指挥系统集成架构

2　数据整合技术

智慧客服平台融合了营配调各专业数据，形成了大数据池，但是由于各专业数据理和设计的规则存在差异，需要通过配用电统一信息模型进行数据整合，此过程中及的一个重要支撑为全业务统一数据中心。

全业务统一数据中心数据的建设旨在为企业各类分析决策类应用提供统一的运环境、高效的分析计算能力、便捷的数据查询访问服务、清晰的数据资源服务目录、活的数据分析挖掘，改变过去分析型应用数据按需接入和数据反复抽取、冗余存储局面，以"数据为中心"支撑企业级数据分析应用，实现"搬数据"向"搬计算"的转推动业务创新，推进公司信息化建设迈上新台阶。

全业务将数据源分为结构化、非结构化、海量和准实时数据，其中结构化数据是原来分布于各业务系统的数据通过 SG_CIM 标准模型进行整合，作为全业务数据心的 OLTP 数据供业务系统调用和共享，经过整合后的数据仓库将取代原业务系数据库存在，该部分数据采用定时 ETL 调度的方式进入数据分析域供 OLAP 使同时可作为辅助决策系统的数据源进行关键指标展示。准实时数据中一部分数也会流入事物域供其他系统共享使用；非结构化、海量数据将通过大数据平台进行储直接供分析域调用。

2.3 数据存储技术

传统共享存储数据库集中部署设计理念已经难以满足高并发写入、读取的性能要求,也与当下弹性扩展、按需配备、功能聚合、服务迁移等发展理念不相协调,供电服务指挥系统借助虚拟化、分布式计算、负载均衡、分布式存储等大数据与云计算技术,以有效解决系统建设面临的难题。

(1)在服务提供与应用集成方面,针对不同类型的服务需求,设计处理策略并分配相应的计算资源,根据需求对时间响应的及时性要求而设定资源的多寡,同时结合资源负载实时动态调整技术,实现硬件资源的最大化利用。

(2)在数据存储与管理方面,云存储提供的是有弹性的服务,可根据用户的需求在一个超大的资源池中动态分配和释放资源,不需要为每个用户预留峰值资源,因而资源利用率可大大提高;并且云数据中心拥有更多用户,改善能源效率相对成本低,可以将成本分摊到更多的服务器中。用户所使用的云资源可以根据其应用的需要进行调整和动态伸缩,能够有效地满足应用和用户大规模增长的需要。

(3)采用云计算技术,促使 IT 从以往自给自足的作坊模式,转化为具有规模效应的工作化运营,按项目建设的专有的数据中心将被淘汰,取而代之的是规模巨大而且充分考虑资源合理配置的大规模型数据中心。

3 结语

以客户服务为导向的智慧客服平台,依托全业务统一数据中心和安全接入平台,借助虚拟化、分布式计算、负载均衡、分布式存储等大数据与云计算技术,基于配用电统一信息模型,深度融合营配调等相关专业配网大数据,构建统一的服务资源调配和服务质量监督管控平台,能够进一步推进相关专业系统的信息共享、流程贯通,实现对供电服务"事前"分析预警、精准定位,"事中"协调监督、过程控制,"事后"总结提升、主动预防的全过程管控,是配网领域的核心智能辅助决策系统和调度指挥系统

参考文献

[1] 周文瑜. 供电服务质量综合评价理论与实证研究[D]. 北京:华北电力大学,20

[2] 林琳. 供电服务质量评价指标体系与管理措施研究[D]. 北京:华北电力大学,2013.

[3] 李本超. 供电企业服务质量综合评价指标的研究[D]. 长春:吉林大学,2015.

[4] 张新安,田澎. 基于 SERVQUAL 的供电服务质量测量标尺研究[J]. 管理工程学报,2005,(4):4-11.

5] 王吉平. 营配调贯通[J]. 中国电力企业管理,2015(24):25-29.
5] 陆生兵,李也白. 营配调数据在配电网调控管理中的一体化应用[J]. 浙江电力,2015,34(12):69-73.
] 郝思鹏,楚成彪,方泉,等. 营配调一体化平台及其关键技术研究[J]. 电测与仪表,2014,51(24):101-105.
] 冯扬,董爱强,夏元轶,等. 电网企业公司微应用平台架构设计与实现[J]. 电子测量技术,2017,40(7):52-58,63.
] 李忠民,齐占新. 业务架构的微应用化与技术架构的微服务化——兼谈微服务架构的实施实践[J]. 科技创新与应用,2016(35):95-96.
0] 王海珍. 大规模异构网络安全接入平台的研究与设计[D]. 北京:北京邮电大学,2012.
1] 利业鞑,刘恒. 基于移动信息化的安全接入平台建设[J]. 计算机工程,2012,38(15):128-133.
2] 郑磊,吕文增. 移动互联与微应用时代的公共服务与政府治理——“移动服务微治理”研讨会综述[J]. 电子政务,2014(11):2-5.
3] 朱碧钦,吴飞,罗富财. 基于大数据的全业务统一数据中心数据分析域建设研究[J]. 电力信息与通信技术,2017(2):91-96.
4] 王为民. 打破专业壁垒,共享数据资源——访中国科学院院士、西安交通大学教授 徐宗本[J]. 电网企业,2017(1):96-97.

智能变电站监控系统雪崩自动测试系统的开发及应用

燕刚[1],杨亚丽[1],刘华[2],茹东武[1],侯俊飞[1],魏芳[1]
(1. 许继电气股份有限公司,河南省许昌市,461000;2. 北京中电飞华通信有限公司,北京市,10007

摘要:为了解决智能变电站监控系统雪崩测试中告警数据高速触发和长时间触发时存在的难点,开发了雪崩自动测试系统,采用智能控制的方法来实现测试过程中数据信号的精确触发。测试系统自动捕获、解析 MMS 报文并生成测试报告以实现数据处理闭环测试的最优化。针对实现过程中的信号触发时间精度控制、测试结果判断的关键技术,提出智能控制插件及智能自动比对,进一步提高了测试系统功能的正确性。大量试验证明:此自动测试系统能有效提高雪崩测试的质量和效率,具有较好的实用性。

关键词:监控系统;自动测试;变电站;雪崩;MMS

0 引言

随着智能电网技术不断推进和发展,智能变电站作为智能电网的重要环节,也到了快速推广,建设安全可靠的智能变电站对智能电网的发展至关重要,而监控系是智能电网调度控制和生产管理的基础,是大运行体系建设的基础,也是备用调度系建设的基础[1-3]。为了保障电网的安全稳定运行,国家电网公司和南方电网公司智能变电站监控主机的技术要求也越来越高,如对雪崩测试的要求:突发告警数量2 000 个增加至 8 000 个,告警时间间隔从 1 s 缩短至 0.5 s。

但是目前对监控系统雪崩的测试方法采用的是人工触发方式,即将需要触发数据信号采用并联的方式连接并通过一个空气开关控制其开断,测试人员手动控数据信号触发的间隔及数量,然后通过查询监控主机历史告警存储数量来检测监系统的雪崩数据处理是否符合标准要求。这种试验方法在少量低速数据量的试验是可以有效进行的,但是对于高速告警数据触发和长时间触发,此试验方法不能满0.5 s 的时间间隔要求。

通过研究和开发智能变电站监控系统雪崩自动测试系统来实现测试过程中数信号的精确触发、MMS 报文获取及解析、监控系统处理结果对比判断、测试报告自成等功能,完成雪崩自动测试,降低测试人员的劳动强度,以提高测试效果和准确性,保证测试质量和测试效率。

智能变电站监控系统构成

智能变电站监控系统纵向贯通各级调度、生产等主站系统,横向联通变电站各自动化设备,处于智能变电站自动化体系结构的核心部分。直接采集站内电运行信息和二次设备运行状态信息,通过标准化接口与输变电设备状态监测、助应用、计量等进行信息交互,实现变电站全景数据采集、处理、监视、控制、运管理等,继承成熟的 SCADA 系统结构,在其体系架构中抽象和实现了很多可的软件组件,这些组件和他们之间的关系构成了其体系架构[4-8],如图 1 所示。

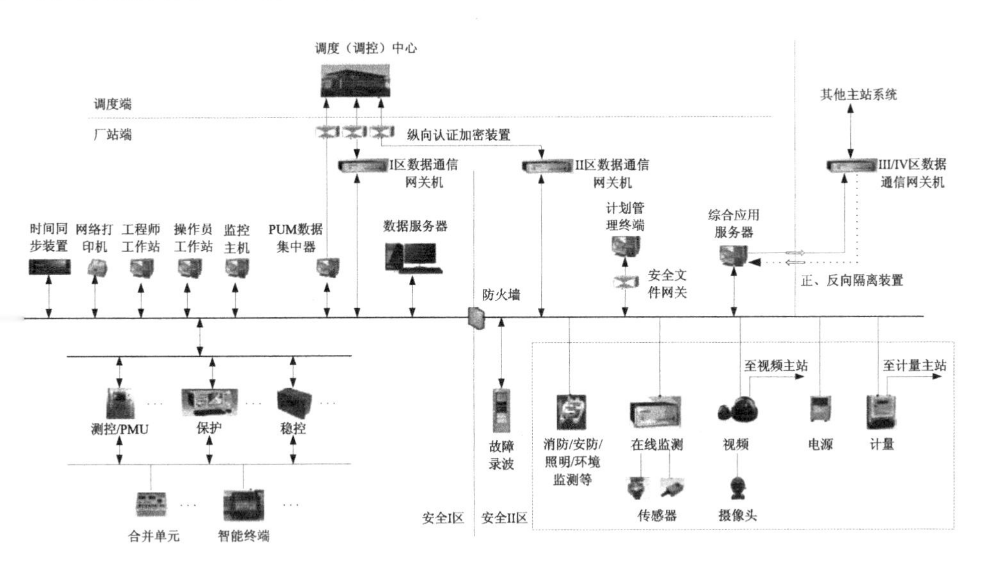

图 1　智能变电站监控系统结构

随着智能变电站信息的发展,监控系统接入数据呈现以下特点:数据量呈几何增长,数据规模不断扩大;数据类型结构复杂多样,不仅包括各种实时在线数据,包括设备台账信息、试验数据、缺陷数据等离线信息;数据广域分布、种类繁多,括各类结构化和半结构化数据,且各类数据查询与处理的频度及性能要求也不相同[9-15];因此国网公司和南网公司对智能变电站监控系统的雪崩数据处理提出更高的要求。

2　雪崩试验

雪崩试验是检测智能变电站监控系统在网络通信、数据处理、界面显示、信息存储等功能模块承受能力的重要试验。方法为模拟智能变电站在突发事故发生前后儿分钟内,海量事故信息突变上送至监控系统,此间进行遥测值越限、遥信变位、遥控试验,检测监控系统功能的正确性和性能的稳定性,要求能够正确处理并显示遥测数据;事件顺序记录不漏报、不多报,如实反映信息变化和真实记录事故过程;遥控操作成功执行并返回结果。

数据雪崩是基于实际扰动经验的基础上得到的,全部数据都是突发传输。DL/ 860 提供的模型参数为:信息变化量为在 3 min 内数据库中全部信息量的 2.14%发生变化,在 10 min 内数据库中全部信息量的 15%发生变化。电力系统为了达到雪崩试验的可操作性,智能变电站监控系统雪崩试验按 8 000 个信息变化量进行数据上送,所有信息变化量都采用遥信突发上送的方式实现且信息变化量的时间间隔为 0.5 s

3　自动测试系统方案设计

雪崩测试主要考核智能变电站监控系统站控层各监控主机的通信处理能力,指监控主机在测控装置、保护装置等设备同时产生大量变化数据时的处理能力。崩自动测试系统的设计主要有以下两种方案。

方案 1:开发一款 IEC61850 仿真装置进行数据仿真,使用软件参数设置实现据信号定时定量触发,仿真装置运行硬件平台为 PC 计算机,生成的数据信号由站层网络上送至监控系统,并进行实时告警和历史存储;因为仿真装置需要输出 MI报文,为了保证系统可靠运行,统计分析程序只能运行于另一台 PC 机,完成测试果统计。

方案 2:开发控制插件精确控制多台实际测控装置的开入来实现数据信号生成控制插件人机交互接口程序运行于 PC 计算机,生成的数据信号由站控层网络上至监控系统,并进行实时告警和历史存储;统计分析程序也运行于本机,共用数据号设置参数信息,自动完成测试结果的统计和分析,完全实现数据信号的闭环控制

方案 1 优点是完全使用 IEC61850 仿真装置,开发成本低,测试系统结构简单晰,只需几台 PC 机就可以构成测试系统硬件体系。但是缺点也大,首先这种方案符合智能变电站实际现场运行工况;其次系统基于 PC 机,时标精度在 100 ms 左对于 0.5 s 的时间间隔要求,误差过大;其次统计分析程序和 IEC61850 仿真装置程运行于不同 PC 机,对于数据信号不能做到闭环控制。

方案 2 的缺点是需要多台实际测控装置,成本较大,但是优点更明显,首先数据信号的上送方式和过程完全与变电站现场一致,最大程度地模拟了现场事故工况;其次采用控制插件板卡来控制数据信号上送间隔,控制精度可以达到 0 ms,比方案 1 的精度提高了 10 倍;统计分析程序和控制插件接口程序同机运行,可以共享配置信息,完全做到数据信号的闭环控制,提高统计效率和保证正确率。

综合分析方案 1 和方案 2 的优缺点,方案 2 具有更好的可行性,完全可以对现有测试环境加以改造来实现。

1 系统硬件构成

测试系统为了最大限度地仿真现场运行环境,充分考虑了智能变电站监控系统现场运行的结构、环境、工况等因素,装置采用智能变电站常用的中高压独立测控装置、低压线路保护测控装置等,通信规约为 IEC 61 850 规约,网络采用双以太网,千兆百兆自适应,接入网络报文分析装置,测控开入驱动电压为直流 220 V,具有高通用性和易扩展性[16-21]。其硬件结构如图 2 所示。

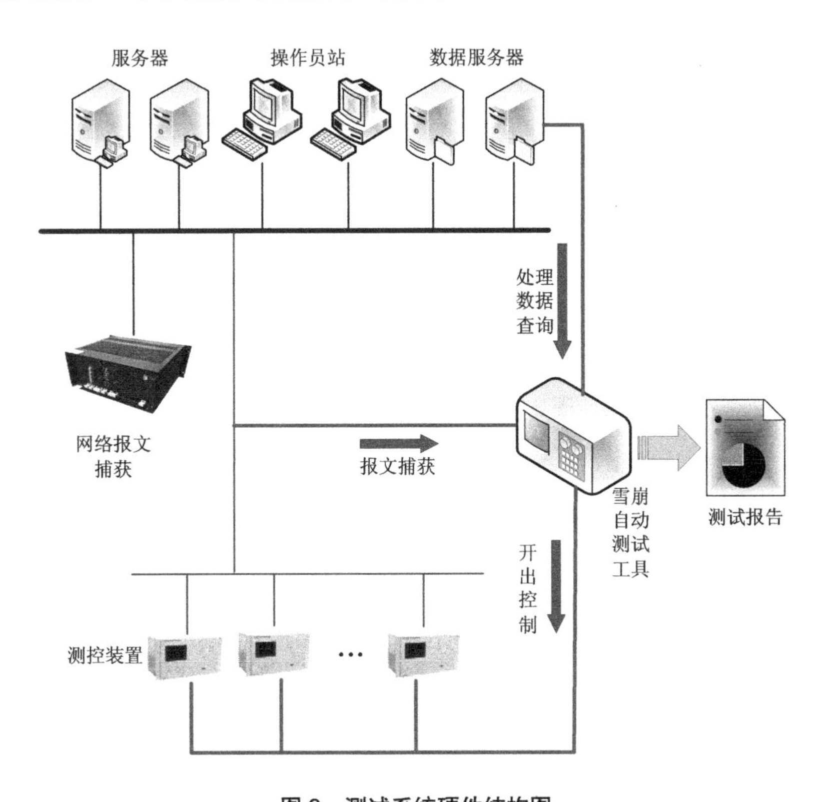

图 2 测试系统硬件结构图

3.2 软件结构设计

经分析,自动测试系统的设计需要按流程完成以下功能:根据监控系统实际配置信息自动生成测试过程中需要统计的数据信息的配置文件;根据测试需求完成数据信号自动触发;在数据信号触发的同时自动完成所有测控装置上送的 MMS 报文的抓取及分析;自动查询监控系统历史告警信息并与 MMS 报文分析统计结果进行比对;根据测试结果自动形成测试报告。

结合大量测试用例,整理出合理时延,根据上述需要实现的功能,完成系统软件结构设计,其测试流程图如图 3 所示。

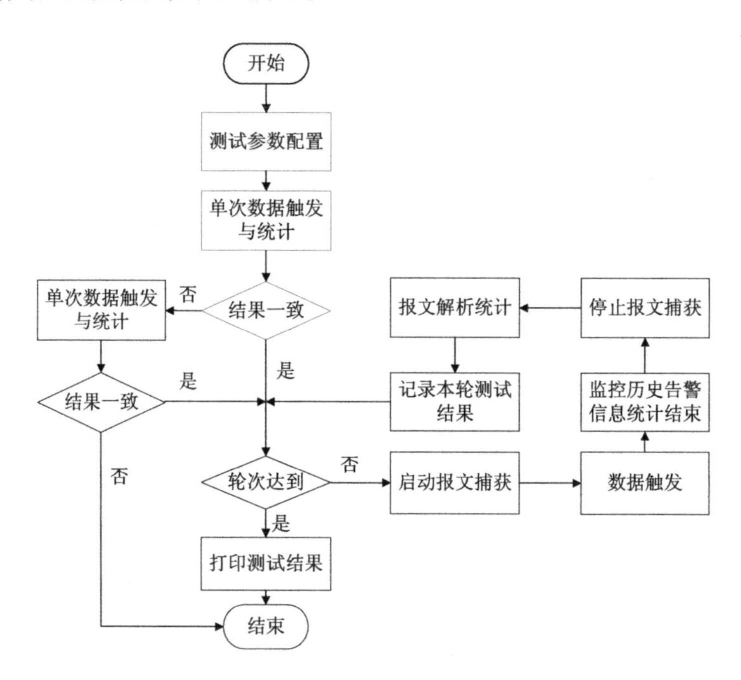

图 3 测试系统自动测试流程图

4 自动测试系统实现流程

4.1 配置信息自动生成

在雪崩测试开始之前,需要先将数据信号信息进行统计,统计内容为哪些测控装置上送信号,上送的都是哪些信号。生成方法为测试前先进行单次数据信号触发上送,通过对照监控系统最新接收到的数据信号的 61 850 点路径来完成数据信号确认,并将这些数据信号信息保存为 XML 配置文件,以供统计分析程序使用。

.2 数据信号精准自动触发

因为在测试过程中,需要进行多次的数据信号触发,所以控制插件的可靠性一定
保证,其硬件选择方面,选取有开发经验的 PCI-1760 板卡+自制开出盒, PCI-1760
卡的开闭间隔在 10 ms 左右,开出盒的控制容量最大可以设计到 250 V
C × 32 A,这样控制插件的控制精度和开出容量完全满足测试要求,开出盒使用继
器电气寿命 10 万次以上,机械寿命 1 000 万次以上,满足长期大量数据测试需求。

具体设计方法为:使用 PCI-1760 的 R0-R3 前 4 路输出通道作为开出盒中四个继
器的控制电源, 4 路输出通道可以独立控制开出盒中 4 个继电器的状态,开出盒继
器触点最大控制容量 250 V DC × 8 A, PCI-1760 驱动程序运行于 PC 计算机,通过
立设计的测试系统人机界面来完成调用。PCI-1760 板卡+开出盒工作原理如图 4
示。

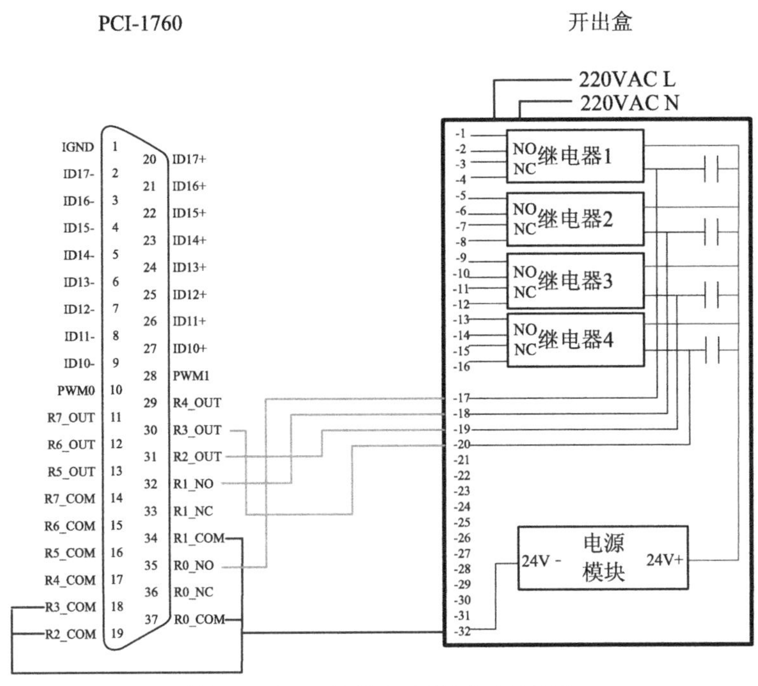

图 4　PCI-1760 板卡+开出盒工作原理

MMS 报文抓取及分析

测试过程中的 MMS 报文抓取工作由软件自动抓取,在数据触发前启动报文抓
程,根据触发数据数目自动确定结束时间,完成报文抓取工作。也可以由网络分
自动完成,自动测试系统报文分析子程序自动调取数据信号产生区间内的网络

报文,调取的 MMS 报文时间区间要大于数据信号产生的时间,处理方法为开始和
束前后各延长 30 s。统计分析程序对调取的 MMS 报文进行分析,提取出 trgop 标
为突变的报文,对照生成的数据信号配置文件进行筛选,统计数据信号的上送情况
报文统计与数据触发一致时,判定整个测试环境合理,装置无丢点等无异常情况
生。否则自动测试系统停止工作,人工排除故障后才可以继续使用。

4.4 测试结果判定并形成测试报告

自动测试系统报文分析子程序通过访问监控系统历史数据库告警信息存储
alarm 来统计监控系统应正确处理的数据信号,历史告警信息统计时间区间与调取
MMS 报文分析时间一致,统计的依据文件仍为生成的数据信号配置文件,将统计
果进行比对,并给出测试结果。

(1)如果两者完全一致,说明监控系统全部正确处理了所有的数据信号;

(2)如果通过报文分析得到的数据信号数量多于监控系统历史库存储的数
说明监控系统在处理过程中存在丢点或者漏报现象,测试报告中给出具体的丢失
号信息。

(3)如果通过报文分析得到的数据信号数量少于监控系统历史库存储的数
说明监控系统在处理过程中存在多报或者重报现象,测试报告中给出具体的多余
据信号信息。

测试结果的判定逻辑如图 5 所示。

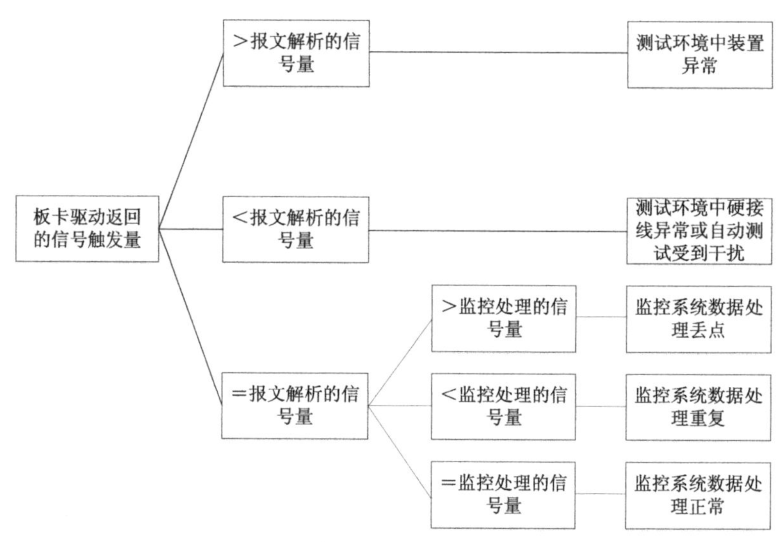

图 5 测试结果判定逻辑

自动测试系统的应用

智能变电站监控系统雪崩自动测试系统开发完成后,其运行界面如图 6 所示。

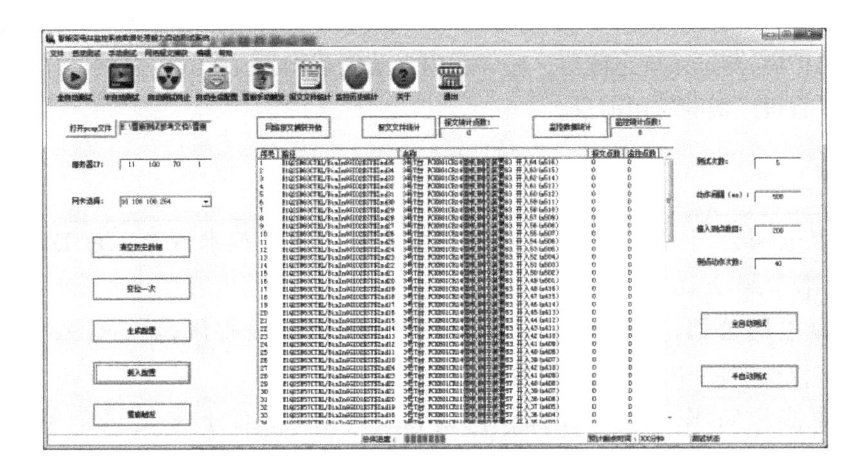

图 6　测试系统运行界面

测试过程中对测试系统的可靠性和数据信号触发容量进行了统计,完全符合并过标准要求,统计结果如图 7 所示。

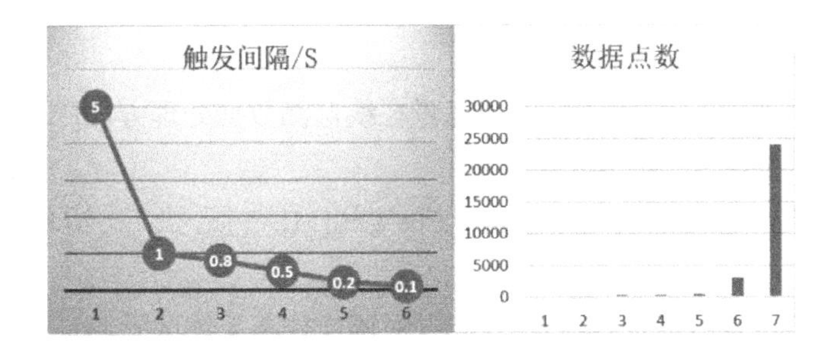

图 7　测试系统数据触发能力统计

此测试系统在集团公司多个型号监控系统的研发过程测试及入网测试准备试验进行了应用,并且对已投运智能变电站运行过程中监控系统出现的数据丢点问题亍了仿真试验,应用过程中测试系统运行可靠、稳定,数据触发精确,测试结果准确靠,对监控系统雪崩数据处理方面的问题能够准确测试。通过 5 大系列 22 轮次的式应用验证,自动测试系统能够满足智能变电站监控系统测试对精确性、连续性、性、可靠性的要求。

6 结束语

智能变电站监控系统雪崩自动测试系统的开发成功,为监控系统的测试和调试工作提供了有力支撑,提高了测试质量和测试效率。伴随着风电、光伏发电等其他业务领域的扩展,测试系统也能对这些领域内自动化系统的雪崩测试提供有效的支撑该软件将有很广阔的应用前景。

参考文献

[1] 国家电网公司. 智能变电站一体化监控系统建设技术规范: Q/GDW 679-2011[Z]. 2012.

[2] 国家电网公司. 变电站一体化监控系统测试及验收规范: Q/GDW 1875-2013[Z]. 北京:中国电力出版社,2012.

[3] 国家能源局. 电力自动化通信网络和系统第 8-1 部分:特定通信服务映(SCSM)映射到制造报文规范 MMS(ISO 9506-1 和 ISO 9506-2)及 IS IEC8802-3:DL/T 860.81—2016[S]. 北京:中国电力出版社,2016.

[4] 杨臻,赵燕茹. 一种智能变电站一体化信息平台的设计方案研究[J]. 华北电力学学报, 2012, 39(3): 59-64.

[5] 张晓莉, 刘慧海, 李俊庆, 等. 智能变电站继电保护自动测试平台[J]. 电力系自动化, 2015, 39(18): 91-96.

[6] 王德文, 肖磊, 肖凯. 智能变电站海量在线监测数据处理方法[J]. 电力自动化备, 2013, 33(8): 142-146.

[7] 程林, 何剑. 电力系统可靠性原理和应用[M]. 2 版. 北京:清华大学出版 2015.

[8] 杨清波, 李立新, 李宇佳, 等. 智能电网调度控制系统试验验证技术[J]. 电力统自动化, 2015, 39(1): 194-199.

[9] 茹东武, 李永照, 陈喜凤, 等. 一种智能变电站智能告警专家系统推理机制究[J]. 电器与能效管理技术, 2017, 5: 44-49.

[10] 丁明, 李晓静, 张晶晶. 面向 SCADA 的网络攻击对电力系统可靠性的影响电力系统保护与控制, 2018, 46(11): 37-45.

[11] 杨波, 吴际, 徐珞, 等. 一种软件测试需求建模及测试用例生成方法[J]. 计学报, 2014, 37(3): 522-538.

[12] 茹东武, 李天泽, 侯俊飞, 等. 智能变电站测试系统研究与应用[J]. 电工技 2016, 7: 19-21.

[13] BO Z Q, LIN X N, WANG Q P, et al. Developments of power system protection and control[J]. Protection and Control of Modern Power Systems, 2016, 1(1): 1-8.

[14] 郭创新, 陆海波, 俞斌, 等. 电力二次系统安全风险评估研究综述[J]. 电网技术, 2013, 37(1): 112-118.

[15] 彭晖, 赵家庆, 王昌频, 等. 大型地区电网调度控制系统海量历史数据处理技术[J]. 江苏电机工程, 2014, 33(5): 11-17.

[16] 汤奕, 王琦, 倪明, 等. 电力和信息通信系统混合仿真方法综述[J]. 电力系统自动化, 2015, 39(23): 33-41.

[17] 刘焕志, 胡剑锋, 李枫, 等. 变电站自动化仿真测试系统的设计和实现[J]. 电力系统自动化, 2012, 36(9): 109-112.

[18] 李志勇, 孙发恩, 翟晓宏. 智能变电站综合测试仪的研究与实现[J]. 电力系统保护与控制, 2018, 46(15): 149-154.

[19] HAIDER S, LI G J, WANG K Y. A dual control strategy for power sharingimprovement in islanded mode of ACmicrogrid[J]. Protection and Control of Modern Power Systems, 2018, 3(10): 1-8.

[20] 胡宝, 张文, 李先彬, 等. 智能变电站嵌入式平台测试系统设计及应用[J]. 电力系统保护与控制,2017,45(10):129-133.

[21] 常东旭, 郭琦, 朱益华, 等. 基于 IEC 61 850 的稳控系统站间通信技术[J]. 南方电网技术, 2017, 11(9): 62-69.

基于电力智慧物联体系的业务场景体系构建及应用研究

翟伟华[1],范柏翔[1],刘怡[1],包永迪[1],王爽[1],王楠[2]
(1. 国网天津市电力公司信息通信公司,天津市,300140;
2. 北京中电普华信息技术有限公司,北京市,100192)

摘要:针对电力企业智慧物联体系建设过程中的场景建设效率低下的难题,本文从物联体系场景接入实际需求出发,针对不同设备和业务类型,以及在场景建设过程中南向设备种类繁多、北向接口协议标准不统一等痛点,进行场景建设标准研究,并应用于输电、变电、配电、用电等方面建设应用场景,助力业务场景一站式高效接入。

关键词:电力物联网;智慧物联体系;场景建设

0 引言

当前电力企业智慧物联体系建设正加快建设,但与智慧物联体系所要求的"息感知、泛在连接、开放共享、融合创新"的提升目标相比,仍存在一些不足,应进步统筹输变电、配电网、客户侧和供应链等领域泛在物联和深度感知的需求激增,地制宜结合应用场景,推进电网侧各类终端标准化接入,拓展客户侧用能设备、供商生产线设备试点接入,推动感知层资源共享和"数据一个源",实现源端数据融和业务实时在线,汇聚各类数据进行共享共用,支撑"电网一张图、业务一条线"升电网安全运行、企业精益管理和客户优质服务水平。

智慧物联体系建设是电力物联网中至关重要的一部分,有助于加强泛在互联深度感知,推动"两网融合"发展,促进源网荷储协调互动,支撑能源互联网企业设。本文选取输电、变电、配电和综合能源业务场景接入开展研究,梳理标准化智物联体系建设可复制方法论,打造可推广场景构建范式。

1 场景建设标准体系研究

本文从物联体系场景接入需求出发,从输电、变电、配电、用电等方面建设应景,针对不同设备和业务类型,以及在场景建设过程中面临的南向设备种类繁多、北向接口协议标准不统一等难题,进行场景建设标准研究,推动进行场景接入。

通过对某电力企业的物联体系建设过程进行调研,分析场景建设存在的问题,总结、提炼影响场景接入缓慢的接入申请、方案设计、南北向改造等7大制约因素,设计了端到端的定制化、一体化的工作流程体系,该体系涵盖业务场景接入申请与调研、接入方案制定、边南向设备接入、北向主站集成、与物管平台及数据中台对接等七大场景接入步骤,建立了一站式的场景接入工作流程,如图1所示。

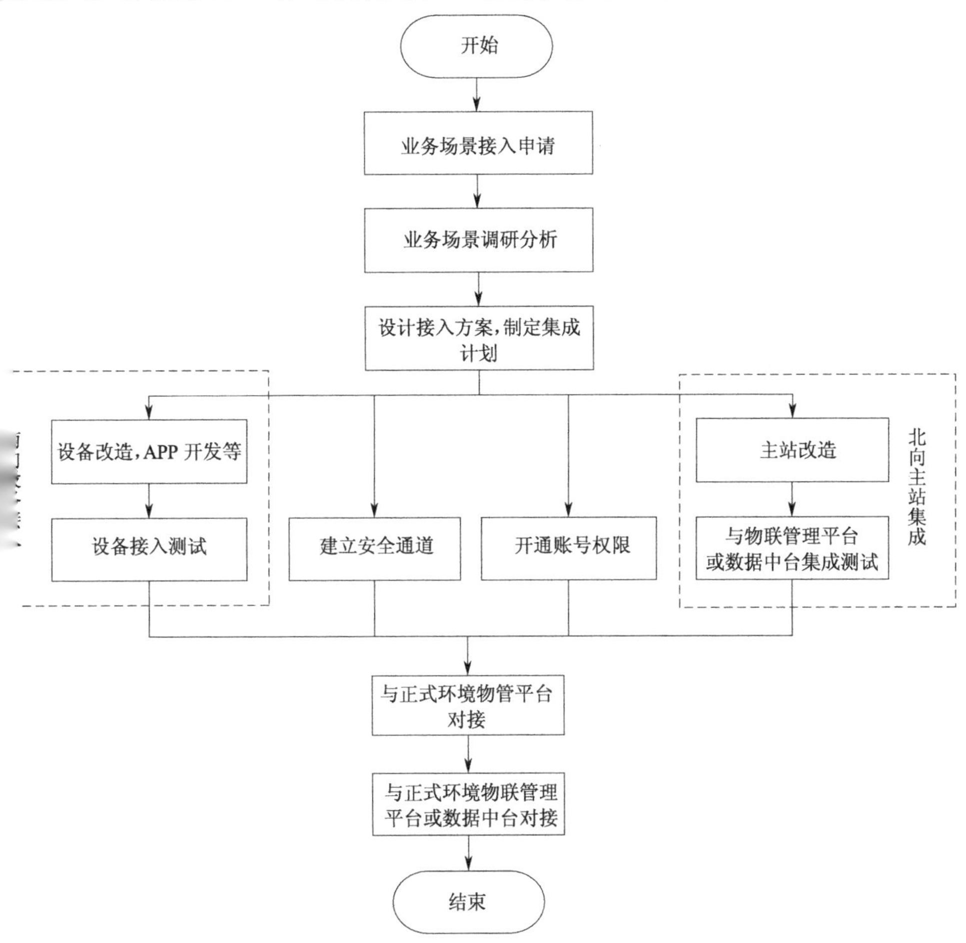

图1 业务场景接入标准化工作流程

步骤一:设备接入情况调研。

编制设备接入基础信息表(图2),业务使用方可根据场景实际情况,进行填写。

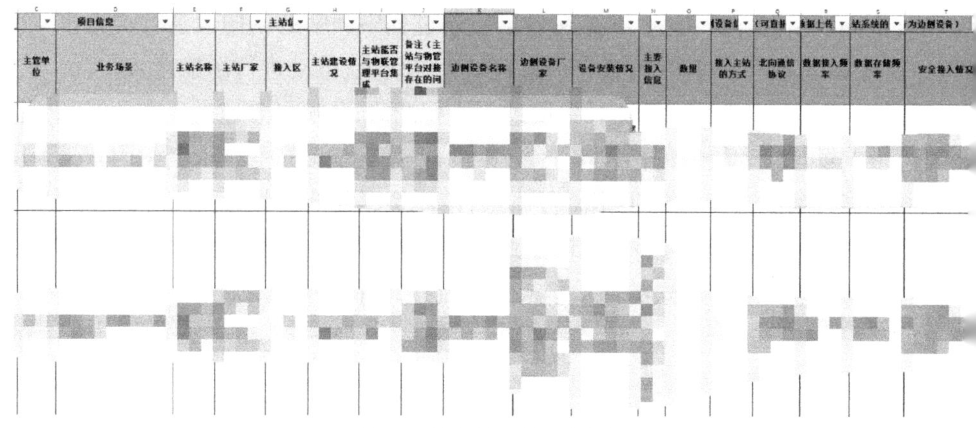

	项目信息			主站信										设备信	(可直接	数据上传	站系统的	为边侧设备)
主管单位	业务场景	主站名称	主站厂家	接入区	主站建设情况	主站能否与物联管理平台集成	备注(主站与物管平台对接存在的问题)	边侧设备名称	边侧设备厂家	设备安装情况	主要接入信息	数量		接入主站的方式	北向通信协议	数据接入频率	数据存储频率	安全接入情况
[illegible]	[illegible]	[illegible]	[illegible]	[illegible]	[illegible]	[illegible]	[illegible]	[illegible]	[illegible]	[illegible]	[illegible]	[illegible]	[illegible]	[illegible]	[illegible]	[illegible]	[illegible]	[illegible]
[illegible]	[illegible]	[illegible]	[illegible]	[illegible]	[illegible]	[illegible]	[illegible]	[illegible]	[illegible]	[illegible]	[illegible]	[illegible]	[illegible]	[illegible]	[illegible]	[illegible]	[illegible]	[illegible]

图 2　设备接入情况调研表

步骤二:制定接入方案。

接入方案需要包含所有的边端设备的类型、通信方式和传输协议;边设备(改后)具备的边缘计算框架能力(包括 App),以及支持 MQTT 协议;设备接入通道,线还是有线等情况;安全接入方案,包含防火墙、网关、数据隔离组件等;加解密方案主站与物联管理平台的接口方案;主站与数据中台的接口方案等内容。

步骤三:编制安全接入方案。

首先,要明确边缘物联代理设备是否安装安全芯片判断边缘物联代理设备的全芯片是否与安全接入服务使用的加密机适配,或是是否为统一厂商生产。如果适配,需要边缘物联代理整改。然后,边缘物联代理需要根据安全接入服务使用的密机密钥,进行密钥灌装。

步骤四:边端设备接入。

(1)协议改造。

需要按照 MQTT 协议进行软硬件开发改造,使边侧设备具备边缘计算框架。

(2)边端设备接入实施。

边侧改造完成之后,进行边端设备接入测试。

步骤五:与北向主站系统集成。

(1)租户先建立跟主站系统对应的应用,配置 APP ID、APP Key 和 topic,并授给主站应用(订阅权限),将配置信息提供给主站系统。

(2)主站接口改造。

北向 MQS 接口开发:数据上报可通过 MQS 消息进行数据上传。

北向 API 接口开发:设备控制可以按照 API 接口协议进行开发

(3)主站系统按照配置信息,开展与物联管理平台的连接测试。

步骤六：测试联调。

“云-管-边-端”整体联调，主要包括设备侧接口开发、物模型导入、系统联调、接联调、结果验证。

步骤七：业务场景现场部署。

边端侧设备现场部署安装；打通边侧设备到物联管理平台链路；安全设备的安；“云-管-边-端”整体调测。

图、表、公式要求

基于场景建设标准体系，开展输电、变电、配电、用电业务场景建设。

输电方面：选取某地区输电线路应用场景接入，快速实现19个边缘代理装置(Ⅱ)及3类57个终端设备的全量信息实时采集，支撑输电架空线路在线监测、动态容分析预警等业务应用。输电场景建设实例如图3所示。

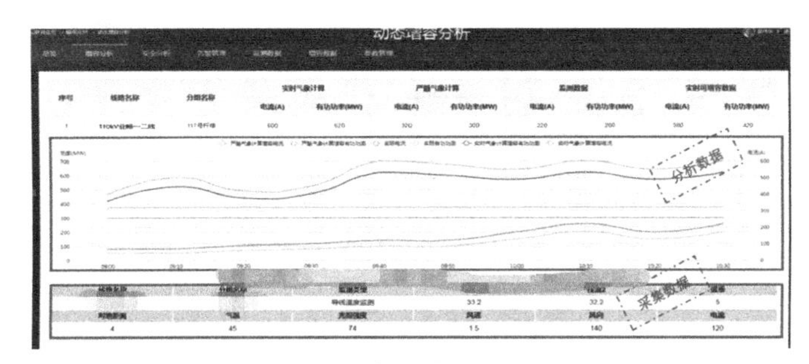

图3　输电场景建设实例

变电方面：选取某地区110千伏变电站开展变电应用场景接入，高效实现边缘物代理(Ⅱ型)及14类1 066个终端设备的全量信息实时采集，支撑变电站实时监控告警等应用建设。变电场景建设实例如图4所示。

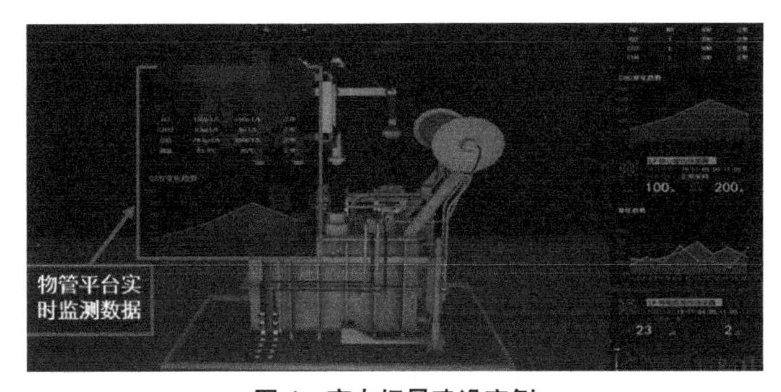

图4　变电场景建设实例

配电方面:小组选取某地区配电场景接入,依托智能配变终端(融合终端),实现台区、设备运行状态及用电信息的全量实时采集,快速实现停电信息主动上报、台区拓扑自动识别、故障研判等高级应用。配电场景建设实例如图 5 所示。

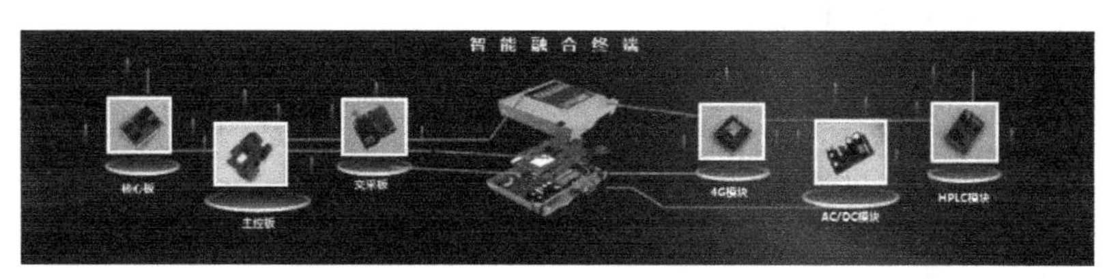

图 5　配电场景建设实例

用电方面:选取某地区智慧能源小镇开展用电场景接入,高效实现 3 户工商业用户综合能源信息的采集和互动,支撑能效分析、供需响应等高级应用。用电场景建设实例如图 6 所示。

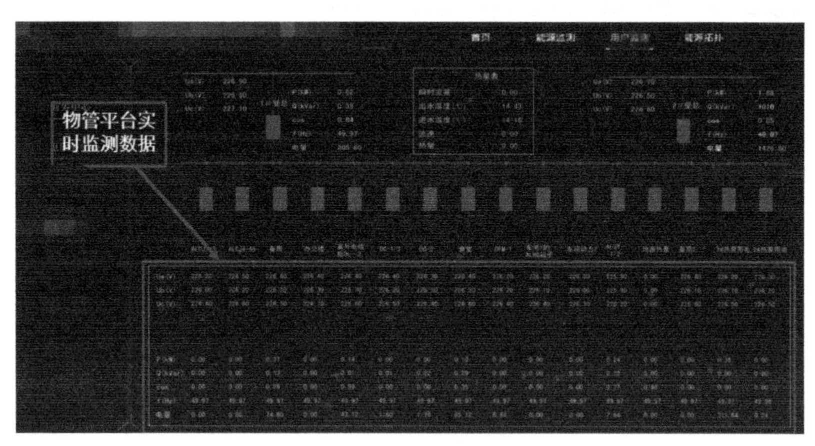

图 6　用电场景建设实例

3　结语

(1)通过场景构建,聚合了优质的设备供应商、系统开发商、平台运营商,形成物联服务产业联盟,全方位为业务需求方提供一站式的设备供应、信息化开发、场景接入等服务。

(2)通过建立场景接入标准体系,保证海量设备与物联管理平台的无缝对接,效助力电力物联网一站式、全流程的快速接入,有效降低场景接入时间,大幅提升场景接入效率,场景成功接入时间由原来的 7.3 d 降低至 2 d。

参考文献

]	张导，易剋燈，卢思宇. 基于泛在物联的智慧管理平台体系建设[J]. 数字技术与应用，2020(3)：128-129.

]	周爽，陈波，耿军伟，等. 基于深度学习融合模块化物联感知的输电线路智能管控系统研究与应用[J]. 农村电气化，2019(8)：9-13.

]	车丽萍，张周生，王浩. 基于能源服务的智慧物联商业综合体管理平台建设[J]. 农村电气化，2020(2)：12-14.

]	田野. 一种云计算资源物联监管与服务平台[J]. 电子世界，2020(6)：43-44.

]	曲振华. 基于物联互联的设备管理应用平台研究[J]. 中国设备工程，2019(21)：35-37.

]	电工装备智慧物联平台赋能"数字新基建"[J]. 华北电业，2020(8)：68-71.

综合能源物联网智能云网关架构探讨

张海涛[1],刘万龙[1]

(1. 天津市普迅电力信息技术有限公司,天津市,300 308)

摘要:在综合能源领域的信息化建设中,不仅数据类型多样,而且数据来源于多个渠道,需要解决异构数据的汇聚问题。本文探讨了综合能源领域中智能云网关的架构设计问题。首先,通过论述综合能源数据的来源和特点,分析了其数据汇聚的可行性;然后,针对互联网环境中的数据协议、数据格式等关键问题,讨论了智能云网关的架构设计;最后阐明了智能云网关的实践策略和未来展望。

关键词:综合能源;物联网;云网关;数据通信

0 引言

综合能源服务是一种新型的为客户提供多元化能源生产与消费的能源服务式,包括能源规划设计、多能源运营服务以及投融资服务等方面。

中国在经过四十多年的高速发展后,经济发展到了新的转折点,要由高速增长高质量发展转变。开展综合能源服务,直接的作用是可以优化客户用能机构,提升会能效水平。从更高的高度看,发展综合能源有着更大的意义,有利于进一步推动源消费革命、落实国家能源战略、促进能源清洁化发展。

信息化技术作为技术因素,对综合能源的发展是一种推动力量。数据是综合源应用价值挖掘最重要的一环,能源监控、能源分析、管理管理等业务应用都要以为构建基础。所以,具备整合汇聚数据功能的综合能源物联网智能云网关,其架构计需要进行深入分析探讨。

1 背景

近年来,综合能源发展方兴未艾。随着能源服务、物联网技术、通信控制技术发展,综合能源服务在全球迅速发展,成为各个国家和许多企业新的战略竞争和合的焦点。

欧洲最早提出综合能源系统概念并付诸实施,推动了能源的协同优化。例如国的企业开展了能源系统和通信信息系统间的集成,涵盖集成的供电、供气、供暖氢和电气化交通等能源系统。另一方面,英国的企业注重能源系统间能量流的集成,一直努力建立一个安全和可持续发展的能源系统。

同时国内各地政府和企业也纷纷掀起了综合能源建设的热潮。2020 年 7 月,经推进海南全面深化改革开放领导小组同意,推进海南全面深化改革开放领导小组办公室印发了《海南能源综合改革方案》。国家电网在 2020 年发布了“数字新基建”十大重点建设任务,智慧能源综合服务是其中之一。

能源物联网是在能源互联网基础上发展起来的以实现能量双向流动的对等交换共享网络[1]。综合能源需要将能源物联网和能源服务应用衔接起来。部署在云端的智能云网关,是综合能源服务技术手段的重要一环。在此过程中,需要对云网关进行深入分析、开展数据统一建模、规范通信协议。这样才能发挥数据的聚集效应,基于数据开展业务应用,服务于政府、能源消费者、能源运营商、能源产品与服务商等用户,构建共赢、共享的能源生态圈[2]。

智能云网关

现状分析

综合能源不仅包括传统的电力能源,还包括热、气、冷、水等,不仅涉及的能源产品种类多,而且还涉及能源的产、储、输、供、销、用各个环节。

综合能源的采集设备多样,包括各类传感器、量测装置、定位系统、红外感应器、射频识别等感知设备。我们常见的有电表、水表、气表、烟感等。采集到的数据格式是多种多样。

在物联网中的数据采集通信协议中,分为两大类:一类是接入协议,一类是通信协议。接入协议一般负责子网内设备间的组网及通信,例如:串口通信、蓝牙、Zig-Bee、RFID 等。通信协议主要是负责 TCP/IP 协议之上的设备之间利用互联网进行数据交换和通信,例如:TCP、UDP 等。根据应用场景具体情况、数据需求、安全性、功率要求、电池寿命等因素,需要进行各种形式的技术组合。

在传统电力能源领域中,通信管理机被广泛运用在电力需求侧管理、工业能源管理、建筑能源管理、光伏监测、电力运维等场景中。通信管理机起到承上启下的作用,是设备侧与上级主站之间的数据枢纽,也起到了协议转换的作用。

随着移动网络通信技术的不断发展,物联网卡被广泛应用于各种采集设备中。这样,有的采集设备就具备了网络能力,可以将数据通过互联网直接传输到云端系统。

在现在的综合能源系统中, IP 互联架构已是事实标准,被广泛应用。基于 TCP/

IP 架构,在屏蔽底层的协议转换的基础上,综合能源系统的组成部分可以简化为端(设备)、管(网络)、云(平台)、用(应用)。典型场景如图 1 所示。

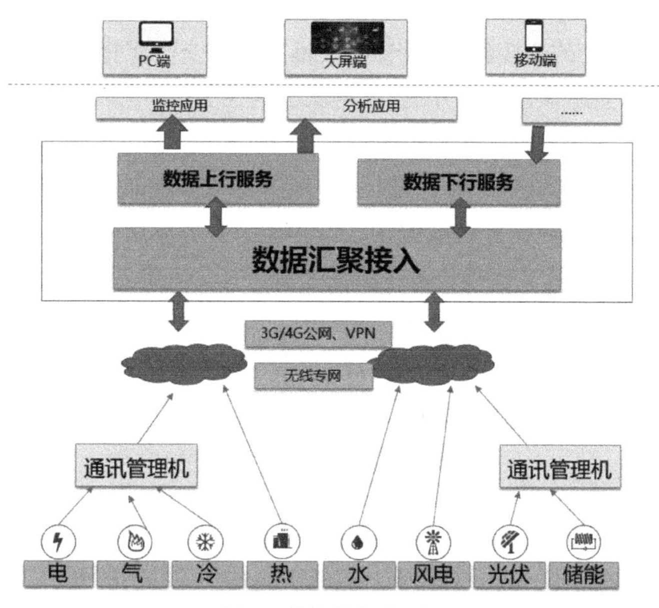

图 1 能源数据典型图

在网络通信协议的选择上,也有多种选择。采用原生 TCP 协议,网络传输数据量小,高效及时,但是开发的技术难度稍大。一般用于对数据实时性要求高、实时控制类场景中。例如电力的 IEC104 规约就是用 TCP 承载。

最近几年,新生代的综合能源设备,很多都支持 MQTT 协议。该协议构建于 TCP/IP 之上,实现消息的发布/订阅模式,特别适用于资源有限的嵌入式设备和低带宽、高延迟或不可靠的网络环境[3]。

对于综合能源系统间的数据集成或者数据服务,RESTful 风格的 web api 被广泛使用,一般基于 HTTP 或者 HTTPS 协议,以 JSON 字符串作为信息载体。其缺点是一请求一响应,每次发出请求是以 HTML 内容来响应的,消息长度大。

在综合能源信息化实践中,面临设备多样、数据模型多样、通信协议多样等问题。所以,需要基于 IP 互联网架构,设计一种智能云网关,来支撑 TCP、UDP、MQTT、H等多种协议,支撑多种数据源接入,极大解耦协议和设备的复杂性。

2.2 智能云网关架构

智能云网关作为数据服务,部署在互联网云端。智能云网关最重要的能力就是数据汇聚,接收来自各方的能源数据。同时支持多种协议、多种数据格式。协议和数据解析要具备扩展性、可插拔性。

对于数据汇聚能力,数据来源一般包括三种:物联设备直接采集、边缘网关(如:通信管理机)转发和第三方物联平台转发。

现在的物联设备,有一些具备网络能力,可以直接连接云网关,一般采用 Tcp、Mqtt 等协议方式。数据包的格式,可以采用自定义格式。

在传统电力应用中,采用通信管理机在设备侧进行数据汇聚,再统一和主站进行通讯传输。这样可以屏蔽采集设备的差异,降低通讯复杂性。需要注意的是,有些传协议需要根据实际情况进行改造。例如:电力 104 协议模式是主站作为客户端,通管理机作为服务器端;而实际综合能源应用中,有时通信管理机没有固定互联网,这样就需要改进协议,由主站作为服务器端。

现在中国移动、中国联通、中国电信等运营商也在大力推进物联网建设,都自建物联网平台,解耦数据的采集服务能力。物联设备中装有运营商的物联网卡,该设采集的数据将首先到达运营商的物联平台,由该平台进行数据透传转发至目标系。一般采用 Http 或者 Https 方式。除三大运营商外,也有很多企业建立了对外服的物联平台。所以,智能云网关还要支持接收来自第三方物联平台的转发信息。

除了数据接入能力,智能云网关的架构设计,还要考虑数据存储和数据服务能。数据存储负责对数据进行分类存储,作为对外服务的基础,包括实时库、历史库、存库。数据服务:将汇聚的数据统一对外提供数据服务,支撑业务应用,包括实时据服务、历史数据服务、订阅服务等。

智能云网关的架构图如图 2 所示。

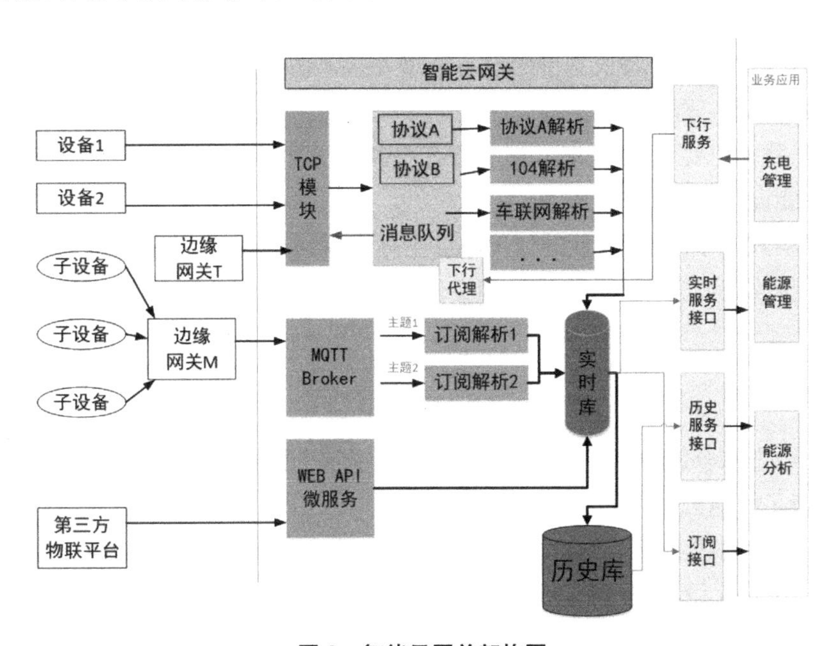

图 2 智能云网关架构图

智能云网关需要维护状态配置,包括设备ID、连接ID、链接点、连接状态、服务状态等。

针对传统TCP协议,例如ModbusTCP,IEC104协议等,云网关TCP模块将通道和协议解耦;通道负责建立连接和管理连接。协议解析进行协议解码和协议编码。对于需要下发指令的应用,如充电桩管理,智能云网关提供下行服务模块,通过查询网关设备表,找到该设备已经建立的连接通道,下行管理指令给设备。

针对MQTT协议,采用MQTT Broker作为中间代理,配置消息主题,接收设备的采集数据。由后端的微服务进行数据消费,支持模块化设计解析数据。

针对WEB API协议,多采用Json格式,通过后端微服务进行数据接收。这种情况多用于接收来自第三方平台的数据,如运营商的物理平台。

对于上层业务应用来说,只需根据业务需求进行具体应用开发,由智能云网关提供业务所需能源数据。

在架构设计中,还要注意系统的安全性。虽然设备层、网络层、平台层和应用层都有相应的安全技术可供采用,但是需要强调的是,物联网作为一个应用整体,各个层独立的安全措施简单相加不足以提供可靠的安全保障[4]。在具体工作中,安全防护措施必须系统化,要持续重视,要不断完善。

3 展望

智能云网关在综合能源系统建设中,首先要设计好架构,完成基础软件模块的开发,搭建好基础服务。对于支持的设备类型和接入协议,可以根据接入设备和数据来源的具体情况,逐步丰富。

同时,我们也要看到,智能云网关还有很多地方需要完善,例如:对于横向扩展集群的高性能设计,高可靠的保障设计等。

随着实践的不断发展,新的情况也会不断出现,技术也会不断调整来应对挑战,从而进一步改进智能云网关的设计和实现。

4 结论

本文结合综合能源具体实践的特点,探讨了综合能源信息化建设中的数据汇聚方案,进行了智能云网关的架构分析和设计。

本文探讨的智能云网关架构,有如下特点:(1)通信接入和协议解析分离,易于维护;(2)模块化设计,具备良好的扩展性;(3)平台支撑能力广,可服务于多场景的业务应用。

在后续实践中，还将从系统架构的设计上继续探索，进一步提升智能云网关的服务能力。

参考文献

] 张广慧，尹常永 . 能源互联网的技术特征与实现形式 [J]. 山东工业技术，2016(23)：66.

] 刘晓静，王汝英，魏伟，等. 区域智慧能源综合服务平台建设与应用[J]. 供用电，2019，36(6)：34-38.

] Real Time Engineers Ltd. The FreeRTOS Reference Manual Version 9.0.0，2016.

] 王博识. 物联网安全架构初探[J]. 信息网络安全，2016(z1)：137-140.

应用于泛在物联网的智能转换 SoC 设计研究

吴凯[1],吴燕平[1],孟凡禹[1],常晓润[1],张琦佳[1],刘洋[1],王慧敏[1],佘梅绮[1]
（1. 国网天津市电力公司信息通信公司,天津市,300140）

摘要:CAN 接口和 UART 接口是电力入户信息采集系统中常用的通信接口。本文提出了一种协议转换 SoC 的设计方法,通过软硬件协同设计,方便系统进行 CAN 与串口之间的协议转换。在 CAN 接入侧,引入冗余机制,保障通信过程的可靠性。通过从采集点的协议转换,同时在重要的与主采集点通信的通路,采用了双冗余的设计,能够有效地提高通信通路的可靠性。本文提出的方案是在泛在电力物联网关键技术的感知层,针对智能电表应用和传感网络与新型现场通信的一种尝试,有助于实现能源电力全景检测和智能互动的目标。

关键词:协议转换;双冗余机制;电力物联网;传感网络

0 引言

泛在电力物联网,就是围绕电力系统各环节,充分应用移动互联、人工智能等代信息技术、先进通信技术,实现电力系统各个环节万物互联、人机交互,具有状态面感知、信息高效处理、应用便捷灵活特征的智慧服务系统。在泛在电力物联网总架构中,泛在物联用户侧面向庞大的居民用户和工商业用户。用户计费是电力应场景中的一个重要而繁杂的应用场景。

传统的电力计费,采用一户一表,上门抄表收费的方式。因为整个环节全部都人工操作,因此会不可避免地出现错误,并且收集的数据有较大滞后性,不能实时示当前用户的用电状况。随着电力通信智能化水平的提升,新型智能电表可以将户的电能消费信息实时传递给监控系统,计费结果实时产生,既有利于提高费用收的效率,也便于监控系统更精确地获取用电负荷的变化。[1]

智能电表上报信息的通信路径通常采用如图 1 所示的结构。用户侧智能电表端通过 RS485 接口与从采集点相连,一个从采集点最多可以与 64 个智能电表终相连。从采集点收集的信息通过 CAN 接口传递给主采集点,在使用光耦隔离的统中,CAN 侧传输的最远距离可以达到 10 公里[2]。

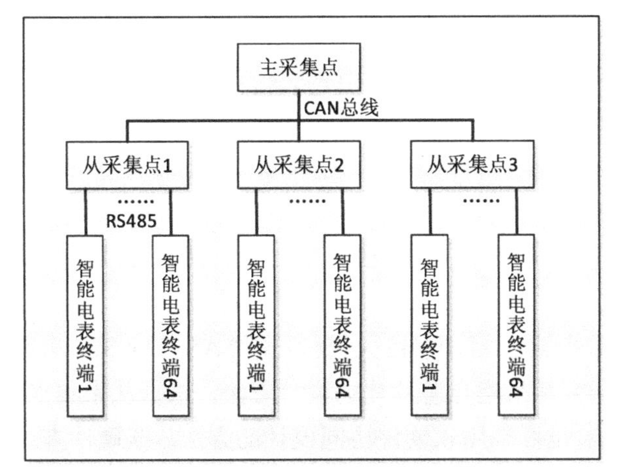

图 1　智能电表通信网络

为此,从采集点需要同时具备 UART 通信接口和 CAN 接口,并且具备将 UART 据打包为 CAN 数据帧,供 CAN 接口发送的能力[3]。由于 CAN 侧与主采集点相,通信链路的损坏会导致多路智能电表终端的数据无法实时上传[4],影响巨大,因在 CAN 接口侧应采用冗余设计。本文将对从采集点的设计实现进行具体描述。

系统综述

电能是日常生活、生产不可或缺的组成部分。因此,新型电力计费通信网络的布需求是刚性的。CAN 和 UART 通信模型参考 OSI 分层模型划分为物理层、链路和应用协议层三层[5],如图 2 所示。

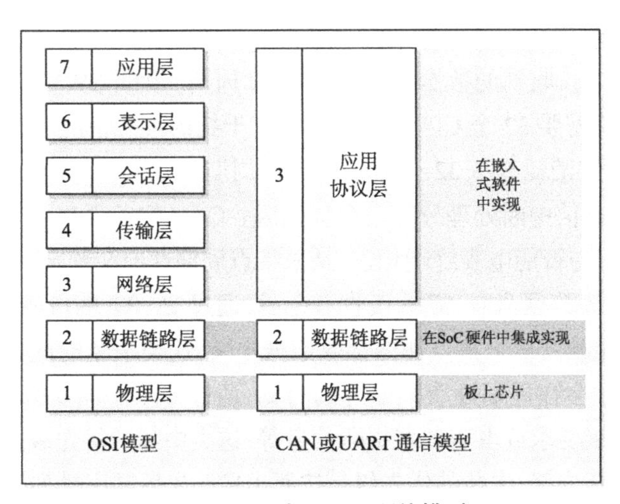

图 2　CAN 或 UART 通信模型

从采集点可以采用专为工控应用设计的MCU来实现,物理层采用外挂的电平转换芯片或者CAN收发器,链路层使用MCU自带外设或者扩展的UART、CAN控制器实现,MCU通过软件方式实现应用层协议。这种实现方式的优点是方案成熟有可参考的设计。但针对从采集点的应用场景,外设接口的数量众多,通用工控MCU[6]中单片集成的串口控制器数量远不能满足应用条件,需要从板级扩展多路UART控制器,增大了PCB版面积,增加板上连线复杂度,且CAN接口通信可能不具备冗余设计。

从采集点的需求固定,且用量巨大,具备采用ASIC或SoC方案替代通用芯片方案的条件。本文研究从采集点芯片化的设计方法。根据从采集点的功能,可采用全硬件化的设计方法,也可采用软硬件协同设计的方法。全硬件方式可以缩短调试周期,协议转换的过程通过硬件完成可以提高转换效率。全硬件设计的缺点也是明显的,一旦应用层协议发生变化,那么当前版本的硬件将无法工作,灵活性很低。如果使用SoC方案,应用层协议通过集成的处理器来实现,数据链路层根据本设计的需要,在片上完成集成,只需要配合物理层芯片,即可工作。这样既保持了智能转换功能的灵活性,方便应用层协议修改,节约产品升级换代的成本;同时又能够节约板上连线的数量,缩小产品面积,降低功耗。

2 硬件架构设计

2.1 微控制器系统设计

应用层完成两种协议的转换工作。MCU访问一个UART外设大约需要10个CPU周期,一次传输三个字节的数据消耗6个CPU周期,中断进入和返回需要10个CPU周期,读取接收到的数据消耗6个CPU周期。因此,从采集点对一个UART接口的访问,总共需要32个CPU周期,在没有干扰的理想情况下,从采集点完成64个外设的访问共消耗64×32=2 048个CPU周期。

整个系统的通信中断处理分为三个优先级。CAN侧负责与主采集点通信,优先级最高;UART侧与智能电表终端相连,从采集点周期性地在预定时刻向指定的智能电表终端发送采集数据命令,终端接收命令后,通过UART端口将电表信息发送至从采集点,这时会触发从采集点侧的接收数据中断,这类中断的优先级最低;除此之外,智能电表终端会在周期性查询以外的时刻,通过UART向从采集点发送告警信息,包括故障、升级要求或电表欠费提醒信息等,这类中断的优先级位于前两者之间。在每一类通信中断内部,中断的优先级是按照出发的先后顺序排列的。

系统中除通信中断外,还有一个定时中断,用于产生从采集点周期性访问智能端电表的脉搏。该中断的优先级在系统内最低。整体来说,系统中断优先级的规划原则是,主采集点侧中断优先级高于终端侧;突发性事件中断优先级高于周期性中断。

中断的处理时间从几十个 CPU 时钟周期到上百个 CPU 时钟周期。系统规划中要求从采集点能够在十五分钟内上报两次所有终端信息即可。那么,运行频率在MHz 以上,具备中断处理能力微处理器内核都可以满足设计要求。

2 外设设计

从采集点收集的各终端信息,需要按照一定顺序,存储在系统 RAM 中,当完成一次终端遍历后,所有信息作为一条历史信息存储非易失存储器中,供主采集点查。从节点对智能电表终端的周期性查询信息中,包含当前电表 ID 号、费用信息、当电表状态码(用于表征电表的健康状况)。作为历史信息存入时,需要占用 6 个字的存储空间。每一条历史信息需要一个时间戳(4 字节)作为标签存储非易事存储中。那么存储一次遍历信息所需要空间为 64 × 6+4=388 字节。考虑到终端故障,追查历史信息跳变点的需要,存放当前时刻向前两个小时内的历史信息。两小时,当前区域的信息会被新写入的信息覆盖。按照该功能的需求,引入 I2 C 接口,用接入片外 E2PROM,以降低成本。

系统的代码和初始数据存放在片上 FLASH 中,便于系统需求的更改和调试的行。

微处理器与外设之间需要总线完成互连。目前主流的片上总线标准有 AMBA、SHBONE。WISHBONE 总线标准,支持全同步总线结构,片内互联时,不区分高和低速设备,这样的连接方式比较简单,但是功耗较高。AMBA 总线标准支持高设备与低速设备分离,使不同速率的外设能够根据速度等级,运行在不同频率下。文考虑处理使用的通用性和通用接口 IP 的可获得性,选择 AMBA 总线作为总线连的标准[7]。

CAN 冗余设计

冗余设计,是保障通信可靠性最常使用的一种方法。根据文献的研究结论,先并后串联的系统,其可靠性要高于先串联在并联的系统[2][3]。因此,在与主采集点通的 CAN 侧使用双冗余设计,有利于提高系统的稳定性。

CAN 冗余的设计可以采用三种方案,分别是 CAN 收发器冗余、CAN 收发器AN 控制器冗余以及 CAN 收发器+CAN 控制器+微处理器冗余。与通信模型相对即为物理层冗余、链路层冗余、应用层冗余的组合。在本文所设计的系统中,从采点对微处理器的性能要求不高,仅需要处理器运行软件保证应用层的灵活性,因此,没有必要引入应用层的冗余,即微处理器的冗余。而且,微处理器冗余还会带来处理期间通信同步的设计难题,增加了系统设计的复杂度,降低了系统可靠性。数据链路层也是CAN通信环节中可能会出现通信故障的部分,有必要在该部分引入冗余。根据定理可知,先并联再串联的系统可靠性更高,因此,应将CAN的收发器先并联,再与CAN控制器的并联结构串联,以提高可靠性。新提出的硬件结构如图所示。

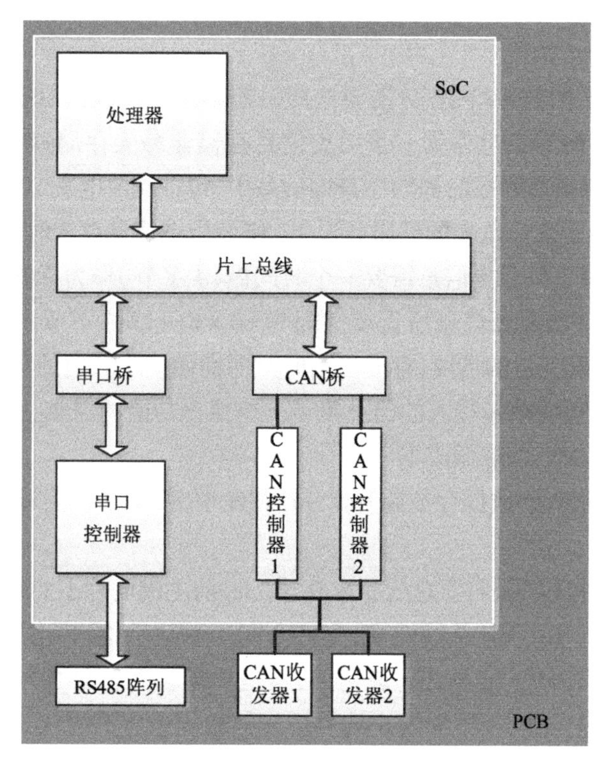

图3 硬件SoC架构示意图

3 软件流程设计

3.1 程序控制流程

SoC设计需要使用软硬件协同设计的方法学。硬件和软件配合形成一套能够完成一定功能的系统。在本文所描述的系统中,软件在处理器中运行完成系统层面调度、通信协议转换和处理工作。

程序控制流程可以划分为周期层和突发层两个层面。周期层软件会在指定时每一个智能电表终端进行访问，访问是在定时器中断处理子函数中发起的，获取的据按照约定的顺序存放在指定的内存中，在完成全部节点访问后，周期层软件会发 CAN 总线的写访问，完成一次在指定时间对主采集点的写访问操作。将一次采的数据结果汇总上报给主采集点[8]。

值得注意的是，周期层的任务，必须借助中断的方式完成。比如上文提到的定时断，用于发起对一个终端的访问。从采集点与终端之间在周期层采用命令、返回值方式进行通信。从采集点在中断处理子函数中向终端发送一个字节的命令字，命字低四位表明当前要访问的终端序号，高四位表示定时查询的命令。终端节点会收到命令字后，比较终端序号与本地存储序号是否一致，在一致的情况下，向从采点写回三个字节的数据信息。一般而言，通信中会在字节尾部增加一个冗余字节，用 CRC8 的方式，进行数据传输校验，以确保传输的可靠性。终端发送的数据会触从采集点的接收中断，完成一次数据收集。

突发层的任务，由中断触发，并在中断服务函数中完成处理。比如，通过串口连的智能电表终端，在终端侧遇到系统约定的除查询信息以外的情况时，会向从采集发送状态信息，以表证当前终端侧的工作状态，直至终端侧因通信通路故障，无法成通信。

无论向终端侧还是主机侧发起写访问时，需要在软件中启动一个硬件定时器，用计算等待回应的时间，在没有突发层工作干扰的情况下，如果应答端在约定时间内有数据反馈，那么可以视为通信超时，同时认定当前通信通路已经中断。

CAN 冗余程序设计

系统使用了两条完全独立的 CAN 总线数据通道，实现了物理层 、数据链路层的面冗余。独立的控制器能够检测到自己通道的故障，但 CAN 协议规范定义的数链路层和部分物理层并不完整，需要通过软件冗余模块来实现总线状态的监控、N 通路故障的诊断和标识处理。在热冗余的情况下，本地节点主控制器同时打开个总线控制器的中断。当其他从采集点发送数据帧/请求帧时，如果一个 CAN 控器到它相对应的总线上的任一环节发生故障，则相应的总线控制器不会产生中断，制器收到的数据则是另一个没有产生故障的总线上的数据。如果本地两个总线控器同时接收到同一个报文，并分别向微处理器申请中断。当有一个总线控制器申成功时，则在中断服务程序中关闭中断，进行数据处理。如果接收到的报文有效，控制器则对数据进行处理，处理完毕后，加入低延时、清除所有的中断并在退出前所有的中断。另一个 CAN 总线控制器的中断，如果是同时到达的则被清除，如稍后到达的，则会因为中断处理程序的延时也同样会被清除。如果接收到的报无效，主控制器将清除本次控制器申请的中断，退出中断处理函数。此时，另一个

CAN 总线控制器的中断会被响应,主控制器会判断接收到的报文是否有效,并采取相应的措施。

4 方案验证

本文对提出的 SoC 实现方案在 FPGA 平台上(核心芯片 XC7K325T 2FFG900 C)进行了原理性验证。处理器核心选用 microblaze,运行频率 80 MHz,用自研的 AHB 桥实现处理器与外围模块的连接,片内例化 10 路串口和 1 路双冗余 CAN 接口完成方案验证。

原理验证关注以下几个方面:

第一,中断触发及响应的时效性;

第二,节点数据采集效率和准确率;

第三,CAN 冗余功能。

由表 1 可以看到由定时器中断触发的周期层软件服务程序,在 90 个 CPU 周期内,可以完成对一个终端的数据读取动作。取两个终端间的读取间隔为 200 个 CPU 周期,经过测试,在 40~50 us 间,能完成对 10 个终端节点的遍历,依次计算,完成 64 个节点的遍历需要 ms 级的时间即可完成。极大提高了终端数据采集的效率。

表 1 中断触发及响应时效性(单位,CPU 周期数)

	处理时间
定时器中断	90
CAN 中断	137

在传输过程中人为导致单通信链路中断,验证系统可在 us 级的时间内,冗余系统可在 us 级完成数据通信通路的恢复。

5 结论

本文提出了一种基于软硬件协同设计的 SoC 实现方案,来完成从采集点的协议转换。同时,在重要的与主采集点通信的通路,采用了双冗余的设计,能够有效地提高通信通路的可靠性。本文提出的方案是在泛在电力物联网关键技术的感知层,对智能电表应用和传感网络与新型现场通信的一种尝试,有助于实现能源电力全检测和智能互动的目标。

参考文献

[1] 腾召胜,唐求,杨宇祥,等. 基于 CAN 增强模式的电力远程监测系统[J],湖南大学学报,2009,36(2):43-48.

[2] 汤宜涌,王传德. CAN 总线冗余系统的研究及可靠性分析[J]. 中原工学院学报,2010,21(5):73-75.

[3] 孙怀义. 冗余设计技术与可靠性关系研究[J]. 仪器仪表学报,2007,28(11):2089-2092.

[4] 张国华, 李雄飞, 杨爱国,等. 一种 UART 数据接口扩展电路: CN210666755U [P]. 2020.

[5] 马彦龙. 浅析 ISO/OSI 模型[J]. 中国新通信, 1999(Z1):16-17.

[6] 钱炳锋, 王景夏, 蒋沛沛,等. Coldfire 内核的 MCU 通用工业控制平台[J]. 现代电子技术, 2011, 34(10):3.

[7] 沙占友. 单片机外围电路设计[M]. 电子工业出版社, 2006.

[8] 余俊, 张菊平, 赵莉. 关于程序控制流程图的路径测试方法研究[J]. 电子科技, 2008, 21(7):4.